★ 素材库展示 ★

★ 样式素材部分预览 ★

执行"窗口>样式"命令，打开"样式"面板，在该面板中即可选择载入的样式。

★ PSD特效字体模板部分预览 ★

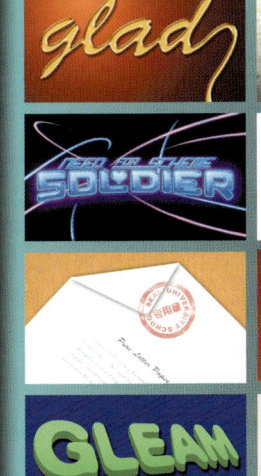

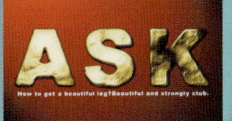

PHOTOSHOP
CS5 完全学习教程
中文版

★ 墨迹喷溅素材部分预览 ★

★ 高清材质纹理图片部分预览 ★

★ 数码照片艺术调色动作部分预览 ★

执行"窗口>动作"命令,打开"动作"面板,在面板扩展菜单中执行"载入动作"命令,即可在该面板中应用载入的动作。

素材库展示

★ 案例欣赏 ★

利用图案图章工具调整图像

应用减淡工具调整图像

制作质感背景

色彩平衡应用效果

编辑3D模型

使用内容识别比例保护图像

利用专色通道调整图像

案例欣赏

PHOTOSHOP CS5 完全学习教程 中文版

历史记录面板的应用

制作宣传海报

制作模糊背景图像

为图像添加渐变映射效果

调节图像色相饱和度

案例欣赏

★ 案例欣赏 ★

使用快速蒙版抠取人物

使用锐化工具调整图像

使用画笔工具制作邮票效果

制作铁锈文字效果

调整图像颜色

使用油漆桶工具调整图像

PHOTOSHOP CS5 完全学习教程 中文版

结合矢量蒙版添加相框效果

鼠标创意合成特效

设置图像 阴影高光

为图像应用液化滤镜效果

图案叠加效果的应用

案例欣赏

★ 超值多媒体DVD光盘说明 ★

快速掌握Photoshop CS5所有功能与应用＋海量实用、精美设计素材

8小时多媒体语音视频教学预览

 调整图像颜色
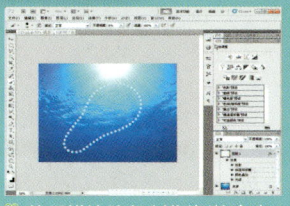 使用描边路径制作海洋珍珠
 修改选区
 制作宣传海报

 使用画笔工具绘制斑点图像
 制作质感背景
 使用铅笔工具绘制时尚元素
 复制并粘贴图像

 使用画笔工具制作邮票效果
 加深与减淡图像
 利用滤镜效果更改图像背景
 使用图层蒙版制作合成海报

 使用液化命令修饰人物
 制作网点图像效果
 快速抠取人物
 网页设计

15个经典案例视频教学预览

 使用蒙版选择性锐化图像
 绘制简单插画
 美化照片中的人物
 制作户外站台广告

 在通道中制作非主流颜色照片
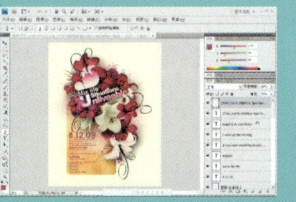 制作艺术文字
 制作食品包装
 制作环保公益海报

PHOTOSHOP CS5 完全学习教程 中文版

★ 画笔素材部分预览 ★

执行"窗口>画笔"命令,打开"画笔"面板,在该面板中即可选择载入的画笔。

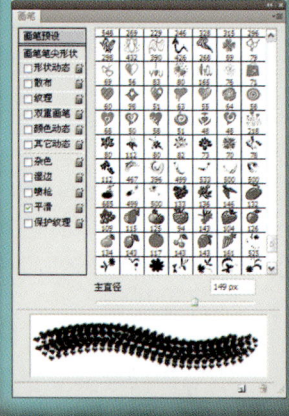

★ 形状素材部分预览 ★

在工具箱中选择"自定形状工具",在其属性栏中的自定形状面板中即可选择载入的形状。

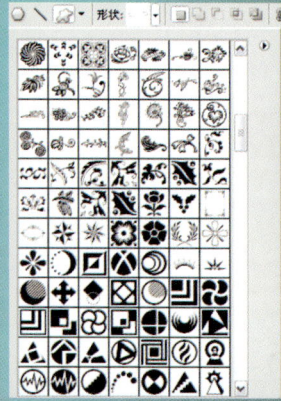

★ 渐变素材部分预览 ★

在工具箱中选择"渐变工具",在其属性栏中的渐变面板中即可选择载入的渐变。

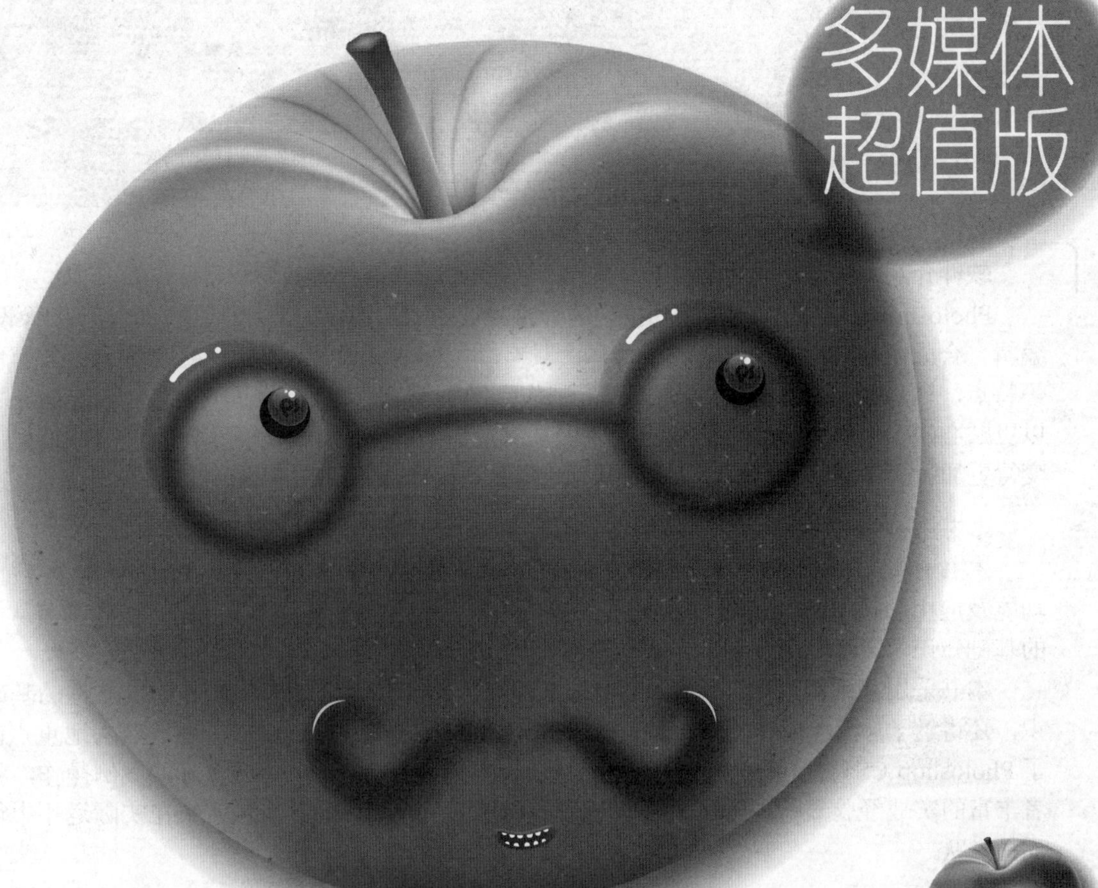

多媒体超值版

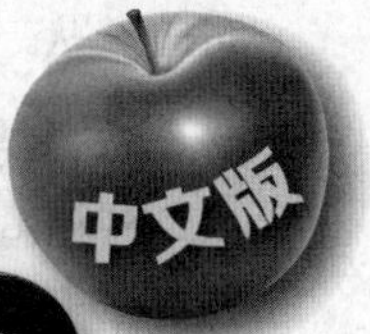

PHOTOSHOP CS5 完全学习教程

中文版

史原 顾琛 况敏 赵咏飞 / 编著

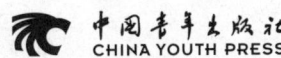

PREFACE 前言

软件介绍

Photoshop CS5 是 Adobe 公司推出的一款专业的图形图像处理软件,他它集合了图像设计、编辑、合成以及高品质输出功能于一体,具有功能强大、设计人性化、插件丰富、兼容性好等特点,被广泛应用于平面设计、广告制作、网页设计、印刷制版等领域。Photoshop CS5 以更贴心的工作界面、强大的智能图像识别以及更为完善的 3D 功能和操纵使图像处理过程变得更加智能,操作更趋于简洁,获得了众多专业设计师的青睐。

本书结构

本书由国内资深平面设计专家为初学者精心打造,是一本专业讲述 Photoshop 各项重要功能及应用的技术教程,全书以 Photoshop CS5 平面图像处理操作为线索,引领读者从简单的基础知识学习逐步进入到制作成品平面设计作品的实战大殿。

本书采用基础知识+案例操作的形式,不仅向读者介绍了 Photoshop CS5 软件的基础知识,还讲解了与图像处理操作相关的软件和印刷知识,然后由简及难、逐步深入地重点讲述了 Photoshop CS5 中的各项功能命令及工具。全书以将近 200 个贴近实际的案例操作,将作者丰富的实战经验直截了当地教授给读者,使读者的 Photoshop 应用水平在实际运用中得到质的飞跃。

本书特色

● 零起点

本书在编撰过程中充分考虑到初学者的实际阅读和制作需求,针对没有任何图像处理基础的入门读者进行 Step by Step 式讲解,使读者能直接体验从入门到精通的学习过程。

● 内容精

全书不仅涵盖软件各项主要功能,还包括新增功能介绍及应用。全书穿插有操作演示、PS 解密、TIP 小提示,每章最后还有 Do it yourself 练习,以加强读者的动手能力。

● 容易学

本书图文结合向读者解释所讲的知识点,简单易学,读者只需按照本书的操作步骤,即可制作出完美的视觉效果。

读者对象

对于一名 Photoshop CS5 初学者来说,本书将是掌握这个强大的图像处理软件的最佳选择,它包含所有 Photoshop 初学者必须掌握的知识和技能信息,能够使读者更轻松地理解和熟悉这个软件的方方面面,在学习技术水平的同时,还能提升自身的设计领悟能力和创新能力。另外,本书还适用于广告公司、包装设计、平面设计等相关从业人员,也可以作为平面设计爱好者、美术专业学生以及各类平面设计培训班的自学教材。

编者

CONTENTS 目录

- 操作演示
- PS解密
- Let's go

CHAPTER 01　Photoshop CS5基础知识

Unit 01　Photoshop的应用领域 ……16
- 在平面广告设计中的应用 ……16
- 在照片后期处理中的应用 ……16
- 在图像特效合成中的应用 ……17
- 在插画设计中的应用 ……17
- 在网页设计中的应用 ……18

Unit 02　Photoshop CS5的安装与卸载 ……18
- 安装Photoshop CS5的系统需求 ……18
- 安装与卸载Photoshop CS5 ……18

Unit 03　Photoshop CS5的新增功能 ……20
- 工作界面随意切换 ……20
- Mini Bridge面板 ……21
- 全新的画笔系统 ……21
- 内容识别填充功能 ……22
- 改进的智能修复工具 ……22
- 操控变形功能 ……23

- 调整边缘命令 ……23

Unit 04　Photoshop CS5的工作环境 ……24
- 启动和关闭Photoshop CS5 ……24
- 认识Photoshop CS5的工作界面 ……25
- Photoshop CS5应用程序栏 ……25
- 在Bridge中浏览 ……26
- 玩转菜单栏 ……26
- 熟悉工具箱的工具分类 ……27
- 掌握工具选项栏的特点 ……28
- 认识工作区与状态栏 ……28
- 调整工作区 ……28
- 调整面板 ……29
- 调整面板的基本操作 ……29
- 工具预设的作用 ……30
- 预设画笔工具 ……30
- Photoshop的屏幕模式 ……31
- 从Mini Bridge中浏览 ……32

CHAPTER 02　图像处理相关知识

Unit 01　常用图像处理软件 ……34
- 矢量绘图软件——Illustrator ……34
- 矢量排版软件——CorelDRAW ……35
- 专业排版软件——InDesign ……35
- 专业图像处理软件——Photoshop ……36

Unit 02　认识图像的原理 ……37
- 位图和矢量图 ……37
- 像素与分辨率 ……38
- 颜色模式 ……39
- 颜色模式转换 ……39

| 图像文件格式 | 41 |

Unit 03 了解平面设计的特点 … 41
- 平面设计的基本概念 … 41
- 平面设计的特点 … 42
- 平面设计的媒介类型 … 42

Unit 04 平面设计中各元素的重要表现 … 43
- 平面设计中色彩的表现 … 43
- 平面设计中文字的表现 … 43
- 平面设计中图片的表现 … 44

CHAPTER 03 平面作品印刷知识

Unit 01 图像大小及分辨率设置 … 46
- 了解图像大小 … 46
- 📱 设置图像大小 … 46
- 设置分辨率 … 47
- 📱 设置图像分辨率 … 47
- ❓ 分辨率的参数值 … 49

Unit 02 存储格式 … 50
- 选择文件存储格式 … 50
- 可保留图层和通道的文件格式 … 52
- 存储为Web和设备所用格式 … 53
- 📱 将文件存储为Web和设备所用格式 … 53
- 🏃 存储文件 … 54

Unit 03 输出前的准备 … 55
- 转换颜色模式 … 55
- 检查文字编排 … 56
- 指定校样选项 … 56
- 📱 图像校样 … 56
- 指定印前输出选项 … 57

Unit 04 印刷工艺 … 58
- 最为常见的平版印刷 … 58
- 神奇的木刻水印印刷 … 58

Unit 05 后期工艺加工 … 59
- 上油光 … 59
- 模切和打孔 … 59
- 起凸和压凹 … 60

CHAPTER 04 Photoshop CS5基本操作

Unit 01 文件管理 … 64
- 新建文件 … 64
- 📱 新建图像文件 … 65
- 存储文件 … 65
- 📱 保存图像文件的方法 … 66
- 导入和导出文件 … 67
- 置入文件 … 67
- 🏃 新建并存储文件 … 68

Unit 02 首选项设置 … 69
- 常规设置 … 69
- 性能设置 … 73
- 📱 设置暂存盘 … 73
- ❓ 设置暂存盘时的注意事项 … 74
- 单位与标尺设置 … 74
- 📱 显示标尺 … 74
- 网格与参考线设置 … 75
- 🏃 设置参考线 … 77

Unit 03 优化工作环境 … 78
- 设置键盘快捷键 … 78
- 📱 设置快捷键 … 79

目录

　　　　设置菜单 …………………………… 79
　　　　🏃 自定义彩色的菜单命令 ………… 80

Unit 04 色彩管理 ……………………………… 82
　　　颜色的基本属性 …………………… 82
　　　颜色模式 …………………………… 83
　　　　📺 转换图像为位图模式 …………… 84
　　　　❓ "方法"选项组的应用 ………… 85
　　　　📺 调整图像双色调效果 …………… 86
　　　　📺 调整图像索引颜色效果 ………… 88

Unit 05 辅助工具应用 …………………………… 90
　　　缩放工具 …………………………… 90
　　　　📺 单击放大局部图像 ……………… 90
　　　　📺 拖移放大图像 …………………… 91
　　　抓手工具 …………………………… 92
　　　吸管工具 …………………………… 92

　　　　📺 利用吸管工具取样颜色 ………… 93
　　　标尺工具 …………………………… 94
　　　裁剪工具和切片工具 ……………… 94
　　　　📺 利用裁剪工具裁切图像 ………… 95
　　　　❓ 利用菜单命令裁切图像 ………… 96
　　　　📺 切片工具具体操作 ……………… 97

Unit 06 "调整"和"蒙版"面板 …………… 98
　　　Photoshop CS5"调整"面板 …… 98
　　　　📺 添加图像调整图层 ……………… 98
　　　Photoshop CS5"蒙版"面板 …… 99
　　　　📺 利用"蒙版"面板抠取人物
　　　　　　图像 ……………………………… 99
　　　　🏃 利用"调整"面板调整图像
　　　　　　颜色 …………………………… 100

CHAPTER 05　图像的基本编辑方法

Unit 01 恢复与还原图像编辑 ……………… 104
　　　还原 ………………………………… 104
　　　前进一步与后退一步 ……………… 104
　　　利用"历史记录"面板还原图像 … 104
　　　　📺 "历史记录"面板的使用 ……… 105
　　　　🏃 使用"历史记录"面板还原
　　　　　　图像 …………………………… 106

Unit 02 复制和粘贴图像 ………………… 107
　　　图像的复制 ………………………… 107
　　　粘贴与贴入 ………………………… 107
　　　　📺 拷贝并粘贴图像 ………………… 108
　　　图像清除 …………………………… 109

Unit 03 图像的移动与变形 ………………… 109
　　　使用移动工具移动和变形图像 …… 109
　　　　📺 调整图层的大小与位置 ………… 110

　　　使用"变换"命令移动和变形
　　　图像 ………………………………… 110
　　　　🏃 旋转与缩放图像 ………………… 111

Unit 04 应用内容识别比例编辑图像 ……… 112
　　　了解内容识别比例 ………………… 112
　　　　📺 内容识别比例具体操作 ………… 113
　　　　🏃 使用内容识别比例保护图像 …… 113

Unit 05 编辑图像颜色 ……………………… 115
　　　应用"填充"命令填充图像颜色 … 115
　　　　📺 应用"填充"命令调整图像
　　　　　　颜色 …………………………… 116
　　　　🏃 应用"填充"命令制作图像
　　　　　　质感背景效果 ………………… 116
　　　应用"调整"命令调整图像颜色 … 117
　　　　📺 调整图像颜色 …………………… 118

CHAPTER 06 选区的创建与编辑方法

Unit 01 利用标准选区创建工具创建选区 ……120
- 矩形选框工具 …………………… 120
  - 利用矩形选框工具创建矩形选区 ……………………… 121
  - "固定大小"样式的妙用 …… 122
- 椭圆选框工具 …………………… 122
- 单行选框工具和单列选框工具 …… 123
  - 利用矩形选框工具绘制桌面壁纸 ……………………… 123

Unit 02 利用套索工具创建选区 ……………125
- 套索工具 ………………………… 125
- 多边形套索工具 ………………… 125
- 磁性套索工具 …………………… 126
  - 利用磁性套索工具创建图像选区 ……………………… 126
  - 利用磁性套索工具为花朵增色 … 127

Unit 03 创建不规则选区 …………………………129
- 魔棒工具 ………………………… 129
  - 利用魔棒工具创建选区 …… 129
- 快速选择工具 …………………… 130
  - 利用快速选择工具创建选区 … 131
- 利用"色彩范围"创建选区 …… 131

- 利用"色彩范围"命令创建选区 ……………………………… 132
  - 创建图像选区 ………………… 133

Unit 04 编辑选区 ………………………………135
- 羽化选区 ………………………… 135
- 变换选区 ………………………… 136
  - "变换选区"命令的应用 …… 136
- 修改选区 ………………………… 138
  - 利用选区为图像描边 ………… 138
- 调整边缘 ………………………… 139
- 扩大选取与选取相似 …………… 140
- 存储选区 ………………………… 140
  - "存储选区"命令的应用 …… 141
- 载入选区 ………………………… 142
  - 利用"载入选区"命令更改画面背景 ………………………… 142
  - 利用"存储选区"和"载入选区"命令丰富图像效果 ………… 144

Unit 05 填充选区 ………………………………146
- 渐变工具 ………………………… 146
  - 使用渐变工具填充背景 ……… 147
- 油漆桶工具 ……………………… 147

CHAPTER 07 利用工具绘制图像

Unit 01 利用画笔类工具绘制图像 …………150
- 画笔工具 ………………………… 150
  - 使用画笔工具绘制斑点图像 … 150
- 铅笔工具 ………………………… 151
  - 使用铅笔工具绘制信纸线条 … 152
- 颜色替换工具 …………………… 153
  - 使用颜色替换工具替换图像中的颜色 ………………………… 153
- 历史记录画笔工具 ……………… 154

- 使用历史记录画笔工具制作动感画面 ………………………… 155
- 历史记录艺术画笔工具 ………… 156
  - 历史记录艺术画笔工具的基本操作 ………………………… 156
  - 利用画笔工具绘制图像明暗效果 ………………………… 157
  - 使用铅笔工具绘制时尚元素 … 159

认识"路径"面板

Unit 02
- 认识"路径"面板 …………………… 161
- "路径"面板的构成 ………………… 161
  - 利用"路径"面板制作满天星星 ………………………………… 162
  - "路径"面板的基本操作 ……… 162
- 创建、复制和删除路径 …………… 163

Unit 03
- 利用形状绘制工具绘制图像 ……… 164
- 矩形工具 …………………………… 164
- 圆角矩形工具 ……………………… 165
  - 利用圆角矩形工具创建选区 … 166
- 椭圆工具 …………………………… 167
- 多边形工具 ………………………… 167
  - 使用多边形工具制作温馨效果 ………………………………… 168
- 直线工具 …………………………… 169
  - 直线工具的基本操作 ………… 169
- 自定形状工具 ……………………… 170
  - 利用自定形状工具绘制雪花效果 ………………………………… 170
  - 自定形状工具的妙用 ………… 171
  - 利用滤镜效果更改图像背景 … 172

Unit 04
- 利用高级路径绘制工具绘制图像 … 174
- 钢笔工具 …………………………… 174
  - 用钢笔工具抠取图像 ………… 174
- 自由钢笔工具 ……………………… 175
  - 用自由钢笔工具抠取图像 …… 176
- 添加和删除锚点工具 ……………… 177
- 转换点工具 ………………………… 177
  - 利用钢笔工具绘制图像 ……… 178

Unit 05
- 编辑路径 …………………………… 179
- 路径选择工具 ……………………… 179
- 直接选择工具 ……………………… 179
- 描边路径 …………………………… 180
  - 利用描边路径制作海洋珍珠 … 180

CHAPTER 08 图像修饰工具的应用

Unit 01
- 修复类工具的应用 ………………… 184
- 污点修复画笔工具 ………………… 184
  - 利用污点修复画笔工具去除图像中的杂物 ……………… 185
- 修复画笔工具 ……………………… 186
  - 利用修复画笔工具去除面部雀斑 ………………………………… 186
- 修补工具 …………………………… 187
  - 利用修补工具修复噪点 ……… 188
- 红眼工具 …………………………… 189
  - 利用红眼工具清除红眼 ……… 189
- 仿制图章工具 ……………………… 190
- 图案图章工具 ……………………… 190
  - 使用图案图章工具为背景添加星光效果 …………………… 190
  - 利用图案图章工具填充背景图案效果 ……………………… 191

Unit 02
- 颜色修饰类工具的应用 …………… 193
- 减淡工具 …………………………… 193
  - 减淡图像画面效果 …………… 194
- 加深工具 …………………………… 194
  - 使用加深工具加深背景效果 … 195
- 海绵工具 …………………………… 196
  - 使用海绵工具为画面去色 …… 196
  - 利用加深工具与减淡工具调整图像 ……………………………… 197

Unit 03
- 效果修饰类工具的应用 …………… 198
- 模糊工具 …………………………… 198
  - 使用模糊工具光滑人物皮肤 … 199

锐化工具 ·············· 200
- 使用锐化工具锐化局部图像 ······ 200

涂抹工具 ·············· 201
- 使用涂抹工具更改花朵颜色 ······ 202
- 利用模糊工具制作模糊背景图像 ·············· 202

Unit 04 擦除工具的应用 ············ 204
橡皮擦工具 ·············· 204
- 使用橡皮擦工具擦除背景图像 ·············· 205

背景橡皮擦工具 ·············· 205
魔术橡皮擦工具 ·············· 206
- 利用橡皮擦工具抠取图像 ······ 207

Unit 05 应用滤镜修饰图像 ············ 209
应用"抽出"滤镜抠取图像 ······ 209

Unit 06
- 使用"抽出"滤镜抠取图像 ······ 210
应用"液化"滤镜扭曲图像 ······ 211
- 使用"液化"滤镜变形图像 ······ 211
- "液化"滤镜的妙用 ············ 212

应用"消失点"滤镜修复图像效果 ·············· 212
- 使用"消失点"滤镜变换图像 ·············· 213

应用"镜头校正"滤镜校正图像 ·············· 214
- 使用"镜头校正"滤镜修复图像 ·············· 215
- 使用"液化"滤镜修饰人物 ······ 216

CHAPTER 09 调色命令的高级应用

Unit 01 快速调色命令 ············ 220
- 自动色调 ·············· 220
- 自动对比度 ·············· 220
- 自动颜色 ·············· 220

Unit 02 基本调色命令 ············ 221
色阶 ·············· 221
- 利用色阶调整图像亮度 ······ 222

曲线 ·············· 222
- 利用曲线调整图像亮度 ······ 223

亮度/对比度 ·············· 224
自然饱和度 ·············· 224
色相/饱和度 ·············· 225
- 利用色相/饱和度调整图像中的颜色 ·············· 226

色彩平衡 ·············· 227
- 利用色彩平衡校正偏色颜色 ······ 227
- 色彩平衡的妙用 ············ 228
- 应用色彩平衡调整照片颜色 ······ 228

Unit 03 高级调色命令 ············ 229
黑白 ·············· 229
- 利用"黑白"命令更改图像颜色 ·············· 230

匹配颜色 ·············· 231
- 匹配图像的颜色 ············ 232

替换颜色 ·············· 233
- 替换图像的颜色 ············ 233

可选颜色 ·············· 234
- 利用可选颜色调整图像颜色 ······ 235

通道混合器 ·············· 236
- 将彩色图像转为灰度图像 ······ 236

照片滤镜 ·············· 237
- 利用照片滤镜调整图像冷暖色调 ·············· 238

阴影/高光 ·············· 238
- 调整由逆光造成图像的暗部 ······ 239

曝光度 ·············· 240
- 调整图像的曝光度 ············ 240

| 利用高级调整命令 调整图像颜色 …… 241
色调均化 …… 244
阈值 …… 244

Unit 04 特殊颜色调整命令 …… 242
渐变映射 …… 242
利用渐变映射调整图像颜色区 …… 243
反向 …… 244
色调分离 …… 245
变化 …… 245
利用变化调整图像 …… 246
添加图像渐变映射效果 …… 246

CHAPTER 10 图层的应用

Unit 01 图层面板的基本编辑操作 …… 250
了解"图层"面板 …… 250
选择图层 …… 251
复制图层 …… 252
锁定图层 …… 253
链接图层 …… 253
链接图层的方法 …… 253
栅格化图层内容 …… 254
将背景图层转换为普通图层 …… 255
图层的锁定操作 …… 256

Unit 02 创建与删除图层 …… 258
运用"新建"命令新建图层 …… 258
新建并重命名图层 …… 258
运用"通过拷贝的图层"命令
创建图层 …… 259
运用"通过剪切的图层"命令
创建图层 …… 260
删除图层 …… 260
图层的创建与删除 …… 261

Unit 03 图层组 …… 262
新建图层组 …… 262
新建一个图层组 …… 263
从图层建立组 …… 264
将图层移入或移出图层组 …… 264
显示/隐藏图层组内容 …… 264
取消图层编组 …… 265

应用图层组管理图像 …… 265

Unit 04 合并与盖印图层 …… 266
合并图层 …… 266
盖印图层 …… 268
盖印图层的应用 …… 269

Unit 05 图层混合模式 …… 271
减淡型混合模式 …… 272
减淡型模式的混合特效 …… 272
加深型混合模式 …… 272
对比型混合模式 …… 273
比较型混合模式 …… 273
色彩型混合模式 …… 274
制作闪电效果 …… 274
使用混合模式为黑白照片
"上妆" …… 277

Unit 06 填充图层 …… 280
纯色填充 …… 280
利用"纯色"命令填充
图像颜色 …… 281
渐变填充 …… 281
利用"渐变填充"命令填充
图像渐变颜色 …… 282
图案填充 …… 283
利用"图案填充"命令填充
图像图案效果 …… 283

| 应用填充图层制作艺术桌面 …… 284
| 制作幻影效果 …………………… 290

Unit 07 调整图层 ………………………… 285
调整图层与普通图层的区别 ………… 285
调整图层与"调整"命令的区别 …… 286
"调整"面板 …………………………… 286
调整图层的应用 ……………………… 286
利用调整图层为苹果着色 …………… 287
调整图层的创建方法 ………………… 287
结合调整图层与"调整"命令
编辑图像 ……………………………… 288

投影 ……………………………………… 291
为图像添加投影 ……………………… 292
内阴影 …………………………………… 293
外发光 …………………………………… 293
内发光 …………………………………… 294
斜面和浮雕 …………………………… 295
光泽 ……………………………………… 296
颜色叠加 ………………………………… 297
渐变叠加 ………………………………… 297
图案叠加 ………………………………… 298
描边 ……………………………………… 299
利用图层样式制作水晶壁纸 ……… 300

Unit 08 图层样式 ………………………… 289
高级图像混合 ………………………… 289

CHAPTER 11　图层与蒙版的高级应用

Unit 01 蒙版 ……………………………… 304
"蒙版"面板的菜单命令 …………… 304
"蒙版"面板的基本操作 …………… 304

Unit 02 图层蒙版 ………………………… 306
图层蒙版的作用 ……………………… 306
图层蒙版的工作原理 ………………… 307
添加图层蒙版 ………………………… 307
为图层添加图层蒙版 ………………… 308

Unit 03 图层蒙版的基本操作 …………… 308
利用绘图工具编辑图层蒙版 ……… 308
利用渐变工具编辑图层蒙版 ……… 309
利用选区工具与油漆桶工具
编辑图层蒙版 ………………………… 309
利用滤镜编辑图层蒙版 …………… 309
利用滤镜制作儿童相框 …………… 310
利用图层蒙版制作合成海报 …… 311

Unit 04 快速蒙版 ………………………… 315
快速蒙版的作用 ……………………… 315
利用快速蒙版创建选区 …………… 316
利用快速蒙版抠取图像 …………… 316
利用快速蒙版抠取人物 …………… 316

Unit 05 矢量蒙版 ………………………… 318
矢量蒙版的作用 ……………………… 318
矢量蒙版的链接特征 ………………… 318
结合矢量蒙版添加相框效果 …… 320

Unit 06 剪贴蒙版 ………………………… 321
创建剪贴蒙版的方法 ………………… 321
剪贴蒙版的基本操作方法 ………… 322
剪贴蒙版的作用 ……………………… 324
利用蒙版制作特效 ………………… 324
鼠标创意合成特效 ………………… 325

CHAPTER 12 通道的高级应用

Unit 01 通道的基本操作 ……………… 330
- "通道"面板 …………………………… 330
- 通道的类型 …………………………… 331
- 通道的创建、复制及删除 …………… 331
- 分离和合并通道 ……………………… 333
  - 分离合并通道 ……………………… 333
- 显示或隐藏通道 ……………………… 334
  - 删除复制通道 ……………………… 335

Unit 02 颜色通道的运用 ……………… 336
- 颜色通道用于存储颜色信息 ………… 336
- 利用颜色通道调整图像颜色 ………… 338
  - 利用"曲线"命令调整通道颜色 …… 338
  - 利用"调整"命令调整各通道颜色 … 339

Unit 03 Alpha通道的运用 ……………… 340
- Alpha通道的编辑 …………………… 340
  - 利用Alpha通道添加图像相框 …… 340

Unit 04 专色通道的运用 ……………… 341
- 认识专色通道 ………………………… 341
- 专色通道的编辑 ……………………… 342
- 专色通道的基本操作方法 …………… 343

Unit 05 通道与"应用图像"命令 ……… 344
- 认识"应用图像"命令参数 ………… 344
- "应用图像"的基本操作方法 ……… 345
- 在相同图像中应用"应用图像"命令 … 345
- "应用图像"命令与图层的关系 …… 346

Unit 06 通道计算 ……………………… 347
- 认识通道与计算命令参数 …………… 347
- "计算"的基本操作方法 …………… 347
- 在不同图像通道中使用"计算"命令 … 348
- 使用"计算"命令制作合成效果 …… 350

Unit 07 通道与抠图 …………………… 352
- 利用通道与"调整"命令抠图 ……… 352
  - 利用"调整"命令抠取图像 ……… 352
- 利用通道与路径抠图 ………………… 353
  - 利用路径抠取图像 ………………… 354
  - 利用通道抠取人物图像 …………… 355

CHAPTER 13 文字工具与图层样式的高级应用

Unit 01 文字工具 ……………………… 360
- 横排文字工具和直排文字工具 ……… 360
  - 输入文字 …………………………… 361
- 横排文字蒙版工具和直排文字蒙版工具 … 361
- "字符"面板 ………………………… 362
  - 为图像添加发光文字 ……………… 363

Unit 02 文字的变形 …………………… 366
- 文字与路径的结合使用 ……………… 366
  - 路径文字的基本操作 ……………… 367
- 创建变形文字 ………………………… 368
  - 为图像添加曲线效果文字 ………… 368
  - 设置"变形文字"参数值 ………… 369
  - 制作个性造型文字 ………………… 370

Unit 03 创建段落文字 ………………… 373
- "段落"面板 ………………………… 373
  - "段落"面板的基本操作 ………… 373
- 设置段落文字对齐方式 ……………… 374
  - 输入海报段落文字 ………………… 375

Unit 07 添加文字图层样式
- 文字的投影效果 …………………… 377
  - 添加卡通效果文字 ……………… 377
- 添加文字图层样式 ………………… 377
- 文字的斜面与浮雕效果 …………… 378
  - 制作透明文字 …………………… 379
  - 制作梦幻特效文字效果 ………… 380

CHAPTER 14 滤镜的综合应用

Unit 01 独立特殊滤镜的应用 …………… 386
- 滤镜库 ……………………………… 386
  - 滤镜库的基本操作 ……………… 386

Unit 02 风格化滤镜组 ………………… 387
- 查找边缘与等高线 ………………… 387
  - 为图像添加边缘效果 …………… 388
- 风效果 ……………………………… 389
- 浮雕效果 …………………………… 390
- 扩散 ………………………………… 390
- 拼贴 ………………………………… 391
- 曝光过度 …………………………… 392
- 照亮边缘 …………………………… 392
  - 利用风格化滤镜组制作图像
    纹理效果 ………………………… 393

Unit 03 画笔描边滤镜组 ……………… 395
- 成角的线条 ………………………… 395
  - 成角的线条妙用 ………………… 395
- 墨水轮廓 …………………………… 396
- 喷溅和喷色描边 …………………… 397
  - 制作图像喷溅效果 ……………… 397
- 强化的边缘与深色线条 …………… 398
- 烟灰墨 ……………………………… 398
- 阴影线 ……………………………… 399
  - 制作图像绘画效果 ……………… 399

Unit 04 模糊滤镜组 …………………… 401
- 表面模糊 …………………………… 401
- 动感模糊与径向模糊 ……………… 401
  - 制作正在奔驰的汽车图像 ……… 402
- 方框模糊 …………………………… 402
- 高斯模糊与特殊模糊 ……………… 403
  - 制作高斯模糊与特殊模糊效果 … 403
- 模糊与进一步模糊 ………………… 404
- 镜头模糊和形状模糊 ……………… 404
- 平均 ………………………………… 404
  - 利用模糊滤镜组调整照片
    梦幻效果 ………………………… 404

Unit 05 扭曲滤镜组 …………………… 406
- 波浪与海洋波纹 …………………… 406
  - 制作波状起伏和添加波纹到
    图像表面的效果 ………………… 406
- 波纹与水波 ………………………… 407
- 玻璃与极坐标 ……………………… 407
- 挤压与球面化 ……………………… 407
  - 制作图像挤压变形和3D效果 …… 407
- 扩散亮光与旋转扭曲 ……………… 408
- 切变 ………………………………… 409
- 置换 ………………………………… 409
  - 制作个性照片 …………………… 410

Unit 06 锐化滤镜组 …………………… 411
- 锐化与进一步锐化 ………………… 411
- 锐化边缘与USM锐化 ……………… 412
- 智能锐化 …………………………… 412

Unit 07 视频滤镜组 …………………… 412
  - 平滑视频图像中的隔行线 ……… 413

Unit 08 素描滤镜组 …………………… 413
- 半调图案与便条纸 ………………… 413
- 粉笔和炭笔与绘画笔 ……………… 414
- 铬黄 ………………………………… 414
- 基底凸现与石膏效果 ……………… 415

水彩画纸 ·············· 415
撕边与图章 ·············· 415
炭笔与炭精笔 ·············· 416
网状与影印 ·············· 416

Unit 09 纹理滤镜组 ·············· 416
龟裂缝与染色玻璃 ·············· 416
颗粒与马赛克拼贴 ·············· 417
拼缀图与纹理化 ·············· 417
🏃 制作壁纸效果 ·············· 418

Unit 10 像素化滤镜组 ·············· 421
彩块化 ·············· 421
彩色半调与点状化 ·············· 422
晶格化与马赛克 ·············· 422
碎片与铜版雕刻 ·············· 422

Unit 11 渲染滤镜组 ·············· 423
云彩与分层云彩 ·············· 423
光照效果与镜头光晕 ·············· 423
纤维 ·············· 423

Unit 12 艺术效果滤镜组 ·············· 424
壁画与干画笔 ·············· 424
彩色铅笔与粗糙蜡笔 ·············· 424
底纹效果与胶片颗粒 ·············· 425
调色刀与木刻 ·············· 425
海报边缘与水彩 ·············· 425
海绵与霓虹灯光 ·············· 425
绘画涂抹、塑料包装与涂抹棒 ·············· 426
📱 制作网点图像效果 ·············· 426

Unit 13 杂色滤镜组 ·············· 427
减少杂色与添加杂色 ·············· 427
蒙尘与划痕和中间值 ·············· 427
去斑 ·············· 427

CHAPTER 15　3D工具应用

Unit 01 3D工具 ·············· 430
3D对象变换 ·············· 430
3D对象的遥摄 ·············· 431
📱 利用3D遥摄工具调整视图 ·············· 431

Unit 02 3D面板 ·············· 432
3D场景 ·············· 433
3D网格 ·············· 434
3D材料 ·············· 434
3D光源 ·············· 435

Unit 03 3D图像的基本操作 ·············· 436
3D图层 ·············· 436
创建3D明信片 ·············· 436
创建3D形状 ·············· 437
📱 从图层创建3D形状 ·············· 438
创建3D网格 ·············· 439
转换3D对象为2D图像 ·············· 439
在3D对象上绘图 ·············· 439
🏃 编辑3D模型 ·············· 440

Unit 04 对象的渲染和输出 ·············· 441
3D模型的渲染设置 ·············· 441
最终输出渲染3D文件 ·············· 442
存储和导出3D文件 ·············· 443

CHAPTER 16 提高工作效率的便捷功能应用

Unit 01 动作 446
　"动作"面板 446
　应用预设动作 447
　创建新动作 447
　"动作"面板的妙用 447
　制作雪花纷飞的效果 449
　编辑动作 450

Unit 02 应用自动化命令 451
　批处理 451
　创建快捷批处理 453
　裁剪并修齐照片 453
　Photomerge 453
　利用Photomerge命令合成图像 454
　利用"批处理"命令调整多个图像颜色 455

Unit 03 Web图像 456
　关于Web图像 456
　存储为Web和设备所用格式 457
　利用颜色表调整图像颜色 459

Unit 04 动画制作 460
　"动画"面板 460
　创建动画 461

CHAPTER 17 综合实例

Unit 01 照片调色 464

Unit 02 啤酒广告制作 468

Unit 03 卡通宣传海报的制作 474

Unit 04 网页设计制作 483

Unit 05 包装设计制作 493

Chapter 01 Photoshop CS5 基础知识

Photoshop CS5 是 Adobe 公司推出的最新版本 Photoshop，是支持多种图像格式、多种颜色模式、多图层图像处理的软件，为设计者提供了更多的方便，更利于提高图像设计的效率和质量。本章将主要介绍 Photoshop CS5 软件的应用领域、安装与卸载、工作环境等，帮助读者初步了解 Photoshop CS5，为以后的学习打下基础。

技术要点

1. 如何设置硬件给PS加速？

可以充分利用内存。任何一种图像处理软件对内存的要求都很高，Photoshop也一样。如果在使用Photoshop时没有使用其他的一些大软件，这时就可以将Photoshop占用内存资源的比例提高。方法是：运行Photoshop，执行"编辑>首选项>性能"命令，在打开的对话框中，将"让Photoshop使用"的比例提高到80%~90%即可。

2. 如何学会Photoshop CS5软件？

在学习用 Photoshop CS5 软件进行平面设计之前，首先要熟悉 Photoshop CS5 的安装与卸载，了解 Photoshop CS5 的工作界面，熟悉 Photoshop CS5 的工作环境，这对以后的软件操作具有很大的帮助。

Unit 01 Photoshop的应用领域 >>

Photoshop CS5 是 Adobe 公司推出的新版本,它支持多种图像的后期处理与调整,为设计者们提供了更多方便,更利于提高图像设计的效率和质量。Photoshop 不仅是一个"图像编辑软件",在平面广告设计中的应用也十分普遍。本单元将对Photoshop CS5 的主要应用领域进行介绍。

>> 在平面广告设计中的应用

平面设计是 Photoshop 应用最为广泛的领域,无论是书籍画册还是海报招贴,这些与印刷相关的平面印刷品,基本上都是采用 Photoshop 软件进行的图像编辑处理。

平面广告设计

>> 在照片后期处理中的应用

Photoshop 具有强大的图像修饰功能。利用这些功能,可以快速修复一张破损的老照片,也可以修复人脸上的斑点等缺陷。Photoshop 常用于拍摄照片的后期处理,调整照片的光影、色调,以及进行修复等。

照片后期处理

>> 在图像特效合成中的应用

Photoshop 具有强大的图像合成功能，常用于图像的特效合成。此类应用在视觉上具有强劲的冲击力，能在第一时间吸引人们的视线。

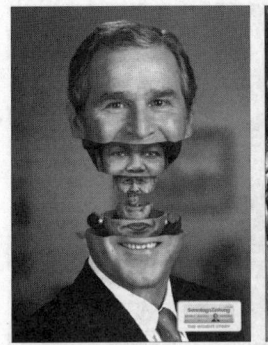

图像合成

>> 在插画设计中的应用

利用 Photoshop 软件不仅可以进行图像处理与合成，在插画绘制中还常常运用 Photoshop 中的画笔工具、图层混合模式、"色阶"命令、"色相/饱和度"命令等多种功能进行插画作品的绘制。

插画设计

在网页设计中的应用

Photoshop 不仅可以用于制作平面印刷作品,在网页设计中,Photoshop 也是必不可少的网页图像处理软件。

网页设计

Unit 02 Photoshop CS5的安装与卸载

在运行一个软件之前,首先应对该软件进行安装。本单元主要对 Photoshop CS5 的安装与卸载进行讲解,以了解 Photoshop CS5 在安装与卸载过程中的注意事项。

安装Photoshop CS5的系统需求

软件运行的快慢与电脑的配置有着密切联系,下面对安装 Photoshop CS5 的最低系统要求进行介绍,以避免软件在安装与安装后运行时受到阻碍。具体需求如下表所示。

名 称	配 置	名 称	配 置
处理器	1.8 GHz 或更快	安装所需硬盘空间	1GB
内存	512 MB 或更大	显示器分辨率	1024x768
显卡	16 位或更高	驱动器	DVD-ROM
多媒体功能	QuickTime 7.2	GPU 加速功能	Shader Model 3.0 和 Open GL 2.0 图形支持

TIP Photoshop Extended 中的 3D 功能要求至少 1GB 内存。

LET'S GO! 安装与卸载Photoshop CS5

在安装前应关闭系统中正在运行的所有应用程序,包括其他 Adobe 应用程序、Microsoft Office 应用程序和浏览器窗口。此外,还建议在安装过程中临时关闭病毒防护程序。

步骤 01 将 DVD 放入光盘驱动器，然后按屏幕指示操作。如果安装程序没有自动启动，浏览位于光盘根目录下的 Adobe CS5 文件夹，双击 Setup.exe 启动安装程序。如果是从网站下载的软件，则打开文件夹，浏览 Adobe CS5 文件夹，双击 Setup.exe，打开启动安装程序。安装程序初始化界面如下图所示。

步骤 02 初始化完成后弹出欢迎窗口，单击"接受"按钮，在弹出的窗口中输入序列号并选择语言，如果没有序列号，则选择"安装此产品的试用版"选项，单击"下一步"按钮，如下图所示。

步骤 03 弹出"输入 Adobe ID"窗口，在该窗口中可创建个人 Adobe ID，也可以单击"跳过此步骤"按钮，如下图所示。

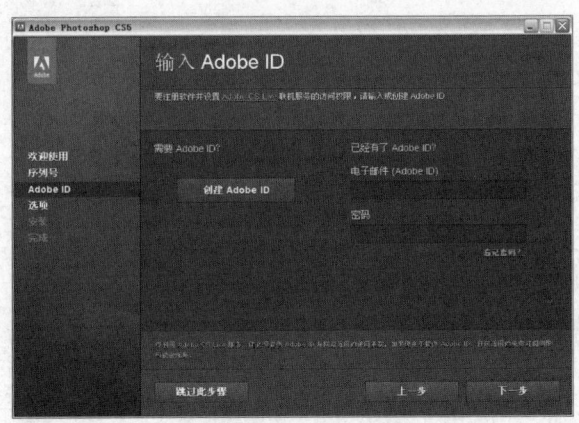

步骤 04 弹出"安装选项"窗口，选择安装选项及位置，单击"安装"按钮进行安装。完成后在弹出的窗口中单击"完成"按钮，完成软件的全部安装，如下图所示。

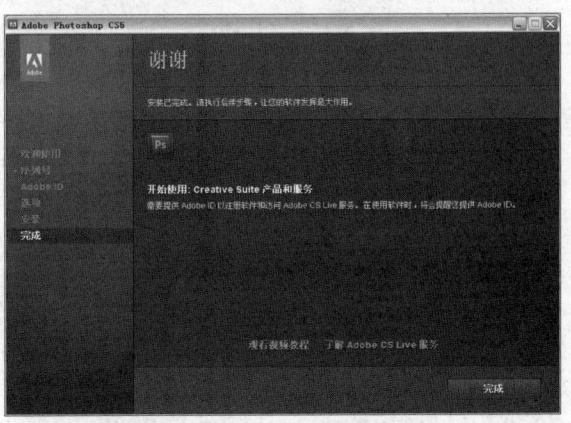

步骤 05 执行"开始 > 控制面板"命令，打开"控制面板"窗口，如下图所示。

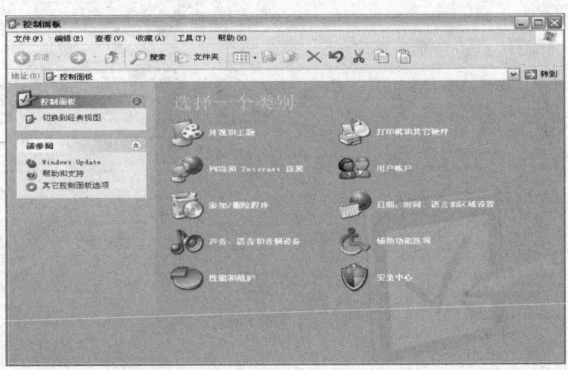

步骤 06 双击"添加/删除程序"选项，打开"添加或删除程序"窗口，选择先前安装的 Adobe Photoshop CS5，如下图所示。

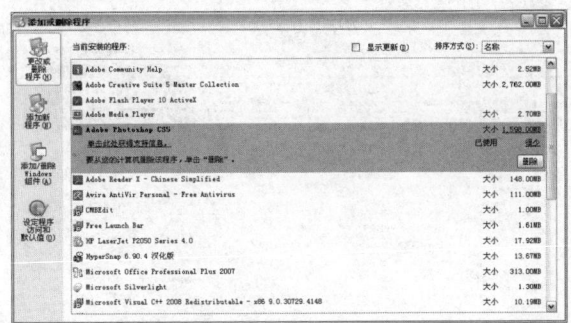

步骤 07 单击右侧的"删除"按钮,打开"卸载"窗口,勾选"要删除的"选项,单击"卸载"按钮,对软件进行卸载,如右图所示。

TIP 与以前的版本相比,Adobe Photoshop CS5 在卸载过程方面有重大变化。无法再使用 Photoshop 安装程序来卸载应用程序。必须使用 Mac OS 和 Windows 的卸载程序。应用程序安装完成后,安装程序将仅用于进行重新安装(添加)或取消安装(删除)。

Unit 03 Photoshop CS5的新增功能 >>

在最新版本的 Photoshop CS5 中增加了许多新功能,比如内容识别填充功能、操控变形功能、新增 Mini Bridge 面板等;同时在 Photoshop CS4 的基础上强化改进了一些功能,其中包括全新的画笔系统、智能修复功能、蒙版调整功能和 3D 面板等;另外,在界面设计上一如既往地保持了简洁漂亮的外形。下面就来具体介绍 Photoshop CS5 中的新增及强化功能。

>> 工作界面随意切换

Photoshop CS5 标题栏的右上角新增了 4 个工作区选项按钮,通过单击不同的工作区按钮,可以切换不同的工作环境,方便用户进行设计、排版以及绘画等操作。

运行 Photoshop CS5,任意打开一张图片。通过单击标题栏中不同的工作区按钮,即可切换不同的工作环境。

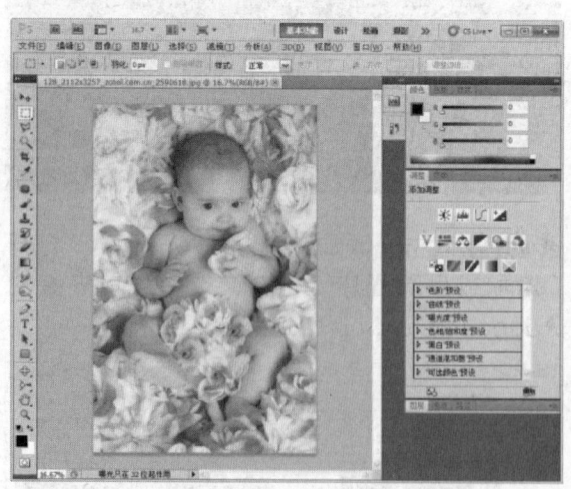

"基本功能"工作区

"设计"工作区

"绘画"工作区

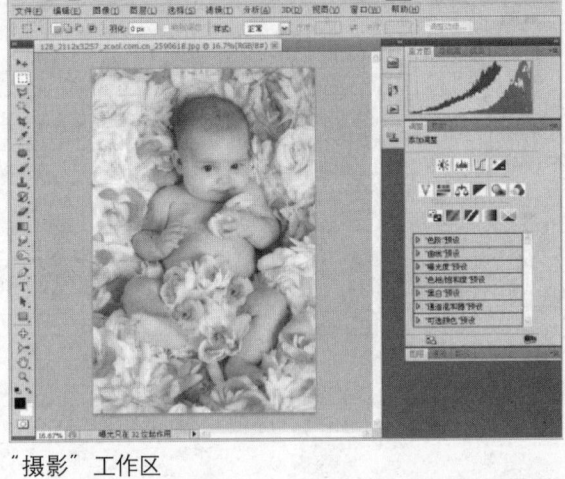
"摄影"工作区

>> Mini Bridge面板

在PhotoshopCS5中新增了快速查找图片的Mini Bridge面板，在Mini Bridge面板中可快速对电脑中的目标文件进行查找。

运行Photoshop CS5，单击标题栏上的"启动Mini Bridge"按钮，即可在Photoshop CS5工作界面中打开Mini Bridge面板，在该面板中可直接打开需要编辑的图片，方便图像的查看与管理。

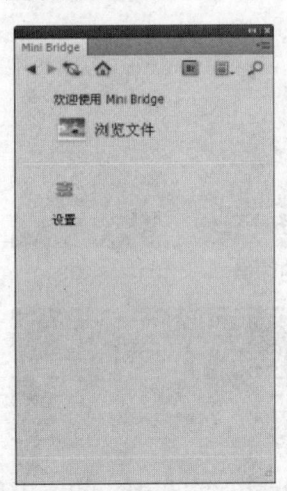
Mini Bridge 面板

在面板中选中图片

双击图片在Photoshop中打开

>> 全新的画笔系统

Photoshop CS5中的画笔系统同之前的版本相比更加智能化、多样化。在"画笔"面板中新增了许多逼真的笔刷样式，提高了Photoshop的绘画艺术台阶，使画面效果更真实。单击画笔工具，在属性栏中单击"切换画笔面板"按钮，在弹出的"画笔"面板中可对画笔进行选择。

画笔工具属性栏

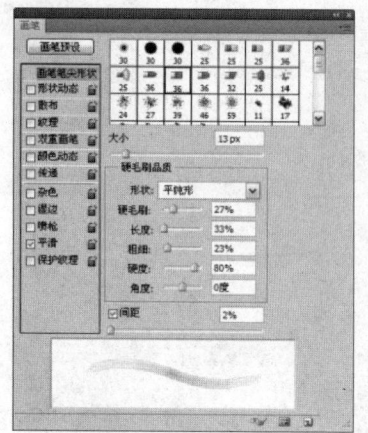
"画笔"面板

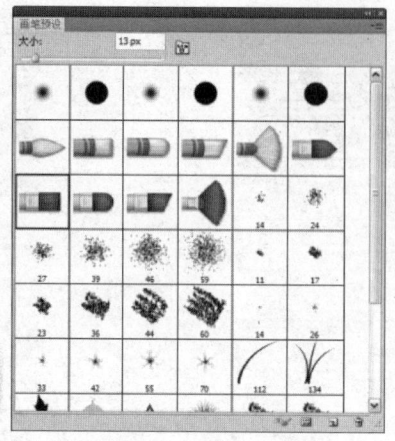
"画笔预设"面板中的默认画笔

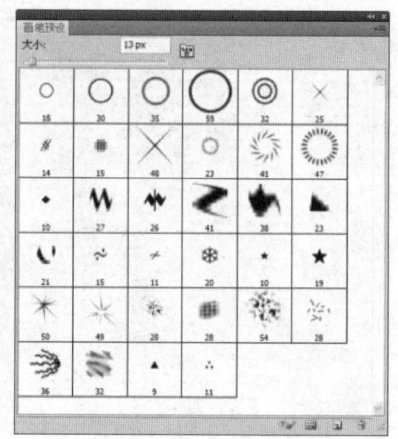
"画笔预设"面板中的混合画笔

>> 内容识别填充功能

Photoshop CS5 中新增添了内容识别填充功能。这项新增的功能相当智能化，同时操作简单、快捷。可以帮助用户在画面上轻松地改变或创建对象，只需要对被编辑的图像进行选区创建，然后执行该命令即可。利用内容识别填充功能，可以对对象进行修改、移动或清除。

应用智能化的内容识别填充功能，在很大程度上方便了我们的操作，使图像的处理过程更加轻松、图像的处理效果更加自然、完整，很难看出有处理的痕迹。

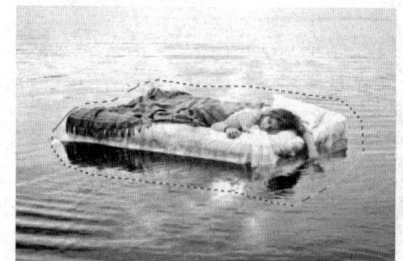
创建多余图像的选区

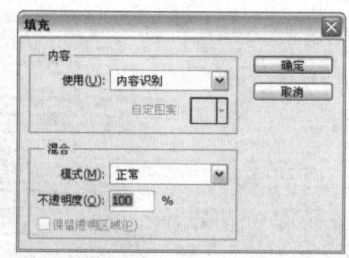
执行"编辑 > 填充"命令

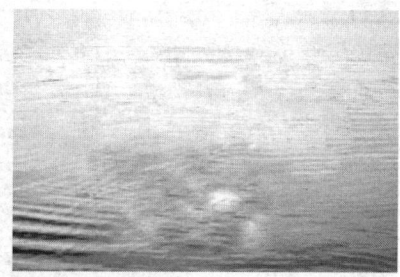
填充多余的图像

创建残缺部分的选区

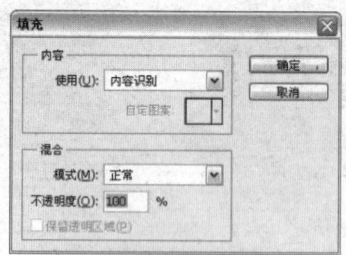
执行"编辑 > 填充"命令

填充残缺部分的图像

>> 改进的智能修复工具

在对图像进行调整的时候，通常会用到各种修复工具对图像进行去除操作，Photoshop CS5 相对以前的版本做出了有史以来最具震撼的革新，添加智能化因素，使图像修改更真实。

原图　　　　　　　使用修补工具修补　　　使用修复画笔工具✏修复　　效果图

>> 操控变形功能

　　Photoshop CS5 中新增了操控变形命令，通过该命令可以针对画面中的某个点拖动变形图像，使图像变形更细致化，同时可以完成图像各种不同的变形效果。

　　执行"编辑 > 操控变形"命令，即可在所选的图像对象上显示变形调节框，创建调节点对图像进行各种变形。

原图　　　　　执行"编辑 > 操控变形"命令　添加节点进行变形　　变形后的效果

>> 调整边缘命令

　　利用调整边缘命令可以对选区进行调整，Photoshop CS5 针对该命令在原有的基础上进行了极大的改进，可以针对细致毛发的图像进行抠图。

　　通过对选区执行"选择 > 调整蒙版"命令，可对选区边缘进行细化的调整。

 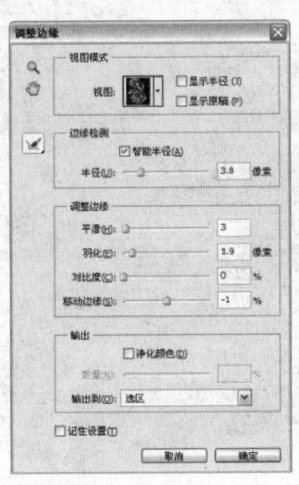 

原图　　　　　　　　　　　　调整选区边缘　　　　　　　边缘抠取效果图

"背景图层"模式　　　　"叠加"模式　　　　"黑底"模式　　　　"黑白"模式

Unit 04　Photoshop CS5的工作环境 >>

Photoshop CS5 在原有版本的基础上增加了新的特性和功能。最明显的是图像窗口的显示，将图像文件并列放置于图像窗口中，便于对图像进行编辑。利用新增程序栏可快速对图像进行编辑，整个工作环境更轻松、便捷。本单元将对 Photoshop CS5 的工作环境进行详细介绍。

>> 启动和关闭Photoshop CS5

在处理图像之前，必须先启动 Photoshop CS5 软件。下面介绍如何启动与关闭 Photoshop CS5 软件。Photoshop CS5 软件启动界面如下图所示。

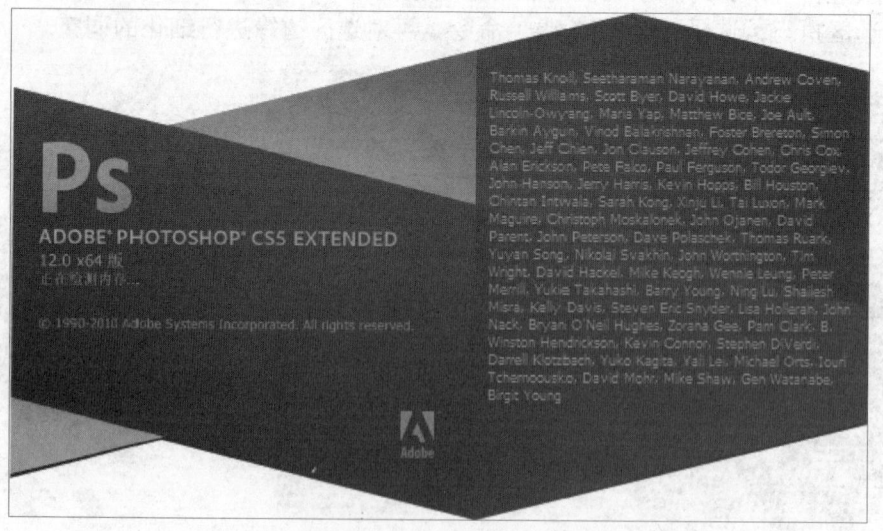

1. 启动 Photoshop CS5

常见的启动 Photoshop CS5 的方法是双击桌面的 Photoshop CS5 快捷方式图标。这里介绍另外两种启动 Photoshop CS5 软件的方法。

方法1：在桌面左下角单击"开始"按钮，在弹出的"开始"菜单中执行"所有程序 >Adobe Photoshop CS5"命令，即可启动 Photoshop CS5。

方法2：双击关联 Photoshop CS5 的图像文件图标，同样可以启动 Photoshop CS5。

2. 关闭 Photoshop CS5

前面介绍了如何启动 Photoshop CS5 软件，下面介绍 3 种关闭 Photoshop CS5 软件的方法。

方法1：执行"文件 > 退出"命令。
方法2：单击界面右上角的"关闭"按钮。
方法3：按快捷键 Ctrl+Q。

>> 认识Photoshop CS5的工作界面

启动 Photoshop CS5 软件后，执行"文件 > 新建"命令可新建文件；执行"文件 > 打开"命令可打开已有的素材图像，随后进入工作界面。Photoshop CS5 的工作界面以灰色调为主，这也是新版本的亮点之一。下图所示为 Photoshop CS5 工作界面的结构。

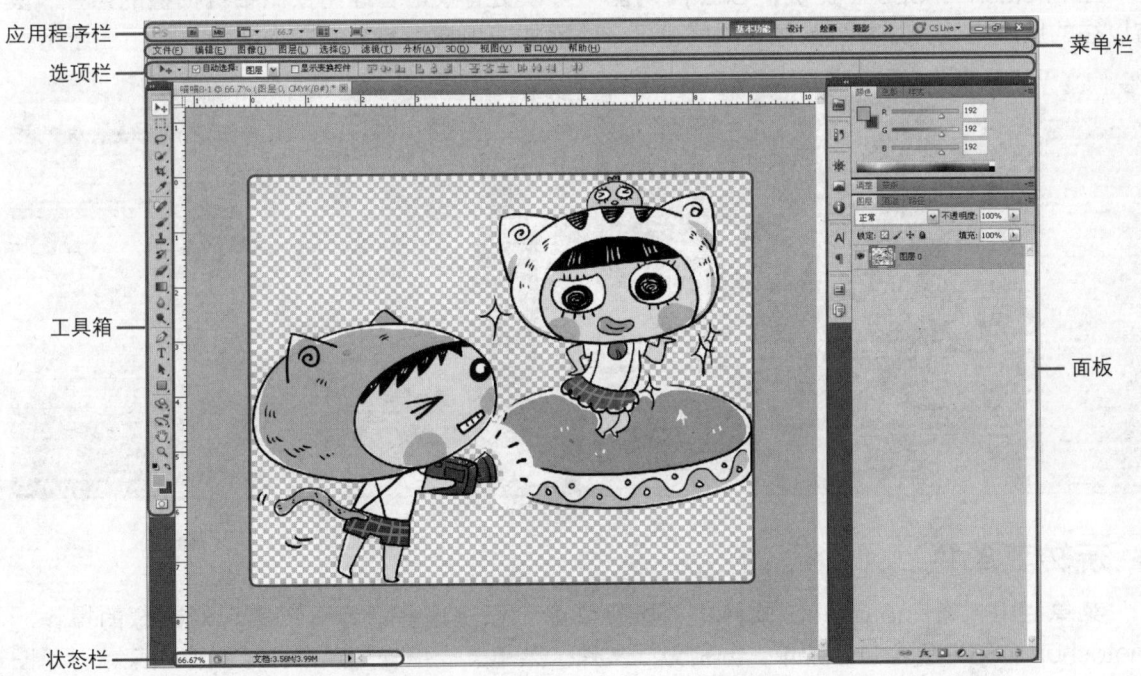

>> Photoshop CS5应用程序栏

应用程序栏是 Photoshop CS5 中的新增功能，容纳了主要应用命令与工具，如下图所示，包括"启动 Bridge"、"启动 Mini Bridge"、"查看额外内容"、"缩放级别"、"排列文档"、"屏幕模式"、"基本功能"以及"最小化"、"最大化"、"关闭"按钮等，具体说明如下表所示。

名称	说明
启动 Bridge	单击"启动 Bridge"按钮，将打开图像文件夹，可快速选择图像文件
Mini Bridge	是 Adobe Photoshop CS5 中的一项扩展功能，通过它可以处理主机应用程序面板中的资源。当您在多个应用程序中工作时，这是一种访问多种 Adobe Bridge 功能的有效方法。Mini Bridge 与 Adobe Bridge 进行通信以创建缩览图，使文件保持同步以及执行其他任务
查看额外内容	单击"查看额外内容"按钮，在弹出的下拉菜单中可以选择"显示参考线"、"显示网格"、"显示标尺"3个选项
缩放级别	单击"缩放级别"按钮，可以对图像的缩放比例进行设置，也可以直接输入缩放大小参数值
排列文档	单击"排列文档"按钮，在弹出的下拉列表中，可以对图像文件的排列进行调整
屏幕模式	单击"屏幕模式"按钮，在弹出的下拉列表中，可以对屏幕的显示模式进行调整
选择工作区	单击"显示更多工作区和选项"按钮，在弹出的下拉列表中，可以设置工作区的显示模式
最小化	单击"最小化"按钮，将 Photoshop 工作窗口隐藏到桌面任务栏中
最大化	单击"最大化"按钮，将最大化显示工作界面
关闭	单击"关闭"按钮，关闭 Photoshop CS5 应用程序

? PS解密 在Bridge中浏览

在 Photoshop CS5 中提供了 Bridge 功能，可以更有效地管理用数码相机拍摄的照片。其与以往的版本相比，加快了图像的浏览速度，能够快速地搜索需要的图像文件，如下图所示。

>> 玩转菜单栏

菜单栏中包含Photoshop 软件中的所有命令，通过这些命令可以实现对图像的操作。Photoshop CS5中包含11个菜单，分别为"文件"菜单、"编辑"菜单、"图像"菜单、"图层"菜单、"选择"菜单、"滤镜"菜单、"分析"菜单、"3D"菜单、"视图"菜单、"窗口"菜单和"帮助"菜单，具体说明如下表所示。

菜单栏	说明
"文件"菜单	"文件"菜单是多种文件管理基本操作命令的集合，包括新建、打开、存储、导入、导出、打印等多种基本操作命令
"编辑"菜单	"编辑"菜单中的命令用来对图像文件进行编辑，包括剪切、拷贝、粘贴、清除、填充、变换、贴入等基本操作命令
"图像"菜单	"图像"菜单中的命令用于调整图像，如设置图像的模式、变换图像的色彩、调节图像的版面大小等，包括模式、调整、图像大小、画布大小、旋转画布等命令
"图层"菜单	"图层"菜单中的命令用于对图像的图层进行操作，其中包括新建、复制图层、图层样式、图层蒙版、图层编组、链接图层等命令
"选择"菜单	"选择"菜单中的命令与图像的选区相关，包括取消选择、反向、色彩范围、变换选区、选取相似、存储选区等命令
"滤镜"菜单	"滤镜"菜单中的命令用于制作图像的特效，各种滤镜结合使用，能够制作出不同的特效，如画笔描边效果、模糊效果、素描效果等
"分析"菜单	"分析"菜单主要用于对图像进行分析，了解图像信息
"3D"菜单	"3D"菜单是从 Photoshop CS4 开始出现的菜单
"视图"菜单	"视图"菜单中包括校样设置、实际像素、标尺、对齐、锁定参考线、新建参考线等命令
"窗口"菜单	"窗口"菜单主要用于对打开的图像文件进行管理和对工作区进行设置，还可以显示或隐藏软件提供的各种面板
"帮助"菜单	"帮助"菜单主要用于查看软件的在线帮助，辅助用户学习软件

≫ 熟悉工具箱的工具分类

Photoshop 的工具箱中包含了该软件的所有工具。在工具箱中工具图标右下角带有的小三角形按钮 上按住鼠标左键，或者在工具图标上右击，都会弹出下拉菜单显示隐藏工具。单击工具箱顶端的 按钮，可以将单栏显示的工具箱调整为双栏显示，如下图所示。在图像处理中可根据实际情况及时转换。

》 掌握工具选项栏的特点

选项栏用于设置工具的选项，不同工具选项栏的参数也不同。下面以矩形选框工具的选项栏和魔棒工具的选项栏为例进行介绍，如下图所示。

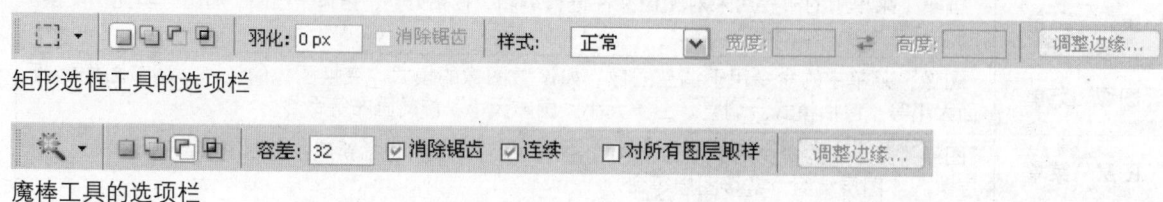

矩形选框工具的选项栏

魔棒工具的选项栏

在图像处理中，可以根据需要在选项栏中设置不同的参数。设置的参数不同，得到的图像效果也不同。

例如，使用魔棒工具创建选区时，选项栏中设置的"容差"参数不同，最终所选区域的大小和范围也不同。同理，利用矩形选框工具创建选区时，在选项栏中设置的"羽化"参数不同，最后羽化选区边缘的程度也不同。所以选项栏中的参数变化使工具的功能更强大，也使Photoshop中工具的应用更灵活，这些都可以使图像处理更方便。

》 认识工作区与状态栏

工作区是在Photoshop中进行图像处理的主要区域，在此可以同时打开多个窗口，同时进行操作。对图像文件进行任何操作都会直观地反映在图像窗口中。状态栏位于图像窗口的底部，主要显示当前打开图像的文件信息，即图像文件的缩放比例和文件大小，单击状态栏中的按钮▶，可以在弹出的下拉菜单中设置状态栏中要显示的当前图像的相关信息。下面来进行简单操作。

操作演示 调整工作区

01 打开一幅素材图像，图像即会显示在图像窗口中，如下图所示。

02 再打开一个图片文件，图像同样显示在图像窗口中，如下图所示。

03 在风景图像的状态栏中设置缩放比例为100%，图像放大，如下图所示。

04 单击人物图像上侧的灰色标题栏并按住鼠标左键不放，对图像文件进行移动，调整图像的位置，如下图所示。

>> 调整面板

在处理图像的过程中，可以打开或关闭面板，也可以根据实际情况对面板进行不同的组合，具体操作如下。

操作演示 调整面板的基本操作

01 启动Photoshop CS5，执行"文件>打开"命令，打开本书配套光盘中实例文件\Chapter 1\Media\001.jpg文件，如下图所示。

02 单击"导航器"面板上侧并按住鼠标左键不放拖动面板，对面板进行移动，如下图所示。

TIP 当工作区内的面板摆放较乱时，可以单击"显示更多工作区和选项"按钮，在弹出的下拉菜单中选择"复位基本功能"选项，恢复为工作界面的初始状态。

03 单击"导航器"面板右侧的关闭按钮，即可关闭"导航器"面板，如下图所示。

04 执行"窗口 > 导航器"命令，即可以重新打开"导航器"面板，如下图所示。将"导航器"面板拖动到"图层"面板所在的面板组中，然后关闭其他面板即可。

>> 工具预设的作用

"工具预设"面板是 Photoshop 为了方便用户保存和调用特定工具而设的一个功能。可以使用选项栏中的"工具预设"拾色器、"工具预设"调板和"预设管理器"载入、编辑和创建工具预设库。在使用画笔时，如需对其颜色、硬度、主直径等进行设定，且在以后的编辑中还要用到相同设置的画笔，就可以把这个设置好的画笔保存为"工具预设"，下次需要时直接调出即可使用，不必重新设置，方便快捷。

操作演示 预设画笔工具

01 运行 Photoshop CS5，打开一个图像文件，执行"窗口 > 工具预设"命令，如下图所示。

02 打开"工具预设"面板，在该面板中选择"圆形彩虹"选项，如下图所示。

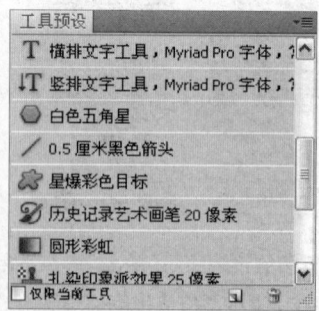

03 从图像的左上角向下填充渐变颜色，如下图所示。

04 单击画笔工具，设置画笔大小为100px，选择柔角笔刷，单击"工具预设"面板下方的"创建新的工具预设"按钮，打开"新建工具预设"对话框，设置名称后单击"确定"按钮，完成画笔预设，如下图所示。

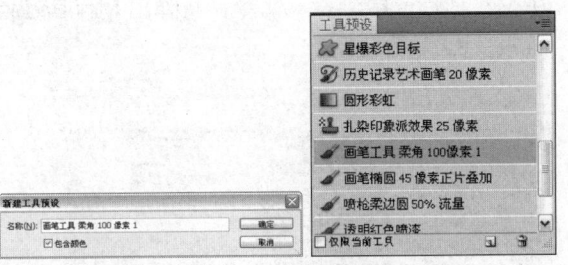

LET'S GO! Photoshop的屏幕模式

通过对Photoshop CS5中屏幕的显示方式进行设置，可使图像查看更方便，并加快图像编辑速度，从而提高工作效率。下面对屏幕模式设置进行详细介绍。

步骤01 运行Photoshop CS5，打开图像文件，在应用程序栏中单击"屏幕模式"按钮，选择"标准屏幕模式"选项，如下图所示。

步骤02 采用相同的方法选择"带有菜单栏的全屏模式"选项，屏幕显示效果如下图所示。

步骤03 采用相同的方法选择"全屏模式"选项，屏幕显示效果如右图所示。

TIP 可以通过快捷键F对屏幕的显示模式进行快速调整。

从Mini Bridge中浏览

通过Mini Bridge浏览图像，不仅可快速浏览指定文件夹中的图像文件，并对这些文件进行缩览，还可从中打开指定的图像文件至Photoshop并进行编辑。

步骤01 运行Photoshop CS5并执行"文件>在Mini Bridge中浏览"命令，将弹出Mini Bridge面板，如下图所示。

步骤02 单击面板中的"浏览文件"按钮，并从中指定目标文件夹的路径，如下图所示。

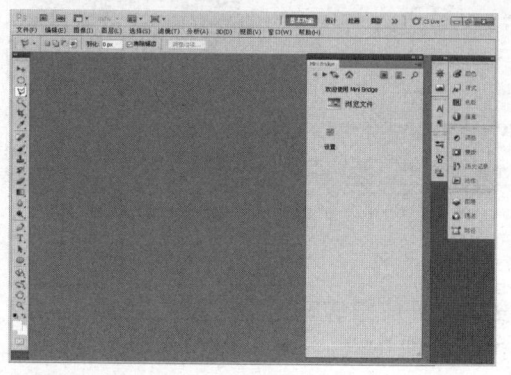

步骤03 在面板中双击指定的图像缩览图，即可导入该图像文件，如下图所示。

> **TIP** 在Mini Bridge中可对图像文件的缩览选项进行调整，以设置图像的预览显示状态。如缩小缩览图后可查看更多的图像文件；放大缩览图后便于查看指定的图像文件细节。

DO IT YOURSELF 练习操作

1. 安装和卸载Photoshop CS5软件

根据前面所学内容，掌握软件的安装与卸载知识，在软件出错时可以应急对待，而不影响工作。

> **TIP** 在进行软件卸载的时候，一定要将软件全部卸载干净，才不会影响重新安装Photoshop后软件的应用。

Step BY Step（步骤提示）
1. 双击Setup.exe
2. 按照提示进行软件安装
3. 卸载软件

2. 熟悉工作环境

通过前面基础知识的讲解，希望读者能够熟练地掌握工作环境中各菜单栏与状态栏的应用，可以结合前面所讲的知识，自己切身体验，在实践中总结经验，灵活应用软件。

Step BY Step（步骤提示）
1. 熟悉程序栏按钮应用
2. 认识菜单栏
3. 调整工作区

Chapter 02 图像处理相关知识

Photoshop CS5是一款专业的图像设计软件,利用Photoshop CS5对图像进行加工,可以让图像更完美,更吸引人们的眼球。特别是在商业广告和平面艺术设计领域,视觉作品的水准与商业价值的实现有着密切联系。本章主要介绍图像处理的相关知识与平面设计的基本内容,通过本章的学习,读者可以认识图像处理相关软件与平面设计中各元素的表现特征。

技术要点

1. 平面设计相关软件主要包括哪些?

在平面设计中,常会用到矢量绘制软件Illustrator、矢量排版软件CorelDRAW、专业排版软件InDesign以及专业图像处理软件Photoshop。

2. 图像主要分为哪几类?具有什么表现?

图像主要以矢量图和位图两种方式表现,位图图像是由像素描述的,像素的多少决定了位图图像的显示质量和文件大小。矢量图的清晰度与分辨率的大小无关,对矢量图形进行缩放时,图形对象仍保持原有的清晰度。

3. 平面设计主要元素为哪些?

色彩、文字、图片为平面设计中的主要构成元素,通过对这3个元素的合理搭配,可进行画面信息的传达。

Unit 01 常用图像处理软件 >>

图像处理软件有很多种，不同的软件可制作出不一样的图像效果。通过对图像软件的认识与选择，有助于设计师根据所处理的图像特征进行合理的图像处理，达到事半功倍的效果。本单元主要介绍4种图像处理软件，并通过对比，介绍各自的优势和应用领域。

>> 矢量绘图软件——Illustrator

Illustrator 是 Adobe 公司推出的一款用于绘制矢量图形和平面设计的软件。这款经典的软件集矢量图形绘制、平面广告设计、文字排版、高品质输出以及打印于一体，具有十分强大的功能，操作便捷、界面直观大方，受到广告平面设计人员和图形图像爱好者的青睐，成为矢量图形绘制软件的先锋。

Illustrator 独特的欢迎界面更具有操作性，如下图所示。在创建新文档的种类中增加了"打印"文档，"网站"文档、"移动设备"文档和"视频和胶片"文档、"基本 CMYK"文档和"基本 RGB"文档。"新建文档"对话框中添加了"高级"选项，可以设置"颜色模式"、"栅格效果"、"预览模式"。

Illustrator 开始界面

Illustrator 工作界面

Illustrator 具有强大的矢量绘图功能，不仅可以用于轻松绘制矢量图形，还可广泛运用于平面广告设计、VI 设计、包装设计、插画设计以及网页设计等多个设计领域。

利用 Illustrator 绘制的矢量作品

» 矢量排版软件——CorelDRAW

CorelDRAW 是 Corel 公司推出的具有强大矢量图形处理功能的软件，既是矢量图形绘制软件也是平面广告排版软件。CorelDRAW 具有强大的位图兼容性以及位图编辑功能，从简单的 Logo 设计到复杂的 VI 设计，均可帮助设计师完成矢量绘图、平面广告设计以及版面排版设计，使整个设计轻松快捷。

利用 CorelDRAW 可以制作出精致美观、色彩鲜艳的图形。在平时设计中，既可以灵活运用交互式网格填充工具对图像进行网格填充，使填充颜色过渡均匀自然，也可以使用形状工具对图像的形状进行调整，制作色彩绚丽的矢量图像。而且 CorelDRAW 具有专业的版面编排功能，再使用文字工具并结合贝塞尔曲线及滤镜效果，可以制作出很多意想不到的文字效果。CorelDRAW 软件界面如右图所示。

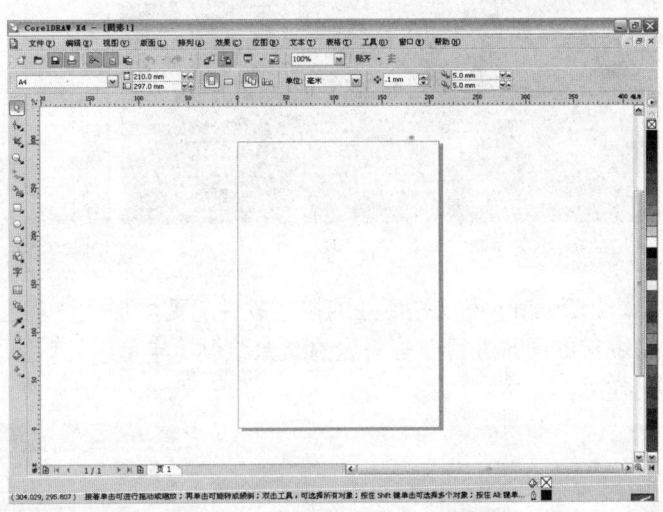

CorelDRAW 工作界面

在新版本的 CorelDRAW 中还新增了多项强大的位图处理功能。用户可以通过 CorelDRAW 软件将位图转换为矢量图像，方便用户对图像的操作，打破了以往软件只能制作矢量效果的局限性。下图所示是一些利用 CorelDRAW 制作的平面广告设计作品。

利用 CorelDRAW 制作的平面广告作品

» 专业排版软件——InDesign

InDesign 是专业的排版软件，主要针对文字、图形图像进行具有美感的编排，突出版面主题。InDesign 在版面编排中具有非常重要的作用，在文字编排上具有强大的优越性，将文件以点、线、面的形式编排在版面上，非常方便，为整个设计节约了很多时间。InDesign 软件工作界面如下图所示。

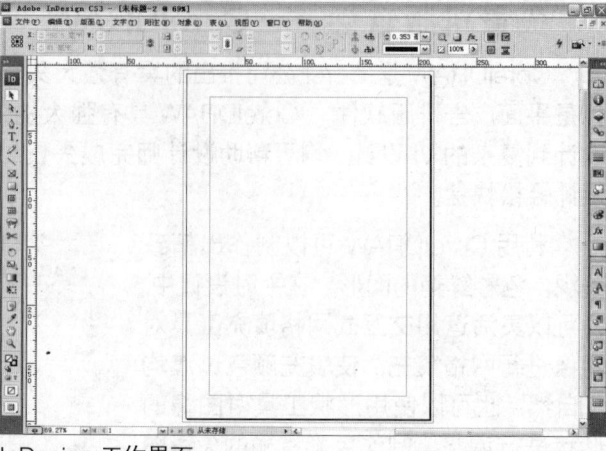

InDesign 开始界面　　　　　　　　　　InDesign 工作界面

　　InDesign 不仅是专业的排版软件，更添加了许多绘图及绘画软件的功能，便于用户在进行版面编排的同时进行一些矢量的图像绘制，丰富版面效果。下面是一些利用 InDesign 进行版面编排的作品。

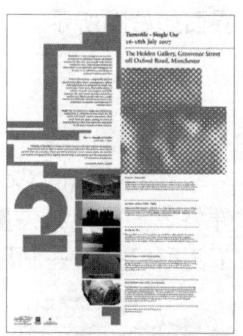

利用 InDesign 编排的作品

》专业图像处理软件——Photoshop

　　Photoshop 是 Adobe 公司推出的绘图软件，如下右图所示。它支持多种图像格式、多种颜色模式和多图层的图像处理，为设计者们提供了更多方便，更利于提高图像设计的效率和质量。

　　Photoshop 是世界顶尖级的图像设计与制作软件，利用该软件可以对已有的位图图像进行编辑加工处理，实现诸多应用功能，包括数码照片修复、个性化照片制作、DM单、宣传册、印刷品设计、网页图像处理、包装产品设计等。可以利用滤镜功能制作艺术视觉效果，还可以利用绘画和路径功能制作超写实的图像艺术效果等。

Photoshop 工作界面

在 Photoshop CS5 安装完成后，双击桌面上的 Photoshop CS5 快捷方式图标，即可启动 Photoshop CS5。Photoshop CS5 软件版本的提升为设计人员和专业摄影师提供了创新性的技术支持，它是专业的图像处理软件，广泛应用于包装设计、画册设计、户外广告设计、海报招贴设计等领域，如下图所示，其在平面设计领域中占有重要的地位。

利用 Photoshop 制作的平面作品

Unit 02 认识图像的原理 >>

Photoshop 是一款图像处理软件，所以"图像"是 Photoshop 中非常重要的一个概念。图像可分为位图和矢量图，位图是由像素组成的图像，矢量图是由线段和曲线描述的图像。在 Photoshop 中处理过的图像是位图图像。

>> 位图和矢量图

在计算机中，各种信息都是以数字方式记录、处理和保存的。同样，图形图像在计算机中也是以数字方式存在的。下面就具体介绍计算机应用中的位图图像和矢量图像概念。

1. 位图

位图图像是由像素描述的，像素的多少决定了位图图像的显示质量和文件大小。单位面积的位图图像包含的像素越多，分辨率越高，显示越清晰，文件所占的空间也就越大。反之，图像就越模糊，所占的空间也越小。对位图图像进行缩放时，图像的清晰度会受影响。当位图图像放大到一定程度时，会出现锯齿一样的边缘。如下左图所示为位图原图像，放大后的局部效果如下右图所示。

 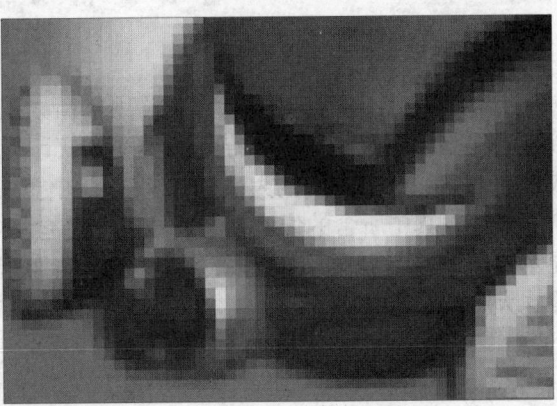

2. 矢量图

用于描述矢量图的线段和曲线称为对象，每个对象都是独立的实体，具有颜色、形状、轮廓、大小和屏幕位置等属性，而且不会影响图中其他对象。矢量图的清晰度与分辨率的大小无关，对矢量图形进行缩放时，图形对象仍保持原有的清晰度。如下左图所示为矢量图原图像，放大后的局部效果如下右图所示。

》 像素与分辨率

分辨率是图像处理中的又一个重要概念。常用的分辨率有图像分辨率和显示器分辨率两种，其大小与单位面积的像素有关。

1. 像素

像素是构成图像最基本的单位，是一种虚拟的单位，只能存在于电脑中。计算机的显示器是在网格中显示图像，所以不管是位图还是矢量图，在屏幕上都会显示为像素。像素的大小是可以变化的，改变像素的大小不但会影响屏幕上图像的大小，而且会影响图像的品质和打印的特性。下面举例说明。

启动 Photoshop CS5，打开任意图像文件。选择缩放工具，在图像文件中单击鼠标左键，对图像进行放大。当图像放大到 1600% 时，出现明显的马赛克效果，可以看出图像是由像素块构成的。

2. 分辨率

分辨率是图像的一个重要属性，用来衡量图像的细节表现力和技术指标。分辨率可分为图像分辨率、显示器分辨率、扫描仪分辨率和打印机分辨率等。图像分辨率就是每英寸图像所含的点或像素，它和图像文件的大小一起决定了图像的输出质量。图像文件的大小和分辨率成正比，分辨率越高，其中所含的像素就越多，文件就越大。如果将分辨率提高 1 倍，文件将比原来大 3 倍。显示器分辨率是指显示器上单位长度显示的像素点的数量多少。显示器分辨率的大小取决于显示器的大小及其像素的设置。

>> 颜色模式

图像的颜色模式直接影响图像的效果，一般分为位图模式、灰度模式、双色调模式、索引颜色模式、RGB 颜色模式、CMYK 颜色模式、Lab 颜色模式、多通道模式。

1. 颜色模式的分类

在 Photoshop 中，图像颜色是色彩缤纷的，其中常见的颜色模式包括 RGB（红色、绿色、蓝色）模式、CMYK（青色、洋红、黄色、黑色）模式、Lab 模式等，具体说明如下表所示。

模 式	说 明
位图模式	位图模式使用黑色或白色表示图像中的像素。该模式下的图像被称为映射 1 位图像，因为其深度为 1。如果要把图像的颜色模式转换为位图模式，则必须先将其转换为灰度模式，然后再由灰度模式转换为位图模式
灰度模式	灰度颜色模式中只有黑、白、灰 3 种颜色，而没有彩色。在灰度模式下可以使用所有 RGB 模式下可使用的滤镜。在灰度模式下没有额外颜色信息的影响和干扰，其色调校正是最直观的，并且是惟一能转换位图和双色调模式的颜色模式
索引颜色模式	索引颜色模式也称为映射颜色。它只能存储一个 8 位色彩深度的文件，即最多 256 种颜色。通常，索引颜色模式保存用于网络的图像，如 GIF 格式的图像
RGB 颜色模式	RGB 颜色模式是一种色光表现模式。RGB 颜色模式也是加色法模式，通过 R、G、B 的辐射量描述颜色。不同的 R、G、B 值混合得到的颜色不同
CMYK 颜色模式	CMYK 颜色模式是由青色、洋红、黄色和黑色组合而成的，主要用于打印输出
Lab 颜色模式	Lab 颜色模式是一种与设备无关的色彩空间，无论使用何种设备（如显示器、打印机、计算机或扫描仪）创建或输出图像，在该模式下都能生成一致的颜色。在 Photoshop 中进行 RGB 模式与 CMYK 模式互相转换时，Lab 模式是中间过渡模式
多通道模式	在多通道模式下，每个通道都使用 256 级灰度，可以存储为 PSD、PSB、Photoshop Raw 或 Photoshop DCS 2.0 EPS 等格式的图像

2. 颜色模式的转换

颜色模式之间可以相互转换，即可以将图像从原来的模式转换为另一种模式。在处理图像时，可以根据需要在不同的颜色模式间进行转换。例如，将 RGB 模式转换为 CMYK 模式时，位于 CMYK 色域外的 RGB 颜色值将被调整到色域之内，若再将图像从 CMYK 模式转换为 RGB 模式，其中某些图像数据可能会丢失并且无法恢复。下面将对模式的转换操作进行简单的介绍，具体如下。

■操作演示 颜色模式转换

完成文件 ◉：实例文件\Chapter 2\Complete\颜色模式转换.psd

01 启动 Photoshop CS5，执行"文件 > 打开"命令，打开本书配套光盘中的实例文件\Chapter 2\Media\001.jpg 文件，如下图所示。

02 执行"图像 > 模式 > 灰度"命令，如下图所示。

03 选择灰度模式后，在图像窗口中将弹出"信息"对话框，如下图所示。

04 单击"扔掉"按钮，图像变成灰色，如下图所示。

05 执行"图像 > 模式 > 双色调"命令，弹出"双色调选项"对话框，可以根据需要单击油墨颜色色标，在弹出的"选择油墨颜色"对话框中设置颜色值。这里参数设置如下图所示。

06 单击"确定"按钮，图像颜色发生改变，如下图所示。也可分别设置油墨1和油墨2的颜色，会得到不同的效果。

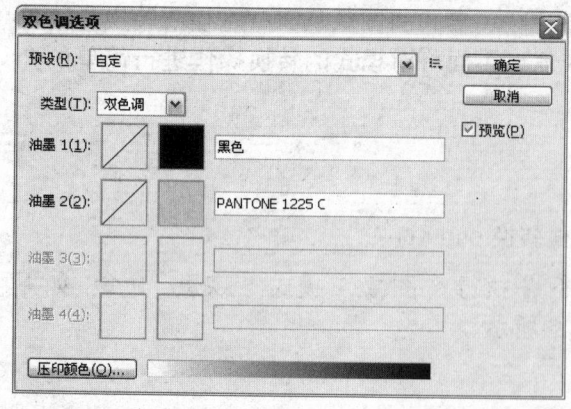 

>> 图像文件格式

在 Photoshop 中，提供了多种图像文件格式。根据不同的需要，可以选择不同的文件格式保存图像。图像文件格式包括 PSD 格式、BMP 格式、PDF 格式、JPEG 格式、GIF 格式、TGA 格式、TIFF 格式、PNG 格式等。常用格式的说明如下表所示。

格 式	说 明
PSD 格式	PSD 格式是 Photoshop 的固有格式，利用该模式能很好地保存图层、通道、路径、蒙版以及压缩方案，不会导致数据丢失等，但支持该格式的软件不多
BMP 格式	BMP（Windows Bitmap）格式是 Windows 操作系统中的标准图像文件格式，BMP 格式采用位映射存储格式，对图像质量不会产生影响
PDF 格式	PDF（Portable Document Format）是由 Adobe Systems 创建的一种文件格式，PDF 文件还可嵌入到 Web 的 HTML 文档中
JPEG 格式	JPEG（Joint Photographic Experts Group，联合图形专家组）是常用的图像格式，绝大多数的图形处理软件支持这种格式。JPEG 格式的图像广泛用于网页的制作
GIF 格式	GIF 格式是输出图像到网页时最常用的格式。GIF 采用 LZW 压缩，限定在 256 色以内的色彩
TGA 格式	TGA（Targa）格式是计算机上应用最广泛的图像文件格式，它支持 32 位色彩
TIFF 格式	TIFF（Tag Image File Format，有标签的图像文件格式）使用 LZW 无损压缩，大大减少了图像尺寸。TIFF 格式的图像还可以保存通道
PNG 格式	在将图片保存为 PNG 格式时，图像不会丢失任何颜色信息，并支持透明和真彩色

Unit 03 了解平面设计的特点 >>

了解平面广告的特点可以帮助设计师在制作平面作品时更得心应手，通过对本单元的学习，可以帮助设计师更好地应用设计软件。

>> 平面设计的基本概念

平面设计是将不同设计元素按照一定的规则在版面上进行编排。在平面上体现不同的设计空间感，通过元素的组合实现二维甚至三维的空间感，这些组合对人的视觉引导作用形成幻觉空间。

平面设计是一种以平面方式展现版面信息的静止型设计类型，能给人视觉上的冲击力，具有画面信息传递的作用，使人产生视觉美感的平面设计艺术。

平面设计作品

平面设计的特点

平面设计作为视觉传达艺术的一种,能够将特定的物体通过某种方式转换为视觉元素形成平面设计画面,进行有特征的宣传,具有视觉表现的特征。

平面设计具有传播性广、针对性强等特征,通过不同的表现媒介与表现方式对平面画面进行有目的的宣传,从而得到一定的收视效果。如平面广告设计所针对的就是广告物体,通过画面的形式对广告主体进行宣传,从而进行信息的传达,达到产品的促销等目的。

  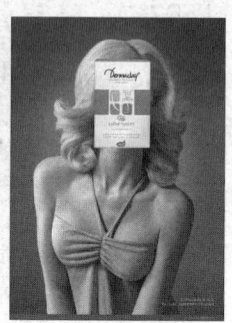

平面广告作品

平面设计的媒介类型

平面设计主要分为平面广告设计和平面艺术设计,是以一种平面的方式进行信息的传递,通常采用印刷、喷绘与写真、网页等作为宣传媒介。主要包括数码写真、书籍印刷类广告、路牌喷绘广告以及网页设计等,采用不同的媒介对广告的信息进行传达。

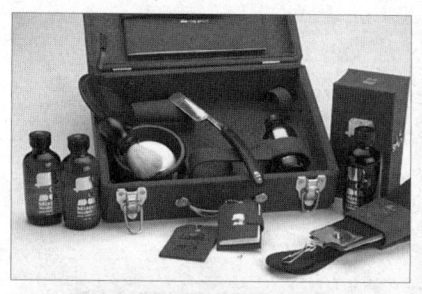  

平面设计类型

Unit 04 平面设计中各元素的重要表现 >>

掌握平面设计中各个元素的构成与表现，可以帮助设计师制作出更完善的平面设计作品。平面设计主要由色彩、文字、图片三元素构成，形成具有视觉表现力的平面设计作品，本单元主要对平面设计中各个元素的表现进行介绍。

>> 平面设计中色彩的表现

所谓色彩，在自然界中它是一种概念，是一种客观现象的存在，是由于物体对光的反射作用在人们的视网膜中形成的一种色彩表现现象。

在平面设计过程中，色彩是第一视觉元素，人们对色彩的感知与反射是最强烈的。色彩对人眼刺激的最佳时间为0.7秒，通过人眼对不同色彩的接收，可对人们产生不同的心理作用。如绿色给人健康、安全、卫生的心理感受；红色给人激情、活力的心理感受等。因此，充分认识和掌握色彩的理念，充分发挥色彩在平面设计中的视觉传达作用和功能，可以帮助设计师更准确地进行平面设计信息的传达。

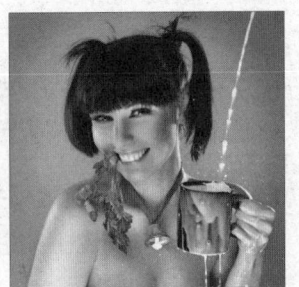

平面设计中色彩的表现

>> 平面设计中文字的表现

文字在平面设计中常以点、线、面的形式存在，具有极强的灵活性，也是信息传达最直接的表现方式。文字具有可读性特征，在进行平面设计视觉传达时，通过文字信息，可以更准确地进行画面信息宣传。

文字主要分为标题文字与说明文字两种，通过不同的表现形式进行信息宣传，合理编排平面设计中的文字信息，不仅可以美化设计画面，更能将信息更准确地传递给受众。

平面设计中文字的表现

平面设计中图片的表现

图形作为一种视觉表现形态,在平面设计中具有语言信息的表达特征,如三角形具有稳定、顽强的视觉感受;六角形既不是圆形也不是方形,具有平稳、灵活的视觉感受。

图形具有表现性、功能性、象征性等特征,在平面设计中,应用不同的图形元素,可以表达不同的视觉传达效果,灵活地应用图形特征,可以帮助设计师更准确完善地进行平面设计信息传达。

平面设计中图片的表现

DO IT YOURSELF 练习操作

1. 认识图像处理相关软件

通过对其他软件知识的了解与对比,加强对 Photoshop CS5 软件的熟悉程度。

Step BY Step (步骤提示)
1. 下载并安装多个图像处理软件
2. 打开软件进行界面及工具的认识
3. 深入认识 Photoshop CS5 软件

2. 了解图像的基础知识

根据前面所讲知识,读者可以针对不同的图像模式,对图像的大小、分辨率进行观察,熟悉图像相关知识。

Step BY Step (步骤提示)
1. 打开 Photoshop CS5 软件
2. 认识位图
3. 认识矢量图

Chapter 03 平面作品印刷知识

平面设计作品大多采用印刷的方式进行成品制作，如书籍装帧、海报招贴设计、包装设计、平面广告设计、户外站台设计等，都是通过印刷的方式进行成品输出的。本章主要对平面作品印刷知识进行讲解，通过对图像大小、分辨率设置、文件存储格式、输出前的准备、印刷工艺以及后期工艺等知识点的介绍，帮助读者了解平面广告印刷的相关知识。

技术要点

1. 图像大小与分辨率对印刷有什么影响？

图像的大小与分辨率的大小直接影响着平面设计印刷效果，其中图像的大小设置影响印刷设计作品的尺寸大小，分辨率是衡量相同大小图像内包含的像素点多少的技术指标，能够反映出图像的清晰度。

2. 平面设计作品印刷需要哪些准备？

在 Photoshop 中对印刷的作品进行大小及分辨率设置，然后进行平面制作，对完成后的作品需要输出印刷，最后通过印刷的相关工艺，完成平面设计成品。

Unit 01 图像大小及分辨率设置 >>

在图像的输出过程中，图像大小与分辨率会直接影响到整个图像的效果。图像分辨率即图像中每英寸图像所含的点或像素。相同打印尺寸的图像，分辨率越高，图像所含像素越多，打印效果也就越清晰。

>> 了解图像大小

要对图像的大小进行调整，可以使用"图像大小"或"画布大小"来完成，也可以综合使用这两个命令来调整图像大小。

操作演示 设置图像大小

01 运行 Photoshop CS5，执行"文件 > 打开"命令，打开本书配套光盘中的实例文件 \ Chapter 3\Media\001.jpg 文件，如下图所示。

02 执行"图像 > 图像大小"命令，打开"图像大小"对话框，可以看到图像的相关信息，如下图所示。

03 设置"图像大小"对话框中"文档大小"选项区中的"宽度"与"高度"参数值，如下图所示。

04 设置完成后单击"确定"按钮，并缩小图像，效果如下图所示。

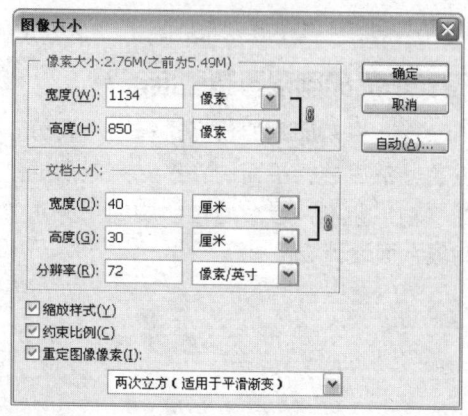

05 执行"图像>画布大小"命令,打开"画布大小"对话框,设置"高度"参数值,如下图所示。

06 设置完成后单击"确定"按钮,对图像的画布进行裁切,效果如下图所示。

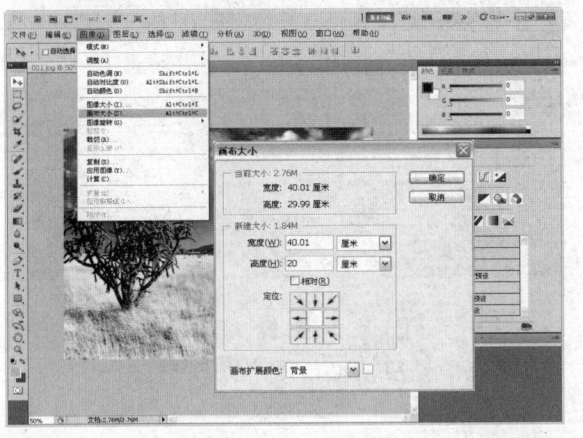

TIP 在 Photoshop CS5 中,设置画布大小的参数值对图像进行裁切,不会影响图像的像素大小。

》 设置分辨率

分辨率是衡量相同大小图像内包含像素点多少的技术指标,能够反映出图像的清晰度。位图图像的分辨率可以任意设置和修改。

下面主要对图像分辨率的设置进行讲解。在"新建"对话框与"图像大小"对话框中都可以对"分辨率"进行设置,如下图所示。调整分辨率的大小,会影响整个图像的打印效果。

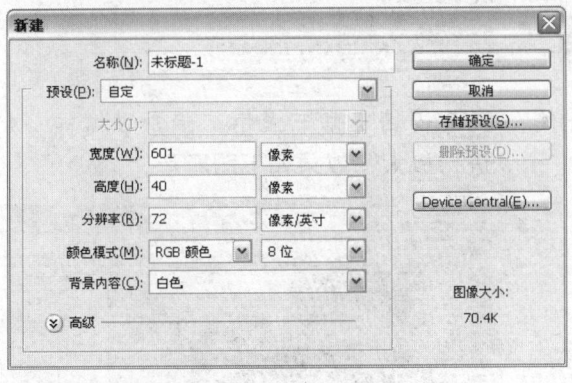
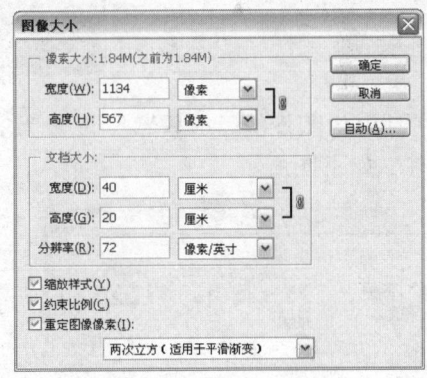

操作演示 设置图像分辨率

01 运行 Photoshop CS5,执行"文件>新建"命令,打开"新建"对话框,设置"分辨率"参数值,如下图所示。

02 设置完成后单击"确定"按钮,新建一个图像文件,如下图所示。

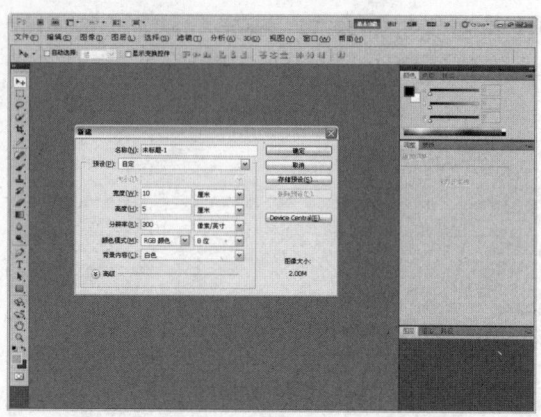

03 执行"文件＞打开"命令，打开本书配套光盘中的实例文件\Chapter 3\Media\002.jpg 文件，如下图所示。

04 执行"图像＞图像大小"命令，弹出"图像大小"对话框，如下图所示。

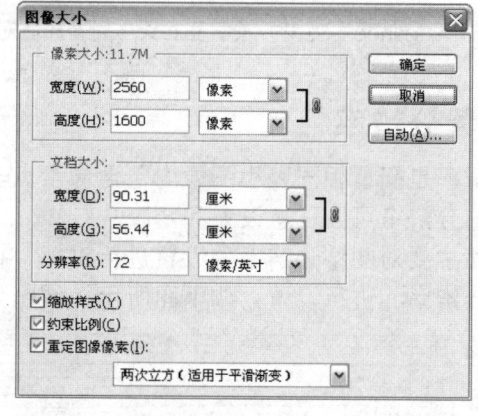

05 在其中将图像的"分辨率"设置为300像素/英寸，如下图所示。

06 设置完成后单击"确定"按钮，对图像进行放大，效果如下图所示。

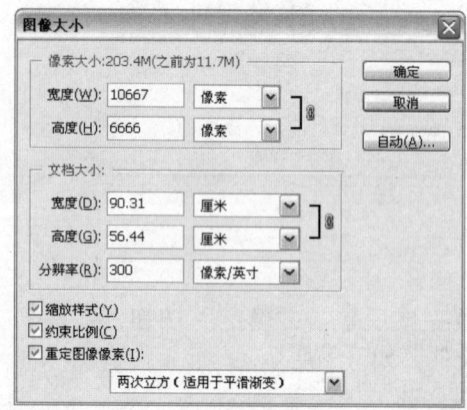

> **TIP** 在更改图像大小时，如果取消勾选"约束比例"复选框，可在"图像大小"对话框中输入任意数值对图像的大小进行更改。但需要注意的是，取消勾选"约束比例"复选框后，图像的"宽度"与"高度"参数值设置得相差太大的话，会造成图像的变形。

?PS解密 分辨率的参数值

在进行图像调整时，对图像分辨率的设置并不是越大就越好，只要能够保证图像清晰度即可。分辨率过大会造成图像占用内存较大，而且在图像分辨率太高的情况下，会造成打印速度变慢。

正常分辨率

较低分辨率

在设置图像分辨率之前，需要考虑图像的最终发布媒介。如果图像只是单纯地用于电脑显示，那么图片的分辨率能够满足电脑显示的72dpi就可以很清晰，不需要设置太高。如果用于印刷，则图像的分辨率一般要求达到300dpi，较低分辨率会影响图像的清晰度，使图像变得粗糙。

不同的平面广告作品，对图像分辨率要求也有所不同。比如报纸广告要求分辨率最低为120dpi；户外写真广告，主要是以喷绘进行广告效果制作，一般采用远观的形式进行广告宣传，在画面质量上要求较低，一般设置分辨率为50dpi。杂志广告相对于其他平面作品，在画面质量上要求画面清晰、精美，因此在制作杂志广告时，设置的分辨率不得低于300dpi，这样才能保证印刷出来的图像清晰。

报纸广告

杂志广告

DM 宣传单

网页设计

户外设计

卡片设计

Unit 02 存储格式 >>

在Photoshop CS5中提供了多种图像存储格式，在制作平面图像效果时，一般将文件储存为需要的格式，以便于打开或导入图像进行编辑。

>> 选择文件存储格式

Photoshop支持多种格式的图像文件，这保证了Photoshop与其他软件的兼容性。在对图像文件进行存储时，对文件格式的选择主要取决于设计者个人需要。下面主要对文件格式的选择进行讲解。

在对图像完成编辑后，执行"文件>存储为"命令，打开"存储为"对话框，在该对话框中可以设置图像的存储路径、文件名称、文件格式等。单击"格式"右侧的下拉按钮，在弹出的下拉列表中，可以选择文件的存储格式。

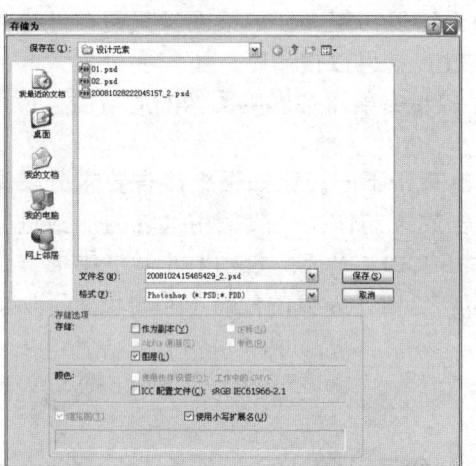 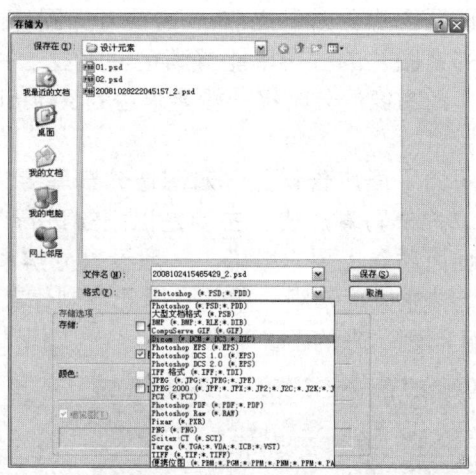

在Photoshop的"存储为"对话框中虽然提供了丰富的格式供选择，但通常情况下我们都会将图像文件保存为PSD格式、GIF格式、JPEG格式、PNG格式等几个常用的格式。

1. PSD 格式

PSD是Photoshop默认文件格式，利用该格式保存的图像文件中保留了所有的图层、通道、路径文字、样式以及注释等Photoshop功能的应用信息。

 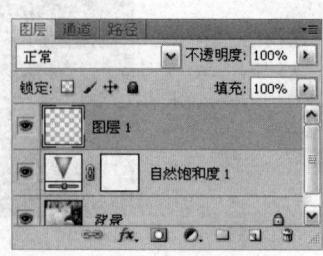

2. GIF 格式

将图像文件保存为 GIF 格式时，可以将图像的指定区域设置为透明状态，而且可以赋予图像动画效果。

3. JPEG 格式

将图像文件保存为此种格式时，将会减小图像的文件容量，是一种压缩式的保存方式。将图像保存为JPEG格式后，因为是对图像进行压缩保存，所以会在一定程度上降低图像的画质。

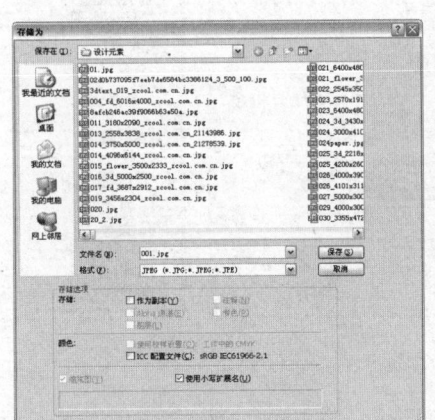 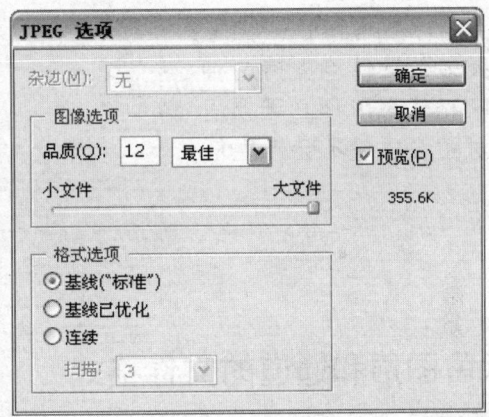

4. PNG 格式

PNG 格式与 JPEG 格式最大的不同是，PNG 格式采用的是一种无损压缩方式。另外，PNG 格式最高支持 48 位真彩色图像以及 16 位灰度图像，还具备 Alpha 通道的半透明特性，主要应用于 Web 图像。

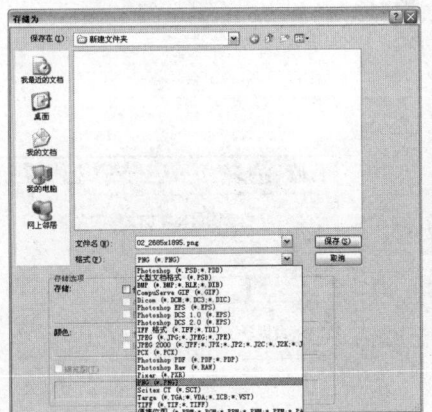 

5. TIFF 格式

该格式采用的是一种无损的压缩方式,使用该格式存储图像时,不会造成图像细节的丢失,原图像的质量不会受到任何影响,一般作为设计作品的输出格式。

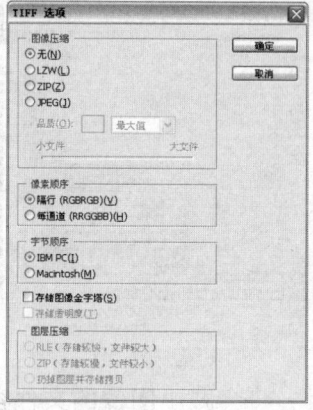
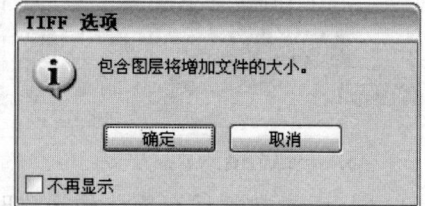

6. BMP 格式

BMP 是 DOS 和 Windows 兼容计算机上的标准 Windows 图像格式,绝大多数软件均支持这种格式。BMP 格式采用 RLE 无损压缩方式,对图像质量不会产生任何影响。

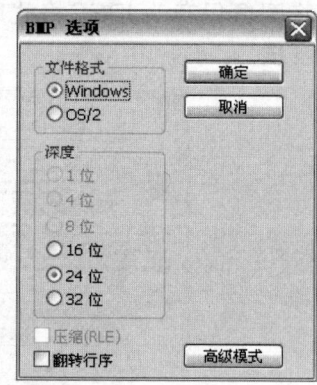

>> 可保留图层和通道的文件格式

PSD 格式与 TIFF 格式都支持对图像的图层和通道进行保存,这样在对图像进行保存后,下次打开图像还可以继续进行修改。要保存为 TIFF 格式时,在"存储为"对话框的"格式"下拉列表中选择 TIFF 格式后,要确保勾选了"图层"与"Alpha 通道"复选框,只有这样,在保存图像的同时才会对图像的图层与通道进行保存,从而真正达到图像的无损压缩存储。

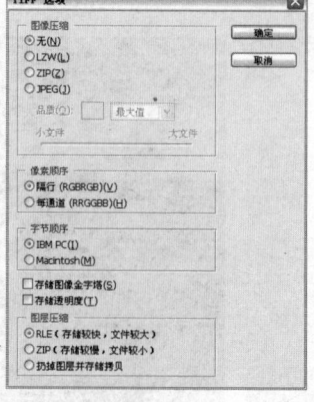
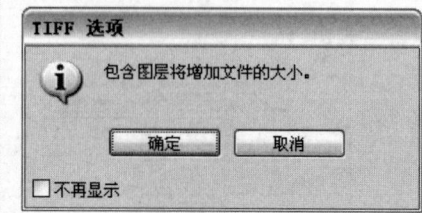

≫ 存储为Web和设备所用格式

对图像编辑完成后，执行"文件 > 存储为 Web 和设备所用格式"命令，在弹出的对话框中可以设置不同的文件格式和不同的文件属性来优化图像，并可进行预览，通过该对话框优化保存的图像常用在网页中。

在"存储为Web和设备所用格式"对话框中可以同时对同一张图片采用GIF、PNG、JPEG等格式保存的效果进行比较，以决定采用哪种格式保存图像更合适。

操作演示 将文件存储为Web和设备所用格式

01 执行"文件>存储为Web和设备所用格式"命令，打开"存储为Web和设备所用格式"对话框，如下图所示。

02 在弹出的"存储为Web和设备所用格式"对话框中切换到"四联"选项卡，在"预设"选项区中设置参数值，如下图所示。

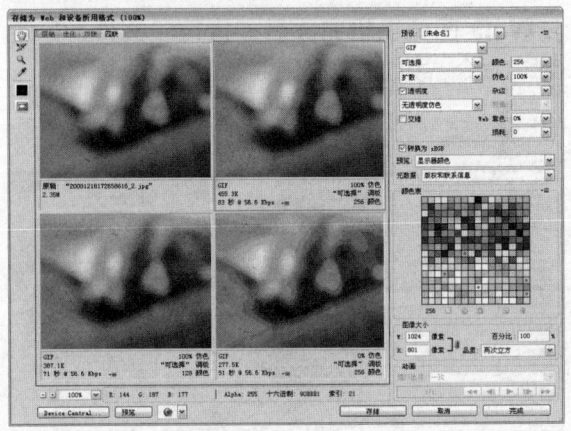

03 优化设置后，在对话框下方单击"在浏览器中预览优化的图像"按钮，在弹出的浏览器中即可查看图像效果，并显示出该图像的格式、尺寸、大小等信息，如右图所示。

04 预览后关闭浏览器,然后在"存储为 Web 和设备所用格式"对话框中单击"存储"按钮,在弹出的"将优化结果存储为"对话框中选择保存位置和文件名称等,然后单击"保存"按钮即可完成存储,如右图所示。

LET'S GO! 存储文件

步骤01 图像编辑完成后,执行"文件>存储为"命令,如下图所示。

步骤02 打开"存储为"对话框,设置"名称"为001,此时的默认格式为Photoshop(*.PSD;*.PDD),如下图所示。

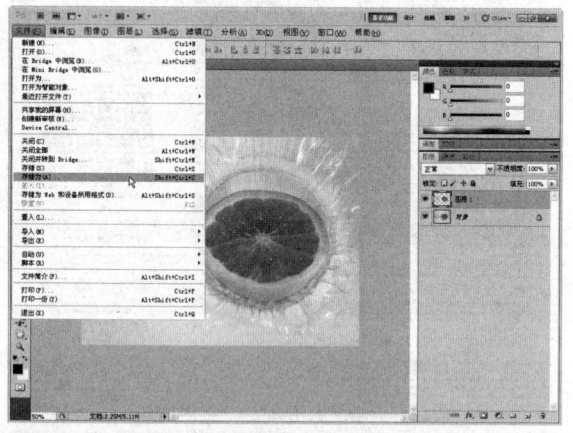

TIP 通过快捷键 Shift+Ctrl+S,同样可以打开"存储为"对话框。

步骤03 单击"格式"右侧的下拉按钮,在弹出的下拉列表中选择 TIFF 格式,如下图所示。

步骤04 选择好格式后单击"保存"按钮,弹出"TIFF选项"对话框,如下图所示设置参数。

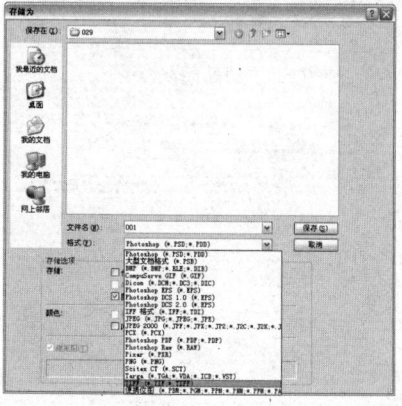
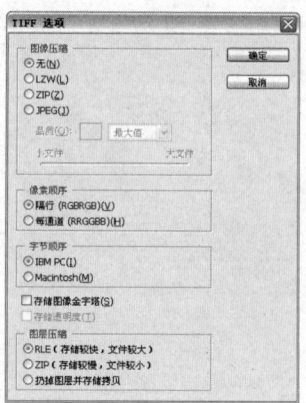

步骤05 设置完成后单击"确定"按钮，将弹出一个提示对话框，如下图所示，单击"确定"按钮，完成对图像的存储。

步骤06 关闭文件后，执行"文件>最近打开文件"命令，在弹出的子菜单中可以选择001.tiff打开刚刚保存的文件。

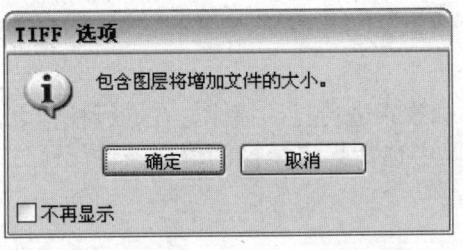

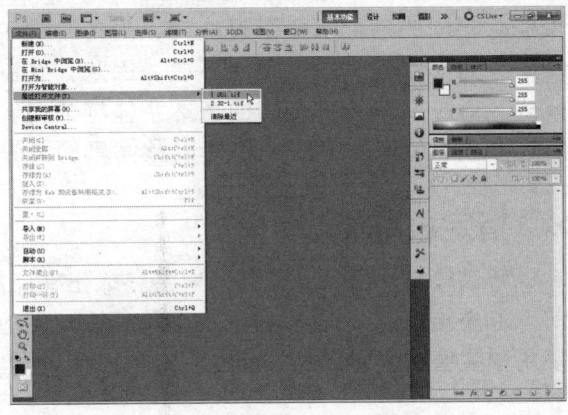

Unit 03 输出前的准备 >>

在对设计作品进行输出印刷前，必须对图像进行严格的检查与设置，以保证印刷效果。本单元主要对印刷用图像输出前的准备工作进行讲解。

>> 转换颜色模式

印刷用图像必须使用CMYK颜色模式，因此，在把文件送去输出之前，需要把图像从RGB颜色模式转换为CMYK颜色模式。尽管RGB颜色模式的图像相较于CMYK颜色模式的图像，在电脑显示器上的显示效果更为美观，但是对于印刷来讲，使用RGB颜色模式，会使印刷作品出现严重的色差，从而影响整个画面效果。

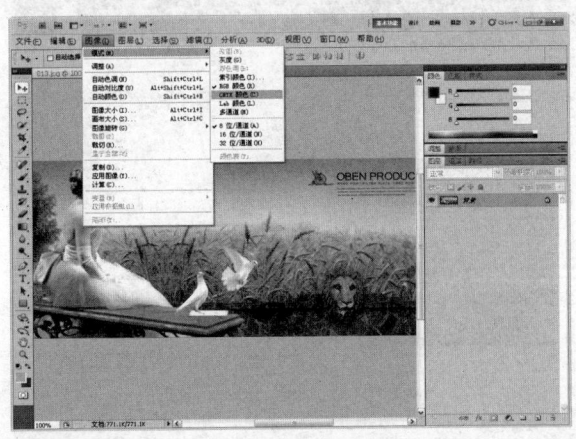

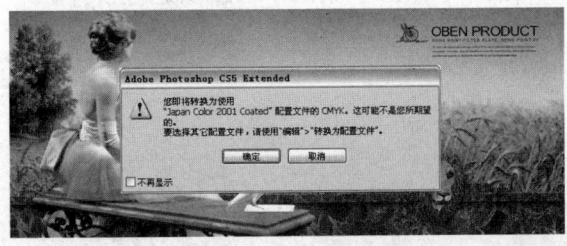

TIP 在输出打印用文件时，最好使用CMYK颜色模式，这样能保证打印出来的作品图像颜色真实。

>> 检查文字编排

在进行图像打印和印刷之前，应对图像中的文字进行检查。TrueType 字体与 PostScript 字体是输出打印中心最不希望看到的字体，因为 TrueType 字体通常与对应的 PostScript 字体拥有相同的名称，会引起冲突。另外，这种字体必须采用手动的形式进行下载并安装到软件中，为印刷带来了很大的不便。因此，在制作平面广告设计时，最好采用软件自带的字体样式，当画面中应用了其他特殊字体样式时，最好对文字进行栅格化处理，从而避免在印刷的过程中造成文字样式的改变以及信息的丢失。

>> 指定校样选项

所谓校样就是通过设置，对最终输出在印刷机上的印刷效果进行打印模拟。在进行校样之前，首先执行"视图 > 校样设置"命令，在弹出的子菜单中选择想要模拟的输出条件。通过使用预置值或创建自定校样设置，可以完成图像校样。

操作演示 图像校样

01 打开本书配套光盘中的实例文件\Chapter 3\Media\004.jpg 文件，执行"视图 > 校样设置 > 工作中的 CMYK"命令，如下图所示。

02 然后执行"文件 > 打印"命令，如下图所示。

03 在弹出的"打印"对话框中，在"色彩管理"选项区中选中"校样"单选按钮，然后参照右图所示设置参数值，对图像进行校样。

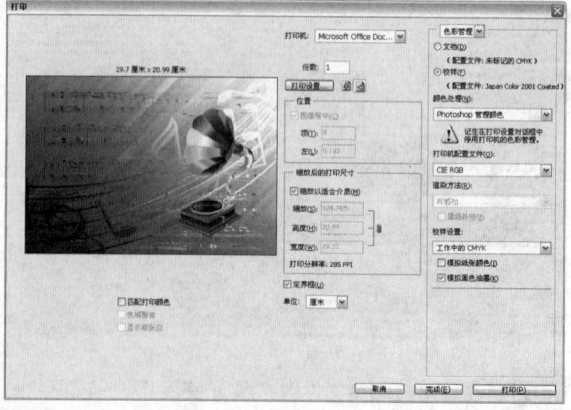

TIP 按下快捷键 Ctrl+P，同样可以打开"打印"对话框。

>> 指定印前输出选项

在 Photoshop 中，可以对设计好的作品进行输出选项设置。作品要进行最终的效果输出时，为了保证满意的效果，可以对作品进行打印前的预览。下面主要学习怎样应用输出选项的设置，完成图像预览。

对图像预览的操作方法非常简单。执行"文件>打印"命令，就会弹出相应的"打印"对话框，在其中可以对图像的"出血"与"边界"进行设置。

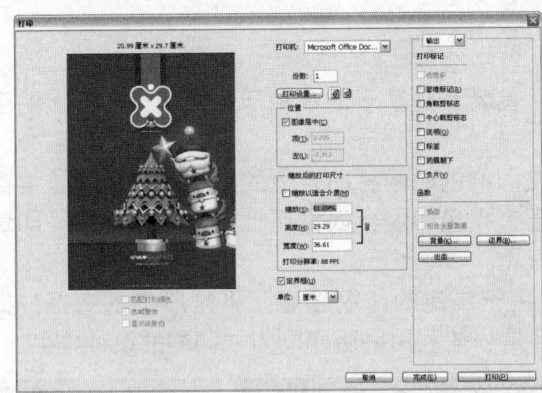
"打印"对话框

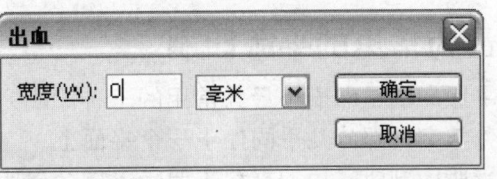
"出血"对话框

"边界"对话框

在"打印"对话框中可以对图像的打印方向进行设置，同时勾选不同的复选框可以为图像设置一些特殊的打印效果。

横向打印

纵向打印

药膜朝下效果

负片效果

Unit 04 印刷工艺

所谓印刷工艺就是将平面设计作品以不同的印刷方式制作成书籍、报纸、招贴等实物。印刷工艺多种多样，本单元主要对最为常见的平版印刷与具有特殊工艺的木刻水印印刷进行讲解。

>> 最为常见的平版印刷

平版印刷是印刷中最为常用的一种印刷方式，其特点是基于油水相斥的原理，印版上的图文部分与空白部分几乎同处于一个平面上。

平版印刷所采用的材料主要是多层金属版，在印刷的时候将印版上的图文先印到橡胶滚筒上，然后再将其转印到承印物上。平版印刷适合于大批量印刷，因为在批量印刷过程中，印刷品的质量不会因为连续高速的印刷而受到影响。

平版印刷作为最为常用的印刷工艺之一，应用于广泛的印刷领域。平常所见的海报、报纸、杂志等，大都采用平版印刷的方式印制。下面是一些利用平版印刷方式印刷的设计作品。

利用平版印刷方式印刷的作品

>> 神奇的木刻水印印刷

木刻水印印刷方式是我国的传统印刷方式，常用于国画、油画、广告画，只要带层次的，特别是表现画面皮肤色的图像，都可以采用原稿分色进行木刻水印印刷。

在印刷之前首先进行勾描，勾描时先将透明且不透水的胶膜纸蒙在印刷作品上，然后将画面如实地勾描复制在胶膜纸上。通过颜色的区分在胶膜纸上描成多张稿子，承担勾描的技术人员要求有深厚的绘画功底，将不同的色相分层次绘制。勾描时要对原稿的虚实浓淡、画家的风格和艺术特点，以及画面大小分多少块版，如何印刷等做出决定。

将雕刻好的木版依次进行刷印。方法是将木版凸出部分，也就是画面部分首先进行刷墨，再将宣纸铺在其上，然后手持毛刷，在宣纸上进行刷印。有多少块木版就用这张宣纸刷印多少次，最后制成成品。在印刷的过程中用笔的快、慢、轻、重，用色的浓、淡、干、湿等的不同，都会影响印刷品的质量。根据原作的渲染润色，一边刷印一边用画笔适当加工，可使刷印品再现原作的笔墨特色。下面是使用木刻水印印刷方式印制的作品。

水印木刻原板

水印木刻作品

Unit 05 后期工艺加工 >>

印刷是一个多工艺、多技术参与的过程。每一种印刷技术都有各自的特点，不管是在制作成本还是在印刷速度、色彩表现力上，都会有各自的区别。后期工艺加工包括上油光、模切、打孔、起凸和压凹等，通过后期艺术加工可以让设计作品更精美，提升作品价值。

>> 上油光

所谓上油光就是在印刷品的表面涂抹一层无色透明涂料，使作品具有光感，对作品具有保护作用，增强了印刷品的耐磨性。在视觉上使印刷品具有高品质的光泽感，提升作品价值。上油光技术通常用于招贴、包装、户外广告、画册等，可使作品色感强烈，保存时间更长。下面都是一些可以上油光的设计作品。

使用油光工艺完成的成品

>> 模切和打孔

通过模切与打孔可以对印刷完成的作品进行后期的外型设计。通过模切可以根据需要对作品进行外部轮廓制作，打孔则是对作品制作镂空的效果，增添作品外在形象，通过作品外部形象吸引人们的视线。

打孔工艺主要是利用机器在纸面上冲压出一排微小的孔，特殊打孔需要人工手动进行切割，完成打孔效果。该工艺主要针对书籍装帧设计与包装设计，下面是一些使用模切和打孔工艺完成的作品。

使用模切和打孔工艺完成的作品

》 起凸和压凹

要使平面的作品具有凹凸的效果，可以通过对文字应用起凸和压凹工艺实现。使用这两种制作工艺能够将画面中的部分元素制作出凹凸效果，从而使纸面呈现浮雕效果，增添画面设计感。

在执行起凸与压凹工艺时，要注意纸张的选择，一般来讲厚纸比薄纸所产生的效果更好，因为厚纸能够保证最后形成浮雕效果的耐磨度与强度，更容易达到定型的效果。这两种工艺主要用于增添平面作品的立体效果，下面是一些使用了起凸和压凹工艺的作品。

起凸和压凹的作品

一个印刷品的产生是将各种印刷工艺进行完美结合的最终效果。一个独具特色的印刷作品，凝聚了设计师的独特创意，通过富有创造性的印刷与后期加工的综合作用，实现印刷品的良好质感，提升其艺术价值。

印刷作品的质感是其外在的重要表现，也是提升印刷品价值的重要表现，主要以不同的纸张、印刷方式、后期加工来制作多种不同的质感。使印刷品具有视觉冲击力，同时也能增进人们的触觉感。运用恰当、合理的后期加工可使印刷品大放光彩，达到意想不到的效果，从而提升平面作品的价值。

为突出印刷品的个性特征，可针对产品本身性质使用一些特殊的材质，或通过一些特殊的印刷方式以及制作形式进行处理，以增强印刷品对于受众的吸引力。需要注意的是，在选择印刷材质和印刷方式时应针对产品自身的特性，以便使产品和包装的表现都达到最佳效果，从而增强印刷品的艺术价值和实用价值。例如，将印刷效果应用于布料、金属、玻璃和木材等材质，以增强产品的应用价值和纪念价值等；或将印刷品制作成更具艺术魅力的效果，从而增加产品及其包装的艺术价值；以及能够体现印刷品环保意义上的价值等方面为印刷品增值等。

将设计效果直接印刷于金属、玻璃等材质上，可在一定程度上增加产品的艺术价值和收藏价值，如下图所示的包装效果。

以产品包装为例，印刷品的实用价值不仅体现在对产品的推销或保护上，还体现在包装的后期使用中。从设计之初就考虑到包装的环保功能，或将包装的环保性体现在品牌效益上，通过后期回收再利用的方式体现品牌和包装的价值所在，也可强化品牌在受众心目中的形象。

包装的回收项目

DO IT YOURSELF　练习操作

1. 设置画布大小

结合所学知识，调整图像画布的大小，对图像进行裁切。

裁切前

裁切后

Step BY Step（步骤提示）
1. 打开素材图像
2. 执行"图像 > 画布大小"命令，打开"画布大小"对话框
3. 设置参数值调整画布大小

光盘路径
素材文件：
实例文件\Chapter 3\Media\006.jpg

2. 设置图像大小

通过对"图像大小"对话框中"分辨率"与"高度"和"宽度"的设置，调整图像的大小。

调整前

调整后

Step BY Step（步骤提示）
1. 打开素材图像
2. 执行"图像 > 图像大小"命令，打开"图像大小"对话框
3. 设置参数值调整图像大小

光盘路径
素材文件：
实例文件\Chapter 3\Media\007.jpg

Chapter 04 Photoshop CS5 基本操作

本章主要介绍 Photoshop CS5 的基本操作，通过对文件管理、首选项设置、优化工作环境、色彩管理、辅助工具应用这 5 个方面的学习，帮助读者进一步熟悉软件，以便读者更轻松地完成以后的学习。本章在讲解理论知识的同时，结合实际案例操作演示，更细致地进行知识解析，进一步巩固所学操作，加深读者对知识的记忆。

技术要点

1. 在使用Photoshop制作图像效果时，怎样对文件进行合理管理？

新建文件、存储文件、导入和导出文件是文件的基本操作方式，通过这些基本操作可对文件进行合理管理，帮助设计师更快速地打开、新建以及存储文件。

2. 怎样对Photoshop工作环境进行优化设置？

可以根据设计师的自身喜好，在"键盘快捷键和菜单"对话框中，对软件的快捷键与菜单显示颜色等进行个性化设置。

3. 在Photoshop中主要有哪些辅助工具，它们的功能是什么？

Photoshop 中的辅助工具主要有缩放工具、抓手工具、标尺工具、吸管工具、裁剪工具等，可以利用这些辅助工具轻松地对图像进行大小缩放、快速移动、颜色吸取、图像裁剪等操作。

Unit 01 文件管理 >>

文件的管理在Photoshop操作中是一个重要环节，包括新建文件、打开文件、存储文件等操作，用于完成这些操作的命令都集成在"文件"菜单中。除此以外"文件"菜单中还包括置入、导入、导出等其他命令。

>> 新建文件

启动 Photoshop CS5，执行"文件 > 新建"命令，在弹出的"新建"对话框中可以设置文件大小、分辨率、颜色模式等。下面就来介绍"新建"对话框中各项参数的设置，如下图和下表所示。

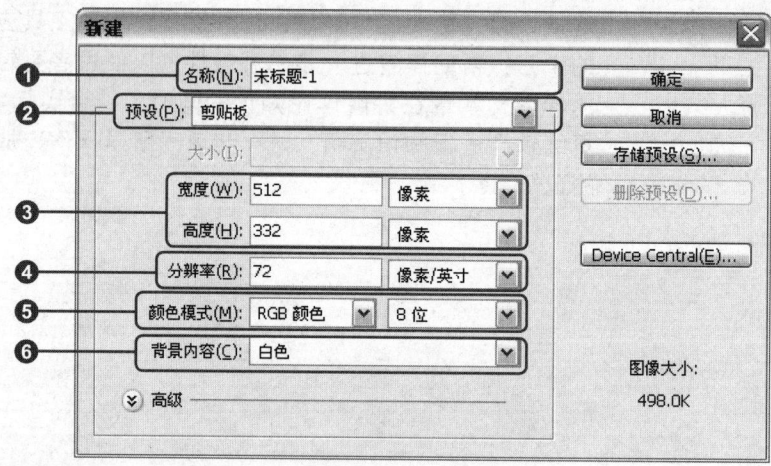

TIP 通过快捷键 Ctrl+N，也可以打开"新建"对话框。

编号	名 称	说 明
❶	"名称"文本框	在这里设置图像文件的名称
❷	"预设"下拉列表	在下拉列表中提供了几种常用的文件大小，一般选择"自定"选项
❸	"宽度"和"高度"文本框	设置图像的宽度和高度
❹	"分辨率"文本框	设置图像的分辨率。一般印刷品采用300像素/英寸的分辨率，网页图片可以采用72像素/英寸的分辨率
❺	"颜色模式"下拉列表	选择文件的颜色模式，包括位图、灰度、RGB颜色、CMYK颜色和Lab颜色5个选项
❻	"背景内容"下拉列表	选择新建文件的背景类型。选择其中一项，确定背景的颜色类型

操作演示 新建图像文件

前面对"新建"对话框中的各选项进行了详细讲解,下面主要学习新建图像文件的具体操作。

01 启动 Photoshop CS5,执行"文件 > 新建"命令,弹出"新建"对话框,设置相应的参数,如下图所示。

02 完成后单击"确定"按钮即可创建文件,如下图所示。

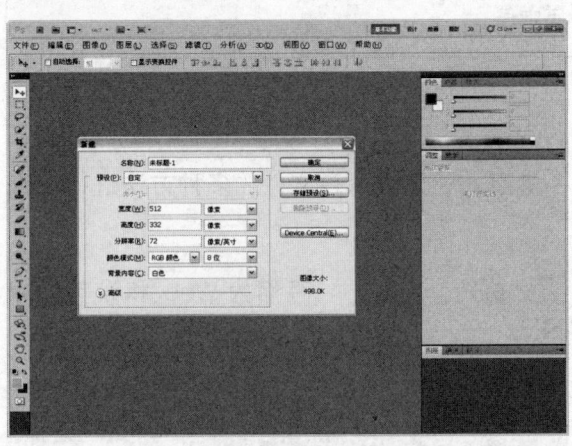 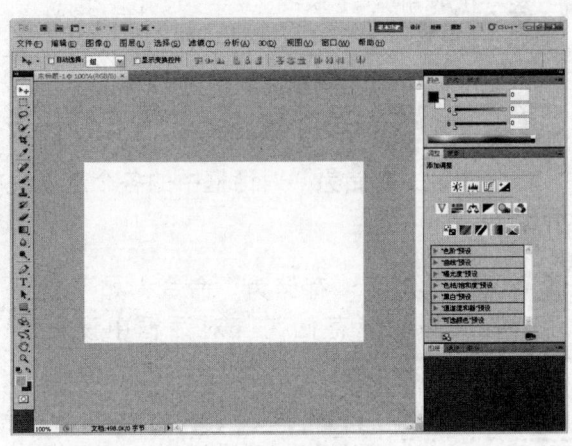

>> 存储文件

存储文件就是将打开或编辑后的图像文件保存到磁盘中。如果已经是存储后的图像文件,则会自动以原有的图像格式和名称进行保存。下面详细介绍"存储为"对话框中的各项参数,如下图和下表所示。

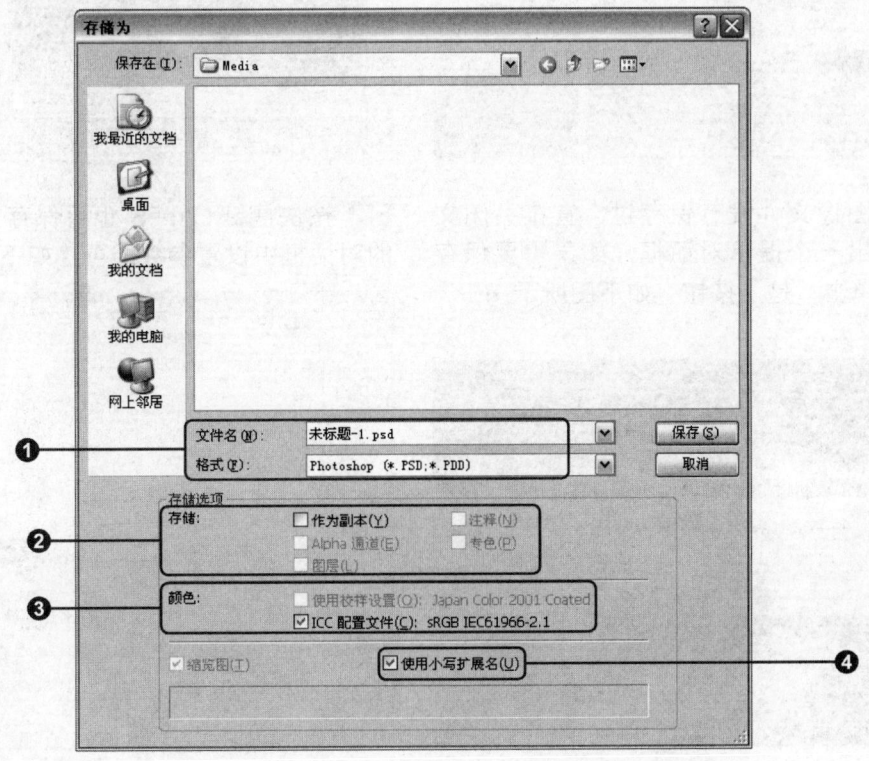

编号	名称	说明
❶	"文件名"和"格式"下拉列表	设置保存的文件名称和文件格式
❷	"存储"选项	根据保存的文件类型,勾选不同的复选框
❸	"颜色"选项	保存文件时对颜色模式进行设置。工作中的CMYK:将图像保存为CMYK印刷专用的EPS格式。ICC配置文件:设置图像以标准的RGB格式保存
❹	"使用小写扩展名"复选框	将文件后缀名设置为小写字母

操作演示 保存图像文件的方法

前面对"存储为"对话框中的各个选项进行了讲解,下面对保存文件的多种方法进行详细介绍。

01 执行"文件 > 存储为"命令,如下图所示,在弹出的"存储为"对话框中设置参数,将文件保存到目标文件夹中。

02 执行"文件 > 存储为 Web 和设备所用格式"命令,在弹出的对话框中设置相关参数,如下图所示。

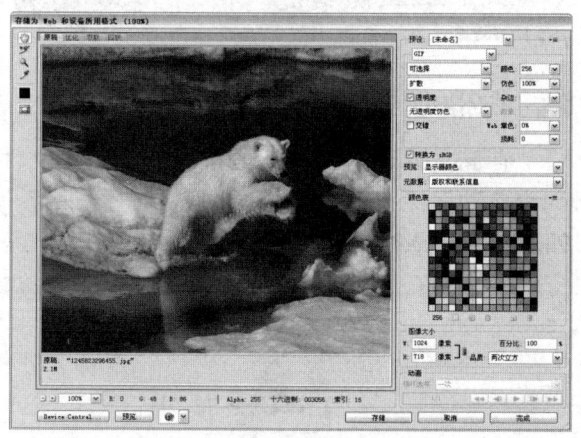

03 如果图像文件没有保存过,直接关闭文件,会弹出一个提示对话框,如果需要保存该文件,单击"是"按钮,如下图所示。

04 按快捷键 Ctrl+S 也可保存文件,在弹出的对话框中设置参数即可,如下图所示。

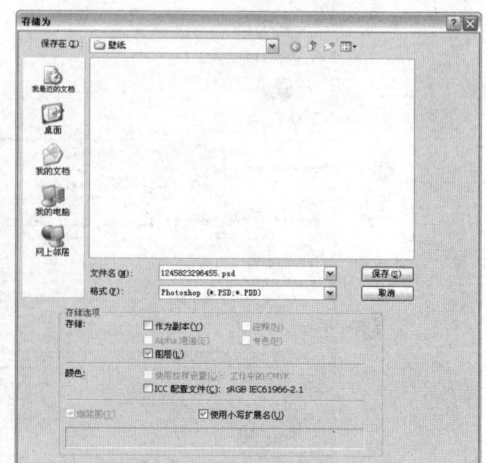

» 导入和导出文件

在 Photoshop 中编辑图像文件时，常会使用到在其他软件中处理过的图像文件，因此在 Photoshop 中，导入和导出文件是经常会用到的操作。

启动 Photoshop CS5，执行"文件 > 导入"命令，可以将从输入设备上得到的图像文件或 PDF 格式的文件导入到图像窗口中。在 Photoshop 中处理图像后，如果要导出为 AI 格式或其他格式的文件，可执行"文件 > 导出"命令，在弹出的级联菜单中执行相关命令。"载入"与"导出路径"对话框如下图所示。

» 置入文件

在Photoshop 中，执行"文件 > 置入"命令，可以将EPS 格式、PDF 格式、TIFF 格式等多种格式的文件置入到Photoshop 图像窗口中。

执行"文件 > 置入"命令，弹出"置入"对话框，选中需要的图片后单击"置入"按钮，图片将被置入到图像窗口中，如下图所示。置入图片后，可进行放大、缩小或旋转等操作，完成调整后，按 Enter 键可确定置入，按 Esc 键可取消置入。

选择需要置入的图像　　　　　　　　置入图像

多媒体超值版
Photoshop CS5 完全学习教程

🏃 LET'S GO! 新建并存储文件

最终文件 ◎：实例文件\Chapter 4\Complete\新建并存储文件.psd

步骤01 启动 Photoshop CS5，执行"文件 > 新建"命令，打开"新建"对话框，设置各项参数值，如下图所示。

步骤02 设置完成后单击"确定"按钮，新建一个图像文件，如下图所示。

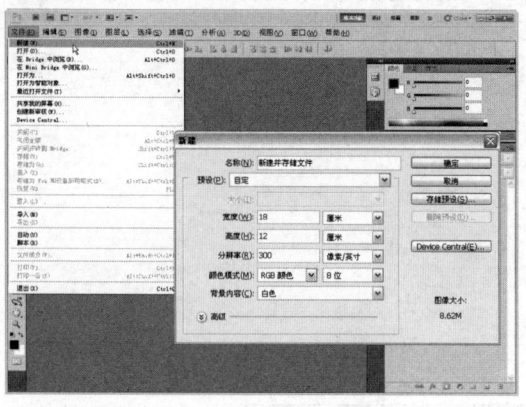
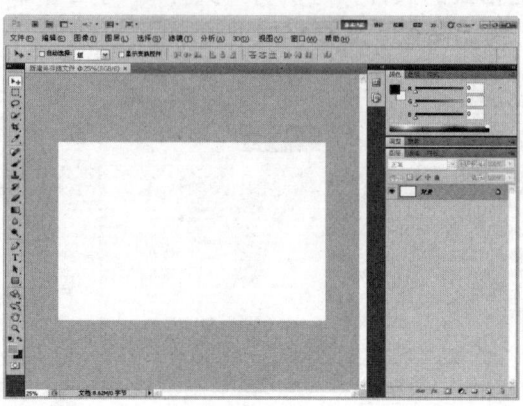

步骤03 执行"文件 > 置入"命令，在弹出的对话框中选择本书配套光盘中的实例文件\Chapter 4\Media\001.jpg文件，如下图所示。

步骤04 设置完成后单击"置入"按钮，置入图像文件，调整图像的大小与位置后按下 Enter 键，如下图所示。

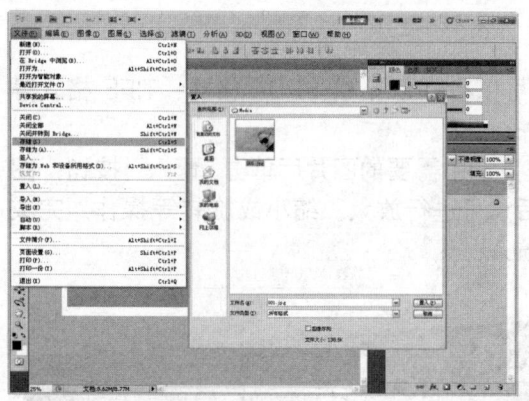

步骤05 图像调整完成后，执行"文件 > 存储"命令，如右图所示。

步骤06 打开"存储为"对话框,设置存储的格式与路径后单击"保存"按钮,完成图像的存储,如右图所示。

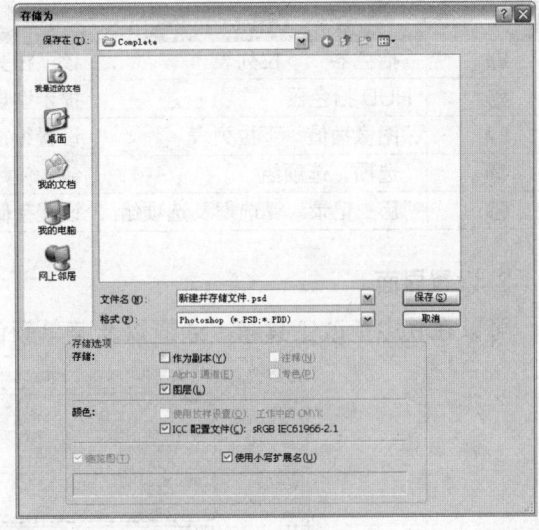

TIP 按下快捷键Ctrl+Shift+S,同样可以打开"存储为"对话框,对图像文件进行另存。

Unit 02 首选项设置 >>

首选项设置包括常规、界面、文件处理、性能、光标等选项设置,在图像处理中,根据需要,可以通过首选项设置更改操作环境。

>> 常规设置

执行"编辑 > 首选项 > 常规"命令,即可弹出"首选项"对话框,单击左侧列表中的选项,右侧即会显示相应的面板,可根据需要对其进行不同的设置来优化工作环境,这样有利于提高工作效率。下面介绍该对话框中的各选项。

1. 设置常规

通过对常规参数的设置,可以对Photoshop的拾色器和界面字体大小等进行更改,具体说明如下图和下表所示。

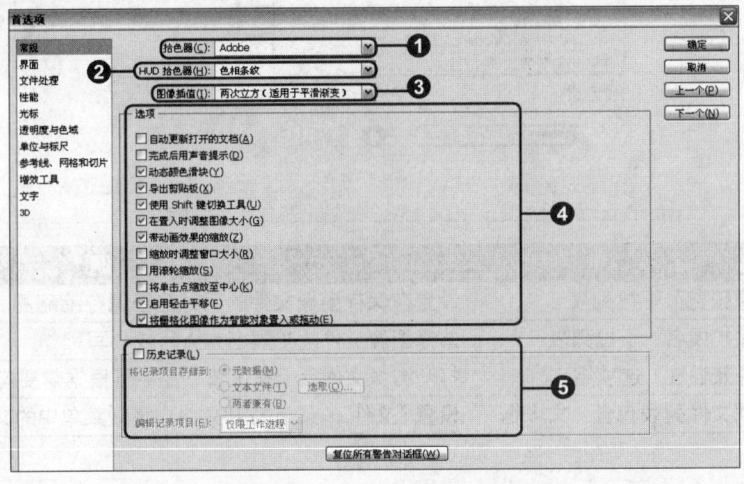

编号	名称	说明
❶	"拾色器"下拉列表	该下拉列表中提供了 Adobe 和 Windows 两个选项
❷	HUD 拾色器	提示型显示 HUD 拾色器，在绘画时更快速地选择颜色
❸	"图像插值"下拉列表	设置缩放或调整图像大小时所用的方法
❹	"选项"选项组	包含使用 Photoshop 时的各种命令
❺	"历史记录"复选框及选项组	设置存储历史记录信息的选项

2. 设置界面

可以在其中更改工具箱、通道以及菜单颜色等设置，具体说明如下图和下表所示。

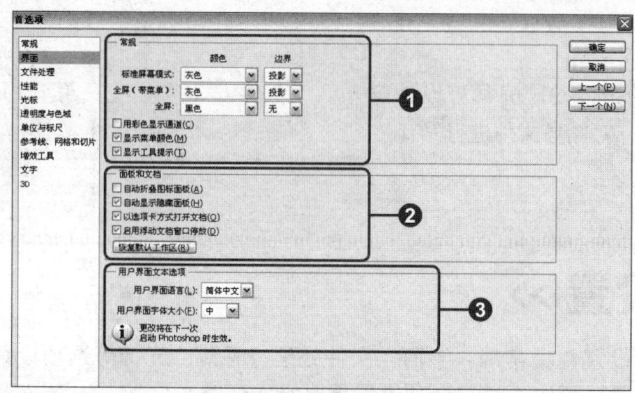

编号	名称	说明
❶	"常规"选项组	主要对工作区中的颜色进行设置
❷	"面板和文档"选项组	设置面板的显示方式与位置
❸	"用户界面文本选项"选项组	设置界面文字的大小

3. 设置文件处理

可以在其中对保存文件进行设置和更改，提高工作效率，具体说明如下图和下表所示。

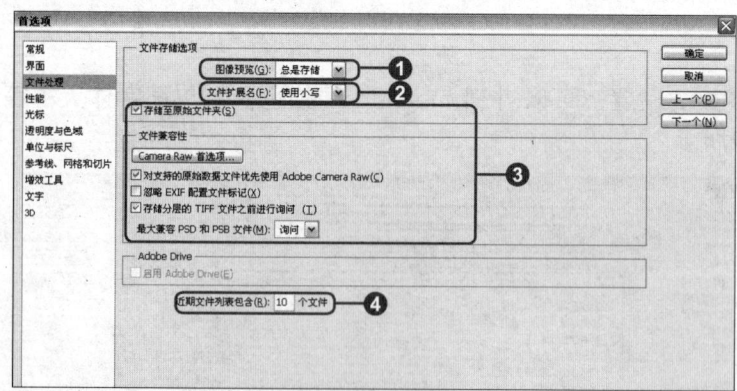

编号	名称	说明
❶	"图像预览"下拉列表	设置在保存图像文件的同时是否保存缩略图
❷	"文件扩展名"下拉列表	选择图像文件的扩展名为大写或小写
❸	"文件兼容性"选项组	打开图像文件后，在该选项组中可根据需要勾选不同的复选框
❹	"近期文件列表包含"文本框	设置"文件 > 最近打开文件"级联菜单中的文件数目

4. 设置光标

执行"编辑 > 首选项 > 光标"命令，在弹出的对话框中可以设置光标在图像窗口中的显示状态，具体说明如下图和下表所示。

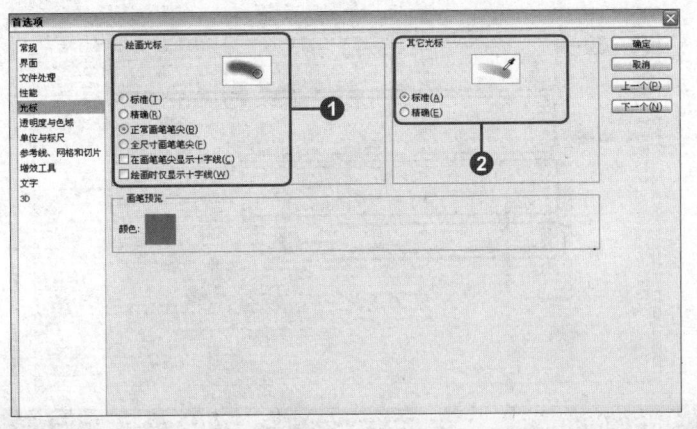

编号	名　称	说　明
❶	"绘画光标"选项组	在该选项组中可以设置绘图工具，包括画笔、铅笔、橡皮擦、图案图章等工具的光标显示方式
❷	"其他光标"选项组	在该选项组中可以设置其他工具的光标显示方式

5. 设置透明度与色域

可以在其中设置图层透明区域和不透明区域。根据个人喜好可以设置不同颜色的透明背景，具体说明如下图和下表所示。

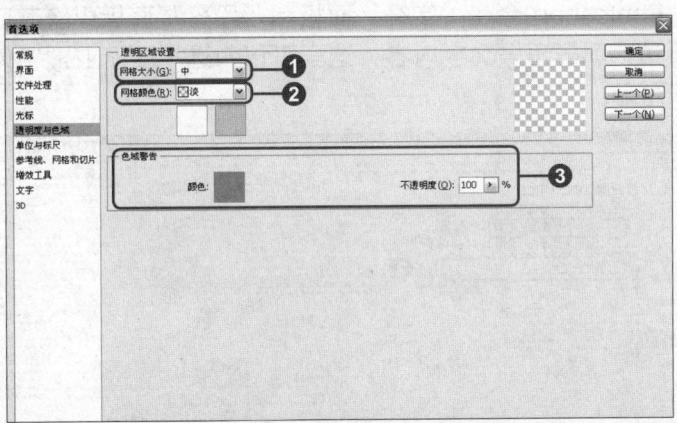

编号	名　称	说　明
❶	"网格大小"下拉列表	在该下拉列表中选择透明区域的网格大小。若选择"无"选项，透明区域将以白色显示，这样将不能区分白色和透明区域
❷	"网格颜色"下拉列表	在该下拉列表中，可以选择透明区域的网格颜色
❸	"色域警告"选项组	在该选项组中可以设置色域警告的颜色和不透明度

6. 设置参考线、网格、切片

在处理图像时，被编辑图像中所显示的网格、参考线或切片线条的颜色太相近时，可通过该选项进行设置，更改其显示颜色以便查看编辑状态，具体说明如下图和下表所示。

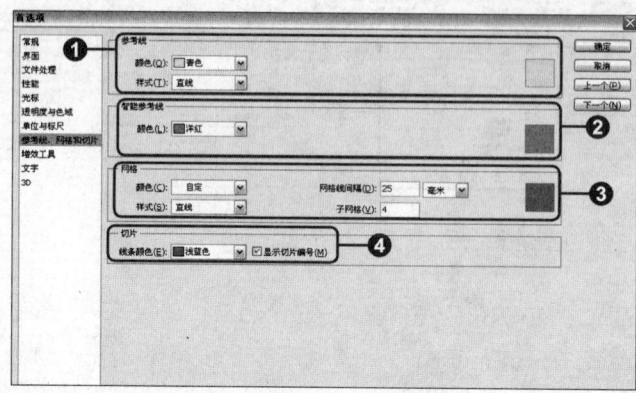

编号	名　　称	说　　明
❶	"参考线"选项组	在"颜色"下拉列表中选择参考线颜色，在"样式"下拉列表中选择参考线的显示样式
❷	"智能参考线"选项组	在"颜色"下拉列表中选择参考线的颜色，利用参考线可以对齐形状切片、选区等
❸	"网格"选项组	可以设置网格的颜色、样式、网格线间隔和子网格
❹	"切片"选项组	可以设置线条颜色和是否显示切片编号

7. 设置文字

在默认情况下，Photoshop 会在"字符"面板和"段落"面板中隐藏亚洲文字选项，为了查看和处理中文、日语、朝鲜语等文字内容，这里可以勾选"显示亚洲字体选项"复选框，具体说明如下图和下表所示。

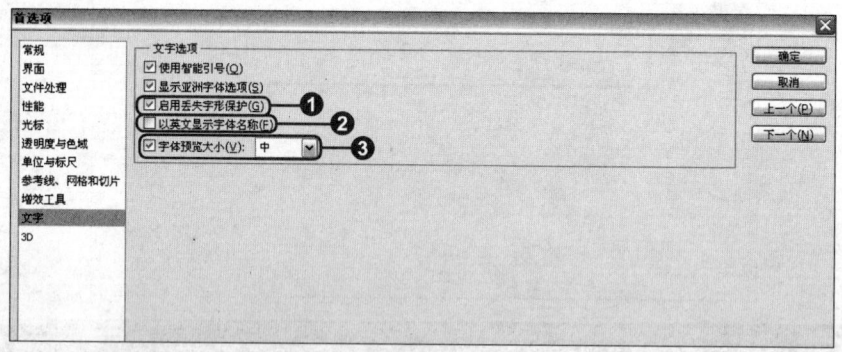

编号	名　　称	说　　明
❶	"启用丢失字形保护"复选框	勾选该复选框，当字体中不存在某个字体时，该文本图层缩览图将出现警示叹号
❷	"以英文显示字体名称"复选框	勾选该复选框，用英文显示亚洲字体名称
❸	"字体预览大小"复选框及下拉列表	勾选该复选框，并在其右侧的下拉列表中选择"大"选项，在文字工具选项栏的"设置字体系列"下拉列表中预览字体时，会以较大的字号显示

>> 性能设置

编辑图像时,Photoshop 使用操作系统所在的硬盘驱动器作为主暂存盘,要想加快 Photoshop 的运行速度,就要确保主暂存盘有足够的可用空间。性能设置具体说明如下图和下表所示。

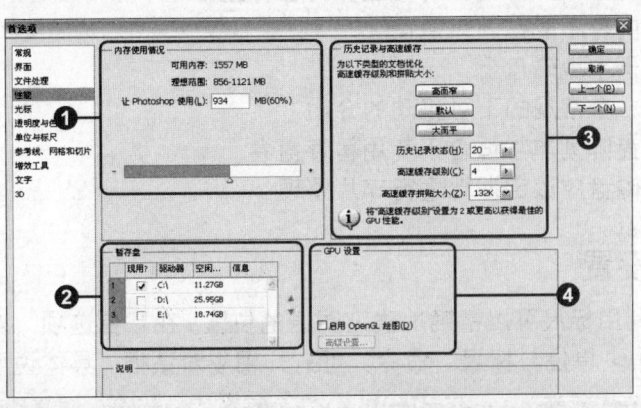

编号	名 称	说 明
❶	"内存使用情况"选项组	设置分配给 Photoshop 的内存量,更改后重启软件生效
❷	"暂存盘"选项组	一般选择空间较大的驱动器,更改后重启软件生效
❸	"历史记录与高速缓存"选项组	历史记录主要设置保存历史记录步骤的多少,高速缓存主要是设置图像数据高速缓存的级别数量,更改后重启软件生效
❹	"CPU 设置"选项组	勾选"启用 OpenGL 绘图"复选框,可以使用旋转视图工具调整图像,更改后重启软件生效

操作演示 设置暂存盘

前面对"性能"面板中的各选项进行了讲解,接下来详细介绍如何设置暂存盘,具体操作如下。

01 在 Photoshop 中执行"编辑 > 首选项 > 性能"命令,弹出的对话框如下图所示。

02 在"暂存盘"选项组中选择作为虚拟内存的磁盘,其中 C 盘为主存盘,当该盘空间不足时,也可将其他盘作为虚拟内存磁盘,然后单击"确定"按钮,如下图所示。

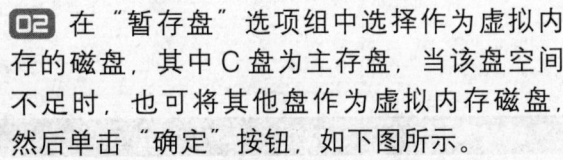

TIP 按下快捷键 Ctrl+K,也可以打开"首选项"对话框,单击"性能"选项,打开相应面板。

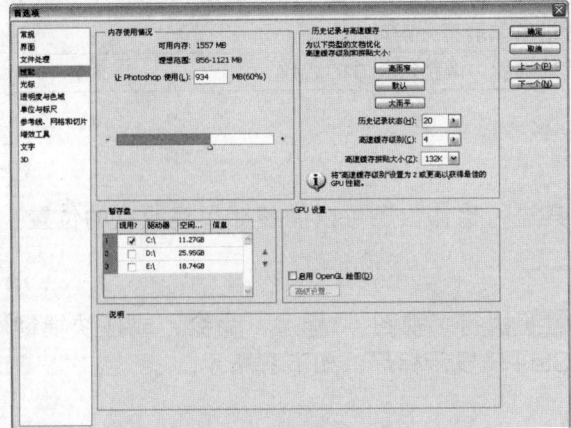
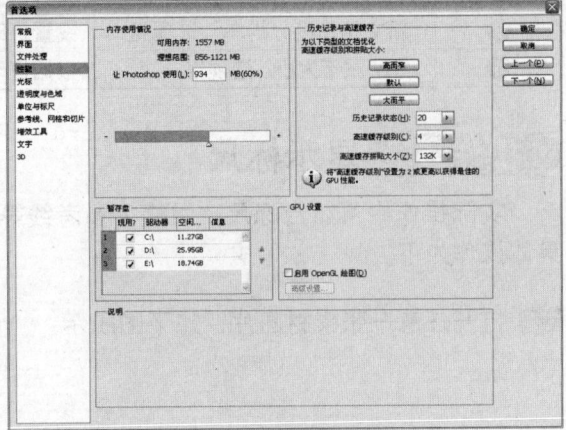

？PS解密 设置暂存盘时的注意事项

前面介绍了如何设置暂存盘，下面介绍设置暂存盘时需要注意的6个方面。
❶ 不要将要编辑的大型文件所在的磁盘作为暂存盘
❷ 暂存盘和虚拟内存不能在同一磁盘
❸ 暂存盘应该位于本地磁盘上
❹ 暂存盘应该是一个常规的不可移动的介质
❺ Raid 磁盘/磁盘阵列非常适合于专用暂存盘卷
❻ 包含暂存盘的磁盘应该定期地进行碎片整理

》 单位与标尺设置

在处理图像时，利用标尺可以精确地确定图像的位置，在"首选项"对话框中可设置标尺。执行"编辑 > 首选项 > 单位与标尺"命令，可打开相应对话框，具体说明如下图和下表所示。

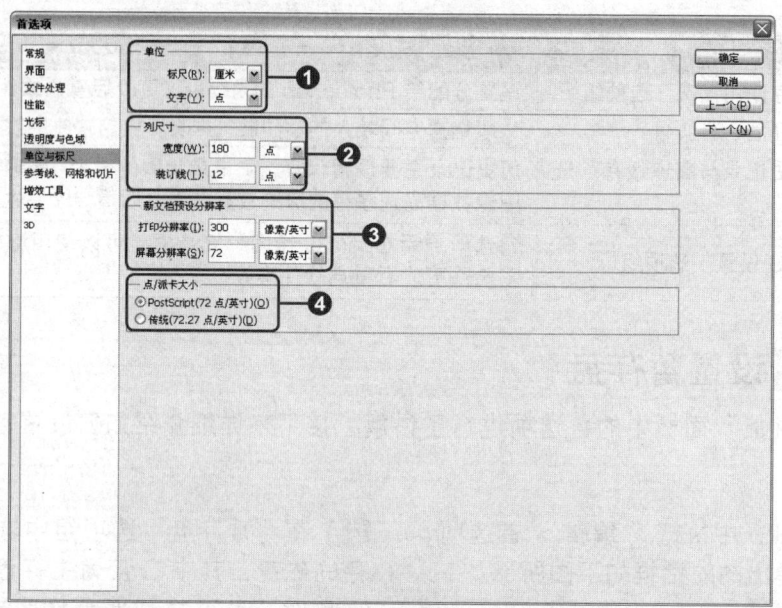

编号	名 称	说 明
❶	"单位"选项组	设置标尺的单位
❷	"列尺寸"选项组	通过调整宽度和装订线参数值，调整图片大小
❸	"新文档预设分辨率"选项组	设置打印分辨率和屏幕分辨率
❹	"点/派卡大小"选项组	根据打印机的性能，调整每英寸的点数

操作演示 显示标尺

实际操作中可结合标尺、网格、参考线等工具进行操作，还可以调整标尺离原点的位置。具体操作如下。

01 打开任意一张素材图片，如下图所示。

02 执行"视图 > 标尺"命令，或按快捷键 Ctrl+R 显示标尺，如下图所示。

03 在标尺的原点处按住鼠标左键不放，拖动鼠标到新原点的目标位置，如下图所示。

04 释放左键，原点的位置发生变化，在窗口左上角的矩形区域内双击，或者按快捷键 Alt+Ctrl+Z 撤销刚才的操作，可以将标尺原点恢复到默认位置，如下图所示。

TIP 按下快捷键 Ctrl+R 可以对标尺进行隐藏。

网格与参考线设置

网格和参考线是用于精确图像或元素的具体位置的工具。下面分别讲解网格和参考线的相关操作。

1. 网格

在图像中创建选区时，利用网格可以更精确地对图像的特定区域进行选取，下面详细介绍显示网格、隐藏网格等操作。

（1）显示网格

执行"视图 > 显示 > 网格"命令，勾选该命令，即可显示网格，也可按快捷键 Ctrl+´显示网格。

（2）隐藏网格

如果不需要网格，执行"视图 > 显示 > 网格"命令，或按快捷键Ctrl+´，取消勾选该命令，隐藏网格。

(3) 对齐网格

执行"视图 > 对齐到 > 网格"命令，当移动图像时就会自动对齐到网格。在图像窗口中创建选区时，会自动吸附网格，即可根据网格准确地选取所需的图像区域。

2. 参考线

参考线是浮动显示在图像上的一些打印不出来的线条，可以移动参考线，也可以锁定参考线以避免误操作移动参考线。

(1) 建立参考线

在制作或处理图像时，通过建立参考线能够更精确地对图像进行编辑或调整，下面详细介绍建立参考线的两种方式。

方法1：打开 Photoshop 后，执行"视图 > 新建参考线"命令，在弹出的"新建参考线"对话框中设置参数，具体说明如下图和下表所示。

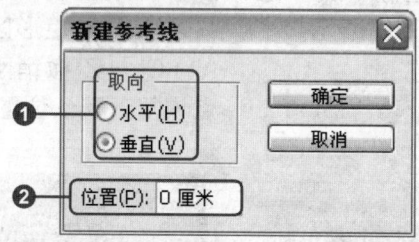

编号	名称	说明
❶	"取向"选项组	在该选项组中可以选择参考线的方向
❷	"位置"文本框	在该文本框中输入参数值，可以确定参考线的位置

方法2：按快捷键 Ctrl+R 显示标尺，然后在标尺上按住鼠标左键的同时拖动鼠标至图像窗口中需要的位置。完成后释放鼠标左键即可创建一条参考线。

(2) 隐藏和显示参考线

执行"视图 > 显示 > 参考线"命令，就可以直接显示或隐藏参考线，按快捷键 Ctrl+H 或 Ctrl+; 也可对参考线进行隐藏。

(3) 移动参考线

选择工具箱中的移动工具，然后将光标放在参考线上，当光标变成 ⇔ 或 ⇕ 形状时，按住鼠标左键，进行上下或左右拖动，即可移动参考线。

(4) 对齐参考线

执行"视图 > 对齐到 > 参考线"命令，即可将移动的对象自动地对齐到参考线，创建选区时也会自动沿着参考线的位置进行选取。

(5) 锁定参考线

执行"视图 > 锁定参考线"命令，或者按快捷键 Alt+Ctrl+，即可锁定参考线。

(6) 清除参考线

执行"视图 > 清除参考线"命令，即可清除参考线。将参考线拖动至图像窗口外，也可清除参考线。

LET'S GO! 设置参考线

步骤 01 执行"文件 > 打开"命令，打开本书配套光盘中实例文件\Chapter 4\Media\网格和参考线.jpg文件，如下图所示。

步骤 02 执行"视图 > 标尺"命令，或按快捷键Ctrl+R，图像窗口的上边缘和左边缘出现标尺，如下图所示。

步骤 03 执行"视图 > 显示 > 网格"命令，显示网格，如下图所示。

步骤 04 再次执行"视图 > 显示 > 网格"命令，隐藏网格，然后选择工具箱中的移动工具，拖动创建一条参考线，如下图所示。

步骤 05 释放鼠标左键后，在图像上出现一条参考线，如下图所示。

步骤 06 执行"视图 > 清除参考线"命令清除参考线，完成后效果如下图所示。

Unit 03 优化工作环境 >>

通过软件设计优化工作环境,可以帮助设计师找到适合自己的工作界面与操作界面,以使操作更加得心应手。在软件中主要通过设置快捷键、菜单颜色等来自定义工作环境。

>> 设置键盘快捷键

在 Photoshop 中用户可以自己定义各菜单选项或工具、面板等相关命令的快捷键,或对原有快捷键进行调整,也可以将快捷键列表以 Web 文档方式进行简单整理并保存,具体说明如下图和下表所示。

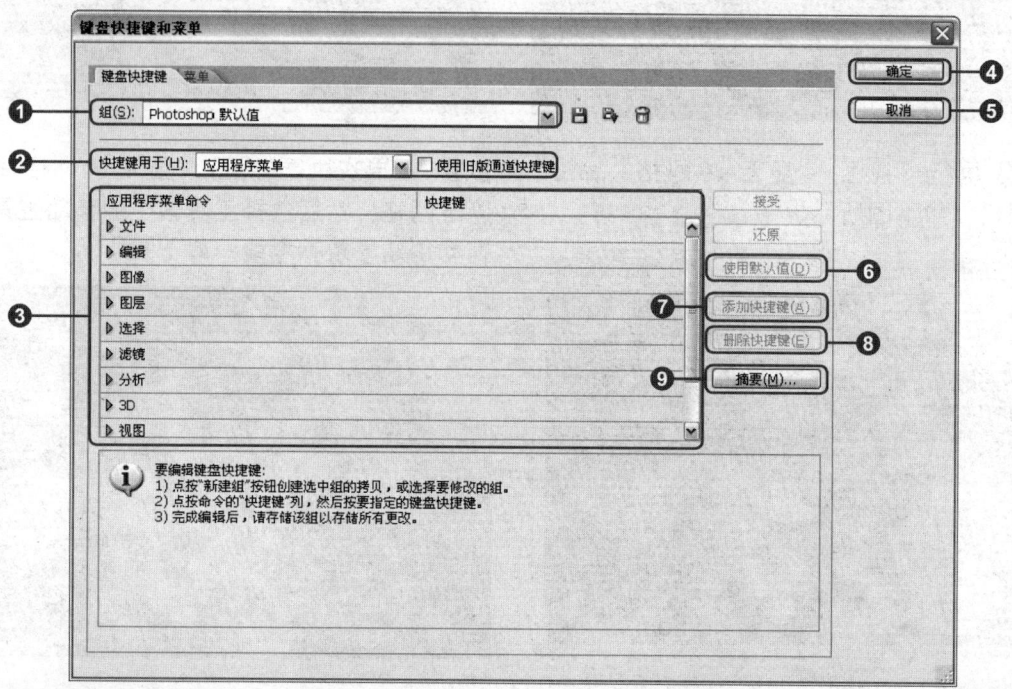

编号	名称	说明
❶	"组"下拉列表	可以选择 Photoshop 默认提供的快捷键设置,也可以选择用户自定义的快捷键设置
❷	"快捷键用于"下拉列表	选择要修改快捷键的 Photoshop 菜单、面板菜单或工具快捷键
❸	"应用程序菜单命令"选项	显示 Photoshop 提供的菜单命令
❹	"确定"按钮	保存对快捷键的修改
❺	"取消"按钮	取消对快捷键的修改
❻	"使用默认值"按钮	采用默认的快捷键
❼	"添加快捷键"按钮	增加快捷键
❽	"删除快捷键"按钮	删除快捷键
❾	"摘要"按钮	以网页形式输出快捷键的定义

操作演示 设置快捷键

前面对设置键盘快捷键选项进行了讲解,下面对设置快捷键的具体操作进行介绍。

01 打开一个图像文件,执行"编辑 > 键盘快捷键"命令,如下图所示。

TIP 按下快捷键Alt+Shift+Ctrl+K,也可打开"键盘快捷键和菜单"对话框。

02 在弹出的"键盘快捷键和菜单"对话框中,双击"应用程序菜单命令"下面的"图层"选项,在打开的下拉列表中单击"组"选项,按下Ctrl+/输入快捷键,如下图所示。设置完成后单击"确定"按钮关闭该对话框。

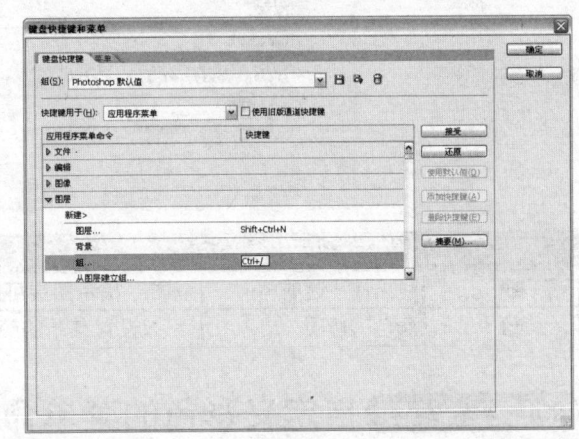

03 按下快捷键Ctrl+/打开"新建组"对话框,如下图所示。

04 单击"确定"按钮,新建一个图层组"组1",如下图所示。

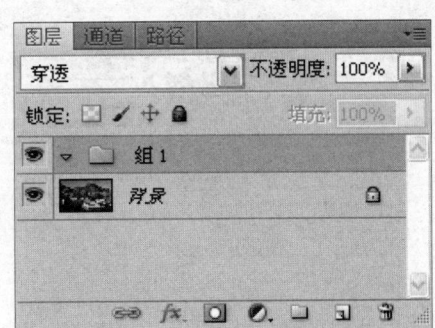

>> 设置菜单

Photoshop提供了显示或隐藏菜单的功能,可以根据需要显示和隐藏指定的菜单命令,以使设计师可以自定义常用的菜单显示方案。使用该功能还能够指定菜单命令的显示颜色,以方便快速辨认不同的菜单命令,具体说明如下图和下表所示。

多媒体超值版
Photoshop CS5 完全学习教程

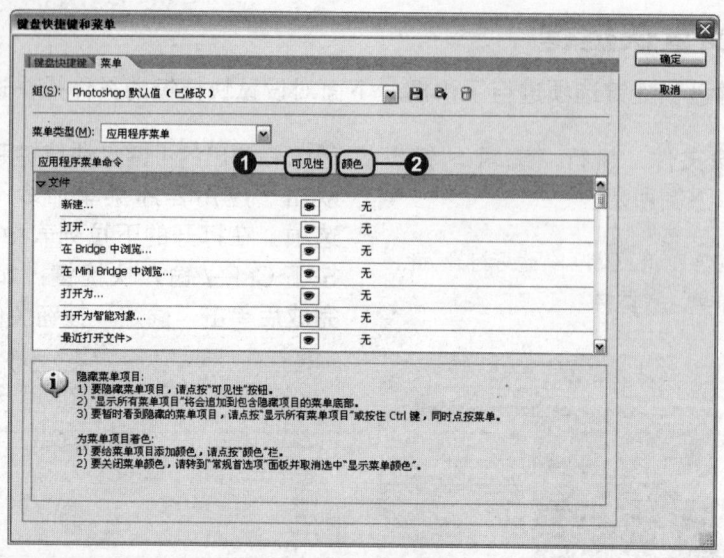

编号	名称	说明
❶	"可见性"选项	单击"指示图层可见性"按钮，可对菜单进行隐藏或显示操作
❷	"颜色"选项	可以设置菜单的颜色

LET'S GO! 自定义彩色的菜单命令

步骤 01 执行"编辑 > 菜单"命令，打开"键盘快捷键和菜单"对话框，显示"菜单"选项卡，如下图所示。

步骤 02 双击"文件"选项，在弹出的下拉列表中单击"新建"选项右侧的"指示图层可见性"按钮，如下图所示，单击"确定"按钮。

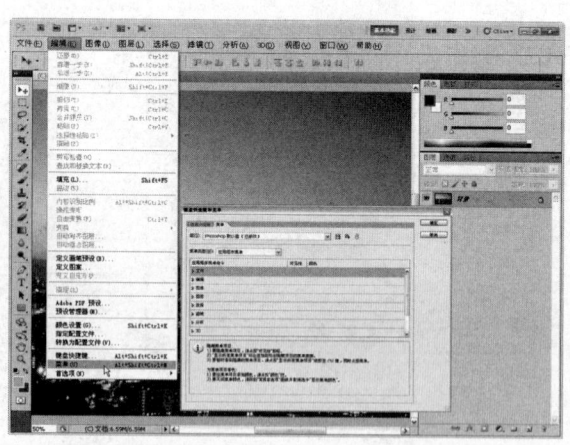

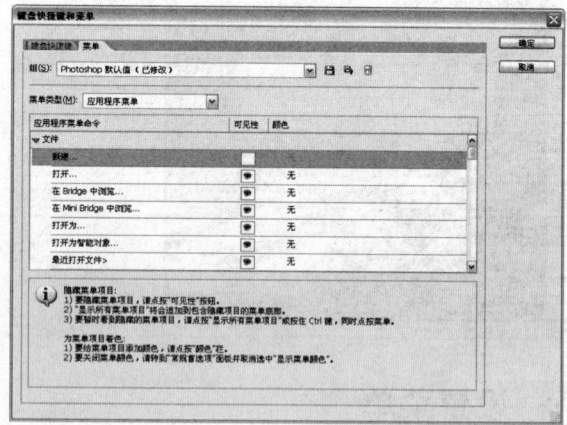

步骤 03 单击"文件"菜单，在弹出的级联菜单中，"新建"命令被隐藏，如下图所示。

步骤 04 采用相同的方法打开"键盘快捷键和菜单"对话框，在显示的"菜单"选项卡中单击"新建"选项右侧的"指示图层可见性"按钮，单击"确定"按钮，"新建"选项即变为可显示，如下图所示。

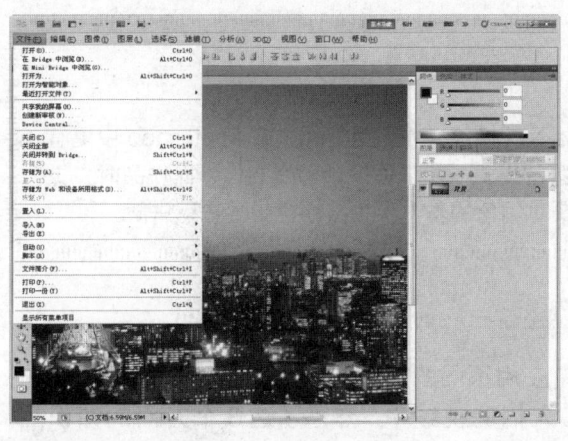

步骤 05 执行"编辑 > 菜单"命令,打开"键盘快捷键和菜单"对话框,切换到"菜单"选项卡,如下图所示。

步骤 06 展开"文件"选项,单击"新建"选项右侧的"颜色"按钮 无 ,在弹出的下拉列表中选择颜色,如下图所示。

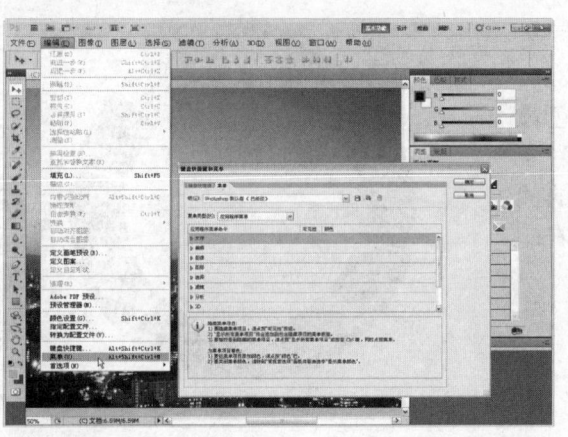

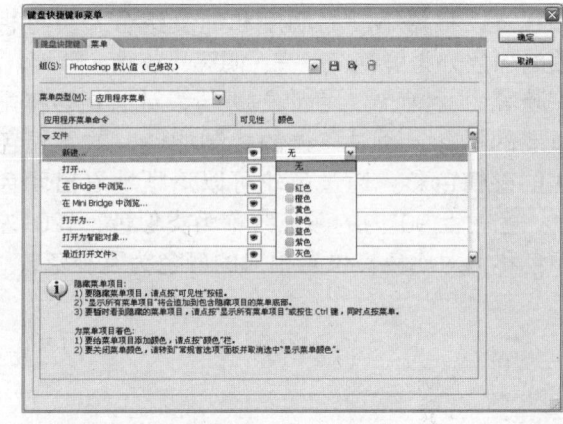

步骤 07 采用相同的方法,设置更多选项的菜单颜色,如下图所示。

步骤 08 设置完成后单击"确定"按钮。单击"文件"菜单,菜单颜色如下图所示。

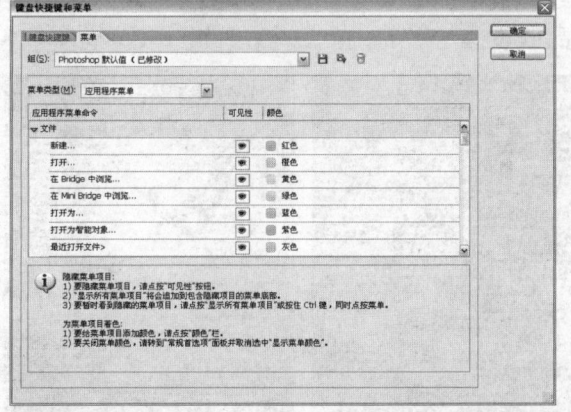

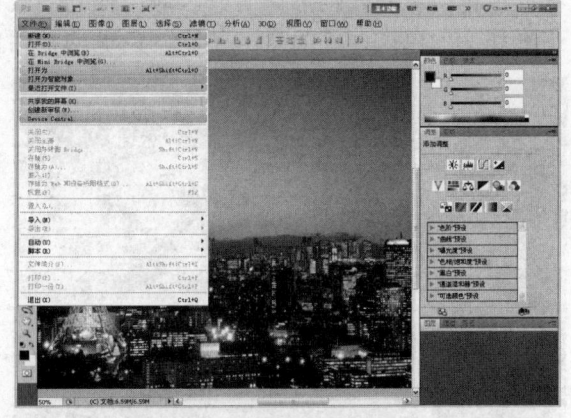

TIP 打开"键盘快捷键和菜单"对话框,切换到"菜单"选项卡,单击"组"选项右侧的下拉按钮,在弹出的下拉列表中选择"Photoshop 默认值",可以还原到 Photoshop 的默认菜单显示效果。
按下快捷键 Alt+Shift+Ctrl+M,也可打开"键盘快捷键和菜单"对话框,并显示"菜单"选项卡。

Unit 04 色彩管理 >>

了解如何创建颜色以及如何实现颜色相互转换等操作，可让用户在 Photoshop 中更有效率地工作。了解颜色的基本属性与颜色模式，能帮助设计师在制作平面作品时，更有效地掌握颜色应用。本单元就将主要对颜色的基本属性与颜色模式进行讲解。

>> 颜色的基本属性

颜色是一个平面作品中重要的构成元素之一，应用不同的颜色所产生的画面效果是不同的。颜色主要以色调、明度、饱和度 3 个方面出现在人们的视线中，熟悉了这 3 个方面的知识后，读者可以更全面地了解颜色。

1. 色调

色调是色相和明度、纯度之间的关系，表现色彩程度。根据不同的明度和纯度组合，可将相同色相的颜色分为鲜艳、高亮、明亮、灰亮、隐约、浅灰、深暗等 11 种色调。色调是进行设计时组合搭配色最重要的概念，通过色调的控制能够有效掌握色彩表达的感情色彩。通过色轮可以清晰地看出颜色的关系，色轮上 90°内的颜色统称为类似色，120°左右的颜色称为对比色，位置相对的颜色为互补色。

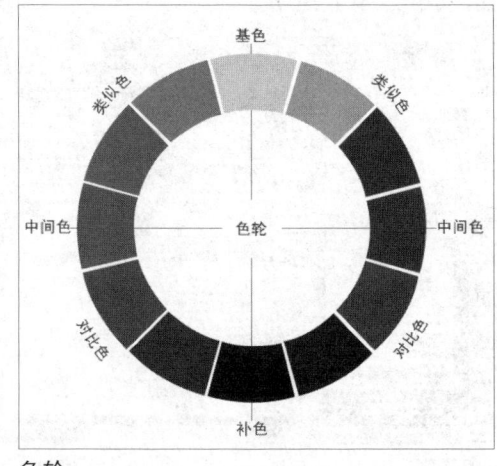

色轮

色调不是指颜色的性质，而是对一幅绘画作品的整体颜色的评价。一幅平面作品会采用多种颜色进行编辑，但总体有一种颜色倾向，或偏红、偏蓝、偏紫等，这种颜色上的倾向就是该平面作品的色调。下面是一些不同色调的平面作品欣赏。

不同色调的平面作品

2. 明度

明度是指颜色亮度，不同的颜色具有不同的明度，如黄色的明度就比红色的明度高。在一个画面中，应安排好不同明度的色块的搭配，只有合理的明度搭配才能更好地传达平面广告作品信息。例如，天空的明度如果比地面还要低，就会产生压抑的感觉。

物体所反射的光源差异形成物体的明暗差距，任何色彩都存在明暗的变化，下面是一些不同明度的平面作品欣赏。

不同明度的平面作品

3. 饱和度

所谓饱和度就是色彩的纯度或鲜艳度，主要是指色彩的纯净程度，表示色彩中所含颜色的比例。含色比例愈大，则色彩的纯度越高，反之则越低。当对一种颜色掺入黑、白、灰或其他颜色时，该颜色将失去原本的光彩，而变成混合的颜色。这时不是说原本的颜色就完全失去了，而是掺杂有其他的颜色，影响颜色纯度，也就是颜色饱和度。下面是一些不同饱和度的平面作品。

不同饱和度的平面作品

>> 颜色模式

在 Photoshop CS5 中可以通过"图像 > 模式"级联菜单中的各项命令调整图像，变换图像的颜色模式，其中常见的模式有位图模式、灰度模式、双色调模式、索引颜色模式、RGB 颜色模式、CMYK 颜色模式、Lab 颜色模式等。

对需要调整颜色模式的图像执行"图像 > 模式"命令，在弹出的级联菜单中选择需要的颜色模式，可对图像的颜色进行调整。下面主要对常用的颜色模式进行详细介绍。

1. 灰度模式

灰度模式下图像由具有 256 级灰度的黑白颜色所构成，打开一个图像文件，执行"图像 > 模式 > 灰度"命令，可将图像转换为灰度模式，如下图所示。

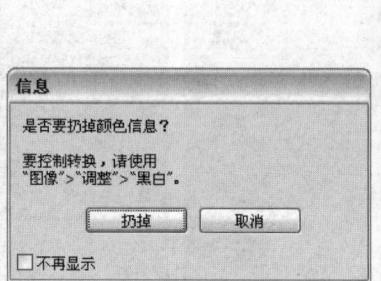

TIP 将图像转换为灰度模式以后，图像将变成黑白灰的颜色，失去的彩色图像将无法恢复。

2. 位图模式

位图模式图像只有黑色与白色，只有在灰度模式下才能启用位图模式，一般绘制线稿采用这种模式。下面对"位图"对话框中各选项进行介绍，具体说明如下图和下表所示。

编号	名 称	说 明
❶	"分辨率"选项组	主要用于设置图像的输出分辨率，并在"输入"中显示当前分辨率
❷	"方法"选项组	主要设置位图图像的转换模式，单击"使用"右侧的下拉按钮，可以选择软件自带的图像模式

操作演示 转换图像为位图模式

完成文件：实例文件\Chapter 4\Complete\位图模式.psd

01 启动Photoshop CS5，执行"文件 > 打开"命令，打开本书配套光盘中实例文件\Chapter 4\Media\002.jpg文件，执行"图像 > 模式 > 灰度"命令，弹出"信息"对话框，如下图所示。

02 单击"扔掉"按钮，将图像转换为灰度模式，如下图所示。

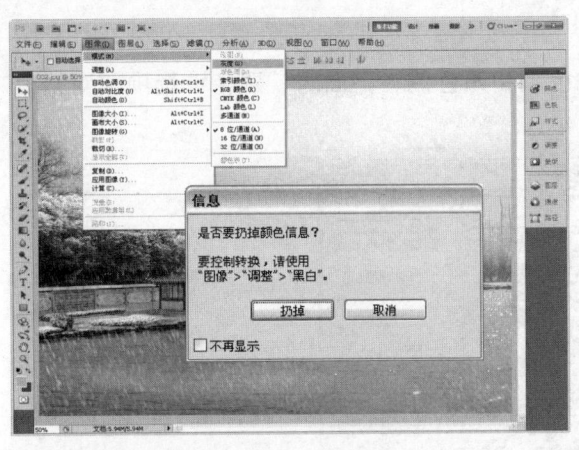 

03 执行"图像 > 模式 > 位图"命令,打开"位图"对话框,如下图所示设置参数值。

04 设置完成后单击"确定"按钮,效果如下图所示。

?PS解密 "方法"选项组的应用

执行"图像 > 模式 > 位图"命令,打开"位图"对话框,在"使用"选项的下拉列表中有 5 个选项,分别为 50% 阈值、图案仿色、扩散仿色、半调网屏、自定图案。选择不同的选项,图像会发生不同的变化,如下图所示。

原图　　　　　　50% 阈值　　　　　图案仿色　　　　　半调网屏　　　　　自定图案

3. 双色调模式

在双色调模式中包含了单色调、双色调、三色调和四色调。下面对"双色调选项"对话框中的各选项进行讲解，具体说明如下图和下表所示。

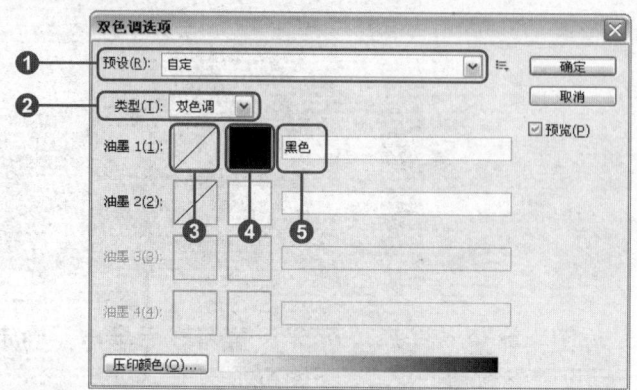

编号	名　称	说　明
❶	"预设"下拉列表	在该下拉列表中可以选择软件自带的颜色
❷	"类型"下拉列表	主要包括"单色调"、"双色调"、"三色调"、"四色调"，选择"双色调"激活"油墨 2"，选择"三色调"激活"油墨 3"，以此类推
❸	"曲线框"缩览图	单击曲线框后，会弹出"双色调曲线"对话框，调整图像的颜色
❹	"颜色"缩览图	单击此处会弹出"颜色库"对话框，通过对话框设置需要的颜色
❺	"名称"文本框	在文本框中可以输入颜色名称

操作演示　调整图像双色调效果

完成文件：实例文件\Chapter 4\Complete\双色调模式.psd

前面对"双色调选项"对话框中的各选项进行了讲解，下面具体介绍调整图像双色调效果的操作方法。

01 启动Photoshop CS5，执行"文件>打开"命令，打开本书配套光盘中实例文件\Chapter 4\Media\003.jpg文件，执行"图像>模式>灰度"命令，弹出"信息"对话框，如下图所示。

02 单击"扔掉"按钮，将图像转换为灰度模式，执行"图像>模式>双色调"命令，打开"双色调选项"对话框，如下图所示。

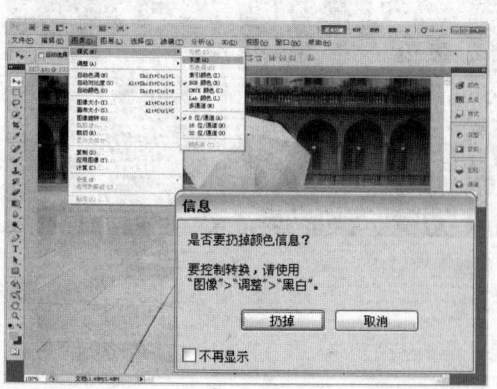

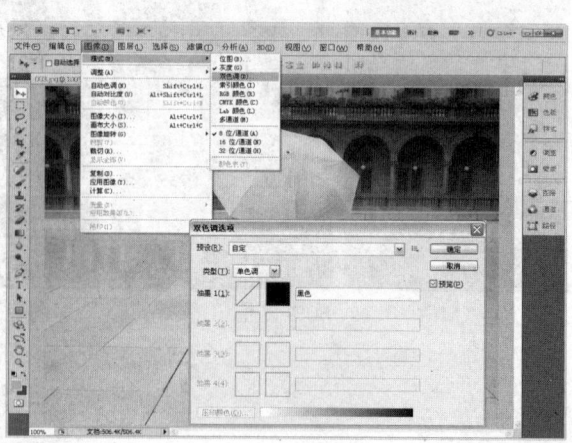

03 单击"类型"右侧的下拉按钮,在弹出的下拉列表中选择"双色调"选项激活"油墨2",单击"颜色"缩览图,在弹出的"颜色库"对话框中选择 PANTONE Yellow 012 C 颜色后单击"确定"按钮,添加图像颜色如下图所示。

04 颜色设置完成后单击"确定"按钮,图像效果如下图所示。

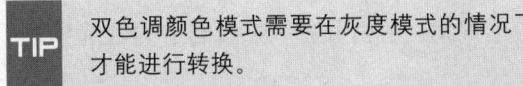

TIP 双色调颜色模式需要在灰度模式的情况下才能进行转换。

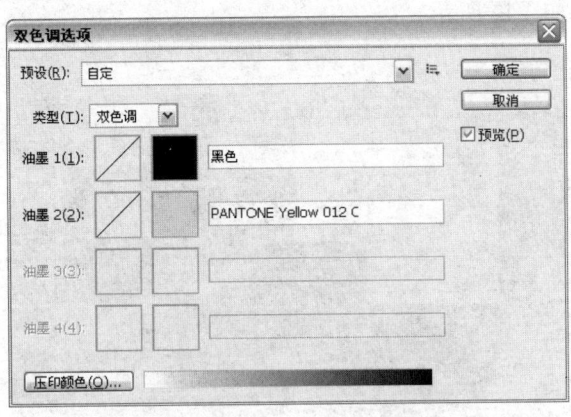

4. 索引颜色模式

索引颜色模式可生成最多 256 种颜色的 8 位图像文件。当转换为索引颜色时,Photoshop 将构建一个颜色查找表,用以存放并索引图像中的颜色。如果原图像中的某种颜色没有出现在该表中,则程序将选取最接近的一种,或使用仿色以现有颜色来模拟该颜色。

尽管其调色板很有限,但索引颜色能够在保证多媒体演示文稿、Web 页等所需的视觉品质的同时,减小文件大小。在这种模式下只能进行有限的编辑,若要进一步进行编辑,应临时转换为 RGB 模式。"索引颜色"对话框的具体说明如下图和下表所示。

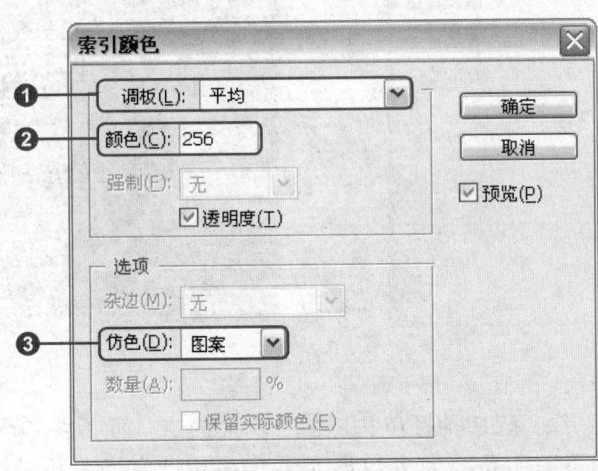

编号	名称	说明
❶	"调板"下拉列表	根据图像的用途设置颜色形式
❷	"颜色"文本框	设置表现图像的颜色参数。参数值越小,表现出来的图像颜色就会越粗糙
❸	"仿色"下拉列表	柔和地表现颜色的边线,一般用于通过较少的颜色数表现图像颜色

操作演示 调整图像索引颜色效果

完成文件◎: 实例文件\Chapter 4\Complete\索引颜色模式.psd

前面对"索引颜色"对话框中的各选项进行了讲解,下面介绍具体操作方法。

01 执行"文件>打开"命令,打开本书配套光盘中实例文件\Chapter 4\Media\004.jpg文件,如下图所示。

02 执行"图像>模式>索引颜色"命令,如下图所示。

03 打开"索引颜色"对话框,设置各项参数值,如下图所示。

04 设置完成后单击"确定"按钮,图像会转换为"索引颜色"模式,效果如下图所示。

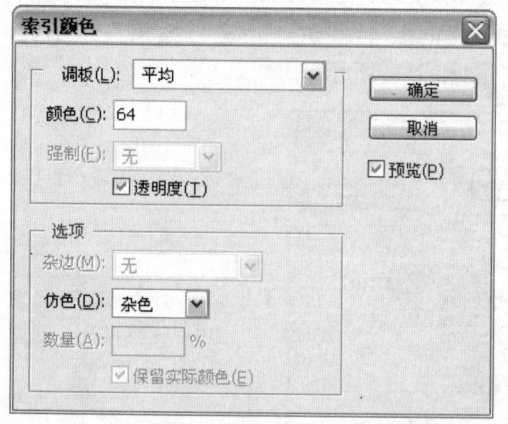

5. RGB 颜色模式

该模式图像是由红、绿、蓝3种颜色构成的,其"通道"面板中包含有一个混合通道和红、绿、蓝3个颜色通道如下图所示,大多数显示器均采用此种色彩模式。在 RGB 颜色模式下,Photoshop 提供了多种编辑功能和命令。

RGB 颜色模式图像　　　　　　　　　"通道"面板

6. CMYK 颜色模式

CMYK 颜色模式是印刷专用颜色，主要是由青色、洋红、黄色、黑色 4 种颜色构成。在"通道"面板中可以看到这 4 个颜色通道，不同的颜色通道颜色效果有所不同。

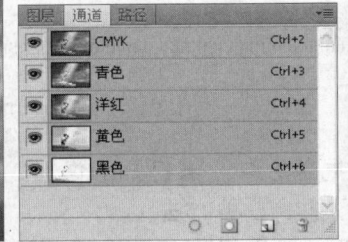

CMYK 通道　　　　　　　　"通道"面板　　　　　　　青色通道

洋红通道　　　　　　　　　黄色通道　　　　　　　　黑色通道

7. Lab 颜色模式

Lab 颜色模式是 Photoshop 的标准模式，是将图像由 RGB 颜色模式转换为 CMYK 颜色模式的中间过渡模式，其特点是在使用不同显示器或打印机设备时，所显示的颜色都是相同的。

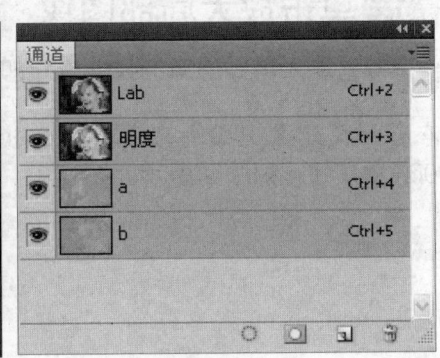

Lab 颜色模式图像　　　　　　　　Lab 颜色模式通道构成

 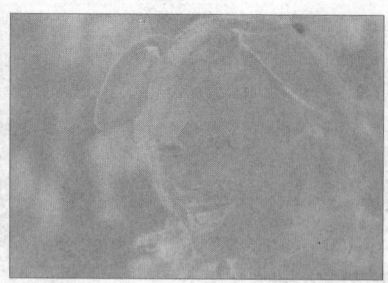 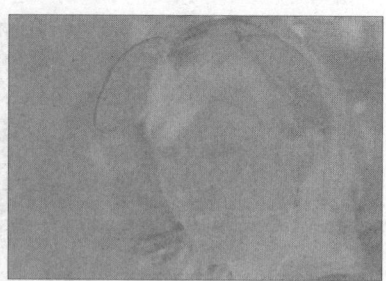

明度通道　　　　　　　　　a 通道　　　　　　　　　b 通道

Unit 05 辅助工具应用 >>

在处理图像的过程中，常常会使用到辅助工具。巧妙运用这些辅助工具能够提高工作效率，本单元就将介绍这些辅助工具的使用方法。

>> 缩放工具

缩放工具 常用于查看图像局部区域。当打开图像时，为了方便观察图像的细节，就要用到缩放工具 。下面介绍缩放图像的 5 种方法。

❶ 利用缩放工具 缩放图像：选择工具箱中的缩放工具 ，当光标变成 时，单击图像，图像会按一定的倍数放大。若按住键盘上的Alt 键不放，当光标变成 时，再单击图像，图像会按一定的比例缩小。

❷ 通过右键快捷菜单缩放：选择工具箱中的缩放工具 ，再单击鼠标右键，在弹出的快捷菜单中执行相关命令可缩放图像。

❸ 通过快捷键缩放图像：按快捷键Ctrl++ 可以对图像进行放大，按快捷键Ctrl+-可以对图像进行缩小，按快捷键Ctrl+0，可以将图像显示为实际大小。

❹ 通过鼠标滑轮对图像进行缩放：不选择缩放工具，按住Alt 键不放，然后滚动鼠标上的滑轮。向前滚动时，图像放大；向后滚动时，图像缩小。

❺ 利用菜单命令缩放图像：执行"视图＞放大"命令或"视图＞缩小"命令，即可缩放图像。

操作演示 单击放大局部图像

通过单击方式放大局部图像的具体操作如下。

01 打开本书配套光盘中实例文件\Chapter 4\Media\006.jpg文件，如下图所示。

02 选择工具箱中的缩放工具 ，在图像上单击，如下图所示。

03 释放鼠标左键后,图像被放大,效果如下图所示。

04 用同样的方法,继续放大图像,局部效果如下图所示。

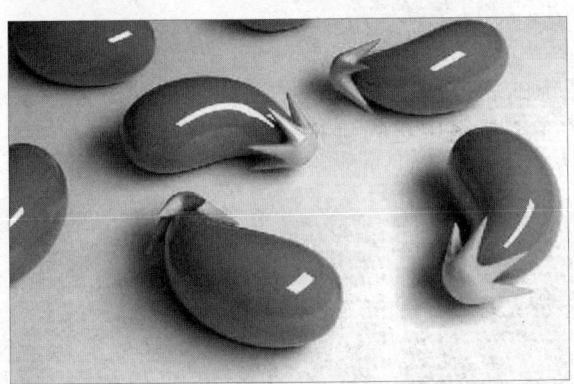

操作演示 拖移放大图像

利用拖移方式放大图像的具体操作如下。

01 打开本书配套光盘中实例文件\Chapter 4\Media\拖移放大图像.jpg 文件,如下图所示。

02 选择工具箱中的缩放工具,按住鼠标左键的同时在图像上进行拖动,如下图所示。

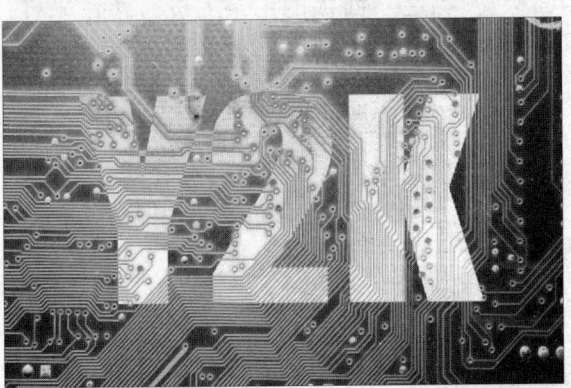

03 释放鼠标左键后，图像放大，如下图所示。　　**04** 按住空格键，当光标变成 时，可以在图像中来回拖动鼠标，显示图像的其他区域，如下图所示。

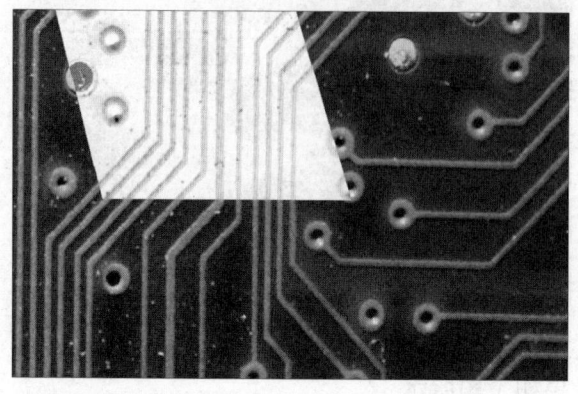 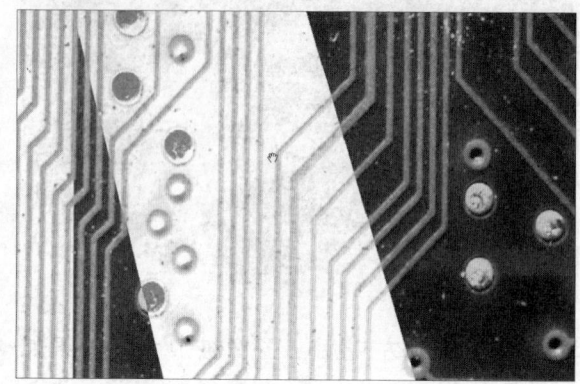

>> 抓手工具

当图像放大到图像窗口无法完全显示整张图像的状态时，利用抓手工具 拖动图像可查看图像的具体情况。在选择抓手工具 时，除了在工具箱中进行选择外，按下 H 键或按住空格键不放也可确定抓手工具为当前工具。

 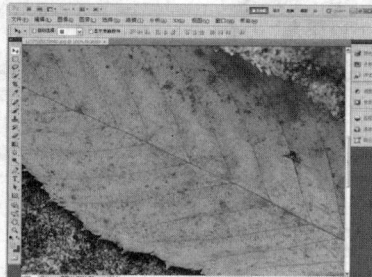 

原图　　　　　　　　　　　图像放大后　　　　　　　　　　用抓手工具拖动后

>> 吸管工具

利用吸管工具 可以从当前图像、"色板"面板、"颜色"面板的色条上进行颜色采样，采集的色样可用于指定新的前景色或背景色。下面对吸管工具的"取样大小"参数进行介绍，具体说明如下图和下表所示。

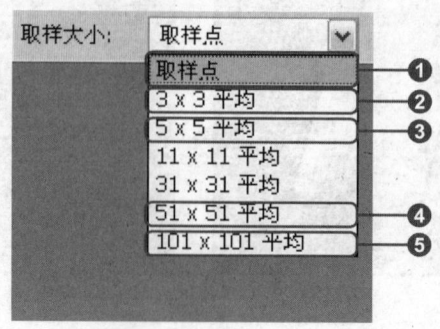

编号	名称	说明
❶	"取样点"选项	该选项是系统的默认设置,选择该选项,表示选取颜色精确到1个像素,单击位置的像素颜色即为当前选取的颜色
❷	"3×3平均"选项	选择该选项,表示以3×3个像素的平均值来确定选取的颜色
❸	"5×5平均"选项	选择该选项,表示以5×5个像素的平均值来确定选取的颜色
❹	"51×51平均"选项	选择该选项,表示以51×51个像素的平均值来确定选取的颜色
❺	"101×101平均"选项	选择该选项,表示以101×101个像素的平均值来确定选取的颜色

操作演示 利用吸管工具取样颜色

前面对吸管工具的取样大小进行了学习,下面主要讲解使用吸管工具进行颜色取样的具体操作步骤。使用吸管工具可以从图像中吸取某个像素点的颜色,或对拾取点周围多个像素的平均色进行取样,从而改变前景色和背景色,具体操作如下。

01 启动Photoshop CS5,打开本书配套光盘中实例文件\Chapter 4\Media\007.jpg 文件,如下图所示。

02 选择工具箱中的吸管工具,再单击图像中的黄色部分进行取样,这时前景色变成黄色,如下图所示。

03 在"色板"面板中将光标移动到空白的色块处,光标变为油漆桶图标,如下图所示。

04 单击鼠标,弹出"色板名称"对话框,设置色板的名称,如下图所示。

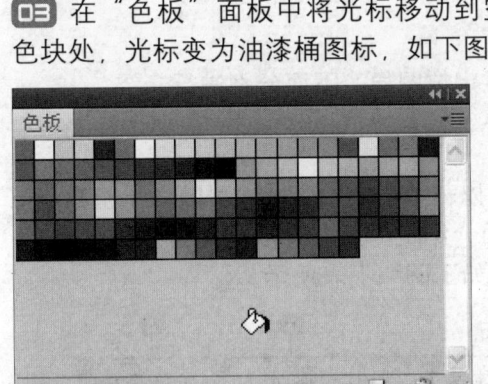

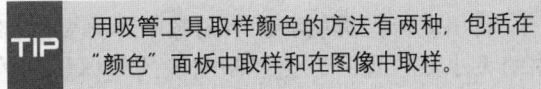

用吸管工具取样颜色的方法有两种,包括在"颜色"面板中取样和在图像中取样。

05 完成后单击"确定"按钮，即把刚才吸取的前景色保存在"色板"面板中，如下图所示。

06 按住 Alt 键的同时，用同样的方法利用吸管工具吸取紫色，在工具箱中可以看到，吸取的颜色自动设置为背景色，如下图所示。

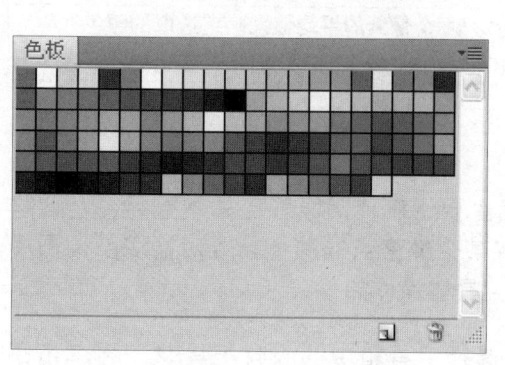

>> 标尺工具

标尺工具主要用来测量图像的长度、宽度和倾斜度。选择标尺工具测量图像时，在选项栏中会出现相关选项。

绘制标尺

设置参数值

调整图像

>> 裁剪工具和切片工具

裁剪工具和切片工具主要用于调整图像构图或定位图像，下面分别进行介绍。

1. 裁剪工具

利用裁剪工具能够删除图像中不必要的部分，也可以裁剪指定的区域。可随意调整裁剪范围的大小和位置，以便控制图像的整体构图效果。下面介绍裁剪工具选项栏的各个参数选项。设置裁剪区域后，选项栏中显示不同的选项，具体说明如下图和下表所示。

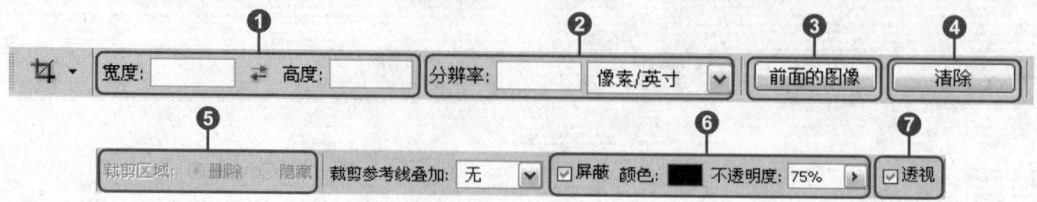

编号	名 称	说 明
❶	"宽度"和"高度"文本框	在裁剪图像之前设置高度和宽度,可以按照所设置的参数裁剪图像
❷	"分辨率"文本框	设置裁剪后的图像分辨率
❸	"前面的图像"按钮	单击此按钮,图像可以按照原图像的长宽比例进行裁剪
❹	"清除"按钮	单击该按钮,可以删除设置的宽度和高度参数值
❺	"裁剪区域"选项	可以对图像的变形进行裁剪。选中"删除"单选按钮后,裁剪的区域会被删除,只保留图像。选中"隐藏"单选按钮后,裁剪的区域只是被隐藏起来,利用移动工具拖动图层时可使其显示出来
❻	"屏蔽"复选框	勾选该复选框后,"颜色"选项和"不透明度"选项可用,可设置裁剪区域边缘的颜色和不透明度
❼	"透视"复选框	勾选该复选框后,拖动显示裁剪区域边框的控制点调整位置,可以对裁剪区域进行透视变形处理

操作演示 利用裁剪工具裁切图像

前面对裁剪工具选项栏进行了讲解,下面主要对使用裁剪工具的具体操作步骤进行详解。

01 启动Photoshop CS5,打开本书配套光盘中实例文件\Chapter 4\Media\009.jpg文件,如下图所示。

02 选择工具箱中的裁剪工具,在图像上拖动,确定裁剪区域,如下图所示。

03 按下 Enter 键或双击鼠标左键,区域外的图像被裁剪,效果如下图所示。

04 选择裁剪工具,重新设置裁剪区域,取消勾选选项栏中的"屏蔽"复选框,裁剪区域外变亮,如下图所示。

05 在选项栏中勾选"透视"复选框，然后根据需要向下拖动裁剪框的透视控制点，如下图所示。

06 按 Enter 键或双击鼠标左键，确定裁剪操作，如下图所示。

? PS解密 利用菜单命令裁切图像

裁切是一种特殊的裁剪方法，利用"裁切"命令可将图像四周的部分删除。执行"图像>裁切"命令，弹出"裁切"对话框，该对话框中各选项的具体说明如下图和下表所示。

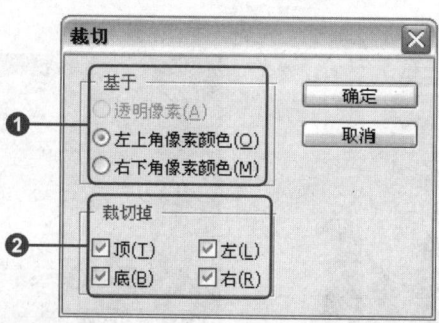

编号	名称	说明
❶	"基于"选项组	用于选择裁切方式，基于颜色进行裁切。如果选中"透明像素"单选按钮，则删除图像边缘的透明区域，留下包含非透明的最小像素。选中"左上角像素颜色"或"右下角像素颜色"单选按钮，则分别表示从图像四周删除与左上角或右下角像素颜色相同的区域
❷	"裁切掉"选项组	包括"顶"、"左"、"底"和"右"4个复选框，如果选中所有的复选框，就会裁切图像四周的区域

2. 切片工具

利用切片工具 可以把一个完整的图像切割成几部分，主要用于制作 HTML 标记。在画面中组合被切割的区域，即可显示原来的图像效果。

操作演示 切片工具具体操作

01 执行"文件>打开"命令,打开本书配套光盘中实例文件\Chapter 4\Media\010.jpg 文件,如下图所示。

02 选择工具箱中的切片工具。在图像窗口中单击并按住鼠标左键不放拖动鼠标,如下图所示。

03 完成后释放鼠标左键,用同样的方法,在图像中多次拖动,完成效果如下图所示。

04 完成后在图像中右击,在弹出的快捷菜单中选择"编辑切片选项"选项。弹出"切片选项"对话框设置相关参数,如下图所示,然后单击"确定"按钮。

TIP 选择一个切片框单击鼠标右键,在弹出的快捷菜单中选择"删除切片"选项,可以删除所选切片。

Unit 06 "调整"和"蒙版"面板

"调整"面板与"蒙版"面板是Photoshop CS4中就有的功能。利用这两个面板可更加方便地对图像以及蒙版进行调整,本单元将主要对"调整"面板与"蒙版"面板的基本操作进行讲解。

>> Photoshop CS5 "调整" 面板

"调整"面板为调整图层的创建和编辑提供了方便,主要通过添加调整图层和预设的调整来进行图层调整设置。下面对"调整"面板中的各选项进行介绍,如下图和下表所示。

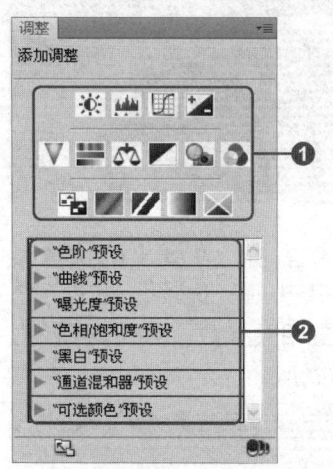

编号	名称	说明
❶	"添加调整"选项组	该选项组中共有15个不同的调整命令图标,单击任意的图标可打开相应的"调整"面板进行参数值设置,并在"图层"面板中自动生成相应的调整图层
❷	"预设设置"选项组	在该选项组中,单击其中任意一个选项前的三角按钮,将打开该选项的多个预设,单击即可对选中对象应用所选预设效果,且无需进行其他设置

操作演示 添加图像调整图层

前面对"调整"面板中的选项组进行了讲解,下面主要对调整图层的具体应用进行详细介绍。

01 执行"文件>打开"命令,打开本书配套光盘中实例文件\Chapter 4\Media\012.jpg文件,如下图所示。

02 在"调整"面板中单击"反相"按钮,如下图所示。

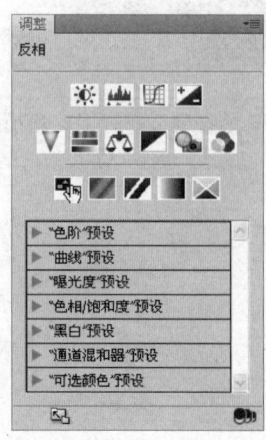

03 调整后的图像效果如下图所示。

04 打开"图层"面板,在其中自动生成了一个名为"反相1"的调整图层,如下图所示。

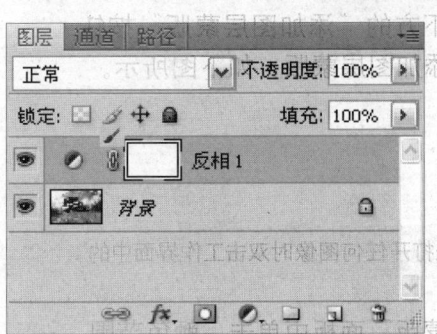

>> Photoshop CS5 "蒙版"面板

"蒙版"面板主要用于蒙版的编辑,可以对蒙版的浓度和羽化等进行设置,还可以通过"蒙版边缘"、"颜色范围"、"反相"对蒙版进行调整。下面对"蒙版"面板中的各选项进行详细讲解,如下图和下表所示。

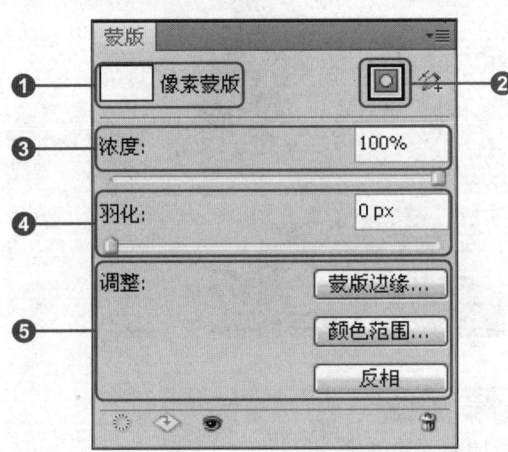

编号	名称	说明
❶	蒙版预览框	主要显示设置的蒙版类型和预览蒙版效果
❷	"选择像素蒙版"按钮	在这里主要用于设置像素蒙版和矢量蒙版
❸	"浓度"选项	用于设置蒙版的浓度
❹	"羽化"选项	用于设置蒙版区域内的羽化效果,范围在0px~250px
❺	"调整"选项组	在该选项组中可以通过"蒙版边缘"、"颜色范围"、"反相"功能对蒙版区域进行编辑

操作演示 利用"蒙版"面板抠取人物图像

完成文件:实例文件\Chapter 4\Complete\利用"蒙版"面板抠取人物图像.psd

前面对"蒙版"面板中的各选项进行了详细讲解,下面对"蒙版"面板的具体使用方法进行详细介绍。

01 执行"文件>打开"命令,打开本书配套光盘中实例文件\Chapter 4\Media\013.jpg文件,如下图所示。

02 在"图层"面板中双击"背景"图层,将"背景"图层转换为普通图层,单击"图层"面板下方的"添加图层蒙版"按钮,为该图层添加图层蒙版,如下图所示。

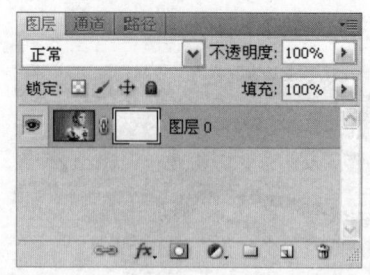

TIP 在未打开任何图像时双击工作界面中的灰色区域,可以弹出"打开"对话框选择需要的图像打开。

03 在"蒙版"面板中单击"颜色范围"按钮 颜色范围... ,打开"色彩范围"对话框设置"颜色容差"为20,单击"添加到取样"按钮,在灰色背景图像上单击鼠标取样颜色,如下图所示。

04 颜色取样完成后,单击"确定"按钮,在"蒙版"面板中单击"反相"按钮 反相 ,对图像效果进行反相,效果如下图所示。

LET'S GO! 利用"调整"面板调整图像颜色

最终文件 ◎:实例文件\Chapter 4\Complete\利用调整面板调整图像颜色.psd

步骤 01 执行"文件>打开"命令,打开本书配套光盘中实例文件\Chapter 4\Media\014.jpg文件,如下图所示。

步骤 02 单击"调整"面板中的"色相/饱和度"按钮,打开"色相/饱和度"调整面板,如下图所示。

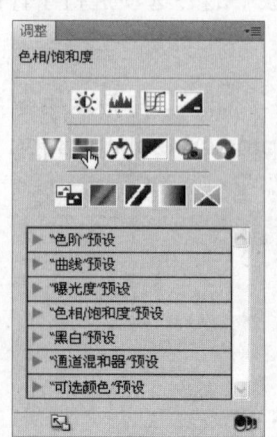
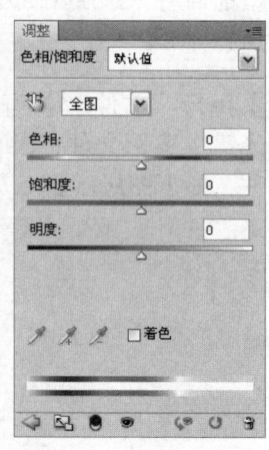

步骤03 在弹出的面板中设置各选项的参数值以调整图像颜色，如下图所示。

步骤04 用相同的方法打开"色彩平衡"调整面板，设置各选项参数值。完成后图像效果如下图所示。

步骤05 在"图层"面板中自动生成两个调整图层，便于图像效果的修改，如下图所示。

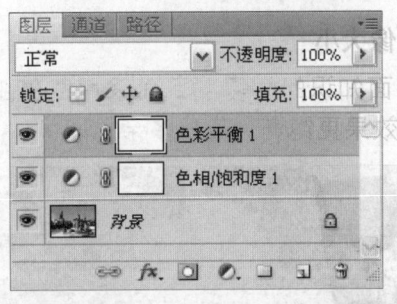

TIP 单击"图层"面板下方的"创建新的填充或调整图层"按钮，在弹出的下拉菜单中选择需要添加的调整选项，也可以打开相应的"调整"面板，从而进行参数设置。

步骤06 单击画笔工具，在"画笔预设"面板中，选择柔角较大的笔刷，如下图所示。

步骤07 设置前景色为黑色，对调整图层的蒙版图层进行涂抹隐藏部分调整效果，如下图所示。

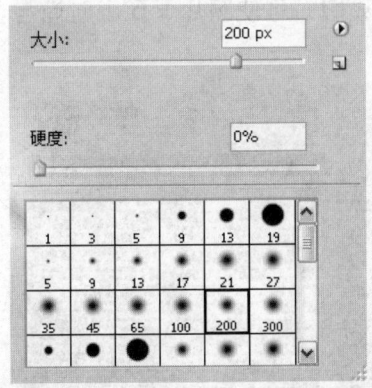

DO IT YOURSELF 练习操作

1. 利用调整图层调整照片颜色

结合所学知识,对照片进行艺术效果处理,调整照片颜色。

原图

调整照片颜色

Step BY Step (步骤提示)
1. 打开素材图像
2. 添加多个调整图层
3. 调整图层颜色

光盘路径
素材文件:
实例文件\Chapter 4\Media\015.jpg
最终文件:
实例文件\Chapter 4\Complete\调整照片颜色.psd

2. 裁切图像大小

通过对前面知识的学习,下面采用裁剪工具对照片进行裁切,使照片效果更饱满,裁掉多余的图像。

原图

裁切图像效果

Step BY Step (步骤提示)
1. 打开素材图像
2. 单击裁剪工具对图像进行裁切
3. 完成后按下 Enter 键完成图像裁切

光盘路径
素材文件:
实例文件\Chapter 4\Media\016.jpg
最终文件:
实例文件\Chapter 4\Complete\裁剪工具.psd

>> 案例参考

下面是一组摄影照片的处理效果,通过对照片颜色的调整与裁切,可使照片显现出时尚与高品质的画面效果。

Chapter 05 图像的基本编辑方法

本章将主要介绍图像的基本编辑方法。通过本章的学习，读者可掌握恢复与还原图像编辑、复制和粘贴图像、移动与变形图像、应用识别比例编辑图像和编辑图像颜色5个方面的具体操作方法，以帮助充分了解图像的编辑方法及应用。在讲解的过程中，基础知识与操作演示相结合的方法，能使读者在熟悉知识内容的同时加强动手能力，有效地巩固所学知识。

技术要点

1. 可以采用哪些命令对编辑后的图像进行还原？

执行"编辑>还原"命令可以还原对图像进行的上一步操作，也可以通过"历史记录"面板，将图像还原到最初效果。

2. 可以采用什么工具对图像进行移动与变形？

在 Photoshop 中，结合移动工具与自由变换命令，可以对图像进行大小缩放以及位置的调整。

3. 在Photoshop中，调整图像颜色的方法有哪些？

通过调整图层与填充图层，可以对图像的颜色进行调整，结合图层混合模式，可以使调整图层的混合效果更自然。

多媒体超值版
Photoshop CS5 完全学习教程

Unit 01 恢复与还原图像编辑 >>

在对图像进行编辑的时候，经常会因为对某一步骤的操作不满意，而需要重新编辑。这时，可以对图像进行还原操作，直到返回至想要的操作步骤。本单元将主要对图像的还原操作进行介绍。

>> 还原

所谓"还原"就是取消对图像所做的操作。一般若要还原上一步操作，在对图像进行编辑以后可通过执行"编辑 > 还原"命令，来对图像效果进行还原。

原图

创建选区

还原操作

TIP 通过快捷键 Ctrl+Z 可以还原对图像所做的操作，通过快捷键 Ctrl+Alt+Z 可对图像操作步骤进行继续还原。

>> 前进一步与后退一步

前进一步与后退一步也是对图像的操作步骤进行调整的命令，相当于对图像的操作步骤进行还原，执行"编辑 > 后退一步"命令，对图像的上一步操作进行取消。执行"编辑 > 前进一步"命令，则对后退一步的操作命令进行取消。

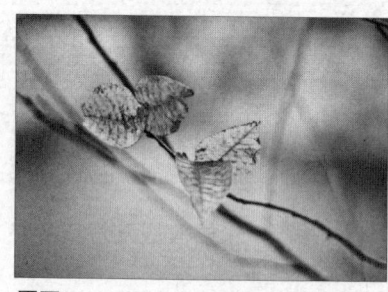
原图

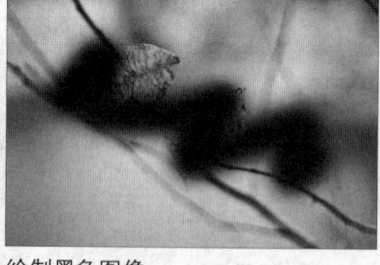
绘制黑色图像

后退一步操作效果

>> 利用"历史记录"面板还原图像

"历史记录"面板记录了在 Photoshop 中所做的所有操作步骤，必要的时候可以对其进行返回，重新编辑图像效果。下面对"历史记录"面板进行介绍，具体说明如下图和下表所示。

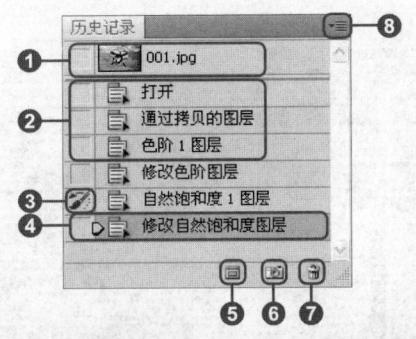

编号	名 称	说 明
❶	预览框	显示图像的原始效果，单击图像预览框可以回到图像原始效果，双击可以更改图像名称
❷	历史记录	从打开图像开始，记录 Photoshop 中所有的操作步骤名称
❸	画笔图标	应用历史记录画笔，退回到此前步骤时，可以返回到此图标标记的操作步骤
❹	历史状态滑块	表示当前所操作的步骤，用鼠标单击步骤名称可以更改操作步骤
❺	"从当前状态创建新文档"按钮	单击该按钮可以复制图像文件，并独立生成一个新的图像文件
❻	"创建新快照"按钮	单击该按钮可以对操作中的图像快速处理
❼	"删除当前状态"按钮	将历史记录步骤拖动至该按钮处释放鼠标，可删除相应步骤
❽	"快捷菜单"按钮	单击该按钮，在弹出的扩展菜单中选择不同的选项可对"历史记录"面板进行编辑，方便快捷地完成相应操作

操作演示 "历史记录"面板的使用

完成文件：实例文件\Chapter 5\Complete\历史记录面板.psd

通过前面的讲解，读者对"历史记录"面板的基础知识有了一定的了解，下面主要对"历史记录"面板的具体使用方法进行讲解。

01 打开本书配套光盘中实例文件\Chapter 5\Media\001.jpg文件，如下图所示。

02 对图像进行复制并添加调整图层效果，如下图所示。

03 执行"窗口>历史记录"命令，在打开的"历史记录"面板中，记录了对图像进行的所有操作步骤，如下图所示。

04 在"历史记录"面板中选择图像预览框，可返回到图像原始效果，如下图所示。

LET'S GO! 使用"历史记录"面板还原图像

最终文件：实例文件\Chapter 5\Complete\使用"历史记录"面板还原图像.psd

步骤01 打开本书配套光盘中实例文件\Chapter 5\Media\002.jpg文件，如下图所示。

步骤02 单击"裁剪工具"，在图像上创建裁剪框，如下图所示。

步骤03 裁剪框绘制完成后，按下 Enter 键对图像进行裁剪，效果如下图所示。

步骤04 单击"图层"面板下方的"创建新的填充或调整图层"按钮，在弹出的菜单中选择"黑白"选项，打开"黑白"调整面板，设置相关参数值，如下图所示。

步骤05 继续添加"色阶"调整图层，如下图所示。

步骤06 打开"历史记录"面板，选择"裁剪"选项，使图像回到裁剪效果，如下图所示。

Unit 02 复制和粘贴图像 >>

图像的复制与粘贴是Photoshop中对图像的最基本操作。在制作平面效果的过程中，常会用到对图像的复制与粘贴操作，本单元就来对图像的复制与粘贴操作进行讲解。

>> 图像的复制

执行"图像 > 复制"命令，可以对图像进行复制，并打开"复制图像"对话框。对图像进行复制，将生成一个独立的图像文件。

打开素材图像

执行"图像 > 复制"命令

复制图像

>> 粘贴与贴入

粘贴与贴入命令也是图像常用的基本操作。在图像中创建选区后，执行"编辑>拷贝"命令，可对选区内图像进行拷贝，然后执行"编辑>粘贴"或"编辑>选择性粘贴>贴入"命令，可在"图层"面板中生成一个新的图层。

载入图像选区

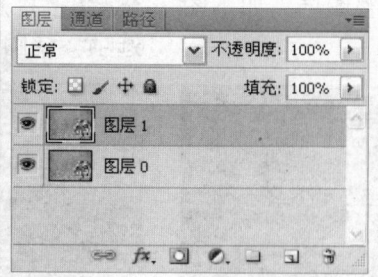
粘贴图像的"图层"面板

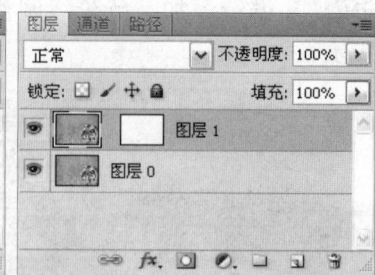
贴入图像的"图层"面板

操作演示 拷贝并粘贴图像

完成文件：实例文件\Chapter 5\Complete\拷贝并粘贴图像.psd

01 打开本书配套光盘中实例文件\Chapter 5\Media\003.jpg文件，如下图所示。

02 单击"魔棒工具"，在图像的蓝色区域上单击，创建图像选区，执行"编辑 > 拷贝"命令，如下图所示。

03 执行"编辑 > 粘贴"命令，拷贝选区内的图像至当前图像中，在"图层"面板中生成"图层1"，如下图所示。

04 设置"图层1"的混合模式为"线性减淡（添加）"，图像效果如下图所示。

TIP 通过快捷键 Ctrl+C 可以完成对图像的拷贝，然后按下快捷键 Ctrl+V，完成图像的粘贴。

>> 图像清除

在编辑图像的过程中可以对不需要的图像进行删除,删除图像的方法有很多种,可以通过创建图像选区,执行"编辑 > 清除"命令对图像进行删除,也可以通过选中需要删除的图像选区,按下快捷键 Delete,删除选区内图像。

原图

删除选区内图像

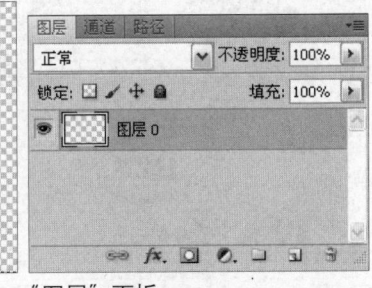
"图层"面板

Unit 03 图像的移动与变形 >>

在图像编辑过程中,经常会调整图像在画面中的位置以及图像的大小、形状等,本单元就主要对图像的移动与变形操作进行详细介绍。

>> 使用移动工具移动和变形图像

使用移动工具 可以对所选择的图像进行变形与位置的调整,下面首先对移动工具的选项栏进行介绍,具体说明如下图与下表所示。

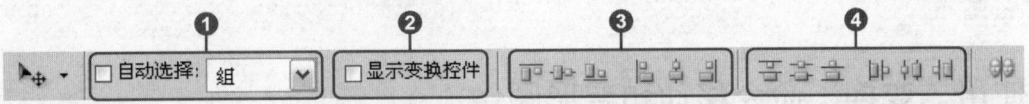

编号	名称	说明
❶	"自动选择"复选框及下拉列表	勾选该复选框,使用移动工具单击包含图层与图层组的图像后,选定图像所在的图层和图层组就会被自动设置为当前图层或图层组
❷	"显示变换控制"复选框	勾选该复选框,图像上会显示出变换控制调整框,利用这个变换控制框,可以旋转、放大或缩小以及变形图像
❸	对齐选中图层按钮组	当同时选择图像达到两个或两个以上时,该选项组的按钮可用,以选定图层为基准排列选中的所有图层
❹	分布选中图层按钮组	当选择图层达到 3 个或 3 个以上时,该选项组的按钮可用,可以调整所选图层之间的间距

操作演示 调整图层的大小与位置

01 打开本书配套光盘中实例文件\Chapter 5\Media\004.psd文件，如下图所示。

02 按住 Ctrl 键在"图层"面板中选择图层，如下图所示。

03 单击移动工具，在选项栏中单击"垂直居中对齐"按钮，效果如下图所示。

04 勾选"显示变换控制"复选框，按住快捷键 Shift+Alt 对图像进行向中心位置的缩放，如下图所示。

>> 使用"变换"命令移动和变形图像

通过"变换"命令可以调整图像的大小与形状，执行"编辑 > 变换"命令，在弹出的级联菜单中可以选择缩放、旋转、透视、变形等多种变换命令。

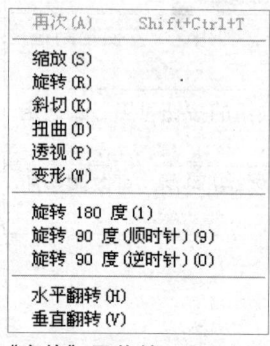
"变换"子菜单

原图

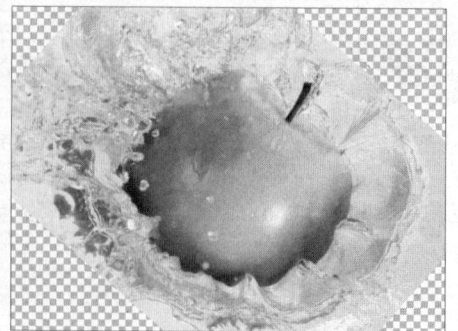
旋转后

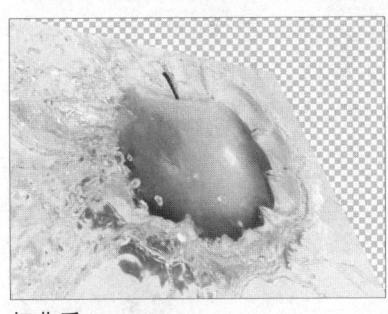
扭曲后

透视后

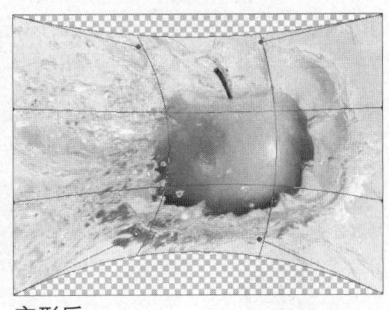
变形后

LET'S GO! 旋转与缩放图像

最终文件◎：实例文件\Chapter 5\Complete\旋转与缩放.psd

步骤01 运行Photoshop CS5，执行"文件>打开"命令，打开本书配套光盘中实例文件\Chapter 5\Media\006.jpg文件，双击"背景"图层，转换"背景"图层为普通图层，得到"图层0"，如下图所示。

步骤02 执行"编辑 > 变换"命令，在弹出的级联菜单中选择"缩放"命令，如下图所示。

步骤03 按住快捷键 Shift+Alt 将图像从外向中心位置等比例缩放，如下图所示。

> **TIP** 按住 Shift 键可对图像进行等比例缩放。

步骤04 完成后按下 Enter 键，应用变换效果，执行"编辑 > 自由变换"命令，显示自由变换控制框，如下图所示。

步骤05 在控制框上单击鼠标右键,在弹出的快捷菜单中选择"水平翻转"选项,对图像进行水平翻转,如下图所示。

步骤06 然后将光标移至图像的一个角,当光标显示为双箭头时,对图像进行旋转,完成后按下 Enter 键应用自由变换效果,如下图所示。

Unit 04 应用内容识别比例编辑图像 >>

"内容识别比例"命令是 Photoshop CS4 就有的功能,所谓内容识别,就是当我们对图像的某一区域进行覆盖填充时,由软件自动分析周围图像的特点,将图像进行拼接组合后填充在该区域并进行融合,从而达到快速无缝的拼接效果。本单元对"内容识别比例"命令的具体操作进行详细介绍。

>> 了解内容识别比例

"内容识别比例"命令对图像的缩放适合用于处理图层和选区。图像可以是 RGB、CMYK、Lab 和灰度颜色模式的图像。通过对选区的创建与存储,对选区内的图像具有保护作用。下面对内容识别比例的选项栏进行介绍,具体说明如下图与下表所示。

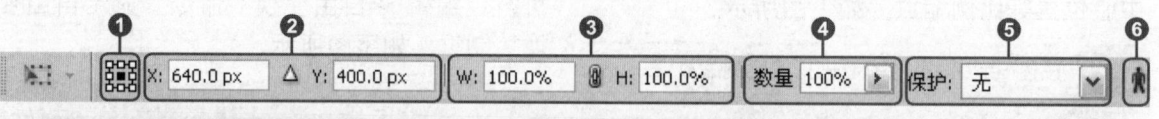

编号	名 称	说 明
❶	"参考点位置"按钮	单击该按钮上的方块可指定缩放图像时要围绕的固定点,默认参考点在中心
❷	"使用参考点相对定位"按钮	单击该按钮以指定相对于当前参考点位置的新参考点位置。将参考点放入指定的位置,输入 X、Y 轴的参数值
❸	缩放比例文本框	可以输入宽度与高度的百分比
❹	"数量"下拉列表	指定内容识别比例与常规缩放比例
❺	"保护"下拉列表	选择需要保护区域的 Alpha 通道
❻	"保护肤色"按钮	可以对图像进行内容识别比例缩放时,保留含肤色的区域

操作演示 内容识别比例具体操作

完成文件：实例文件\Chapter 5\Complete\内容识别比例.psd

01 打开本书配套光盘中实例文件\Chapter 5\Media\007.jpg文件，转换"背景"图层为普通图层，得到"图层0"，单击套索工具，在图像上创建选区，如下图所示。

02 单击鼠标右键，在弹出的快捷菜单中选择"存储选区"选项，如下图所示。

03 打开"存储选区"对话框，设置"名称"为008，单击"确定"按钮，在"通道"面板中生成008通道，如下图所示。

04 取消选区，执行"编辑 > 内容识别比例"命令，按住快捷键 Shift+Alt 对图像进行缩放，存储的选区内图像不会因为变形而受到影响。完成后按下 Enter 键应用效果，如下图所示。

LET'S GO! 使用内容识别比例保护图像

最终文件：实例文件\Chapter 5\Complete\使用内容识别比例保护图像.psd

步骤01 运行Photoshop CS5，执行"文件 > 打开"命令，打开本书配套光盘中实例文件\Chapter 5\Media\008.jpg文件，双击"背景"图层，转换"背景"图层为普通图层，得到"图层0"，如下图所示。

步骤02 单击"套索工具"，在图像上创建选区，如下图所示。

步骤03 选区创建完成后，单击鼠标右键，在弹出的快捷菜单中选择"存储选区"选项，打开"存储选区"对话框，设置选区"名称"为001，如下图所示。

步骤04 设置完成后单击"确定"按钮，在"通道"面板中生成一个001通道，按下快捷键Ctrl+D取消选区。然后执行"编辑 > 内容识别比例"命令，如下图所示。

TIP 按下快捷键Alt+Shift+Ctrl+C，也可以对图像执行"内容识别比例"命令。

步骤05 执行命令后将显示内容识别比例控制框，从右至左对图像进行缩放，如下图所示。

步骤06 缩放完成后按下Enter键，应用"内容识别比例"效果，效果如下图所示。

步骤 07 复制一次"图层0",单击"套索工具" ，在"图层0 副本"图像上创建选区,打开"存储选区"对话框,设置选区的"名称"为002,单击"确定"按钮存储选区,如下图所示。

步骤 08 取消选区,执行"编辑>内容识别比例"命令,还原图像效果,如下图所示。

编辑图像颜色 >>

Unit 05

在 Photoshop CS5 中制作平面图像效果时,常需要对图像颜色进行调整与填充,使其与整个画面更融洽。本单元就主要对图像颜色的编辑进行详细介绍。

>> 应用"填充"命令填充图像颜色

利用"填充"命令,可以对图像进行颜色填充。执行"编辑>填充"命令,在弹出的对话框中可以设置填充颜色的"内容"与"混合"等参数,下面主要对"填充"对话框中的各选项进行介绍,具体说明如下图与下表所示。

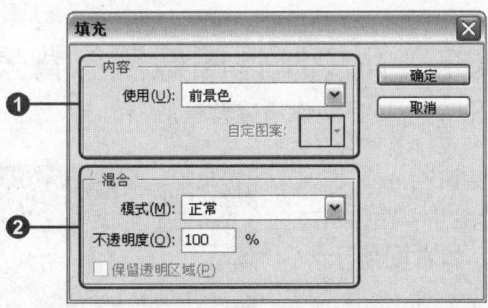

编号	名 称	说 明
❶	"内容"选项组	单击"内容"选项组中"使用"右侧的下拉按钮,在弹出的下拉列表中可以选择"前景色"、"背景色"、"颜色"、"图案"、"黑色"、"50% 灰色"等选项,当选择"图案"选项后,"自定图案"选项将被激活,可以选择图案纹理进行填充
❷	"混合"选项组	在"混合"选项组中可以单击"模式"右侧的下拉按钮,在弹出的下拉列表中选择混合模式选项。在"不透明度"文本框中可设置填充颜色的不透明度。勾选"保留透明区域"复选框可以在图层的透明区域之外填充颜色

操作演示 应用"填充"命令调整图像颜色

01 打开本书配套光盘中实例文件\Chapter 5\Media\009.jpg文件,执行"编辑>填充"命令,打开"填充"对话框,如下图所示。

02 在弹出的"填充"对话框中,单击"使用"右侧的下拉按钮,在弹出的下拉列表中选择"颜色"选项,弹出"选取一种颜色"对话框,如下图所示设置颜色参数值。

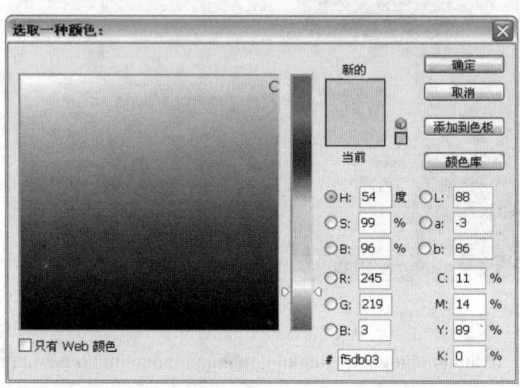

03 设置完成后单击"确定"按钮,单击"模式"右侧的下拉按钮,在弹出的下拉列表中选择"叠加"选项,如下图所示。

04 设置完成后单击"确定"按钮,效果如下图所示。

LET'S GO! 应用"填充"命令制作图像质感背景效果

最终文件⊙:实例文件\Chapter 5\Complete\制作质感背景.psd

步骤01 运行Photoshop CS5,执行"文件>打开"命令,打开本书配套光盘中实例文件\Chapter 5\Media\010.jpg文件,如右图所示。

步骤 02 在"图层"面板中选择"背景"图层，按住鼠标左键不放，拖动图层至"创建新图层"按钮上释放鼠标，复制"背景"图层得到"背景 副本"图层，如下图所示。

步骤 03 选择"背景 副本"图层，执行"编辑>填充"命令，打开"填充"对话框，如下图所示设置各项参数。

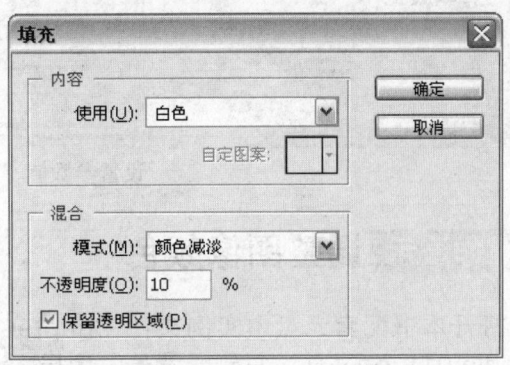

步骤 04 设置完成后单击"确定"按钮，图像效果如下图所示。

步骤 05 执行"编辑 > 填充"命令，打开"填充"对话框，如下图所示设置各项参数。

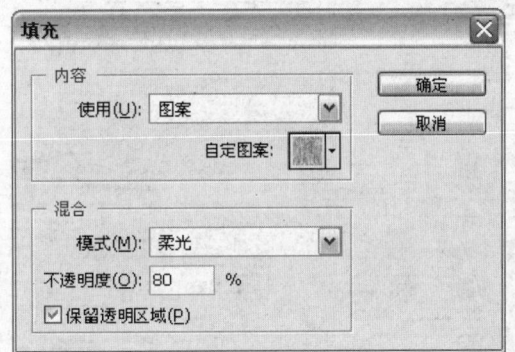

TIP 按下快捷键 Shift+F5，同样可以打开"填充"对话框。

步骤 06 设置完成后单击"确定"按钮，填充图像图案混合效果，如右图所示。

>> 应用"调整"命令调整图像颜色

通过"调整"命令可以对图像的颜色以及明暗进行调整。执行"图像 > 调整"命令，在弹出的级联菜单中选择适当的选项，打开相应的对话框，可以对图像的颜色进行调整。

 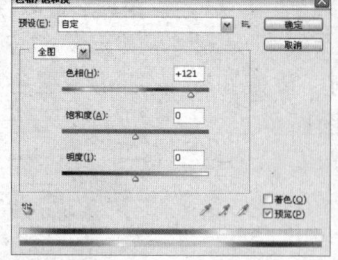 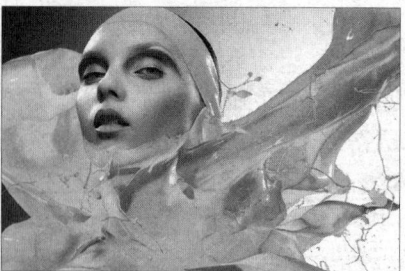

原图　　　　　　　　　　设置参数值　　　　　　　　改变图像颜色

操作演示　调整图像颜色

01 打开本书配套光盘中实例文件\Chapter 5\Media\011.jpg文件，复制"背景"图层，选择"背景 副本"图层，执行"图像>调整>色相/饱和度"命令，如下图所示。

02 打开"色相/饱和度"对话框，在其中设置各项参数值，完成后单击"确定"按钮，如下图所示。

DO IT YOURSELF　练习操作

调整图像形状

前面已对变形图像的相关知识进行了学习，下面练习使用自由变换命令对图像进行变形处理。

Step BY Step （步骤提示）
1. 打开素材图像
2. 转换背景图层为普通图层
3. 执行自由变换命令

光盘路径
素材文件：
实例文件\Chapter 5\Media\012.jpg
最终文件：
实例文件\Chapter 5\Complete\变形图像.psd

原图　　　　　　　　　　变形后图像效果

Chapter 06 选区的创建与编辑方法

在Photoshop CS5中可以根据需要对图像局部进行编辑，这就需要为图像的特定部分创建选区，然后对选区进行调整，如填充、调色、改变位置、滤镜等操作。在对选区中的图像进行这些操作时，不会影响选区以外的图像部分。本章主要介绍选区的创建、编辑和填充等操作，学完本章后可更熟练地创建并填充选区。

技术要点

1. 选区创建工具主要包括哪些？

在 Photoshop 中利用标准选区创建工具、套索工具、智能选区创建工具，可以根据不同的图像内容有选择地创建选区。

2. 选区创建有什么作用？

在图像上创建选区以后，可以对选区内的图像进行调色、填充、移动等操作，而不会影响选区以外的图像。

Unit 01 利用标准选区创建工具创建选区 >>

利用Photoshop中的选区功能可实现对图像特定部分的编辑操作，Photoshop还提供了很多能创建较规则选区的基本选区工具，可以帮助我们快捷地创建出各种矩形、圆形等规则形状的选区。选区创建完成后，还可以调整选区的大小、羽化、扩展等，并对其进行颜色、渐变、图案的填充，制作出一些变化丰富的图像效果。本单元将详细介绍矩形选框工具、椭圆选框工具、单行/单列选框工具的使用。

>> 矩形选框工具

使用矩形选框工具，可以在图像上创建一个矩形选区。该工具是区域选框工具中最基本且最常用的工具。单击工具箱中的"矩形选框工具"按钮或者按下 M 键，即可选择矩形选框工具。

下面介绍矩形选框工具选项栏中的各个选项。选择矩形选框工具，选项栏的各个选项具体说明如下图和下表所示。

矩形选框工具选项栏

编号	名称	说明
❶	选区编辑工具组	提供了 4 种用于编辑选区的方式 ■新选区：单击该按钮，可以拖动的方式创建矩形选区 ■添加到选区：单击该按钮，可以在原选区的基础上添加选区 ■从选区减去：单击该按钮，可以在原选区上减去多余的选区范围 ■与选区交叉：单击该按钮，可以保留原选区和新选区相交部分的选区范围 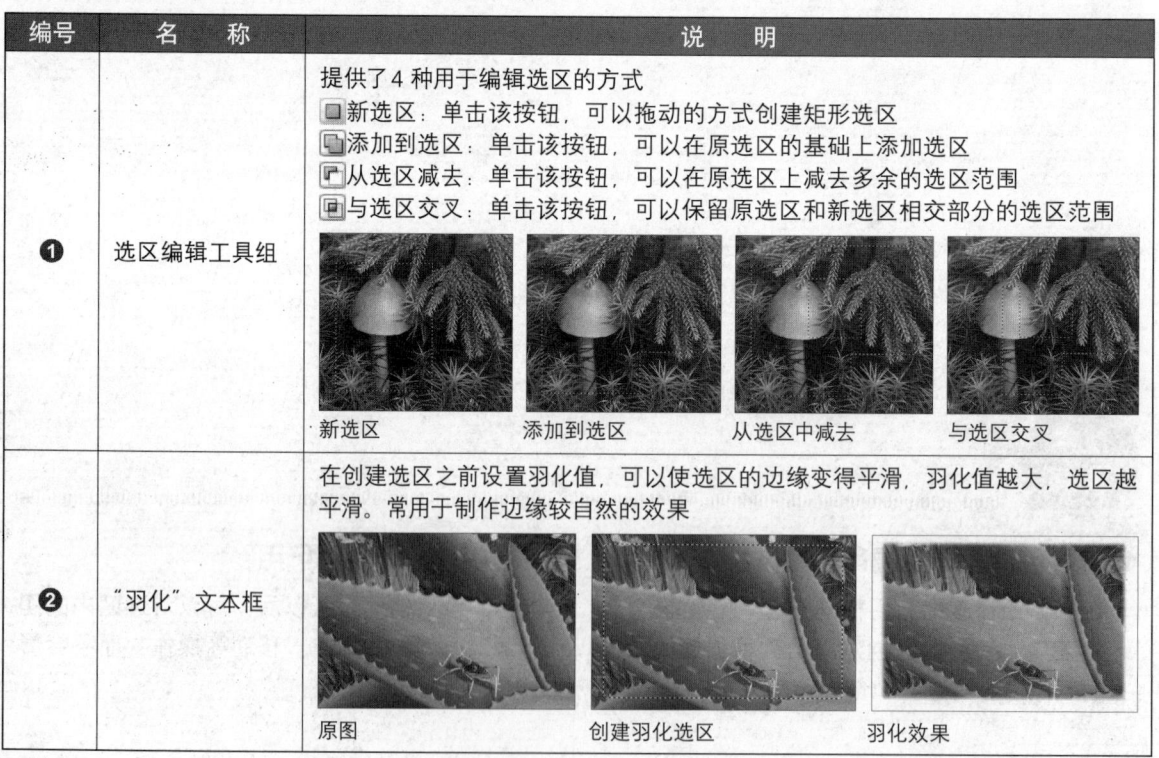
❷	"羽化"文本框	在创建选区之前设置羽化值，可以使选区的边缘变得平滑，羽化值越大，选区越平滑。常用于制作边缘较自然的效果

(续表)

编号	名称	说明
❸	"样式"下拉列表	在"样式"下拉列表中提供了3种创建选区的方式。第1种是"正常";第2种是"固定比例",选择该样式后,可以在"宽度"和"高度"文本框中输入数值,以控制矩形选区具体的宽度和高度的比值;第3种是"固定大小",可以在"宽度"和"高度"文本框中输入具体的像素比例,还可以修改单位为cm 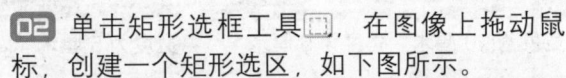
❹	"调整边缘"按钮	单击该按钮,弹出"调整边缘"对话框,在该对话框中可以根据需要设置选区边缘的属性,如半径、对比度、平滑、羽化等

操作演示 利用矩形选框工具创建矩形选区

01 启动 Photoshop CS5,打开任意一个素材图像,如下图所示。

02 单击矩形选框工具，在图像上拖动鼠标,创建一个矩形选区,如下图所示。

03 在矩形选框工具选项栏上单击"添加到选区"按钮，继续创建选区,在原选区的基础上添加选区,如下图所示。

04 单击"从选区减去"按钮，在图像上创建选区,在原选区的基础上减去新创建的选区,如下图所示。

PS解密 "固定大小"样式的妙用

前面介绍了矩形选框工具选项栏中各选项的功能,下面主要介绍"固定大小"样式在图像处理中的妙用。

单击矩形选框工具,在选项栏上单击"样式"右侧的下拉按钮,在弹出的下拉列表中选择"固定大小"选项,可以对矩形选区的大小进行设置,方便绘制自定大小的矩形图像。

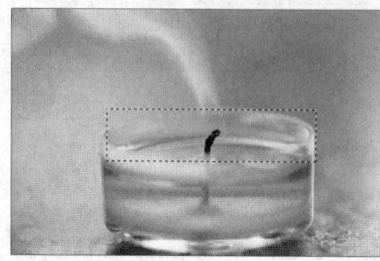  

宽度为20厘米,高度为5厘米　　宽度为5厘米,高度为5厘米　　创建多个相同大小的矩形选区

》 椭圆选框工具

椭圆选框工具的选项栏与前面讲到的矩形选框工具的选项栏相似,这里不再重复,主要介绍使用矩形选框工具和椭圆选框工具创建选区的快捷方法,如下表所示。

编号	说 明
❶	按住 Shift 键,使用矩形选框工具可以绘制正方形选区,使用椭圆选框工具可以绘制一个圆形选区
❷	按住 Alt 键,使用矩形选框工具或椭圆选框工具,可以选取点为中心绘制矩形选区或椭圆选区
❸	按住快捷键 Alt+Shift,然后使用矩形选框工具或椭圆选框工具,分别可以选取点为中心绘制正方形和圆形选区

打开一个素材图像,在工具箱中选择椭圆选框工具,在图像上单击并拖动鼠标可创建椭圆选区;按住Shift键的同时在图像上单击并拖动鼠标,可创建一个正圆形选区。

创建椭圆选区　　　　　　　　　　创建圆形选区

>> 单行选框工具和单列选框工具

使用单行选框工具和单列选框工具能创建 1 像素宽的单行和单列选区。在工具箱中选择单行选框工具和单列选框工具，然后在要选择的区域旁边单击，即可创建单行或单列选区。具体操作如下。

打开一个素材图像，在工具箱中选择单行选框工具，然后在图像窗口中单击，创建单行选区，如下左图所示。选择工具箱中的单列选框工具，同样在图像窗口中单击，创建单列选区，如下右图所示。

LET'S GO! 利用矩形选框工具绘制桌面壁纸

最终文件 ◎：实例文件\Chapter 6\Complete\矩形选框工具.psd

步骤01 启动Photoshop CS5，执行"文件>打开"命令，在弹出的对话框中选择本书配套光盘中实例文件\Chapter 6\Media\001.jpg文件，然后单击"打开"按钮，打开图像文件，如下图所示。

步骤02 在工具箱中选择矩形选框工具，在选项栏中单击"添加到选区"按钮，在"图层"面板中单击"创建新图层"按钮，创建"图层1"图层，在图像中创建多个不同大小的矩形选区，如下图所示。

 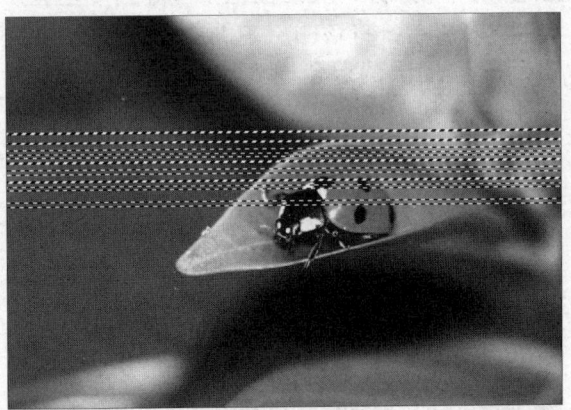

TIP 按下快捷键 Ctrl+O，同样可以打开"打开"对话框。

步骤03 选择"图层1"图层,按快捷键Ctrl+Delete以默认背景颜色白色(R255、G255、B255)填充选区,如下图所示。

步骤04 按快捷键Ctrl+D取消选区,然后选择"图层1"图层,在"图层"面板中设置图层的混合模式为"叠加",如下图所示。

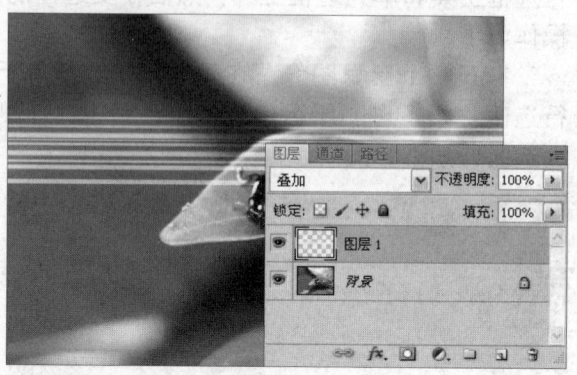

步骤05 拖动"图层1"图层到"创建新图层"按钮 上,得到"图层1副本"图层,如下图所示。

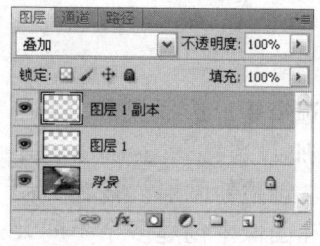

步骤06 选中"图层1副本"图层,然后在小键盘中按方向键↓移动线条,如下图所示。

步骤07 再复制一次"图层1"得到"图层1副本2"图层,将该图层中的图像向下移动,最后设置图层的混合模式均为"叠加",效果如下图所示。

步骤08 单击横排文字工具 在图像窗口中输入相关文字,最终效果如下图所示。

TIP 当选择移动工具 时,可以结合键盘上的↑、↓、←、→四个方向键对图像的位置进行调整,使图像调整更加便捷。

Unit 02 利用套索工具创建选区 >>

套索类工具主要分为套索工具、多边形套索工具、磁性套索工具3种，是创建图像选区常用的工具，本单元主要通过图像的形状特征，讲解套索类工具进行选区创建的特征。

>> 套索工具

套索工具 一般用于创建不规则形状的自由选区，在图像窗口中沿着图像的边缘拖动即可创建选区。选择套索工具后，在图像中单击并开始拖动，当终点与起点重合后释放鼠标左键，会闭合形成选区。下面介绍具体操作。

在 Photoshop CS5 中打开一个素材图像，选择工具箱中的套索工具 ，在图像中手套边缘处单击创建起点，沿手套图像边缘拖动鼠标，当终点和起点重合后释放鼠标左键，形成闭合选区，按下 Delete 键，可以删除选区中的图像。

原图

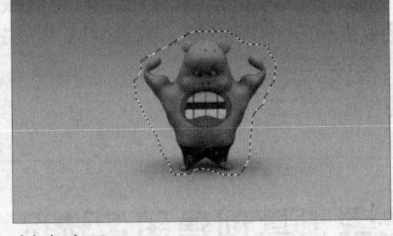
创建选区

删除选区内图像

TIP 套索工具具有随意性的特征，创建形状不规则的选区时，使用套索工具操作是最快捷的。

>> 多边形套索工具

多边形索套工具 一般用于创建多边形选区。在图像中，沿需要选取的图像边缘部分拖动，当终点与起点重合时单击鼠标即可创建选区。下面介绍使用多边形套索工具创建选区的具体操作方法。

打开一个素材图像文件，选择工具箱中的多边形套索工具 ，然后在图像窗口中的五角星边缘处单击确定起点，沿图像边缘拖动，当终点与起点重合时，单击鼠标，闭合选区。

原图

创建选区

完成选区创建

TIP 多边形套索工具是将一个节点与另一个节点相连形成选区，适合创建三角形选区，成角图形的选区。

>> 磁性套索工具

磁性套索工具 一般用于快速选择与背景对比强烈且边缘复杂的对象，可沿着对象的边缘创建选区。

下面详细介绍磁性套索工具选项栏中的各个选项，如下图所示和下表所示。

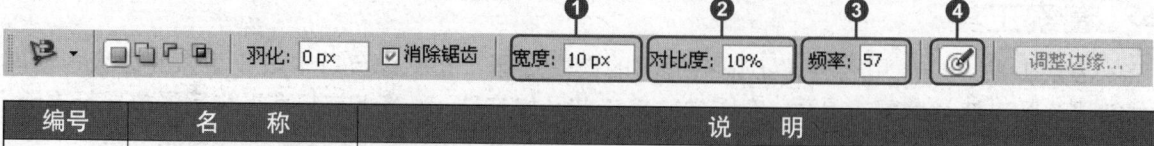

编号	名称	说明
❶	"宽度"文本框	"宽度"文本框用于设置磁性套索工具指定检测的边缘宽度，参数值范围为1px~256px。数值越小，选取越精确
❷	"对比度"文本框	"对比度"文本框用于设置选取时的边缘反差，参数值范围为1%~100%。数值越大，选取越精确
❸	"频率"文本框	"频率"文本框用于设置选取时的锚点数目，即在选取时产生了多少锚点，参数值在0~100之间。数值越大，产生的锚点越多
❹	"使用绘图板压力以更改钢笔宽度"按钮	用于设置绘图板的钢笔压力

操作演示 利用磁性套索工具创建图像选区

01 在Photoshop CS5中执行"文件>打开"命令，打开一个素材文件，如下图所示。

02 单击磁性套索工具 ，在西瓜的边缘部分单击鼠标，如下图所示。

03 继续沿着西瓜图像的边缘拖动鼠标，连接选区的起始点，创建西瓜图像的选区，如右图所示。

TIP 在使用磁性套索工具创建选区时，一定要沿着所创建图形的边缘移动鼠标，使选区创建更准确。

LET'S GO! 利用磁性套索工具为花朵增色

最终文件 ◎：实例文件\Chapter 6\Complete\磁性套索工具.psd

步骤 01 在Photoshop CS5 中执行"文件>打开"命令，打开本书配套光盘中实例文件\Chapter 6\Media\003.jpg 文件，如下图所示。

步骤 02 选择工具箱中的磁性套索工具，沿花的边缘创建选区，如下图所示。

TIP 磁性套索工具适用于色彩比较分明、形状较为复杂的图像。

步骤 03 在"图层"面板中新建"图层1"图层，设置前景色为蓝色（R13、G34、B191），然后按快捷键 Alt+Delete 填充选区，效果如下图所示。

步骤 04 设置"图层1"图层的"混合模式"为"饱和度"，然后按快捷键Ctrl+D 取消选区，效果如下图所示。

步骤 05 按住 Ctrl 键单击"图层 1",载入图层选区,如下图所示。

步骤 06 执行"选择 > 反向"命令,对选区进行反选操作,如下图所示。

步骤 07 执行"选择 > 修改 > 羽化"命令,在弹出的"羽化选区"对话框中设置羽化半径为 5,单击"确定"按钮,如下图所示。

步骤 08 新建"图层 2",填充选区颜色为土黄色(R148、G136、B7),取消选区,如下图所示。

步骤 09 设置"图层 2"的混合模式为"颜色减淡",如右图所示。

TIP 套索工具常被用于一些不规则图像选区的创建以及图像颜色分明的图像选区创建,对于一些精确的选区创建则不适合。

Unit 03 创建不规则选区

本单元要介绍的选区创建操作是根据图像的颜色特性进行选择的，所使用的智能选区创建工具包括魔棒工具和快速选择工具，另外还会利用"色彩范围"命令实现智能选区创建。

>> 魔棒工具

魔棒工具用于选择图像中颜色相似的不规则区域，在选项栏中可以根据图像的情况来设置参数，以便能够准确地选取需要的选区范围。单击工具箱中的"魔棒工具"按钮或按 W 键即可选择魔棒工具。

下面介绍魔棒工具的选项栏，其中新选区、添加到选区、从选区减去、与选区交叉 4 个按钮的功能与创建选区各种选框工具选项栏中的按钮相同，这里不再赘述。现在来详细介绍魔棒工具的其他选项设置。魔棒工具的选项栏如下图所示，部分选项的说明如下表所示。

魔棒工具选项栏

编号	名称	说明
❶	"容差"文本框	"容差"文本框用于确定选取像素的相似差异点。参数值在0~255 之间，数值越小，选取的颜色范围越接近；数值越大，选取的颜色范围越广 原图　　　"容差"为 32　　　"容差"为 100
❷	"消除锯齿"复选框	勾选该复选框，在创建选区时，能够得到平滑的选区边缘
❸	"连续"复选框	勾选该复选框，只可选择与单击处相邻并且颜色相同的图像；取消勾选该复选框，即可选择所有与单击处颜色相同或者相近的图像
❹	"对所有图层取样"复选框	勾选该复选框，利用魔棒工具抠图时可从所有图层中选取颜色。否则，只能在选中的图层中进行选取

操作演示　利用魔棒工具创建选区

01 在 Photoshop CS5 中执行"文件 > 打开"命令，打开一个图像文件，如下图所示。

02 选择工具箱中的魔棒工具，在选项栏中设置"容差"为 0，然后在图像中创建选区，如下图所示。

03 在选项栏中设置"容差"值为100，单击图像背景区域，如下图所示。

04 在选项栏中勾选"连续"复选框，再单击"添加到选区"按钮，继续在图像中创建选区，如下图所示。

TIP 设置的容差值越大，创建选区的颜色范围越大。

快速选择工具

在快速选择工具的选项栏中可以选择新选区、添加到选区、从选区减去3种方式进行选区创建。快速选择工具的选项栏和各选项的说明如下图和下表所示。

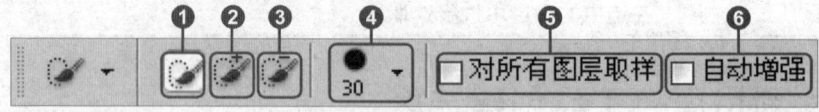

编号	名称	说明
❶	"新选区"按钮	用于新建选区
❷	"添加到选区"按钮	用于添加选区
❸	"从选区减去"按钮	用于从已有选区中减去选区
❹	"画笔"选项	单击"点按可打开'画笔预设'选取器"按钮，在弹出的面板中可以设置相关选项
❺	"对所有图层取样"复选框	勾选该复选框，可从所有图层中选取颜色，否则只在选中的图层中选取
❻	"自动增强"复选框	勾选该复选框，能够优化选区的精确度

操作演示 利用快速选择工具创建选区

01 执行"文件 > 打开"命令,打开一个图像文件,如下图所示。

02 选择工具箱中的快速选择工具,在选项栏中设置画笔大小为175px,然后在人物脸部进行选取,如下图所示。

03 单击选项栏中的"添加到选区"按钮,然后设置画笔的"间距"为52%,再对人物衣服部分进行选取,如下图所示。

04 继续沿人物图像进行选取,如下图所示,然后选择工具箱中的移动工具,拖动选区中的人物到其他文件中。

>> 利用"色彩范围"创建选区

使用"色彩范围"命令可以选择现有选区或整个图像内指定的颜色或颜色子集,使用该命令创建选区时可以随意调整选区的范围。"色彩范围"命令特别适用于边缘清晰且局部区域颜色反差较大的图像。在本小节将主要介绍利用"色彩范围"命令进行选区创建的操作,下面先介绍一下"色彩范围"对话框中的各选项,如下图所示及下表所示。

编号	名称	说明
❶	"选择"下拉列表	在该下拉列表中选择不同的颜色,可以在图像中创建相应颜色的选区
❷	"颜色容差"文本框	用于调整选择的颜色范围。参数值越大,选区也越大,反之则越小 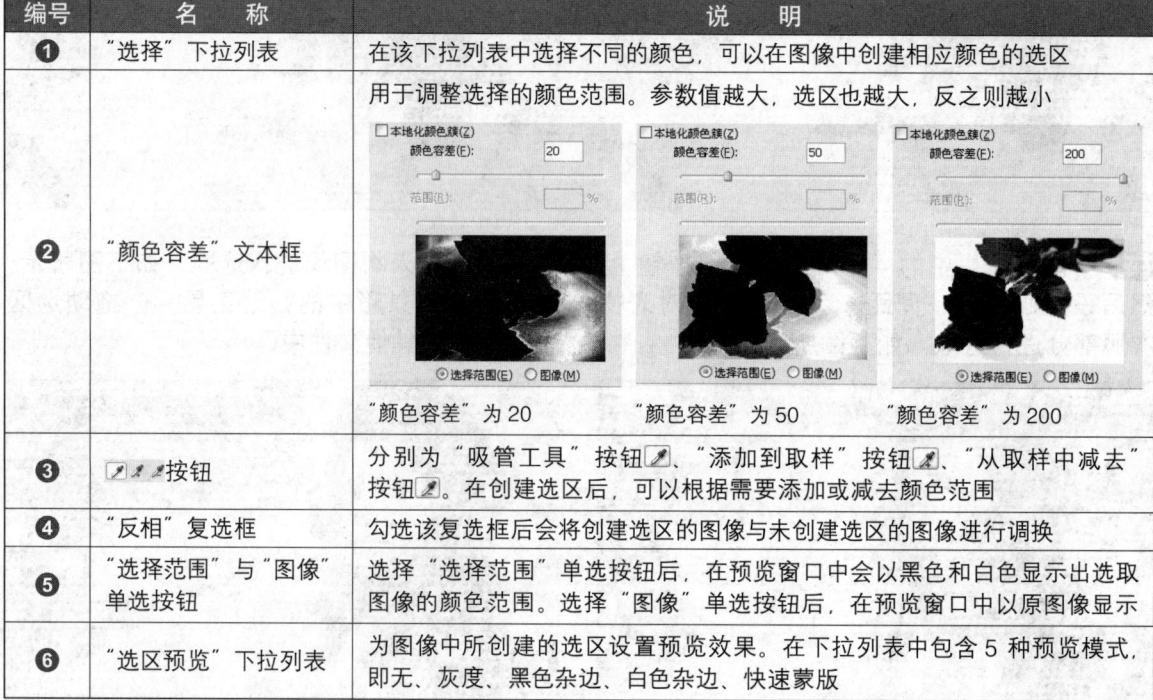 "颜色容差"为20　　　"颜色容差"为50　　　"颜色容差"为200
❸	按钮	分别为"吸管工具"按钮、"添加到取样"按钮、"从取样中减去"按钮。在创建选区后,可以根据需要添加或减去颜色范围
❹	"反相"复选框	勾选该复选框后会将创建选区的图像与未创建选区的图像进行调换
❺	"选择范围"与"图像"单选按钮	选择"选择范围"单选按钮后,在预览窗口中会以黑色和白色显示出选取图像的颜色范围。选择"图像"单选按钮后,在预览窗口中以原图像显示
❻	"选区预览"下拉列表	为图像中所创建的选区设置预览效果。在下拉列表中包含5种预览模式,即无、灰度、黑色杂边、白色杂边、快速蒙版

操作演示 利用"色彩范围"命令创建选区

完成文件:实例文件\Chapter 6\Complete\"色彩范围"命令创建选区.psd

01 在Photoshop CS5中执行"文件>打开"命令,打开本书配套光盘中实例文件\Chapter 6\ Media\004.jpg 文件,如右图所示。

02 双击"背景"图层,将"背景"图层转换为普通图层,得到"图层 0",如下图所示。

03 执行"选择>色彩范围"命令,打开"色彩范围"对话框,设置"颜色容差"为50。单击"添加到取样"按钮,在图像上单击鼠标,如下图所示。

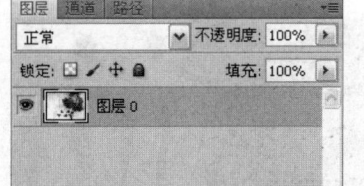

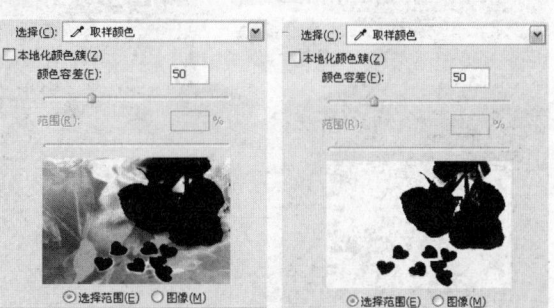

04 完成后单击"确定"按钮,创建白色图像的选区,如下图所示。

05 按下 Delete 键删除选区内的图像,然后按下快捷键 Ctrl+D,取消选区,效果如下图所示。

TIP 当在"色彩范围"对话框中设置选择为"取样颜色"以外的选项时,容差选项是不能设置的。

LET'S GO! 创建图像选区

最终文件⊚:实例文件\Chapter 6\Complete\创建图像选区.psd

步骤 01 在Photoshop CS5 中执行"文件>打开"命令,打开本书配套光盘中实例文件\Chapter 6\Media\005.jpg 文件,如右图所示。

步骤02 单击魔棒工具，在绿色图像上单击鼠标，载入图像选区，如下图所示。

步骤03 填充选区颜色为黄色（R252、G255、B8），按下快捷键Ctrl+D，取消选区，如下图所示。

步骤04 继续使用魔棒工具，在白色图像上单击鼠标，载入图像选区，如下图所示。

步骤05 填充选区颜色为蓝白色（R158、G245、B252），取消选区，效果如下图所示。

步骤06 执行"选择 > 色彩范围"命令，打开"色彩范围"对话框，设置容差参数值为20，如下图所示，单击"添加到取样"按钮，在深绿色图像上单击鼠标。

步骤07 设置完成后单击"确定"按钮，创建图像选区，如下图所示。

步骤 08 保存选区，然后执行"图像 > 调整 > 色相/饱和度"命令，打开"色相/饱和度"对话框，设置"色相"参数值，如下图所示。

步骤 09 设置完成后单击"确定"按钮，调整图像颜色，按下快捷键 Ctrl+D 取消选区，如下图所示。

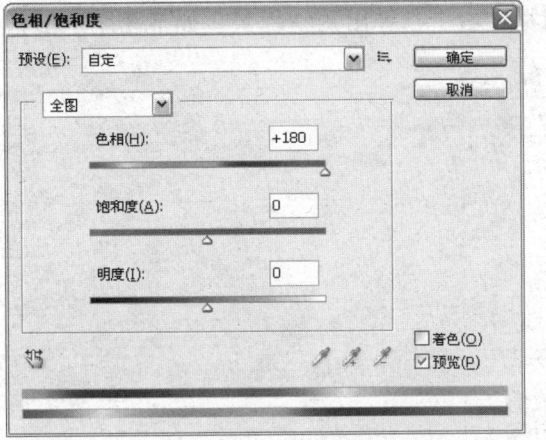

> **TIP** 使用魔棒工具时，在按住Shift键的同时单击图像，可以增加选区范围；按住Alt键的同时单击图像则减少选区范围。

Unit 04 编辑选区 >>

在Photoshop CS5中创建选区后，还可以对已有的选区进行多次修改，如对选择区域进行变换、羽化、收缩等操作。本单元就来介绍如何对选区进行基本编辑。

>> 羽化选区

羽化选区能够实现选区的边缘模糊效果。羽化半径越大，羽化的效果也越明显，反之越小。另外，羽化半径值越大，模糊边缘将丢失选区边缘的越多细节。羽化选区的具体操作如下。

打开一个素材图像，选择工具箱中的椭圆选框工具 ⊙ ，在图像窗口中创建选区，执行"选择 > 修改 > 羽化"命令，在弹出的对话框中设置"羽化半径"为"20 像素"，然后单击"确定"按钮，完成对选区的羽化，如下图所示。

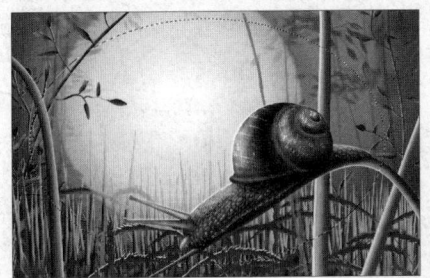

> **TIP** 按快捷键 Shift+F6，同样可以打开"羽化选区"对话框。羽化半径值在 0~255 之间，在有效选区内，设置参数值越大，羽化效果越明显。

>> 变换选区

"变换选区"命令主要对选区进行移动、旋转、缩放和斜切操作。可以直接使用鼠标进行控制，也可以通过对选项的选择与参数值的设置进行调整。"变换选区"命令常用于对选区进行变形操作，但不会影响图像的效果。在选区编辑框中右击，弹出的快捷菜单如下图所示，各种变换方式说明如下表所示。

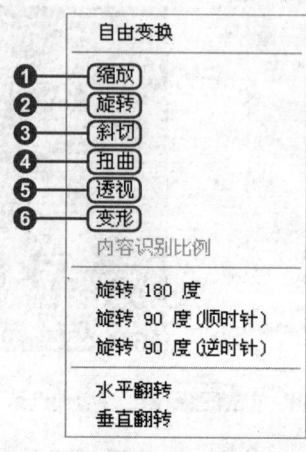

编号	名称	说明
❶	缩放	执行"缩放"命令，可以对创建的选区进行缩放
❷	旋转	执行"旋转"命令，当光标变成↷形态时，能够旋转创建的选区
❸	斜切	执行"斜切"命令，当光标变成↔形态时，拖动鼠标，选区即被斜切
❹	扭曲	执行"扭曲"命令，当光标变成▶形态时，拖动鼠标，即可以对选区进行扭曲
❺	透视	执行"透视"命令，拖动鼠标，选区即可变成透视状态
❻	变形	执行"变形"命令，当光标变成▶形态时，拖动选区内的节点，可根据不同的需要对选区进行不同的变形

◉ 操作演示 "变换选区"命令的应用

01 在Photoshop CS5 中执行"文件>打开"命令，打开本书配套光盘中实例文件\Chapter 6\Media\变换选区.jpg 文件，如下图所示。

02 选择工具箱中的多边形套索工具，然后沿衣服边缘创建选区，如下图所示。

03 在选区中右击，在弹出的快捷菜单中选择"变换选区"选项，如下图所示。

04 在选区外出现选区控制框。将光标放置于控制框的任意一个角上，然后按住鼠标左键拖动即可对选区进行缩放，如下图所示。

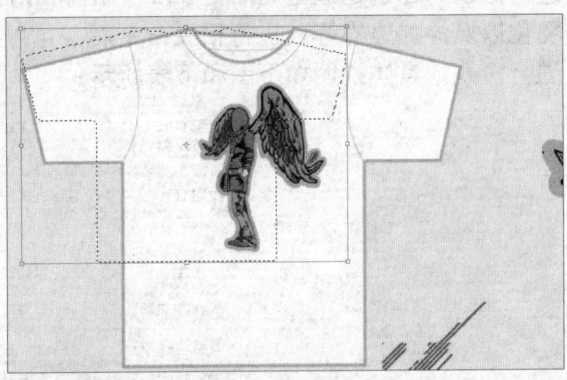

05 右击鼠标，在弹出的快捷菜单中选择"自由变换"选项，将光标移动到选区的边缘，当光标变为↻形态时，按住鼠标左键拖动即可对选区进行旋转，如下图所示。

06 继续右击鼠标，在弹出的快捷菜单中选择"斜切"选项。当光标变成形态时，即可对选区进行斜切，效果如下图所示。

07 选择右键快捷菜单中的"扭曲"选项，当光标变成▶形态时即可对选区进行扭曲，效果如下图所示。

08 右击鼠标，在弹出的快捷菜单中选择"旋转90度（顺时针）"选项，效果如下图所示。

TIP 按下快捷键 Alt+S+T，也可以执行变换选区命令。

>> 修改选区

Photoshop CS5 提供了强大的选区创建功能，通过"选择"菜单还可以对已创建的选区进行修改。在创建选区之后，可以根据需要对选区进行调整，如对选区进行扩展、收缩、平滑、羽化以及添加边界等。执行相关命令后，可以在弹出的对话框中设置参数，进而轻松地对选区进行修改。具体说明如下图和下表所示。

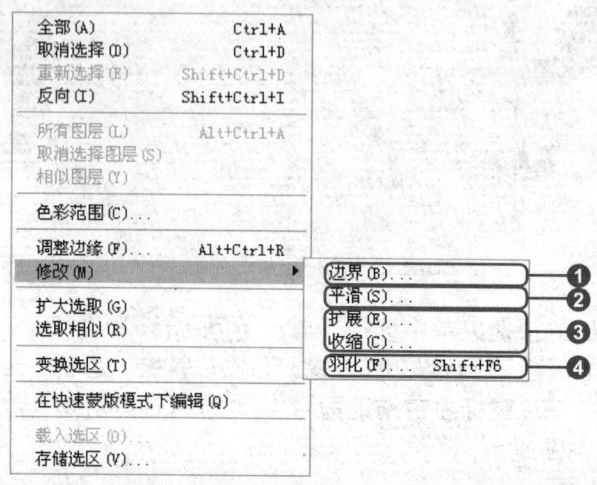

编号	名称	说明
❶	边界	执行"边界"命令，可以在图像选区的轮廓边缘制作边框效果
❷	平滑	执行"平滑"命令，能够调整选区的轮廓边缘，使边缘更加柔和、圆滑
❸	扩展与收缩	执行"扩展"或"收缩"命令，可以对图像中的选区进行扩大或缩小
❹	羽化	执行"羽化"命令，能够让选区的边缘轮廓产生一种自然柔和的效果

📖 操作演示 利用选区为图像描边

完成文件 ⊙：实例文件\Chapter 6\Complete\选区的修改.psd

01 在Photoshop CS5 中执行"文件> 打开"命令，打开本书配套光盘中实例文件\Chapter 6\Media\007.jpg 文件，如下图所示。

02 在工具箱中选择快速选择工具，在图像窗口中创建选区，如下图所示。

03 执行"选择 > 修改 > 边界"命令，在弹出的"边界选区"对话框中设置"宽度"为"100 像素"，如下图所示。

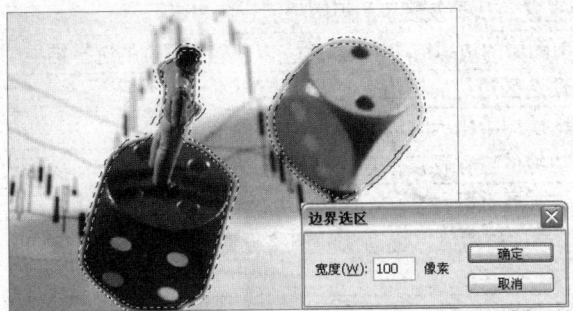

04 执行"选择 > 修改 > 扩展"命令，在弹出的"扩展选区"对话框中设置"扩展量"为"10 像素"，如下图所示。

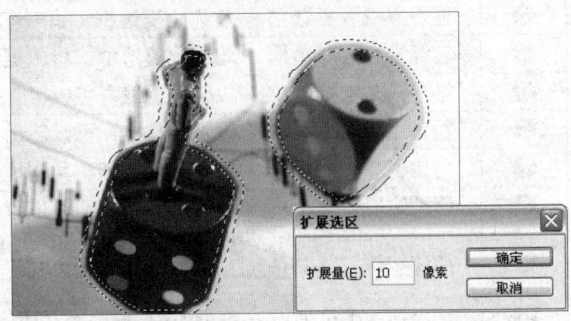

05 执行"选择 > 修改 > 羽化"命令，在弹出的"羽化选区"对话框中设置"羽化半径"为"20 像素"，如下图所示。

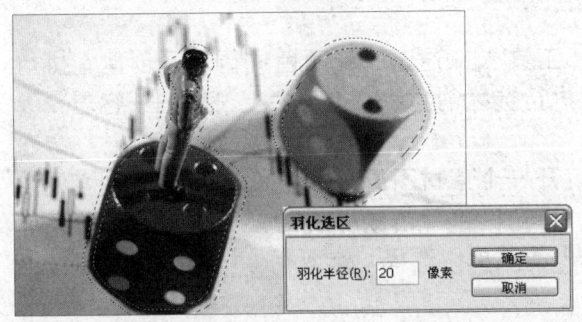

06 设置前景色为白色，然后按快捷键 Alt+Delete 用前景色填充，再按快捷键 Ctrl+D 取消选区，效果如下图所示。

>> 调整边缘

利用调整边缘功能可以为选区定义边缘的半径、对比度、羽化程度等，也可以对选区进行收缩和扩展，更有多种显示模式可供选择，如"快速蒙版模式"和"蒙版模式"。下面对"调整边缘"对话框进行详细介绍，具体说明如下图和下表所示。

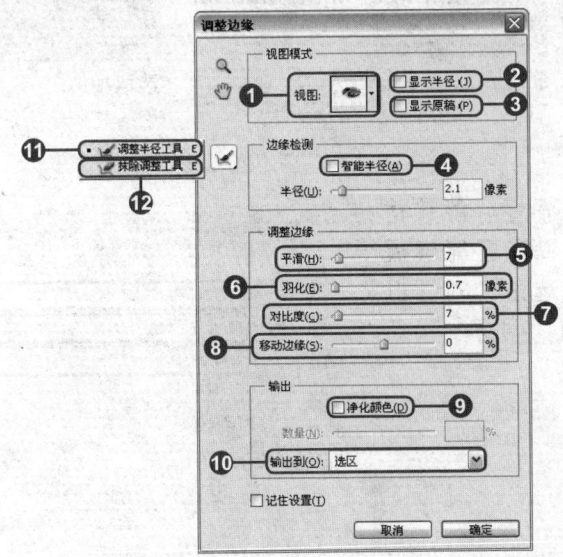

编号	名称	说明
❶	"视图"下拉列表	在此下拉列表中,根据当前处理的图像,生成实时的预览效果
❷	"显示半径"复选框	勾选此复选框,将根据下面设置的半径数值,仅显示半径范围以内的图像
❸	"显示原稿"复选框	勾选此复选框,讲一句原选区的状态及设置的视图模式进行显示
❹	"智能半径"复选框	勾选此复选框,将依据当前图像的边缘自动进行取舍,以获得更精确的选择结果
❺	"平滑"文本框	设置平滑值,可以柔化处理选区边缘的锯齿
❻	"羽化"文本框	设置羽化值,可以使用平均模糊柔化选区边缘
❼	"对比度"文本框	设置此参数值,可以调整边缘的虚化程度,数值越大则边缘越锐化
❽	"移动边缘"文本框	设置此参数值,可以收缩或扩展选区
❾	"净化边缘"复选框	勾选此复选框后,"数量"选项被激活,拖动滑块调整数值可以去除选择后的图像边缘的杂色
❿	"输出到"下拉列表	在此下拉列表中,可以选择输出的结果
⓫	"调整半径"按钮	单击此按钮,可以编辑检测边缘时的半径,放大或缩小选择的范围
⓬	"抹除调整"按钮	单击此按钮,可以擦除多余的选择结果

>> 扩大选取与选取相似

扩大选取与选取相似命令主要针对的是魔棒工具,通过图像颜色进行选区创建。执行扩大选取与选取相似命令,可对颜色相同的图像进行选区创建;在选项栏上设置的"容差"参数值较大时,可以对颜色类似的图像创建选区。

按下快捷键Ctrl+O弹出"打开"对话框,打开一个素材图像文件,单击魔棒工具,设置"容差"为10,在图像上单击鼠标创建选区,在选区中单击鼠标右键,在弹出的快捷菜单中选择"扩大选取"选项,扩大选区创建;在弹出的菜单中选择"选取相似"命令,对图像上颜色相近的颜色进行选区创建。

创建选区

扩大选取

选取相似

>> 存储选区

执行"选择 > 存储选区"命令,能够将创建好的选区保存为通道,存储选区能够提高工作效率。下面介绍"存储选区"对话框及其参数,具体说明如下图和下表所示。

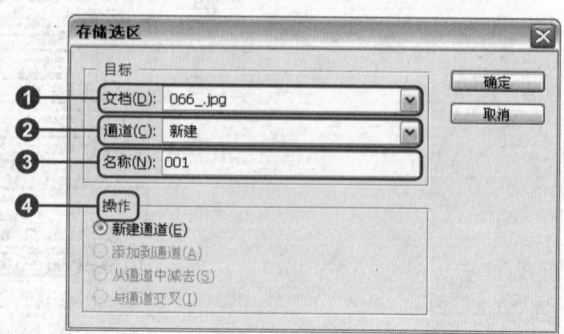

编号	名称	说明
❶	"文档"下拉列表	可以设置保存选区的位置。在默认状态下，以当前文件作为来源
❷	"通道"下拉列表	可以为保存的选区选择目的通道，默认状态为新通道，或者选取包含要载入选区的通道
❸	"名称"文本框	设置新通道的名称，在"通道"下拉列表中选择"新建"选项，则该选项可用
❹	"操作"选项组	默认状态下"新建通道"处于选中状态，其他3个选项只有在"通道"下拉列表中选择 Alpha 选项时才可用

操作演示 "存储选区"命令的应用

01 任意打开一个图像文件，单击魔棒工具，在绿色背景图像上单击，创建图像选区，如下图所示。

02 执行选择"选择 > 反选"命令，反选创建的选区，如下图所示。

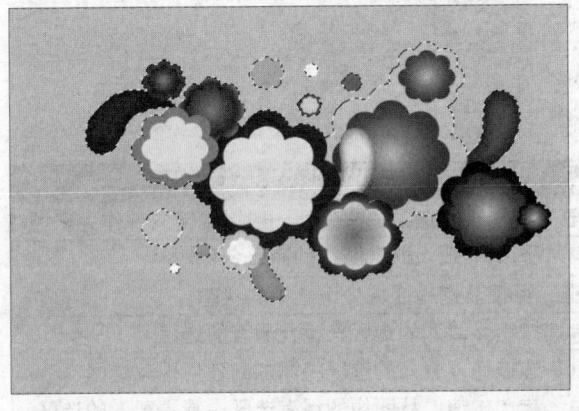

03 在选区上单击鼠标右键，在弹出的快捷菜单中选择"存储选区"选项，打开"存储选区"对话框，设置"名称"为001，如下图所示。

04 设置完成后单击"确定"按钮，在"通道"面板中将生成一个名为001的通道，如下图所示。

>> 载入选区

载入选区的操作与存储选区的操作是互逆操作。载入选区的方法有3种：载入通道选区；在"路径"面板中将路径作为选区载入；执行"选择>载入选区"命令载入存储的选区。载入通道选区时，可以按住Ctrl键单击选区所在通道的缩览图或右侧的灰色区域。载入"路径"面板中的选区时，可以单击"路径"面板中的"将路径作为选区载入"按钮。"载入选区"对话框及其参数说明如下图和下表所示。

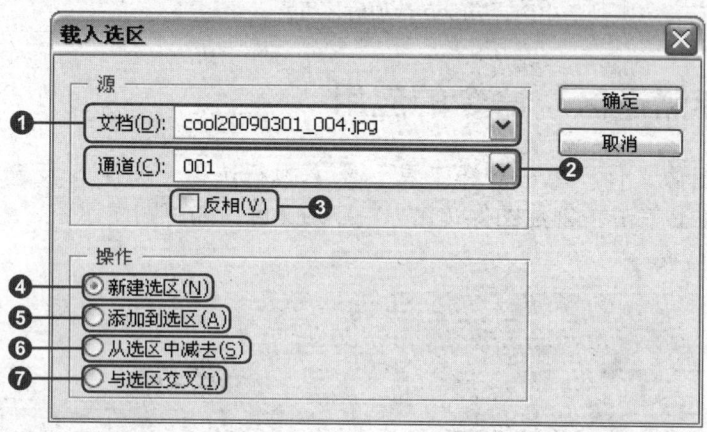

编号	名 称	说 明
❶	"文档"下拉列表	在"文档"下拉列表中选择载入选区的文件，一般以当前文件作为来源
❷	"通道"下拉列表	在"通道"下拉列表中选择要载入选区所在的通道名称
❸	"反相"复选框	勾选"反相"复选框，可使非选择区域处于选中的状态
❹	"新建选区"选项	选中"新建选区"单选按钮，载入的选区将替代原有的选区
❺	"添加到选区"选项	选中"添加到选区"单选按钮，载入的选区将添加到任何现有选区
❻	"从选区中减去"选项	选中"从选区中减去"单选按钮，从图像的现有选区中减去载入的选区
❼	"与选区交叉"选项	选中"与选区交叉"单选按钮，载入的选区和现有选区交叉的区域为新选区

操作演示 利用"载入选区"命令更改画面背景

完成文件：实例文件\Chapter 6\Complete\选区的载入.psd

01 在Photoshop CS5中执行"文件>打开"命令，在弹出的对话框中选择本书配套光盘中实例文件\Chapter 6\Media\01.psd文件，再单击"打开"按钮，打开的图像如右图所示。

02 执行"选择>载入选区"命令,弹出"载入选区"对话框,在"通道"下拉列表中选择"龙"选项,如下图所示。

03 完成后单击"确定"按钮,载入"龙"选区,如下图所示。

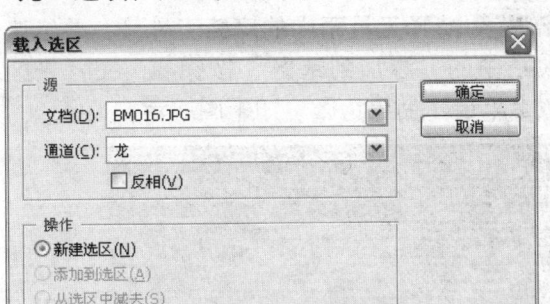

TIP 按住 Ctrl 键单击图层缩览图,可以载入该图层的选区。

04 在"图层"面板中单击"创建新图层"按钮,新建"图层 1"图层,设置前景色为白色,再按快捷键 Alt+Delete 对选区进行填充,如下图所示。

05 完成后按快捷键 Ctrl+D 取消选区。选择"图层1"图层,再将"图层1"图层拖动至"创建新图层"按钮上,复制得到"图层1副本"图层,如下图所示。

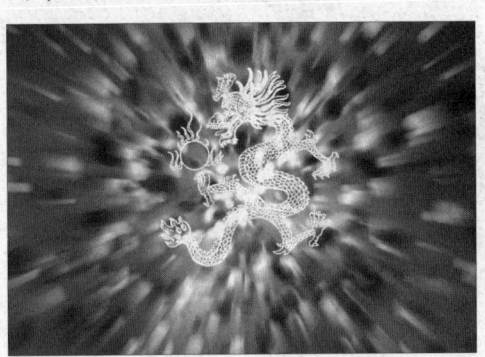

06 选择"图层1"图层,执行"滤镜>模糊>径向模糊"命令,弹出"径向模糊"对话框,设置"数量"为66,完成后单击"确定"按钮,应用"径向模糊"滤镜效果,如下图所示。

07 分别选择"图层1"和"图层1副本"图层,设置图层的混合模式为"叠加",如下图所示。

LET'S GO! 利用"存储选区"和"载入选区"命令丰富图像效果

最终文件：实例文件\Chapter 6\Complete\选区的保存与载入.psd

步骤01 在Photoshop CS5中执行"文件>打开"命令，打开本书配套光盘中实例文件\Chapter 6\Media\008.jpg 文件，如下图所示。

步骤02 选择工具箱中的魔棒工具，单击选项栏中的"添加到选区"按钮，在背景区域上单击，创建选区，如下图所示。

步骤03 按快捷键 Ctrl+Shift+I 反选选区，然后按快捷键 Ctrl+J 复制选区内的图像，得到"图层1"图层，如下图所示。

步骤04 按住Ctrl 键的同时单击"图层1"图层缩览图，将"图层1"图层作为选区载入，然后执行"选择>存储选区"命令，弹出"存储选区"对话框，在对话框中设置名称，如下图所示。

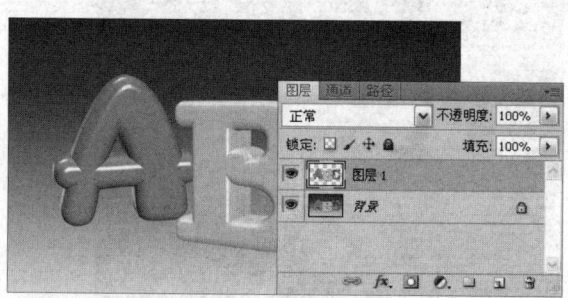
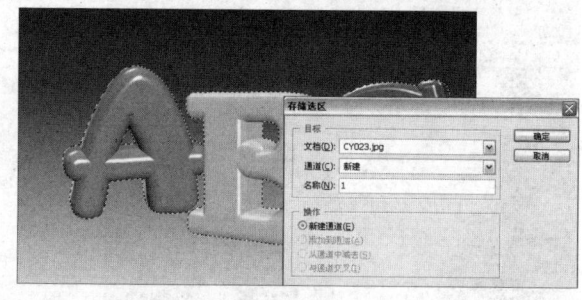

TIP 通过快捷键 Ctrl+Shift+I，可以对选区执行反向命令。

步骤05 完成后单击"确定"按钮。切换至"通道"面板，选择刚才保存的"1"选区通道。按快捷键 Ctrl+D 取消选区，如下图所示。

步骤06 执行"滤镜>模糊>高斯模糊"命令，在弹出的对话框中设置"半径"为10像素，然后单击"确定"按钮，效果如下图所示。

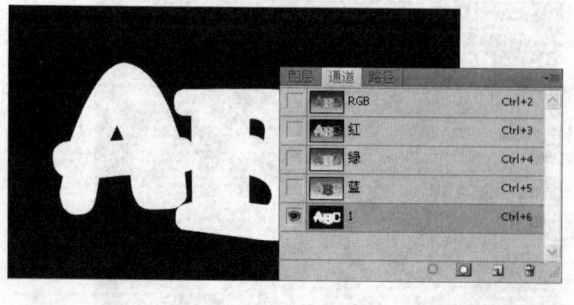

步骤07 连续按快捷键 Ctrl+F 两次，重复应用上一步的"高斯模糊"滤镜效果两次，进一步增加图像边缘的模糊层次，效果如下图所示。

步骤08 按住 Ctrl 键单击"1"通道，将其载入选区，执行"选择 > 反向"命令，对选区进行"反向"操作，转换图像中的黑白颜色，如下图所示。

步骤09 执行"滤镜 > 素描 > 半调图案"命令，弹出"半调图案"对话框，如下图所示设置参数值。

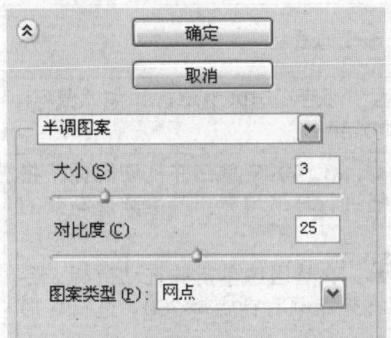

步骤10 设置完成后单击"确定"按钮，执行"选择>反向"命令，对选区执行"反向"操作，如下图所示。

步骤11 执行"选择 > 载入选区"命令，在弹出的"载入选区"对话框中选择当前文档中的"1"通道，完成后单击"确定"按钮，如下图所示。

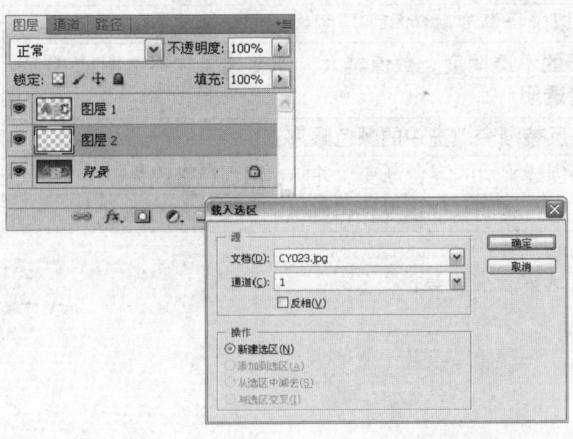

步骤12 选择"背景"图层，在"图层"面板中单击"创建新图层"按钮，创建"图层2"图层。设置前景色为白色，按快捷键 Alt+Delete 填充选区，完成后按快捷键 Ctrl+D 取消选区，如下图所示。

Unit 05 填充选区 >>

在 Photoshop 中编辑图像时，颜色填充是基本操作之一。当需要对图像的某个选区或整个图层的图像进行颜色填充时，就要用到油漆桶工具和渐变工具。为图像填充不同的颜色，能够制作出丰富多彩的设计作品。

>> 渐变工具

使用渐变工具■可以创建多种颜色间的混合过渡效果。在处理图像时，可以从预设渐变填充中选取需要的颜色或自定义的渐变效果并应用到图像中。首先对渐变工具■的选项栏进行详细介绍，具体说明如下图和下表所示。

编号	名 称	说 明
❶	"点按可编辑渐变"按钮	显示出选定的渐变颜色。单击该按钮，会弹出"渐变编辑器"对话框
❷	"点按可打开'渐变'拾色器"按钮	单击该按钮，可在弹出的面板中选择渐变方式
❸	"线性渐变"按钮■	在选项栏中单击"线性渐变"按钮■，然后在选区中单击并拖动鼠标，将从起点到终点的方向产生直线渐变效果
❹	"径向渐变"按钮■	在选项栏中单击"径向渐变"按钮■，在选区中单击并拖动鼠标，将会以起点为圆心、以拖动距离为半径进行环形填充，产生圆形渐变的效果
❺	"角度渐变"按钮■	在选项栏中单击"角度渐变"按钮■，在选区中单击并拖动鼠标，会以起点为顶点、以拖动距离为轴围绕起点顺时针旋转360°进行环形填充，产生锥形渐变效果
❻	"对称渐变"按钮■	在选项栏中单击"对称渐变"按钮■，在选区中单击并拖动鼠标，将会自起点到终点进行直线渐变填充，并且以该方向的垂线为对称轴，产生两边对称的渐变效果
❼	"菱形渐变"按钮■	在选项栏中单击"菱形渐变"按钮■，在图像中单击并拖动鼠标，将以起点为中心，终点为菱形的一个角，产生向外扩散的菱形渐变效果
❽	"模式"下拉列表	在此下拉列表中可以选择渐变颜色和下层图像的混合模式
❾	"不透明度"选项	用于设置渐变效果的不透明度，数值越大，渐变效果越不透明；数值越小，渐变效果越透明
❿	"反向"复选框	勾选此复选框可以反转渐变填充中的颜色顺序
⓫	"仿色"复选框	勾选此复选框能够创建平滑的混合渐变，并防止出现色带效果
⓬	"透明区域"复选框	勾选此复选框能够进行透明渐变填充，否则透明渐变区域将被代替

TIP 在工具箱中单击"渐变工具"按钮或按 G 键即可选择渐变工具。

操作演示 使用渐变工具填充背景

完成文件：实例文件\Chapter 6\Complete\渐变工具.psd

01 在Photoshop CS5 中执行"文件>打开"命令，打开本书配套光盘中实例文件\Chapter 6\ Media\渐变工具.jpg 文件，如下图所示。

02 在工具箱中选择魔棒工具，然后在图像窗口中创建选区，如下图所示。

03 在工具箱中选择渐变工具。单击选项栏中的"点按可编辑渐变"按钮，在弹出的对话框中设置渐变颜色依次为天蓝色（R116、G225、B240）、白色，如下图所示。

04 完成后单击"确定"按钮，在选项栏中单击"径向渐变"按钮，然后从图像选区中心向下拖动鼠标进行填充，如下图所示。

TIP 在进行渐变填充的时候，按住 Shift 键可垂直填充图像渐变色，按住 Alt 键暂时切换至吸管工具，可对前景色进行取样。

>> 油漆桶工具

使用油漆桶工具能够在图像中填充颜色或图案，并按照图像中像素的颜色进行填充，填充的范围是与单击处的像素点颜色相同或相近的像素点。首先对其选项栏进行讲解，选项栏中的各个选项参数如下图和下表所示。

编号	名称	说明
❶	"设置填充区域的源"下拉列表	在"设置填充区域的源"下拉列表中可以选择使用前景色或图案对选区或图像进行填充
❷	"点按并拖移可选择图案"下拉列表	在"设置填充区域的源"下拉列表中选择"图案"选项,此时该下拉列表可用,单击右侧的下三角按钮,可以在弹出的面板中选择合适的图案
❸	"填充模式"下拉列表	在该下拉列表中根据需要可以设置填充图像与原图像的不同混合模式
❹	"不透明度"文本框	用于设置填充颜色或图案的不透明度,可以在文本框中直接输入数值;也可以单击右侧的下拉按钮,利用弹出的滑杆设置透明度
❺	"容差"文本框	设置填充像素的颜色范围,设置高"容差"可填充更大范围内的像素,设置低"容差"则会填充较小范围内的像素
❻	"消除锯齿"复选框	勾选该复选框,可以通过淡化边缘来产生与背景颜色之间的过渡,从而平滑锯齿边缘
❼	"连续的"复选框	勾选该复选框,仅填充与单击处像素邻近的像素,否则填充图像中所有与单击处像素邻近的像素
❽	"所有图层"复选框	勾选该复选框,选择填充范围时对所有的图层都起作用

DO IT YOURSELF 练习操作

制作 CD 封面设计

本章主要学习了选区的基本创建与变形功能,以及对创建好的选区进行各种颜色、图案的填充。将所学知识应用于实际案例中,制作完成该实例合成效果。

Step BY Step (步骤提示)
1. 通过选区创建绘制 CD 封面图案
2. 制作 CD 立体效果

光盘路径
素材文件:
实例文件\Chapter 6\Media\CD盒.jpg
最终文件:
实例文件\Chapter 6\Complete\CD盒封面.psd

Chapter 07 利用工具绘制图像

本章主要介绍绘制图像的相关工具，包括画笔类工具、形状绘制工具、高级路径工具等。绘制路径后，可以将路径转换为选区，然后使用绘图工具对选区中的图像进行填充、描边、加深减淡等操作。利用绘图工具可以绘制任意图像，并能表现很多特殊效果。通过本章的学习，读者将能灵活地使用绘图工具和路径工具对图像进行绘制。

技术要点

1. 画笔类工具主要包括哪些？

画笔工具、铅笔工具、颜色替换工具、历史画笔工具、历史记录艺术画笔工具都属于画笔类工具。利用这类工具，可以轻松完成图像的绘制。

2. 路径面板的作用？

在"路径"面板中可以对路径进行保存，帮助设计师对路径进行修改；对路径进行选区转换、填充路径颜色、描边路径等。

多媒体超值版
Photoshop CS5 完全学习教程

Unit 01 利用画笔类工具绘制图像 >>

画笔类工具可用于创建柔和或坚硬的笔触效果，所以常利用画笔工具修饰图像并绘制各种精彩的效果。画笔类工具包括画笔工具、铅笔工具、颜色替换工具、历史记录画笔工具、历史记录艺术画笔工具等，本单元主要介绍画笔类工具的运用。

>> 画笔工具

使用画笔工具 ![] 可以在图像上绘制各种笔触效果，笔触颜色与当前的前景色相同，也可以创建柔和的描边效果，按 B 键即可选择画笔，按快捷键 Shift+B 能够在画笔工具、铅笔工具和颜色替换工具之间切换。下面对画笔工具选项栏进行介绍，具体说明如下图与下表所示。

编号	名称	说明
❶	"画笔"选项	单击"点按可打开'画笔预设'选取器"按钮，在弹出的面板中可以设置画笔的笔触大小和画笔的软硬度
❷	"模式"下拉列表	在该下拉列表中可以选择绘图时的混合模式。这些混合模式与"图层"面板中混合模式的作用大致相同 原图　　　　　不透明度为 50%　　　　　不透明度为 100%
❸	"不透明度"选项	用来设置画笔的不透明度。数值越小，透明效果越明显
❹	"流量"选项	设置用画笔绘画时的压力大小。流量值越大，画出的颜色越深，反之越浅
❺	"启用喷枪模式"按钮	单击该按钮可以启用喷枪功能，绘制的线条会因停留而逐渐变粗，喷枪的功能与画笔相似

操作演示 使用画笔工具绘制斑点图像

完成文件：实例文件\Chapter 7\Complete\使用画笔工具绘制斑点图像

01 在 Photoshop CS5 中执行"文件 > 打开"命令，打开本书配套光盘中实例文件\Chapter 7\Media\001.jpg 文件，如下图所示。

02 单击画笔工具 ![]，在选项栏中单击"点按可打开'画笔预设'选取器"按钮，单击面板右侧的 ![] 按钮，在弹出的菜单中选择"混合画笔"选项，弹出如下图所示的对话框。

Chapter 07 利用工具绘制图像

03 单击"确定"按钮,当前预设面板中的画笔被"混合画笔.abr"替换,然后选择"三角形 - 圆点"画笔,再设置"大小"为140px,如下图所示。

04 单击画笔选项栏中的"切换画笔面板"按钮,勾选"形状动态"复选框,在面板右侧设置各项参数,如下图所示。勾选"散布"复选框,同样设置各项参数,如下图所示。

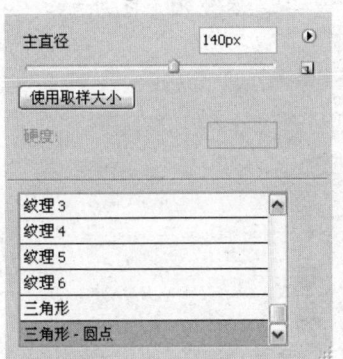

05 设置前景色为白色,在图像上绘制图像,效果如右图所示。

> **TIP** 在使用画笔工具进行图像绘制的时候,可以结合[和]键调整画笔的大小,使图像绘制效果具有节奏感。

>> 铅笔工具

　　铅笔工具的使用方法与画笔工具基本相同,但使用铅笔工具创建的是硬边直线。下面对铅笔工具的选项栏进行介绍,具体说明如下图与下表所示。

> **TIP** 结合键盘上的 [和] 键,也可以对铅笔笔触的大小进行调整。

编号	名称	说明
❶	"画笔"选项	单击"点按可打开'画笔预设'选取器"按钮,在弹出的面板中可以设置铅笔的笔触
❷	"模式"下拉列表	在该下拉列表中可以选择绘图时的混合模式
❸	"不透明度"滑块	设置绘制时笔触的不透明度
❹	"自动涂抹"复选框	勾选该复选框,可设置前景色和背景色后在图像上绘制,如果光标的中心所在位置的颜色与前景色相同,该位置显示为背景色;如果光标中心所在位置的颜色与前景色不同,则该位置显示为前景色

操作演示 使用铅笔工具绘制信纸线条

完成文件:实例文件\Chapter 7\Complete\铅笔工具.psd

01 打开本书配套光盘中实例文件\Chapter 7\Media\002.jpg 文件,在"图层"面板中新建"图层1",如下图所示。

02 单击铅笔工具,单击选项栏中的"点按可打开'画笔预设'选取器"按钮,打开铅笔预设面板,设置铅笔参数如下图所示。

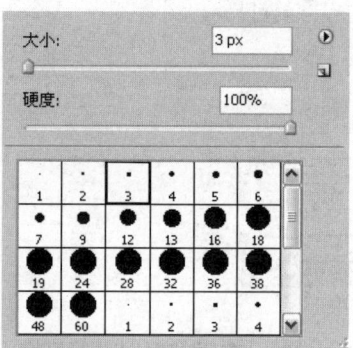

03 设置前景色为桃红色(R218、G0、B159),按住 Shift 键在图像上绘制水平线条,如下图所示。

04 采用相同的方法绘制更多的线条,如下左图所示。然后单击横排文字工具,在图像上输入文字,如下右图所示。

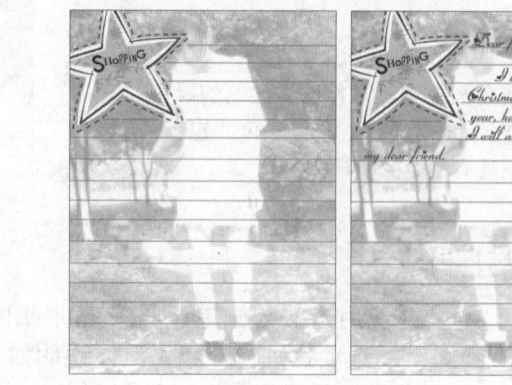

>> 颜色替换工具

使用颜色替换工具 能够简化图像中特定颜色的替换，可用于校正颜色。该工具不适用于位图、索引或多通道色彩模式的图像。下面介绍颜色替换工具 的选项栏如下图所示，各选项的说明如下表所示。

编号	名称	说明
❶	"模式"下拉列表	在"模式"下拉列表中包括"色相"、"饱和度"、"颜色"、"明度"4个选项
❷	"取样"按钮	"取样"按钮包括"取样：连续"按钮 、"取样：一次"按钮 、"取样：背景色板"按钮 。单击 按钮，拖移时连续对颜色取样。单击 按钮，只替换包含一次单击颜色区域中的目标颜色。单击 按钮，只替换包含当前背景色的区域
❸	"限制"下拉列表	"限制"下拉列表中包含"连续"选项、"不连续"选项、"查找边缘"3个选项。选择"连续"选项，替换与光标处的颜色相近的颜色。选择"不连续"选项，替换出现在任何位置的样本颜色。选择"查找边缘"选项，替换包含样本颜色的连接区域，同时能更好地保留形状边缘的锐化程度
❹	"消除锯齿"复选框	勾选"消除锯齿"复选框，可以为校正区域定义平滑的边缘

操作演示 使用颜色替换工具替换图像中的颜色

完成文件 ◎：实例文件\Chapter 7\Complete\颜色替换工具.psd

01 在Photoshop CS5中执行"文件>打开"命令，打开本书配套光盘中实例文件\Chapter 7\Media\003.jpg 文件，如下图所示。

02 选择工具箱中的颜色替换工具 ，设置前景色为水蓝色（R16、G255、B242）。单击选项栏中的"点按可打开'画笔预设'选取器"按钮，在弹出的面板中设置笔尖形状，在"模式"下拉列表中选择"色相"选项，如下图所示。

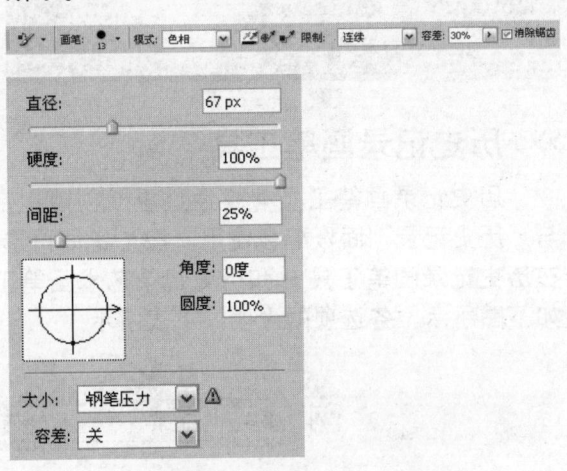

03 完成后对图像中的绿色圆进行涂抹,如下图所示。

04 重新设置"模式"为"饱和度",然后在图像中进行涂抹,如下图所示。

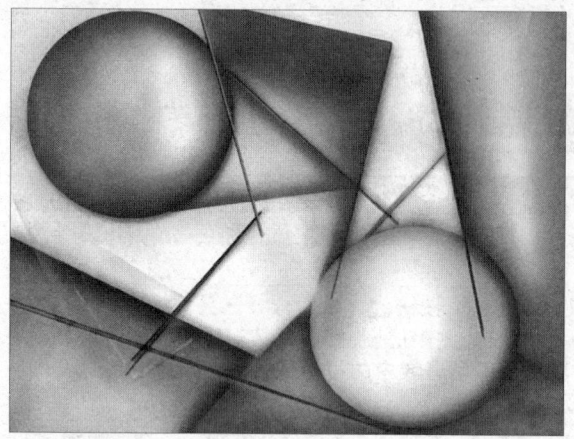
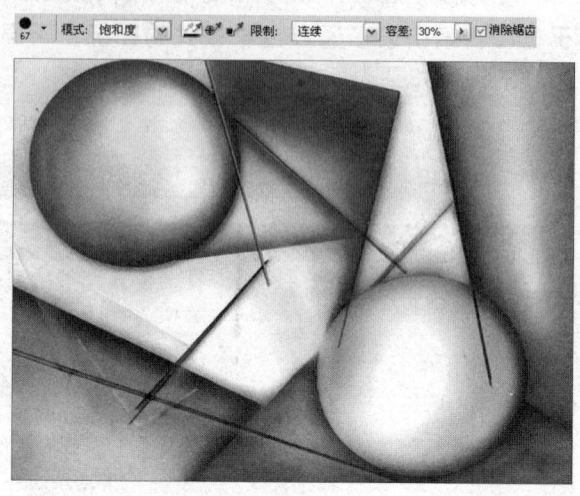

05 单击选项栏中的"取样:一次"按钮,在"模式"下拉列表中选择"明度"选项,然后在图像中进行涂抹,如下图所示。

06 在选项栏中设置"容差"为10%,然后使用颜色替换工具在图像中继续涂抹,如下图所示。

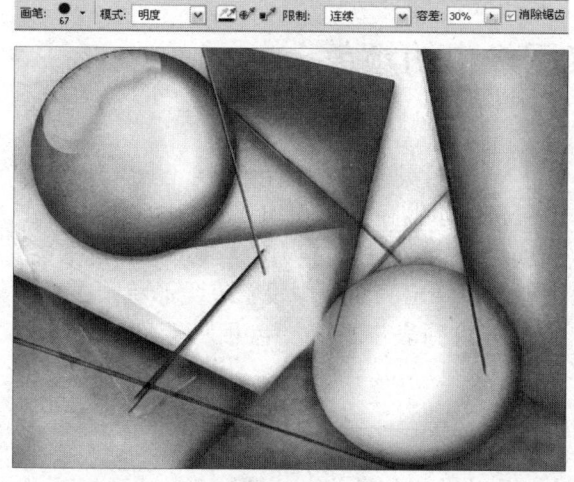

>> 历史记录画笔工具

历史记录画笔工具是通过重新创建指定的原数据来绘制的,且历史记录画笔工具常与"历史记录"面板配合使用。按Y键即可选择历史记录画笔工具,按快捷键 Shift+Y 能够在历史记录画笔工具和历史记录艺术画笔工具之间切换。历史记录画笔工具的选项栏如下图所示,各选项的说明如下表所示。

编号	名 称	说 明
❶	"模式"下拉列表	可以指定图像与合成效果的合成方式
❷	"不透明度"选项	调整历史记录画笔工具颜色的不透明度
❸	"流量"选项	调节历史记录画笔工具的密度效果,可以调整画笔油墨喷绘的程度
❹	"启用喷枪模式"按钮	单击该按钮,可以将画笔转换为喷枪的功能

操作演示 使用历史记录画笔工具制作动感画面

完成文件 ◎:实例文件\Chapter 7\Complete\历史记录画笔工具.psd

01 在Photoshop CS5中执行"文件>打开"命令,打开本书配套光盘中实例文件\Chapter 7\Media\004.jpg 文件,如下图所示。

02 执行"滤镜>模糊>径向模糊"命令,在弹出的"径向模糊"对话框中设置各项参数,如下图所示。

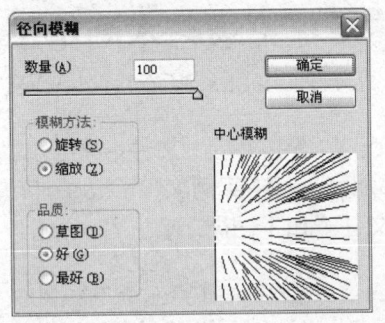

03 完成后单击"确定"按钮,效果如下图所示。

04 选择工具箱中的历史记录画笔工具,然后设置"画笔"为"柔边机械65 像素",设置"大小"为200 px,如下图所示。

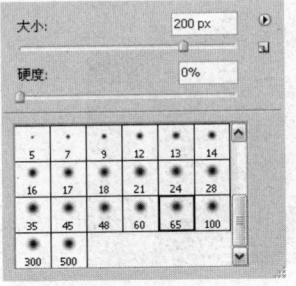

05 完成后在图像中进行涂抹,涂抹出人物的大致图像,按 [键适当调节画笔大小。在选项栏中设置"不透明度"为60%,然后在人物的边缘轮廓进行涂抹,完全显示人物,最终效果如右图所示。

》 历史记录艺术画笔工具

历史记录艺术画笔工具用于指定历史记录状态或快照中的数据源，以特定的风格进行绘画，可以在"画笔"面板中设置不同的画笔。下面介绍历史记录艺术画笔工具的选项栏，具体说明如下图和下表所示。

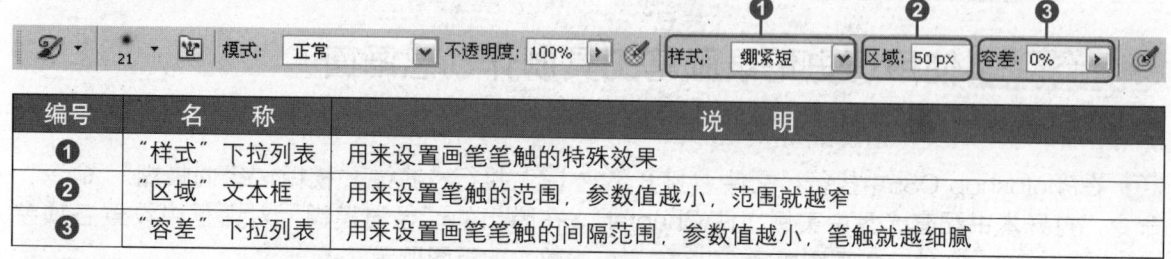

编号	名 称	说 明
❶	"样式"下拉列表	用来设置画笔笔触的特殊效果
❷	"区域"文本框	用来设置笔触的范围，参数值越小，范围就越窄
❸	"容差"下拉列表	用来设置画笔笔触的间隔范围，参数值越小，笔触就越细腻

操作演示 历史记录艺术画笔工具的基本操作

完成文件：实例文件\Chapter 7\Complete\历史记录艺术画笔工具.psd

01 在Photoshop CS5中执行"文件>打开"命令，打开本书配套光盘中实例文件\Chapter 7\Media\005.jpg 文件，如下图所示。

TIP 在使用历史记录艺术画笔工具绘制图像时，按住鼠标左键的时间越长，绘制图像效果越密集，反之则越稀疏。

02 在历史记录艺术画笔工具的选项栏中单击"点按可打开'画笔预设'选取器"按钮，在弹出的菜单中选择"特殊效果画笔"选项。然后在"画笔"面板中选择"蝴蝶"笔刷，设置其他各项参数，并勾选"形状动态"复选框，调整各项参数，如下图所示。

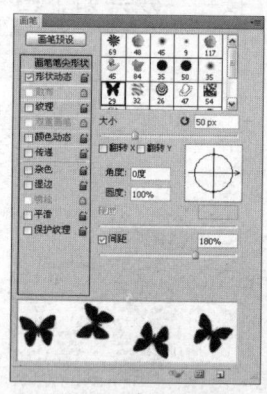
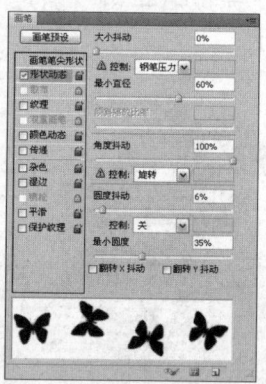

03 继续勾选"颜色动态"复选框，在面板中同样设置各项参数，如右图所示。

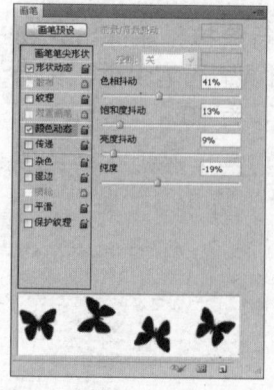

04 在选项栏中设置"样式"为"绷紧短",然后在画面中绘制图像,如右图所示。

LET'S GO! 利用画笔工具绘制图像明暗效果

最终文件◎：实例文件\Chapter 7\Complete\画笔工具制作邮票效果.psd

步骤01 在Photoshop CS5中执行"文件>打开"命令,打开本书配套光盘中实例文件\Chapter 7\Media\006.jpg 文件,如下图所示。

步骤02 复制背景图层,单击画笔工具，在选项栏中设置参数值,然后设置前景色为桃红色（R250、G47、B126）,在小孩的帽子上涂抹,提高帽子的亮度,效果如下图所示。

步骤03 设置前景色为天蓝色（R19、G184、B252）,在小孩的裤子上涂抹,完成效果如下图所示。

步骤04 打开"画笔"面板,选择尖角笔刷样式,设置画笔大小为30px,调整画笔"间距"为125%,如下图所示。

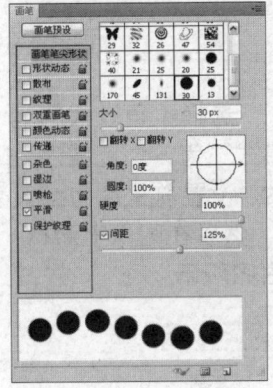

步骤 05 设置前景色为白色，按住 Shift 键在图像上绘制白色圆点图像，如下图所示。

步骤 06 采用相同的方法绘制图像其他边缘的白色图像，效果如下图所示。

步骤 07 执行"图像 > 调整 > 色相/饱和度"命令，设置参数值如下图所示，降低图像饱和度。

步骤 08 设置完成后单击"确定"按钮，效果如下图所示。

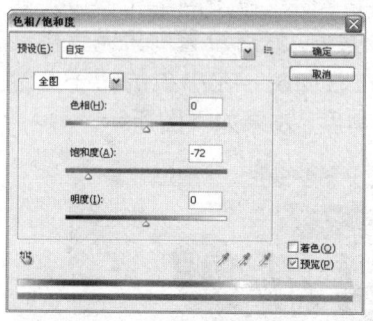

步骤 09 执行"图像>调整>色彩平衡"命令，打开"色彩平衡"对话框，参照下图所示设置参数值。

步骤 10 设置完成后单击"确定"按钮，调整图像怀旧效果，如下图所示。

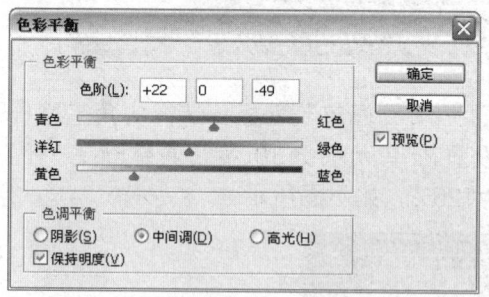

步骤 11 单击画笔工具，选择柔角较大的笔刷，在选项栏中设置"模式"为"颜色减淡"，设置"不透明度"为 8%，设置前景色为土黄色（R187、G151、B7），然后在图像上涂抹，绘制图像光亮部分，如右图所示。

步骤12 单击横排文字工具 T,在图像左下角输入白色文字,适当调整文字的大小比例,如右图所示。

TIP 在 Photoshop 中需要对个别文字进行大小调整时,首先须选中该文字,然后再进行大小调整。在不选择文字时,则会对该段落中所有文字进行大小及字体调整。

LET'S GO! 使用铅笔工具绘制时尚元素

最终文件◎:实例文件\Chapter 7\Complete\使用铅笔工具绘制时尚元素.psd

步骤01 打开本书配套光盘中实例文件\Chapter 7\Media\007.jpg 文件,并在"图层"面板中新建"图层1",如下图所示。

步骤02 单击铅笔工具,打开"铅笔"面板,选择适当的笔刷,设置铅笔大小为80px,如下图所示。

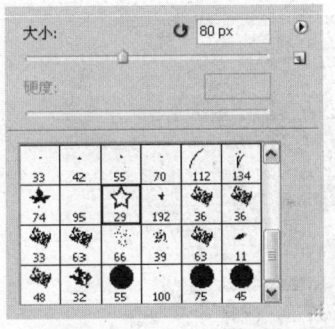

步骤03 设置前景色为桃红色(R254、G88、B181),然后在图像上绘制星星图像,如下图所示。

步骤04 结合 [键调整画笔的大小,在大星星的右下角绘制3个小星星图像,如下图所示。

步骤 05 绘制完成后，在"图层"面板中设置图层"不透明度"为66%，使图像效果更自然，如下图所示。

步骤 06 打开"画笔"面板，设置"画笔笔尖形状"面板参数值，如下图所示。

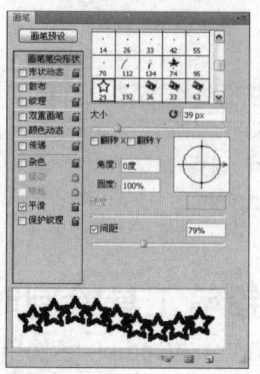

TIP 适当调整图像的"不透明度"，可以使图像与画面结合的更自然。

步骤 07 分别勾选"形状动态"和"散布"复选框，在弹出的面板中设置对应参数值，如下图所示。

步骤 08 新建"图层2"，设置前景色为浅粉色（R249、G218、B224），然后在图像上绘制更多星星图像，如下图所示。

步骤 09 双击"图层2"，打开"图层样式"对话框，勾选"外发光"复选框，在"外发光"面板中设置各项参数值，其中颜色为桃红色（R251、G47、B158），如下图所示。

步骤 10 设置完成后单击"确定"按钮，添加图像外发光效果，如下图所示。

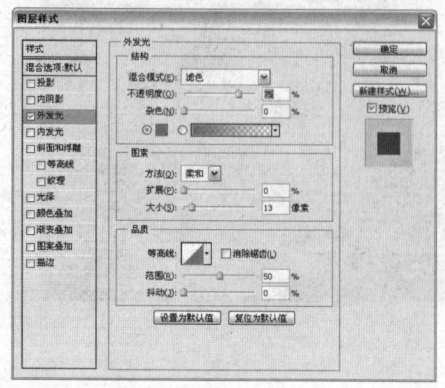

Unit 02 认识"路径"面板

"路径"面板中显示存储的每条路径、当前工作路径和当前矢量蒙版的名称及缩览图,利用"路径"面板中的按钮,可以对路径进行编辑操作。另外,可以利用路径选择工具、直接选择工具、添加锚点工具、删除锚点工具、转换点工具等编辑路径。

>> "路径"面板的构成

创建路径后,可以通过"路径"面板对路径进行填充、描边、创建选区等操作,这里主要介绍"路径"面板中的主要构成元素,具体说明如下图与下表所示。

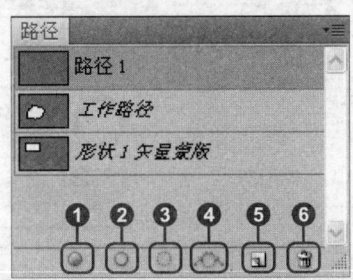

编号	名 称	说 明
❶	"用前景色填充路径"按钮	单击"用前景色填充路径"按钮,将使用前景色填充闭合路径包围的区域。对于开放路径,系统将使用最短的直线将路径闭合,然后在闭合区域内进行填充
❷	"用画笔描边路径"按钮	单击"用画笔描边路径"按钮,将使用前景色沿着路径进行描边
❸	"将路径作为选区载入"按钮	单击"将路径作为选区载入"按钮,自动将路径转换为选区
❹	"从选区生成工作路径"按钮	单击"从选区生成工作路径"按钮,将当前选区边界转换为工作路径
❺	"创建新路径"按钮	单击"创建新路径"按钮,可以创建一个新路径;如果在"路径"面板中拖动某个路径到"创建新路径"按钮上,将会复制该路径;拖动工作路径到该按钮上,会将该路径转换为新建路径;拖动矢量蒙版到该按钮上,会将该蒙版的副本以新建路径的形式存放在"路径"面板中,原矢量蒙版不变
❻	"删除当前路径"按钮	选中路径,单击"删除当前路径"按钮,即可删除路径

操作演示 利用"路径"面板制作满天星星

完成文件：实例文件\Chapter 7\Complete\路径面板.psd

01 在Photoshop CS5 中执行"文件>打开"命令，打开本书配套光盘中实例文件\Chapter 7\Media\008.jpg文件，在"图层"面板中新建"图层1"图层，如下图所示。

02 单击自定形状工具，在选项栏中单击"点按可打开'自定形状'拾色器"按钮，打开形状预设面板，选择五星形状，如下图所示。

03 在选项栏中单击"添加到路径区域（+）"按钮，然后在图像中绘制路径，如下图所示。

04 设置前景色为黄色（R255、G240、B13），单击"路径"面板下方的"用前景色填充路径"按钮，填充路径前景色，然后按下 Esc 键隐藏路径，效果如下图所示。

?PS解密 "路径"面板的基本操作

创建路径后，可以利用"路径"面板下方的快捷按钮对图像进行编辑，帮助用户在进行普通的路径操作时加快设置速度，实现对路径进行前景色填充、描边、转换选区等操作。

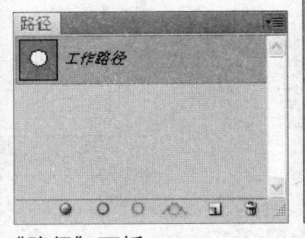  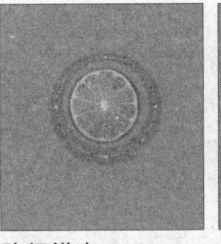 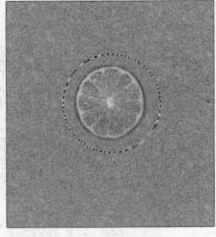

绘制路径　　　　　"路径"面板　　　　填充路径前景色　　路径描边　　　　转换路径为选区

>> 创建、复制和删除路径

在 Photoshop 中对路径常用的操作主要包括创建路径、删除路径以及复制路径。通过"路径"面板进行这 3 种操作可以制作出丰富的画面效果。

1. 新建路径

单击"路径"面板下方的"创建新路径"按钮，在"路径"面板中新建"路径1"；也可以通过单击"路径"面板右上角的扩展按钮，在弹出的扩展菜单中选择"新建路径"选项，弹出"新建路径"对话框，在该对话框中可以设置路径的"名称"，设置完成后单击"确定"按钮，新建一个路径。

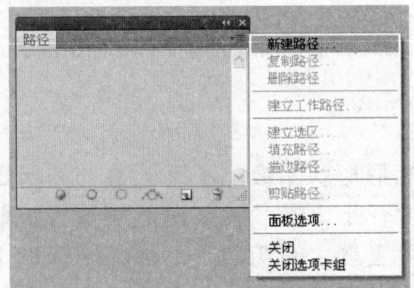 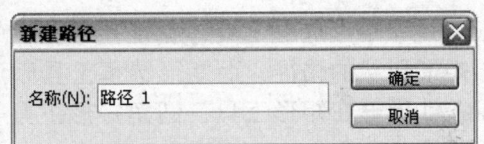

选择"新建路径"选项　　　　　"新建路径"对话框

2. 复制路径

选择要复制的路径，在"路径"面板中按住鼠标左键不放，拖动至"创建新路径"按钮，释放鼠标，完成对路径的复制。还可以单击"路径"面板右上角的扩展按钮，在弹出的扩展菜单中选择"复制路径"选项，打开"复制路径"对话框，输入名称后单击"确定"按钮，完成对路径的复制。

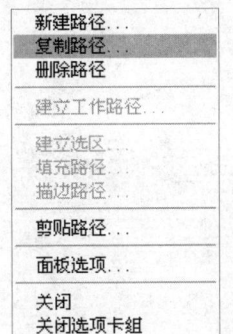 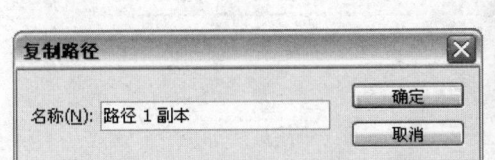 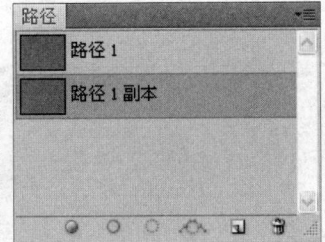

选择"复制路径"选项　　"复制路径"对话框　　　　复制路径

3. 删除路径

选择需要删除的路径，单击"删除当前路径"按钮，打开警告对话框，单击"是"按钮，完成对路径的删除。同样也可以采用菜单命令对路径进行删除。

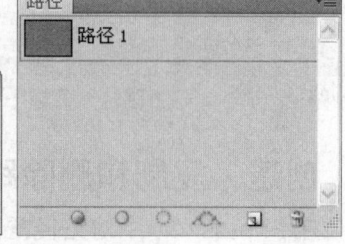

选择路径　　　　　　　　　警告对话框　　　　　　　　　完成路径删除

Unit 03 利用形状绘制工具绘制图像 >>

利用形状绘制工具可以绘制出矩形、圆形、多边形、直线及自定义的形状和路径。通过对这些工具的选项进行设置，能够得到不同的效果。本单元介绍形状绘制工具的使用方法。

>> 矩形工具

矩形工具■和矩形选框工具□都能用于绘制矩形形状图像。不同的是，利用矩形工具■能够绘制出矩形形状的路径，而矩形选框工具则没有此功能。按 U 键能够选择矩形工具，按快捷键 Shift+U 能够在矩形工具、圆角矩形工具等工具之间切换。下面介绍矩形工具的选项栏，如下图和下表所示。

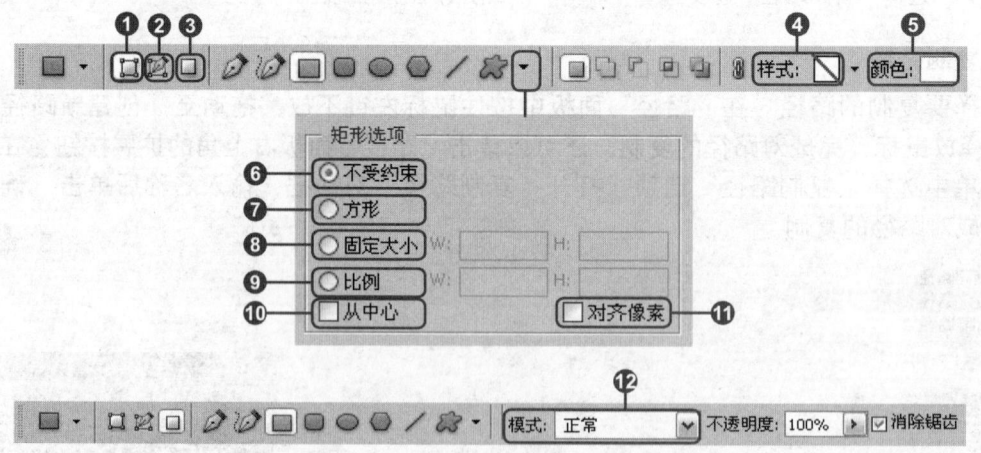

编号	名 称	说 明
❶	"形状图层"按钮	单击该按钮后,绘制形状时,用前景色或选定的"样式"填充区域,并生成矢量蒙版
❷	"路径"按钮	单击该按钮后,绘制形状时只生成路径,并在"路径"面板上显示工作路径
❸	"填充像素"按钮	单击该按钮后,绘制形状时,会以前景色填充区域。选择矩形工具、圆角矩形工具或椭圆工具等形状工具时,该按钮才可用
❹	"样式"下拉列表	在"样式"下拉列表中提供了多种样式,可以根据不同的需要选择不同的样式
❺	"颜色"选项	设置颜色后,在创建形状时,会自动填充设置后的颜色
❻	"不受约束"单选按钮	选择该单选按钮,可以绘制各种路径、形状或图形,且大小和宽高比例不受限制
❼	"方形"单选按钮	选择该单选按钮,可以绘制出不同大小的正方形
❽	"固定大小"单选按钮	选择该单选按钮,可以在 W 和 H 文本框中输入适当的数值,用来定义形状、路径或图形的宽度与高度
❾	"比例"单选按钮	选择该单选按钮,在 W 和 H 文本框中输入适当的数值,可以定义矩形宽度和高度的比例
❿	"从中心"复选框	勾选该复选框,可以绘制从中心向外放射性的形状、路径或图形。取消勾选该复选框,则以起点为矩形的一个顶点绘制
⓫	"对齐像素"复选框	勾选该复选框,可以使矩形的边缘无混淆现象
⓬	"模式"下拉列表	在"模式"下拉列表中可以选择图形的混合模式

>> 圆角矩形工具

圆角矩形工具用于绘制矩形或圆角形状的图形。对该工具选项栏中的"半径"进行不同的设置,可以控制圆角矩形 4 个圆角的弧度。数值越大,4 个角越圆滑。这里介绍圆角矩形工具的选项栏,如下图和下表所示。

编号	名 称	说 明
❶	"形状图层"按钮	单击该按钮后,绘制形状时,用前景色或选定的"样式"填充区域,并生成矢量蒙版
❷	"路径"按钮	单击该按钮后,绘制形状时只生成路径,并在"路径"面板上显示工作路径
❸	"填充像素"按钮	单击该按钮后,绘制图形时,会以前景色填充区域。选择矩形工具、圆角矩形工具或椭圆工具等形状工具时,该按钮可用
❹	"半径"文本框	  在该文本框中输入的数值越大,4 个角越圆滑 

操作演示 利用圆角矩形工具创建选区

完成文件：实例文件\Chapter 7\Complete\圆角矩形工具.psd

01 在Photoshop CS5中执行"文件>打开"命令，打开本书配套光盘中实例文件\Chapter 7\Media\009.jpg文件，如下图所示。

02 新建"图层1"图层，选择圆角矩形工具，在选项栏中单击"路径"按钮，设置"半径"为0 px，然后沿图像边缘绘制一条路径，如下图所示。

03 在选项栏中设置"半径"为3px，单击"重叠路径区域除外"按钮，在图像中继续创建一个圆角矩形路径，如下图所示。

04 完成后按快捷键Ctrl+Enter，将路径转换为选区，如下图所示。

05 设置前景色为黄色（R242、G216、B0），然后按快捷键Alt+Delete为选区填充前景色，如右图所示。

>> 椭圆工具

使用椭圆工具◉和椭圆选框工具◯都能够绘制椭圆形状,但使用椭圆工具◉能够绘制路径,并使用选项栏中设置的"样式"对形状进行填充。

打开一个素材图像,单击椭圆工具◉,按住 Shift 键在图像上绘制圆形路径,按下快捷键 Ctrl+D 将路径转换为选区。

原图

绘制圆形路径

将路径转换为选区

>> 多边形工具

多边形工具⬢用于绘制不同边数的形状图案或路径。与前面所介绍的形状工具一样,可以使用"样式"或"模式"来对绘制的形状进行处理。下面介绍多边形工具的选项栏,如下图和下表所示。

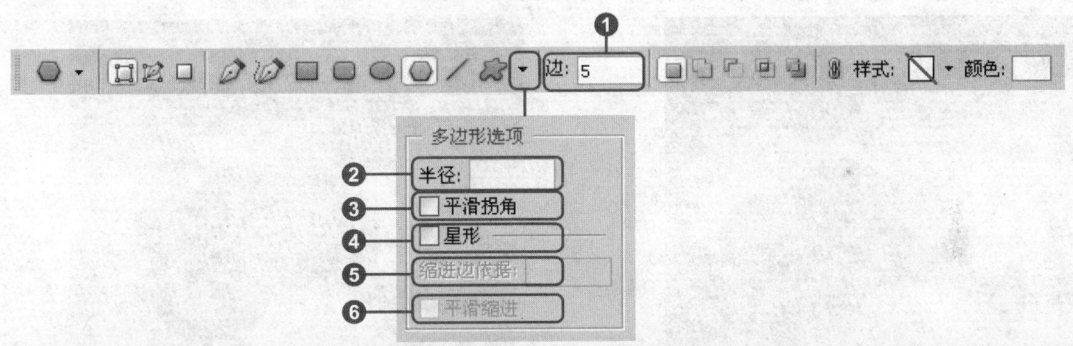

编号	名 称	说 明
❶	"边"文本框	在该文本框中输入数值,能够设置绘制多边形的边数。数值越大,边数越多
❷	"半径"文本框	设置绘制出来的多边形外接圆半径
❸	"平滑拐角"复选框	勾选该复选框,可以使多边形的拐角平滑 原图　　　　　未勾选"平滑拐角"复选框　　　　　勾选"平滑拐角"复选框
❹	"星形"复选框	勾选该复选框,表示对多边形的边进行缩进以形成星形
❺	"缩进边依据"文本框	设置缩进边所用的百分比
❻	"平滑缩进"复选框	勾选该复选框,可以用平滑缩进渲染多边形

操作演示 使用多边形工具制作温馨效果

完成文件：实例文件\Chapter 7\Complete\多边形工具.psd

01 在Photoshop CS5中执行"文件>打开"命令，打开本书配套光盘中实例文件\Chapter 7\Media\010.jpg文件，如下图所示。

02 选择多边形工具，在选项栏中单击"填充像素"按钮，设置"边"为4，然后在"多边形选项"选项组中勾选"星形"复选框，如下图所示。

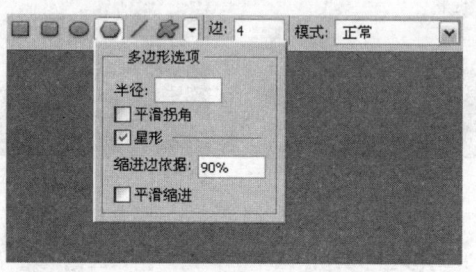

03 设置前景色为白色，新建"图层1"图层，然后在图像中绘制星形图案，如下图所示。

04 在选项栏中设置不同的"不透明度"，用前面同样的方法，在画面中继续绘制星形，以增强画面温馨感，如下图所示。

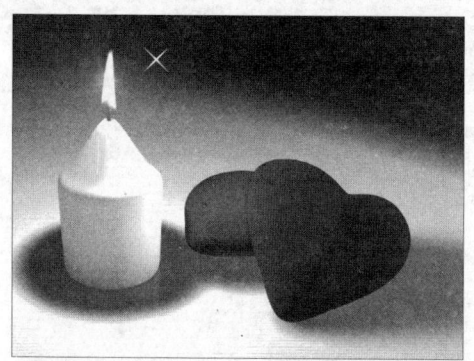

05 执行"滤镜>模糊>高斯模糊"命令，在弹出的"高斯模糊"对话框中设置"半径"为8.0像素，如下图所示。

06 完成后单击"确定"按钮，增强画面真实性，如下图所示。

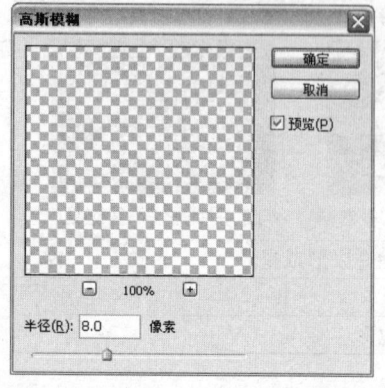

直线工具

直线工具用于在图像窗口中绘制像素线条或路径。在选项栏中可以根据不同的需要设置其线条或路径的粗细程度。下面介绍直线工具的选项栏。选项栏及各选项的说明如下图和下表所示。

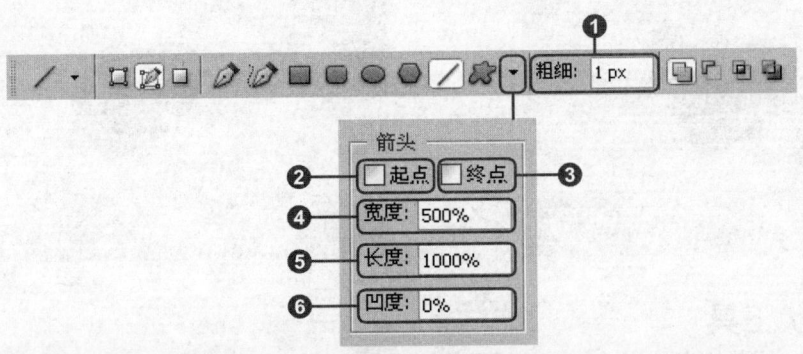

编号	名称	说明
❶	"粗细"文本框	"粗细"文本框用于设置直线的宽度
❷	"起点"复选框	勾选该复选框，在直线的起点绘制箭头
❸	"终点"复选框	勾选该复选框，在直线的终点绘制箭头
❹	"宽度"文本框	设置箭头的宽度为直线粗细的百分比
❺	"长度"文本框	设置箭头的长度为直线粗细的百分比
❻	"凹度"文本框	设置箭头的凹度为直线粗细的百分比

操作演示 直线工具的基本操作

完成文件：实例文件\Chapter 7\Complete\直线工具.psd

01 运行Photoshop CS5，执行"文件>打开"命令，打开本书配套光盘中实例文件\Chapter 7\Media\011.jpg 文件，在"图层"面板中新建"图层1"，如下图所示。

02 单击直线工具，在选项栏中单击"填充像素"按钮，设置"粗细"为1px，单击"添加到路径区域（+）"按钮，设置前景色为白色，按住Shift键在图像上绘制水平直线，如下图所示。

03 采用相同的方法绘制更多的水平路径，如下图所示。

04 路径绘制完成后，按下快捷键 Ctrl+Enter 将路径转换为选区，如下图所示。

>> 自定形状工具

自定形状工具用于绘制各种不规则形状。在该工具的选项栏中单击"点按可打开'自定形状'拾取器"按钮，在弹出的面板中提供了多种形状。根据不同的需要可以选择不同的形状。这里介绍该工具的选项栏。选项栏及各选项的说明如下图和下表所示。

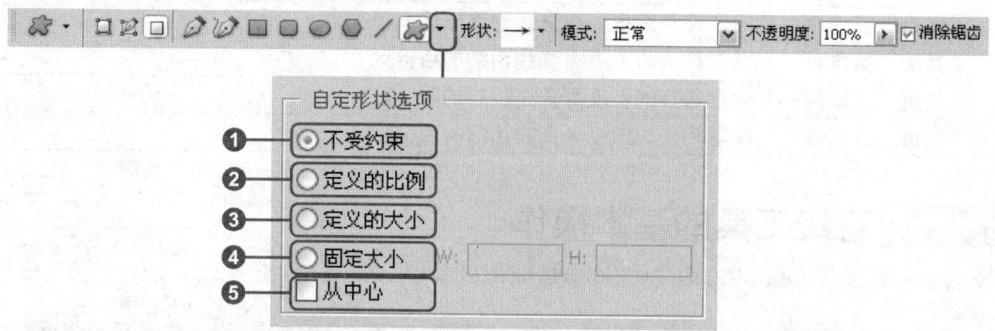

编号	名称	说明
❶	"不受约束"单选按钮	选中"不受约束"单选按钮，可以无约束地绘制形状
❷	"定义的比例"单选按钮	选中"定义的比例"单选按钮，可以约束自定形状宽度和高度的比例
❸	"定义的大小"单选按钮	选中"定义的大小"单选按钮，可以智能绘制系统默认大小的自定形状
❹	"固定大小"单选按钮	选中"固定大小"单选按钮，可以在右侧的文本框中自定义形状的宽度和高度
❺	"从中心"复选框	勾选该复选框，则以中心为起点绘制形状

操作演示 利用自定形状工具绘制雪花效果

完成文件 ◎：实例文件\Chapter 7\Complete\自定形状工具.psd

01 运行Photoshop CS5，执行"文件>打开"命令，打开本书配套光盘中实例文件\Chapter 7\Media\012.jpg 文件，在"图层"面板中新建"图层1"如下图所示。

02 单击自定形状工具，在选项栏上单击"填充图像"按钮，然后单击"形状"右侧的下拉按钮，在弹出的形状预设面板中选择"雪花2"形状，如下图所示。

Chapter 07 利用工具绘制图像

03 设置前景色为白色,然后按住 Shift 键在图像上绘制白色雪花效果,如下图所示。

04 采用相同的方法绘制更多的雪花,注意大小与位置的对比,如下图所示。

？PS解密 自定形状工具的妙用

前面总结了自定形状工具的用法,这里介绍使用自定形状工具制作放射光的方法。新建一个图像文件,单击自定形状工具，在形状预设面板中选择"靶标1"形状,然后在图像上绘制路径,并将其转换为选区后填充颜色,制作放射光效果。

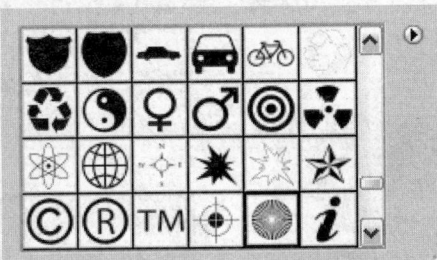

新建图像　　　　　　选择形状　　　　　　　　绘制放射光效果

LET'S GO! 利用滤镜效果更改图像背景

步骤01 在 Photoshop CS5 中执行"文件 > 打开"命令,打开本书配套光盘中实例文件 \ Chapter 7\Media\013.jpg 文件,如下图所示。

步骤02 设置前景色为蓝黑色（R37、G33、B82）。选择矩形工具，单击选项栏中的"填充像素"按钮，在"模式"下拉列表中选择"色相"选项,然后在图像的左上角绘制矩形,如下图所示。

步骤03 根据画面效果在"模式"下拉列表中选择不同的模式,并设置不同的颜色进行绘制,如下图所示。

步骤04 执行"滤镜 > 扭曲 > 旋转扭曲"命令,在弹出的对话框中设置"角度"为256°",如下图所示。

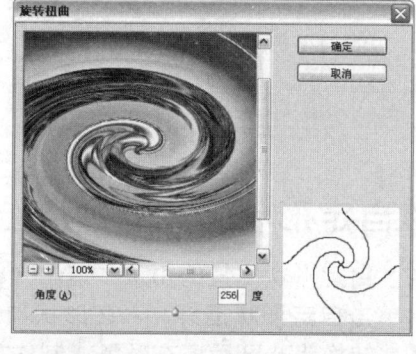

步骤05 完成后单击"确定"按钮,应用旋转扭曲滤镜效果,如下图所示。

步骤06 执行"滤镜 > 模糊 > 高斯模糊"命令,在弹出的"高斯模糊"对话框中设置"半径"为11像素,如下图所示。

步骤07 完成后单击"确定"按钮,应用高斯模糊滤镜效果,如下图所示。

步骤08 设置"图层1"图层的混合模式为"叠加",如下图所示。

步骤09 按快捷键Ctrl+B打开"色彩平衡"对话框,在弹出的对话框中选中"阴影"单选按钮,再设置各项参数,如下图所示。

步骤10 选中"中间调"单选按钮,设置各项参数,如下图所示。

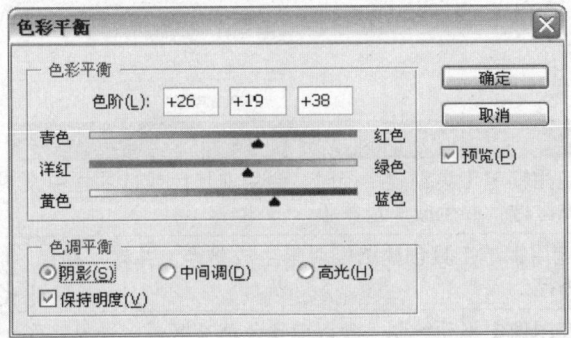
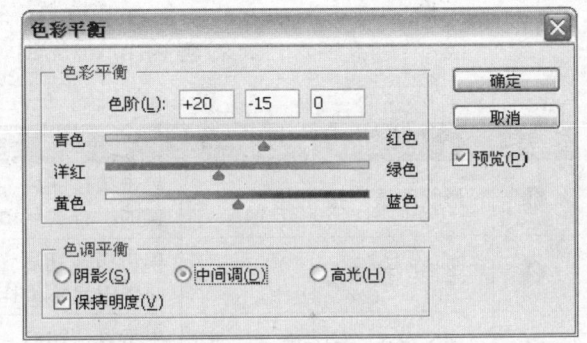

步骤11 完成后单击"确定"按钮,调整色彩平衡后的效果如下图所示。

步骤12 将"图层1"图层拖动至"创建新图层"按钮 上,复制得到"图层1 副本"图层,增强炫彩效果,如下图所示。

Unit 04 利用高级路径绘制工具绘制图像 >>

利用选框工具只能创建规则选区，若要准确地创建选区，通常使用钢笔工具 ✍ 来创建路径，然后转换其为选区。本单元将主要介绍利用钢笔工具抠图的方法。

>> 钢笔工具

钢笔工具 ✍ 用于绘制复杂或不规则的形状或曲线。按P 键可以选择钢笔工具 ✍，按快捷键Shift+P能够在钢笔工具 ✍、自由钢笔工具 ✍、添加锚点工具 ✍ 等工具之间相互切换。下面介绍钢笔工具的选项栏，如下图和下表所示。

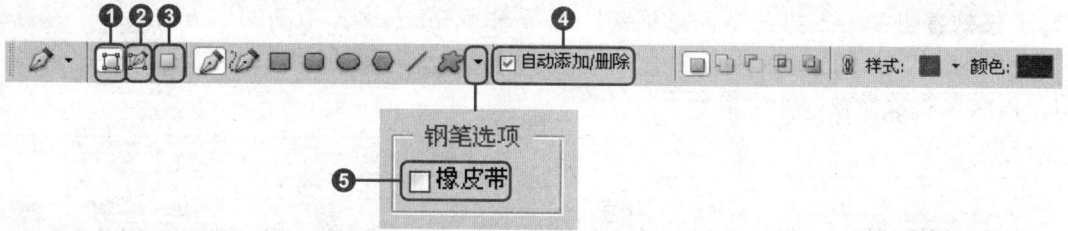

编号	名称	说明
❶	"形状图层"按钮	单击该按钮后，运用钢笔工具创建路径时，会用前景色或选项栏中设置的"样式"填充区域，并生成矢量蒙版
❷	"路径"按钮	单击该按钮后，运用钢笔工具创建路径时只生成路径，并在"路径"面板中显示工作路径
❸	"填充像素"按钮	单击该按钮后，在图像中拖动绘制，会以前景色填充区域。选择矩形工具、圆角矩形工具、椭圆工具等形状工具后，该按钮才可用
❹	"自动添加/删除"复选框	勾选该复选框后，将光标移到绘制的路径上，当光标变成 ✍ 时单击可以添加锚点，当光标变成 ✍ 时单击可以删除锚点
❺	"橡皮带"复选框	勾选该复选框后，在图像中绘制路径时可以预览路径

操作演示 用钢笔工具抠取图像

完成文件⊚：实例文件\Chapter 7\Complete\钢笔工具.psd

01 运行Photoshop CS5，执行"文件 > 打开"命令，打开本书配套光盘中实例文件\Chapter 7\Media\015.jpg 文件，如右图所示。

02 选择钢笔工具 ，沿图像中鸟的边缘创建路径，如下图所示。

03 完成后按快捷键 Ctrl+Enter 将路径转换为选区，如下图所示。

TIP 使用钢笔工具绘制路径时，结合 Ctrl 键对路径的节点进行调整，会使路径绘制更平滑。

04 执行"文件>打开"命令，打开本书配套光盘中实例文件\Chapter 7\Media\016.jpg 文件，如下图所示。

05 选择移动工具 ，将鸟移动到 016.jpg 文件中，得到"图层 1"图层，设置"图层 1"图层的混合模式为"线性减淡"，如下图所示。

》 自由钢笔工具

利用自由钢笔工具 在图像中拖动，即可直接形成路径，就像用铅笔在纸上绘画一样。绘制路径时，系统会自动在曲线上添加锚点。使用自由钢笔工具 ，可以创建不太精确的路径。下面介绍自由钢笔工具 的选项栏，具体说明如下图和下表所示。

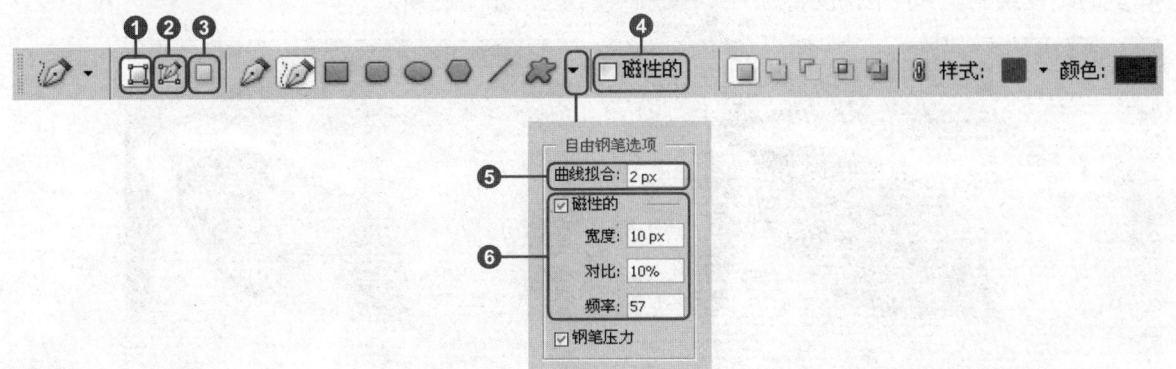

编号	名称	说明
❶	"形状图层"按钮	单击该按钮后，运用自由钢笔工具创建路径时，会用前景色或在选项栏中选择的"样式"填充区域，并生成矢量蒙版
❷	"路径"按钮	单击该按钮后，运用自由钢笔工具创建路径时只生成路径，并在"路径"面板上显示工作路径
❸	"填充像素"按钮	单击该按钮后，在图像中绘制时，会以前景色填充区域。选中矩形工具、圆角矩形工具或椭圆工具等形状工具后，该按钮才可用
❹	"磁性的"复选框	勾选该复选框，可以打开磁性钢笔的默认设置
❺	"曲线拟合"文本框	在此文本框中输入的数值越大，创建的路径锚点越少，路径越简单
❻	"磁性的"选项组	在该选项组中可以设置"宽度"、"对比"和"频率"的大小

操作演示 用自由钢笔工具抠取图像

完成文件：实例文件\Chapter 7\Complete\自由钢笔工具.psd

01 运行Photoshop CS5，执行"文件>打开"命令，打开本书配套光盘中实例文件\Chapter 7\Media\017.jpg 文件，在"图层"面板中新建"图层1"，如下图所示。

02 单击自由钢笔工具，在选项栏中勾选"磁性的"复选框，单击"几何选项"下拉按钮，在弹出的下拉列表中设置参数值，如下左图所示。设置完成后在图像上沿着叶子的边缘移动鼠标绘制路径，如下右图所示。

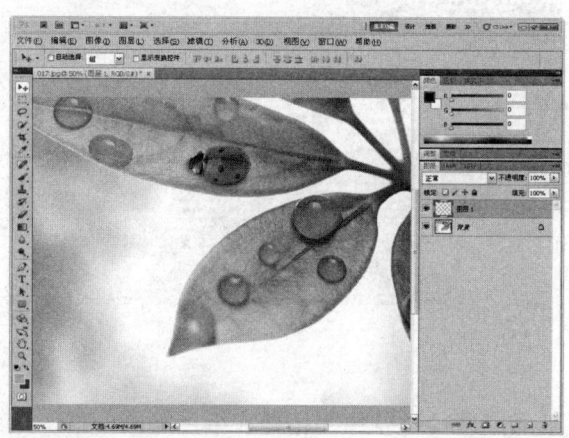
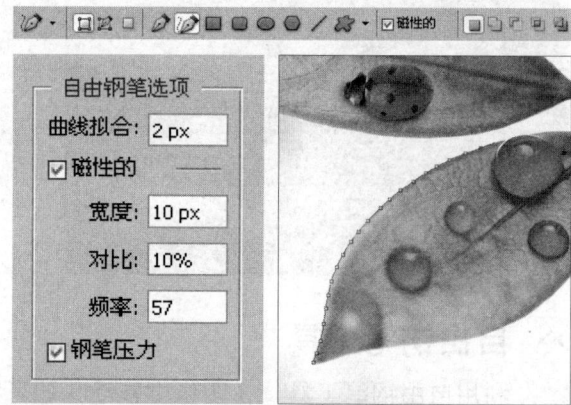

03 继续移动鼠标，闭合路径，完成对整个叶子的路径绘制，如下图所示。

04 按下快捷键Ctrl+Enter，将路径转换为选区，如下图所示。

05 填充选区颜色为朱红色（R211、G51、B1），按下快捷键Ctrl+D取消选区，设置"图层1"的混合模式为"叠加"，效果如右图所示。

添加和删除锚点工具

添加锚点工具用于在现有的路径上添加锚点，单击即可添加。删除锚点工具用于在现有的锚点上删除锚点，单击即可删除。如果在钢笔工具的选择栏中勾选"自动添加/删除"复选框，可在路径上添加或删除锚点。

绘制路径

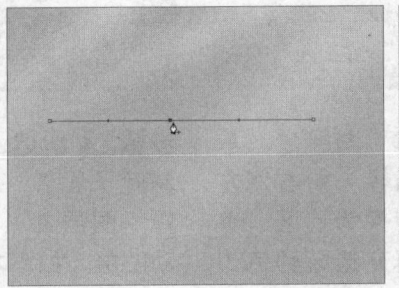

添加锚点

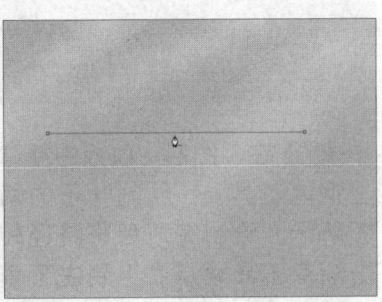

删除锚点

转换点工具

转换点工具主要用于调整绘制完成的路径，将光标在要更改的锚点上单击，可以将锚点的类型在平滑点和直角点之间相互转换。

原图

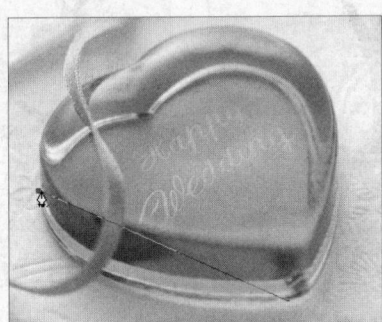

绘制路径

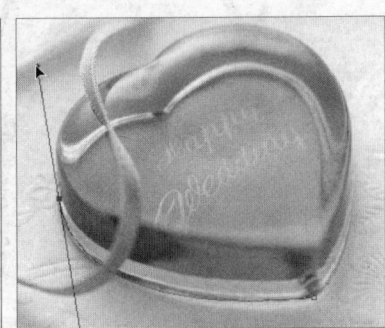

调整路径

LET'S GO! 利用钢笔工具绘制图像

最终文件：实例文件\Chapter 7\Complete\钢笔工具绘制图像.psd

步骤01 打开本书配套光盘中实例文件\Chapter 7\Media\018.jpg文件，新建"图层1"。单击钢笔工具，在图像上绘制路径，如下图所示。

步骤02 按下快捷键 Ctrl+Enter，将路径转换为选区。填充选区颜色为褐色（R99、G65、B11），按下快捷键 Ctrl+D，取消选区，效果如下图所示。

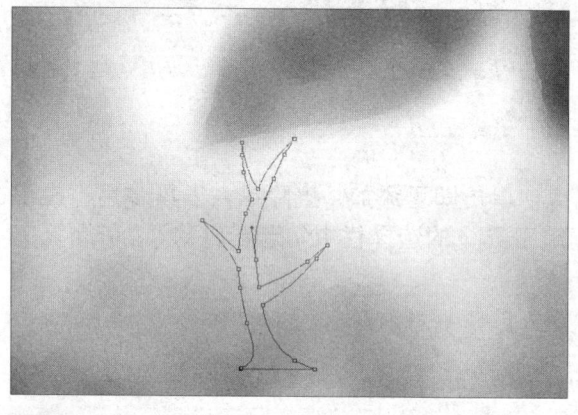

步骤03 在"图层"面板中新建"图层2"，单击钢笔工具，绘制叶子的路径，如右侧左图所示。绘制完成后将路径转换为选区，单击渐变工具从右上到左下填充选区颜色为柠檬黄（R254、G248、B88）到橘黄（R248、G182、B0）的线性渐变，取消选区，如右侧右图所示。

步骤04 新建"图层3"，采用相同的方法绘制叶子图像，如下左图所示。按住 Ctrl 键选择"图层2"与"图层3"，结合 [键向下移动图层，如下右图所示。

步骤05 采用相同的方法绘制更多的叶子图像，效果如下图所示。

TIP 调整图层的上下位置关系，可以使图像效果更自然。

步骤 06 在"图层2"的下方新建"图层10",单击椭圆选框工具,在选项栏中设置"羽化"为30px,然后在图像上创建椭圆选区,如下图所示。

步骤 07 单击渐变工具,从选区的中心向外填充颜色为褐色(R99、G65、B11)的径向渐变,取消选区,效果如下图所示。

Unit 05 编辑路径 >>

路径的编辑是利用路径绘制图像的一个重要环节,通过对路径的调整,可使所绘制的图像效果更准确。本单元将主要对路径编辑工具的具体应用进行讲解。

>> 路径选择工具

在 Photoshop CS5 中,当需要对整体路径进行选择与位置调整时,要使用路径选择工具。选择该工具后,将光标移动至需要选择的路径上进行单击,完成对路径的选择,并且可以对选中路径的位置进行移动。

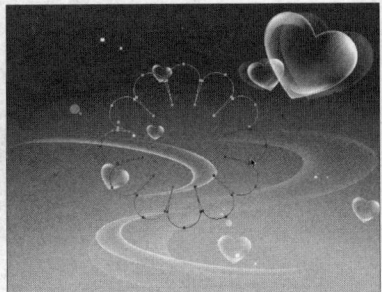

移动光标至路径上　　　　单击鼠标选择路径　　　　移动路径位置

TIP 使用路径选择工具,按住 Shift 键的同时移动鼠标,可以对多个路径进行选择。

>> 直接选择工具

直接选择工具主要用于对路径锚点进行选择,并结合 Ctrl 键对节点进行调整,便于对部分路径的形状进行变换。在绘制的路径图像上单击鼠标左键选中该锚点,选中锚点的状态为实心效果,然后结合 Ctrl 键对锚点进行调整。

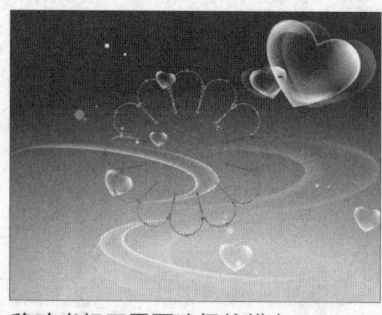
移动光标至需要选择的锚点

单击鼠标左键选中锚点

移动锚点位置

> **TIP** 使用直接选择工具，同样可以对多个锚点进行选择。单击鼠标左键并拖动鼠标进行框选，即可选中选框内的所有锚点。

>> 描边路径

"描边路径"命令主要是路径工具和绘图工具与修饰工具的结合使用，通过对绘图工具与修饰工具的设置，再进行路径的绘制，最后对路径执行"描边"路径命令。下面主要对"描边路径"对话框中的选项进行介绍。具体说明如下图与下表所示。

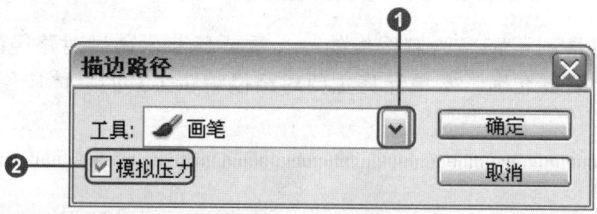

编号	名称	说明
❶	下拉按钮	单击该按钮，在弹出的下拉菜单中，可以对需要描边的工具进行选择
❷	"模拟压力"复选框	勾选该复选框可使描边路径形成两端较小中间较粗的线条，取消勾选该复选框则描边路径两端粗细相同

绘制路径　　勾选"模拟压力"复选框　　取消勾选

🏃 LET'S GO! 利用描边路径制作海洋珍珠

最终文件 ◎：实例文件\Chapter 7\Complete\描边路径制作海洋珍珠.psd

步骤 01 打开本书配套光盘中实例文件\Chapter 7\Media\019.jpg 文件。选择钢笔工具，在选项栏中单击"路径"按钮，在图像中绘制路径，如下图所示。

步骤 02 新建"图层1"图层，再设置前景色为白色，然后选择画笔工具，并在选项栏中单击"切换画笔面板"按钮，打开"画笔"面板。选择"尖角19像素"的画笔后设置各项参数，如右图所示。

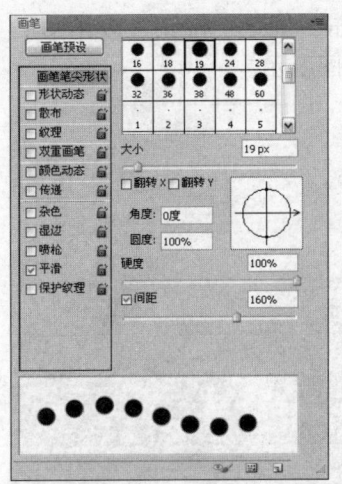

步骤 03 在"路径"面板中单击"用画笔描边路径"按钮 描边路径,完成后单击"路径"面板空白区域隐藏路径,如右图所示。

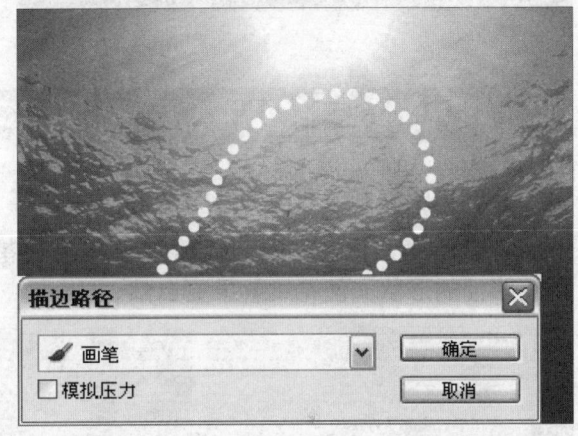

步骤 04 在"图层"面板中双击"图层1",弹出"图层样式"对话框。在弹出的对话框中分别设置"投影"、"斜面和浮雕"、"光泽"、"颜色叠加"面板参数值,其中"投影"颜色为深蓝色(R75、G107、B49),"光泽"面板中颜色为蓝色(R44、G135、B234),"颜色叠加"面板中颜色为蓝白色(R183、G225、B247),如下图所示。

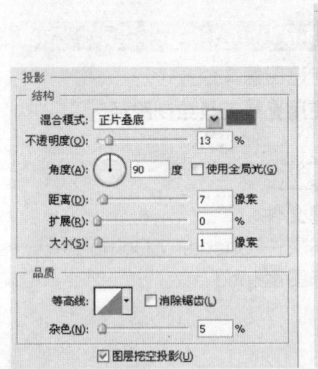
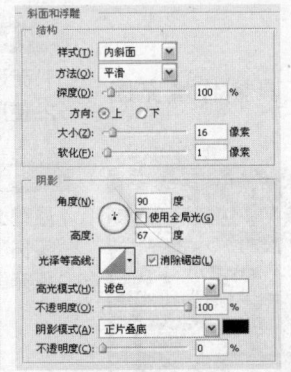
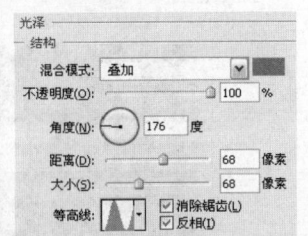

TIP 利用图层样式的添加,可以制作图像立体效果。

步骤05 完成后单击"确定"按钮,应用图层样式后的效果如下图所示。

步骤06 选择"图层1"图层,设置"图层1"图层的混合模式为"柔光",效果如下图所示。

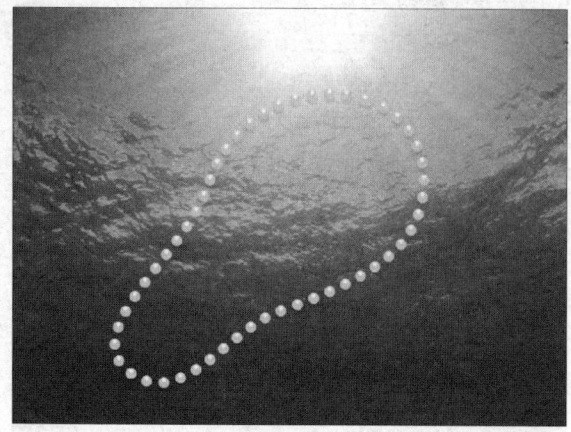
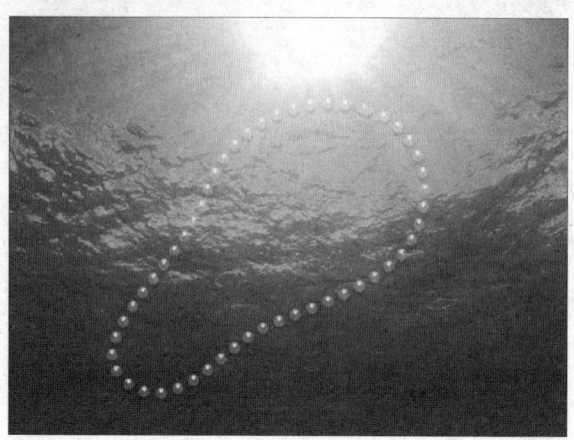

DO IT YOURSELF 练习操作

1. 利用路径制作花纹背景图像

结合所学知识,使用路径绘制工具绘制花纹效果,适当调整路径的形状,使花纹效果更自然。

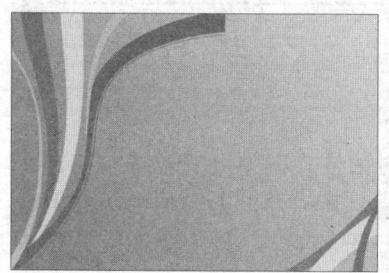
绘制条纹

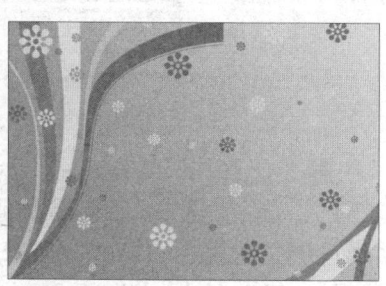
绘制花纹效果

Step BY Step (步骤提示)
1. 新建图像文件
2. 使用钢笔工具绘制条纹
3. 使用自定形状工具绘制花纹

光盘路径
最终文件:
实例文件\Chapter 7\Complete\
利用路径制作花纹背景图像.psd

2. 利用直线工具制作填充图像

通过对前面知识的学习,下面采用直线工具制作填充图案效果。

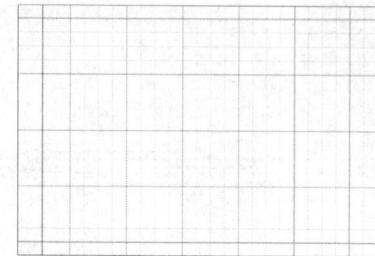
应用直线工具

制作完成效果

Step BY Step (步骤提示)
1. 新建图像文件
2. 使用直线工具绘制路径

光盘路径
最终文件:
实例文件\Chapter 7\Complete\
填充图案.psd

Chapter 08 图像修饰工具的应用

在 Photoshop CS5 中，除了能够制作出具有质感的特效外，还可以利用其中的图像修饰工具对图像中出现的各种瑕疵和缺陷进行修复。修饰工具的灵活应用能够完美地处理图像。本章主要介绍了各种修图工具的巧妙运用。通过本章的学习，可以掌握 Photoshop CS5 中修复图像工具的神奇功能，并对图像进行修饰处理，能够更熟练地运用这些功能。

技术要点

1. 修复类工具主要有哪些？具有什么作用？

修复类工具主要包括修复工具、修复画笔工具、修补工具、红眼工具、仿制图章工具、图案图章工具，利用这些工具，可以对图像中的瑕疵进行涂抹，还原图像完美效果。

2. 图像修饰工具的具体操作包括哪些？

利用图像修饰工具，可以对图像进行去除多余杂质、加强图像明暗对比、抠取图像、制作图像特殊艺术效果等，它是图像处理中最常用的工具。

Unit 01 修复类工具的应用 >>

修图工具主要包括污点修复画笔工具、修复画笔工具、修补工具、红眼工具、仿制图章工具以及图案图章工具。结合使用这些工具，能够修复图像中出现的污点和瑕疵。本单元将详细讲解这些工具的使用方法。

>> 污点修复画笔工具

污点修复画笔工具主要用于快速修复图像中的污点和其他的不理想部分。利用污点修复画笔工具修复图像时，是利用图像或图案中的样本像素进行绘制，然后将样本像素中的纹理、光照、透明度和阴影等与要修复的像素相匹配。单击工具箱中的"污点修复画笔工具"按钮或按快键键J即可选择该工具。该工具的使用方法是在图像的污点上直接单击一次或单击并拖移，以消除区域中的污点。污点修复画笔工具的选项栏如下图所示，选项栏中各选项的说明如下表所示。

编号	名称	说明
❶	"模式"下拉列表	在"模式"下拉列表中可以选择混合模式，指定图像与合成效果的合成方式
❷	"近似匹配"单选按钮	选中该单选按钮，能够使用周围的像素修复图像
❸	"创建纹理"单选按钮	选择该单选按钮，将以纹理的质感修复图像
❹	"对所有图层取样"复选框	勾选该复选框，可以从所有的可见图层中取样，反之则只能从当前图层中取样

操作演示 利用污点修复画笔工具去除图像中的杂物

完成文件：实例文件\Chapter 8\Complete\污点修复画笔工具.psd

01 在Photoshop CS5中执行"文件>打开"命令，打开本书配套光盘中实例文件\Chapter 8\Media\001.jpg 文件，如下图所示。

02 选择工具箱中的污点修复画笔工具，在选项栏中单击"单击以打开'画笔'选取器"按钮，在弹出的面板中设置"画笔"的"大小"为30 px，完成后选中选项栏中的"近似匹配"单选按钮，然后在画面中单击墙壁上的痕迹并向下涂抹，如下图所示。

03 完成后释放鼠标左键，墙壁中的痕迹被擦除，如下图所示。

04 选中选项栏中的"创建纹理"单选按钮。用同样的方法对墙壁上的痕迹进行向下涂抹，墙壁出现纹理效果，如下图所示。

05 设置完成后，重新选中选项栏中的"近似匹配"单选按钮，然后单击地面上的羽毛，根据羽毛的大小，按[键适当调整画笔大小，最后画面中的痕迹被修复干净，如右图所示。

修复画笔工具

使用修复画笔工具 ✎ 能够修复图像中的瑕疵，使瑕疵与周围的图像融合。利用该工具修复时，同样可以利用图像或图案中的样本像素进行绘画。按快捷键 Shift+J 能够在修复工具之间互相切换。下面介绍该工具选项栏中的选项，选项栏如下图所示，部分选项的说明如下表所示。

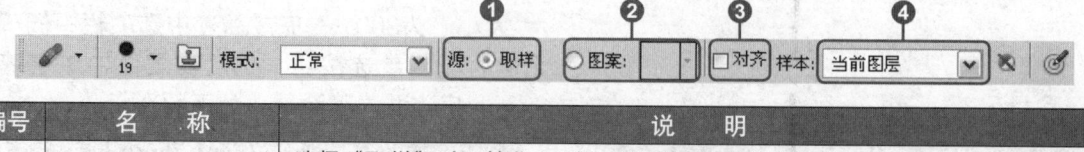

编号	名称	说明
①	"取样"单选按钮	选择"取样"时，按住 Alt 键，当光标变形时在图像中单击取样，即能得到样本像素，然后在图像中拖动鼠标，在需要修改的区域进行涂抹即可消除瑕疵
②	"图案"单选按钮	选择"图案"时，右侧的"图案"选项可用，单击"点按并拖移可选择图案"按钮，在弹出的面板中可以选择不同的图案 原图　　　　　　　应用图案后
③	"对齐"复选框	勾选该复选框，在释放鼠标的时候当前取样点不会丢失。如果不勾选"对齐"复选框，则每次停止和继续绘画时都将从初始取样点开始应用像素
④	"样本"下拉列表	在"样本"下拉列表中可以选择不同取样方式

📷 操作演示　利用修复画笔工具去除面部雀斑

完成文件 ⊙：实例文件\Chapter 8\Complete\修复画笔工具.psd

01 在 Photoshop CS5 中执行"文件>打开"命令，打开本书配套光盘中实例文件\Chapter 8\Media\002.jpg 文件，如下图所示。

02 选择工具箱中的修复画笔工具 ✎，在选项栏中单击"单击以打开'画笔'选取器"按钮，在弹出的面板中设置"大小"为 15 px，如下图所示。

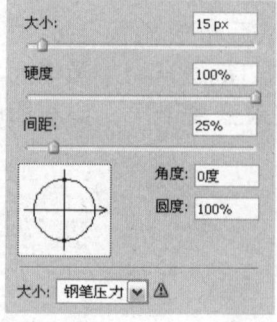

03 在选项栏中选中"取样"单选按钮,然后按住 Alt 键,单击图像中人物的面部进行取样,如下图所示。

04 单击人物右脸中的雀斑,消除雀斑,效果如下图所示。

05 用同样的方法,利用修复画笔工具 在人物的左脸取样进行修复,如下图所示。

06 在选项栏中选中"图案"单选按钮,再单击"点按并拖移可选择图案"按钮,在弹出的面板中选择分子图案,如下图所示。

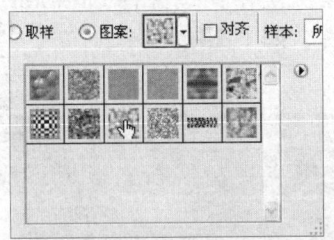

07 设置画笔的"大小"为 95 px,然后在图像的背景中进行绘制,如下图所示。

08 结合[或]键适当调整画笔的大小,用同样的方法,在背景中进行适当的涂抹,效果如下图所示。

》 修补工具

利用修补工具 可以使用其他区域或图案中的像素来修复选区内的图像。修补工具 与修复画笔工具 一样,能够将样本像素的纹理、光照和阴影等与源像素进行匹配;不同的是,前者用画笔对图像进行修复,而后者是通过选区进行修复。下面介绍该工具的选项栏,该选项栏中的"新选区"按钮、"添加到选区"按钮、"从选区减去"按钮和"与选区交叉"按钮与选框工具中的按钮功能相同,这里不再复述。修补工具 的选项栏如下图所示,部分选项的说明如下表所示。

编号	名称	说　明
❶	"源"与"目标"单选按钮	选中"源"单选按钮时，先选择要修补的区域，然后将它拖动到要取样的区域。选中"目标"单选按钮时，先选择取样的区域，然后将取样区域拖动到需要修补的区域
❷	"透明"复选框	勾选该复选框后，样本像素与源像素进行匹配时，会自动调节透明效果
❸	"使用图案"按钮	当使用修补工具创建一个选区时，"使用图案"按钮与右侧的"图案"选项可用。单击下拉按钮，在弹出的面板中选择需要的图案后单击"使用图案"按钮，即可在选区内填充该图案

操作演示 利用修补工具修复噪点

完成文件：实例文件\Chapter 8\Complete\修补工具的运用.psd

01 在Photoshop CS5中执行"文件>打开"命令，打开本书配套光盘中实例文件\Chapter 8\Media\003.jpg 文件，如下图所示。

02 在工具箱中选择修补工具，然后在选项栏中单击"新选区"按钮，再选中"源"单选按钮，向下拖动选区，选区中出现拖动目标处图像的效果，如下图所示。

03 释放鼠标左键后，选区根据拖动目标处图像的像素特征被修复，如下图所示。

04 用同样的方法继续对图像中水果的噪点进行修复，直至水果中的噪点被完全修复，如下图所示。

≫ 红眼工具

在夜晚的灯光下或使用闪光灯拍摄人物照片时，通常会出现眼球变红的现象，这种现象称为红眼现象。利用Photoshop中的红眼工具可以修复人物照片中的红眼，也能修复动物照片中的白色或绿色反光。红眼工具的选项栏如下图所示，各选项的说明如下表所示。

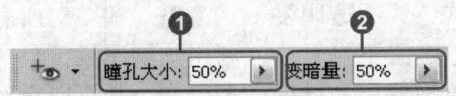

编号	名称	说明
❶	"瞳孔大小"文本框	设置瞳孔的大小
❷	"变暗量"文本框	设置瞳孔的暗度

TIP 利用红眼工具能够很好地处理图像中的特殊颜色，但它在位图、索引或多通道颜色模式的图像中不起作用。

操作演示 利用红眼工具清除红眼

完成文件：实例文件\Chapter 8\Complete\红眼工具的操作.psd

01 在 Photoshop CS5 中执行"文件 > 打开"命令，打开本书配套光盘中实例文件 \Chapter 8\Media\004.jpg 文件，如下图所示。

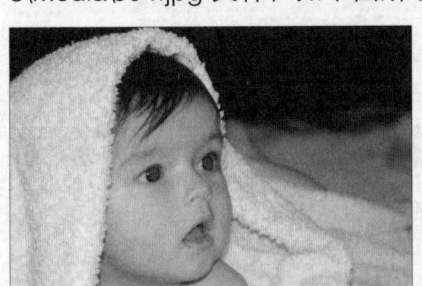

02 选择工具箱中的红眼工具，在选项栏中设置"瞳孔大小"为 50%，设置"变暗量"为 50%，效果如下图所示。

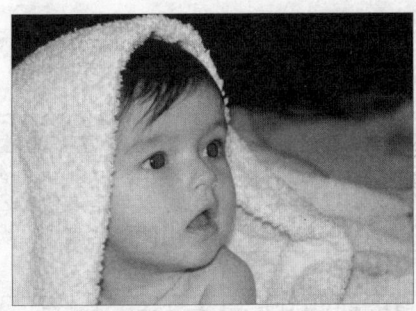

03 在图像中单击并拖动，在左边眼球处选取红眼，如下图所示。

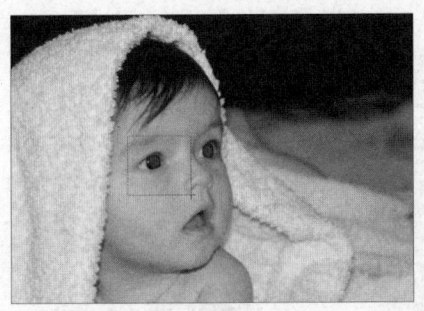

04 释放鼠标左键，选区内的红眼被替换为正常的眼球，用同样的方法修改右眼，如下图所示。

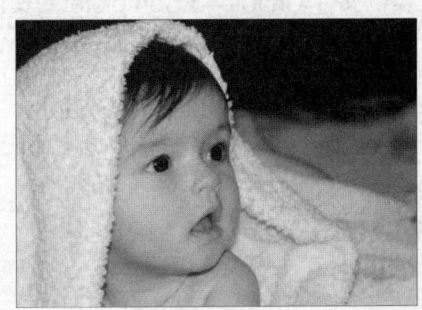

》 仿制图章工具

利用仿制图章工具 修图时，先从图像中取样，然后将样本应用到其他图像或同一图像的其他部分，也可以将一个图层的一部分仿制到另一个图层。利用仿制图章工具 修复图像就是以指定的像素点为复制基准点，将该基准点的图像复制到任何地方。下面介绍该工具的选项栏。该选项栏中的"画笔"、"模式"、"不透明度"、"流量"和"对所有图层取样"等选项的功能与橡皮擦工具的相应功能相同，这里不再复述。利用仿制图章工具 选项栏中的"对齐"复选框可以进行规则复制，无论对绘画停止和继续过多少次，都可以重新使用最新的取样点。仿制图章工具的选项栏如下图所示。

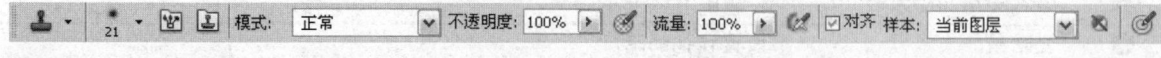

TIP 单击工具箱中的"仿制图章工具"按钮 或按 S 键，即可选择仿制图章工具。按快捷键 Shift+S 能够在仿制图章工具和图案图章工具之间切换。

》 图案图章工具

图案图章工具 和仿制图章工具 相似，区别是图案图章工具不在图像中取样，而是利用选项栏中的图案进行绘画，即从图案库中选择图案或按自己创建的图案进行绘画。下面介绍图案图章工具 的选项栏。前面章节中已经介绍过"画笔"、"模式"、"不透明度"以及"对齐"的功能，这里不再重复。图案图章工具 的选项栏如下图所示，各选项的说明如下表所示。

编号	名称	说明
❶	"流量"文本框	设置图案图章工具绘画时的压力大小，可以在文本框中直接输入参数值，也可以单击右侧的三角按钮，利用弹出的滑块调节"流量"。流量值越大，画出的颜色越深；数值越小，画出的颜色越浅
❷	"图案"选项	用于添加选区
❸	"印象派效果"复选框	勾选该复选框后，能够将图案渲染为绘画轻涂以获得印象派效果

📄 操作演示　使用图案图章工具为背景添加星光效果

完成文件 ◉：实例文件\Chapter 8\Complete\图案图章工具.psd

01 在 Photoshop CS5 中执行"文件>打开"命令，打开本书配套光盘中实例文件\Chapter 8\Media\005.jpg 文件，如右图所示。

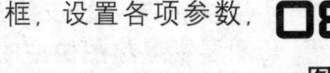

02 选择图案图章工具，在"画笔"面板中选择画笔为"交叉排线48"，如下左图所示。勾选"形状动态"复选框，设置参数，如下右图所示。

03 勾选"散布"复选框，设置各项参数，如下图所示。

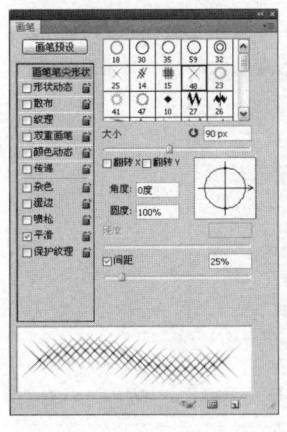
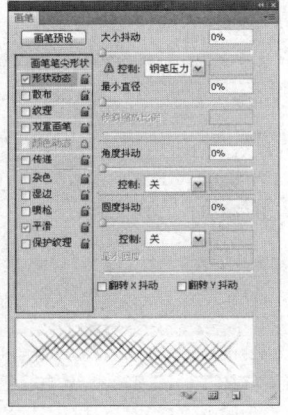
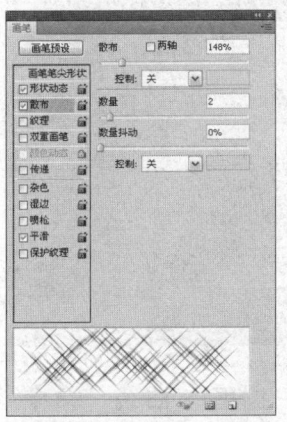

04 设置完成后，在选项栏的"图案"下拉列表中选择白色信纸图案，在画面中单击，添加图案图章后的效果如右图所示。

LET'S GO! 利用图案图章工具填充背景图案效果

最终文件：实例文件\Chapter 8\Complete\填充背景图案效果.psd

步骤01 打开本书配套光盘中实例文件\Chapter 8\Media\006.jpg 文件，复制"背景"图层得到"背景 副本"图层，如下图所示。

步骤02 选择图案图章工具，在选项栏中设置相关参数，然后在背景部分进行涂抹，如下图所示。

步骤03 选择橡皮擦工具 ，在"背景 副本"图层中擦除图像中的人物部分，使图案部分叠加到人物身上，如下图所示。

步骤04 按下快捷键 Ctrl+Shift+Alt+E 盖印一个图层，生成"图层 1"，如下图所示。

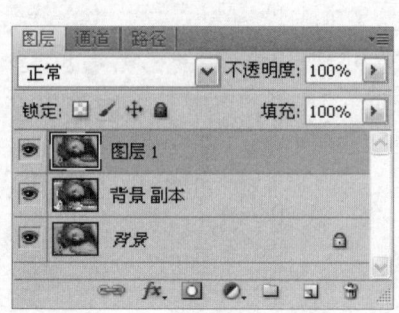

步骤05 执行"图像 > 调整 > 曲线"命令，打开"曲线"对话框，调整节点的位置，如下图所示。

步骤06 设置完成后单击"确定"按钮，调整图像的明暗对比关系，如下图所示。

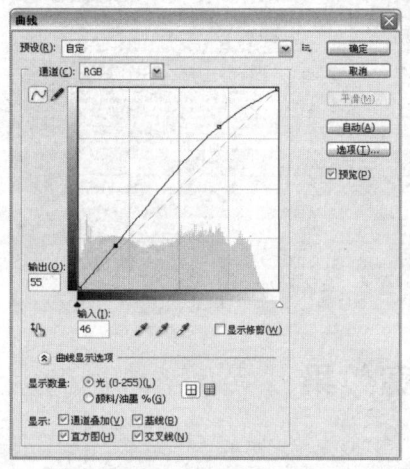

步骤07 执行"图像 > 调整 > 色彩平衡"命令，打开"色彩平衡"对话框，设置各项参数值，如下图所示。

步骤08 设置完成后单击"确定"按钮，效果如下图所示。

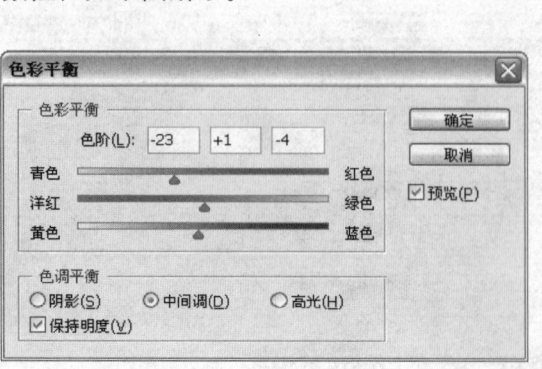

步骤09 根据画面效果，为图像添加适当的文字，如右图所示。

Unit 02 颜色修饰类工具的应用 >>

利用Photoshop中的颜色类修饰工具调整图像的颜色深浅效果，能够精确细致地优化图像的细部色彩，让处理后的图像变得更完美。颜色类修饰工具包括减淡工具、加深工具、海绵工具，本单元将具体讲解这些工具的使用方法。

>> 减淡工具

利用减淡工具能够表现图像中的高亮度效果。利用减淡工具在特定的图像区域内拖动，然后让图像的局部颜色变得更加明亮，对处理图像中的高光非常有用。下面介绍该工具的选项栏，如下图和下表所示。

编号	名称	说明
❶	"范围"下拉列表	在"范围"下拉列表中包含"阴影"、"中间调"和"高光"3个选项。选择"阴影"选项，能够更改图像中暗部区域的像素。选择"中间调"选项，能够更改图像中的颜色对应灰度为中间范围的部分像素。选择"高光"选项，能够更改图像中亮部区域的像素
❷	"曝光度"选项	可设置"减淡"工具使用的曝光量，范围为1% ~ 100% 之间
❸	"启用喷枪模式"按钮	单击"启用喷枪模式"按钮，能够使减淡工具的绘制带有喷枪效果
❹	"保护色调"复选框	勾选"保护色调"复选框,可防止在对图像进行减淡的过程中色相发生偏移,能够起到保护原来色调的作用 原图　　　　　　　　　勾选"保护色调"复选框后的减淡效果

操作演示 减淡图像画面效果

完成文件：实例文件\Chapter 8\Complete\减淡工具.psd

01 在Photoshop CS5中执行"文件>打开"命令，打开本书配套光盘中实例文件\Chapter 8\Media\007.jpg 文件，如下图所示。

02 选择工具箱中的减淡工具。在选项栏中设置"画笔"为"柔边机械100像素"，设置"范围"为"高光"，设置"曝光度"为50%，如下图所示。

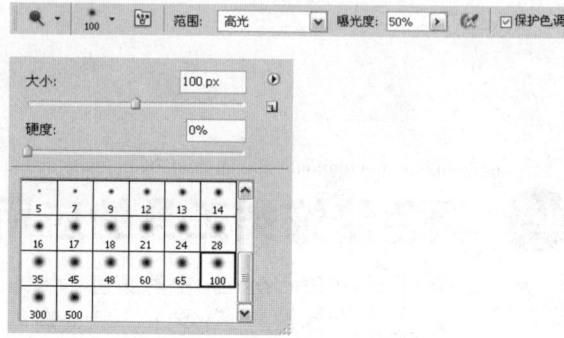

03 设置完成后，在图像窗口中单击，然后对图像进行反复涂抹，图像逐渐变亮，效果如下图所示。

04 在选项栏中重新选择画笔类型，然后对天空进行涂抹，天空中出现画笔笔触的花纹图案，如下图所示。

TIP 按 O 键即可选择减淡工具。按快捷键 Shift+O 可以在颜色类修饰工具之间切换。

>> 加深工具

加深工具与减淡工具的功能相反，使用加深工具可以表现出图像中的阴影效果。利用该工具在图像中涂抹可以使图像亮度降低。下面介绍该工具的选项栏，具体说明如下图和下表所示。

编号	名称	说明
❶	"范围"下拉列表	在"范围"下拉列表中包含了"阴影"、"中间调"和"高光"选项。选择"阴影"选项，能够更改图像暗部区域的像素。选择"中间调"选项，能够更改图像中的颜色对应灰度为中间范围的部分像素。选择"高光"选项，能够更改图像亮部区域的像素
❷	"曝光度"选项	可设置"加深"工具的曝光量，范围为1%～100%之间
❸	"启用喷枪模式"按钮	单击该按钮，能够使加深工具的绘制具有喷枪效果
❹	"保护色调"复选框	勾选该复选框，可防止在对图像进行加深的过程中色相发生偏移，能够起到保护原来色调的作用 原图　　"保护色调"加深效果　　取消"保护色调"加深效果

操作演示　使用加深工具加深背景效果

完成文件：实例文件\Chapter 8\Complete\加深工具.psd

01 在Photoshop CS5中执行"文件>打开"命令，打开本书配套光盘中实例文件\Chapter 8\Media\008.jpg 文件，如下图所示。

02 选择工具箱中的加深工具。在选项栏中设置"画笔"为"柔边机械65像素"，设置"范围"为"阴影"，设置"曝光度"为54%，如下图所示。

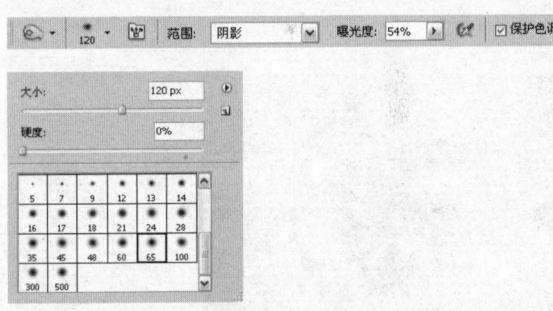

03 完成后在图像背景中进行涂抹以添加阴影。在涂抹过程中按[或]键，可以适当调整画笔大小，如下图所示。

04 重新设置"画笔"为"流星"，设置"大小"为50 px，设置前景色为白色，然后在画面背景中随意绘制，如下图所示。

海绵工具

海绵工具主要用于精确地提高或降低图像的饱和度，在特定的区域内拖动，会根据不同图像的不同特点来改变图像的色彩饱和度和亮度。利用海绵工具能够自如地调节图像的色彩效果，让图像色彩效果更完美。这里介绍该工具的选项栏。海绵工具的选项栏如下图所示，各选项的说明如下表所示。

编号	名称	说明
❶	"模式"下拉列表	在"模式"下拉列表中包含了"降低饱和度"和"饱和"选项。选择"降低饱和度"选项，可以减弱图像中的颜色饱和度。选择"饱和"选项，能够增强图像中的颜色饱和度
❷	"流量"选项	可设置"海绵"工具在图像中作用的速度
❸	"启用喷枪模式"按钮	单击该按钮，能够使海绵工具的绘制具有喷枪效果

操作演示 使用海绵工具为画面去色

完成文件：实例文件\Chapter 8\Complete\海绵工具.psd

01 在Photoshop CS5中执行"文件>打开"命令，打开本书配套光盘中实例文件\Chapter 8\Media\009.jpg文件，如下图所示。

02 选择工具箱中的海绵工具，在选项栏中选择"画笔"为"柔边机械45 像素"，设置"大小"为20 px，设置"模式"为"饱和"，完成后使用海绵工具单击花茎并进行涂抹，花茎颜色的饱和度增强，如下图所示。

03 重新设置"模式"为"降低饱和度"，再使用海绵工具对图像的背景进行涂抹，背景颜色的饱和度降低，如下图所示。

04 选择魔棒工具，在选项栏中设置"容差"为32，设置"羽化"为5px，单击图像的背景区域，创建选区，如下图所示。

05 按快捷键Ctrl+L，弹出"色阶"对话框，在对话框中设置色阶参数，以增强背景颜色，完成后单击"确定"按钮，然后按快捷键Ctrl+D取消选区，如右图所示。

🏃 LET'S GO! 利用加深工具与减淡工具调整图像

最终文件 ◎：实例文件\Chapter 8\Complete\加深与减淡图像.psd

步骤 01 启动Photoshop CS5，打开本书配套光盘中实例文件\Chapter 8\Media\010.jpg图像文件，如下图所示。

步骤 02 复制一个"背景"图层，得到"背景副本"图层，如下图所示。

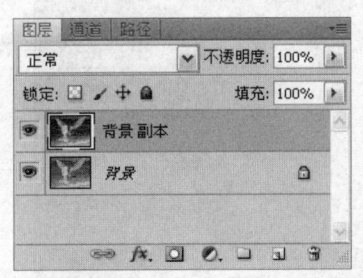

步骤 03 单击加深工具，在选项栏中设置各项参数，然后在图像上进行涂抹，如下图所示。

步骤 04 单击减淡工具，在选项栏中设置各项参数，设置完成后在图像上进行涂抹，增强图像亮度，如下图所示。

步骤 05 复制一个"背景"图层,得到"背景副本 2"图层,如下图所示。

步骤 06 执行"滤镜>模糊>高斯模糊"命令,在弹出的对话框中设置参数值为10像素,如下图所示。

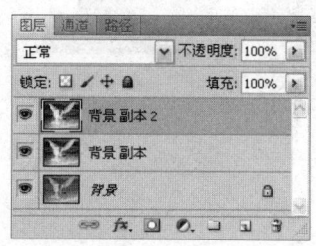

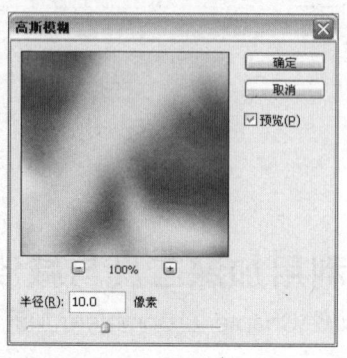

步骤 07 设置完成后单击"确定"按钮,效果如下图所示。

步骤 08 设置图层"背景 副本 2"的图层混合模式为"滤色",制作图像梦幻效果,如下图所示。

Unit 03 效果修饰类工具的应用 >>

在处理图像时,如果需要对图像进行模糊、锐化等修饰,可以通过Photoshop 中的模糊工具、锐化工具、涂抹工具实现。本节将主要讲解这些工具的使用方法。

>> 模糊工具

工具箱中的模糊工具与"滤镜"菜单中的"高斯模糊"滤镜的功能类似,使用模糊工具对选定的图像区域进行模糊处理,能够让选定区域内的图像更为柔和。模糊工具的选项栏如下图所示,各选项的说明如下表所示。

编号	名称	说明
❶	"模式"下拉列表	在"模式"下拉列表中包含"正常"、"变暗"、"色相"、"饱和度"、"颜色"和"明度"6个选项。可以根据不同的需要,在"模式"下拉列表中选择不同的模式
❷	"强度"选项	设置画笔的强度。参数值越大,涂抹的线条色越深 原图　　　　调节"强度"为50%　　　　调节"强度"为100%
❸	"对所有图层取样"复选框	勾选该复选框,使用模糊工具时对所有图层都起作用

Chapter 08 图像修饰工具的应用

操作演示 使用模糊工具光滑人物皮肤

完成文件:实例文件\Chapter 8\Complete\模糊工具.psd

01 在Photoshop CS5 中执行"文件> 打开"命令,打开本书配套光盘中实例文件\Chapter 8\Media\011.jpg 文件,如下图所示。

02 在工具箱中选择模糊工具,在选项栏中设置"画笔"为"柔边机械13 像素",设置"大小"为13 px,如下图所示。

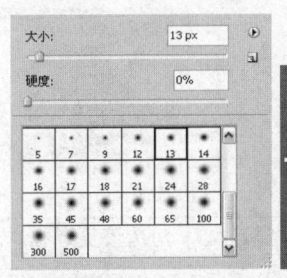

TIP 设置画笔参数值时,可以直接输入参数值,也可以通过移动滑块调整画笔的大小。

03 单击并在人物脸上的雀斑处进行涂抹,使雀斑变得模糊,如下图所示。

04 在选项栏中重新设置"模式"为"变亮"。在人物的眼睛、嘴巴的高光处进行涂抹,进一步消除雀斑,如下图所示。

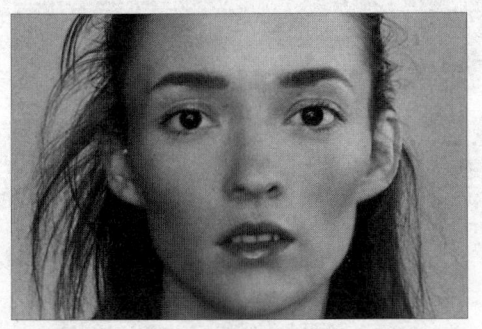

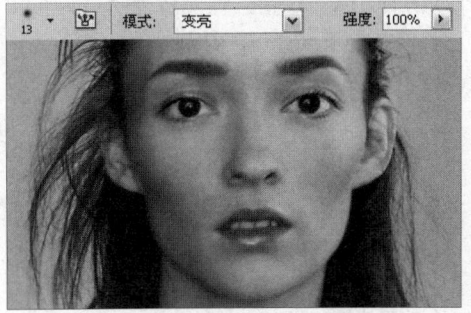

199

05 按快捷键Ctrl+L，弹出"色阶"对话框，在对话框中设置色阶参数，完成后单击"确定"按钮，人物脸部变亮，如右图所示。

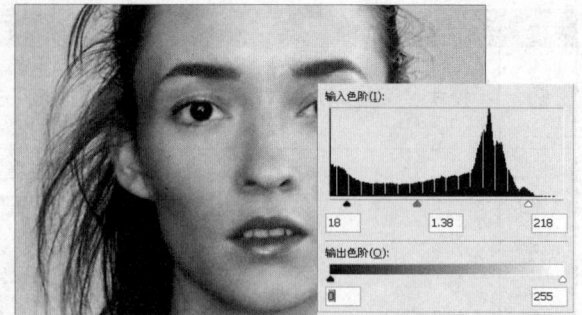

TIP 按R键即可选择模糊工具。按快捷键Shift+R可以在效果类修饰工具之间切换。

>> 锐化工具

锐化工具△用于在图像的指定范围内涂抹，以增加颜色的强度，使颜色柔和的线条更锐利，图像的对比度更明显，图像也变得更清晰。锐化工具△的选项栏如下图所示，各选项的说明如下表所示。

编号	名称	说明
❶	"模式"下拉列表	在"模式"下拉列表中包含"正常"、"变暗"、"变亮"、"色相"、"饱和度"、"颜色"和"明度"7个选项。可以根据不同的需要选择不同的模式
❷	"强度"选项	设置画笔的强度。参数值越大，涂抹的线条色越深 原图　　　调节"强度"为50%　　　调节"强度"为100%
❸	"对所有图层取样"复选框	勾选该复选框，使用锐化工具时对所有图层都起作用

操作演示 使用锐化工具锐化局部图像

完成文件：实例文件\Chapter 8\Complete\锐化工具.psd

01 在Photoshop CS5中执行"文件>打开"命令，打开本书配套光盘中实例文件\Chapter 8\Media\012.jpg文件，如右图所示。

02 在工具箱中选择锐化工具 △，在选项栏中设置"画笔"为"柔边机械 45 像素"，设置"大小"为 61 px，如下图所示。

03 按快捷键 Ctrl++ 放大图像，单击鼠标左键，在红色猪的耳朵上进行涂抹，锐化图像，如下图所示。

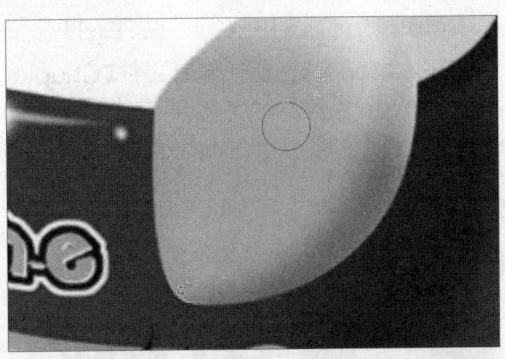

04 反复涂抹后，图像颜色变得锐利，出现失真现象，如右图所示。

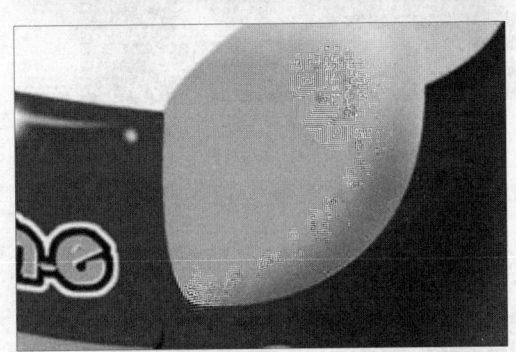

》涂抹工具

涂抹工具 用于在指定区域中涂抹像素，以扭曲图像的边缘。图像中颜色与颜色的边界生硬时利用涂抹工具进行涂抹，能够使图像的边缘部分变得柔和。涂抹工具的选项栏如下图所示，各选项的说明如下表所示。

编号	名称	说明
①	"模式"下拉列表	在"模式"下拉列表中包含"正常"、"变暗"、"变亮"、"色相"、"饱和度"、"颜色"、"明度"7 个选项。可以根据不同的需要，在"模式"下拉列表中选择不同的模式
②	"强度"选项	可设置画笔的强度。参数值越大，涂抹的线条色越深 原图　　　设置"强度"为 50%　　　设置"强度"为 100%
③	"对所有图层取样"复选框	勾选该复选框，使用涂抹工具时对所有图层都起作用
④	"手指绘画"复选框	勾选该复选框，类似于用手指蘸着前景色在图像中进行绘画涂抹

▶ 多媒体超值版
Photoshop CS5 完全学习教程

📷 操作演示 使用涂抹工具更改花朵颜色
完成文件 ◎：实例文件\Chapter 8\Complete\涂抹工具.psd

01 在Photoshop CS5 中执行"文件>打开"命令，打开本书配套光盘中实例文件\Chapter 8\Media\013.jpg 文件，如下图所示。

02 选择涂抹工具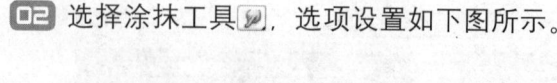，选项设置如下图所示。

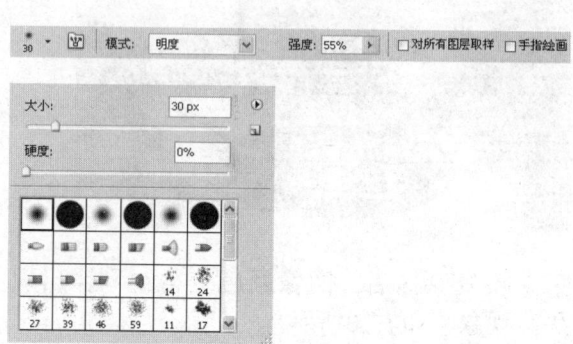

03 在图像中清晰的花朵边缘从内到外进行涂抹，图像边缘颜色变亮，如下图所示。

04 在选项栏中勾选"手指绘画"复选框，设置前景色为黄色（R255、G253、B65），使用涂抹工具在花朵图像中单击并进行涂抹，涂抹的笔触为前景色，如下图所示。

🏃 LET'S GO! 利用模糊工具制作模糊背景图像
最终文件 ◎：实例文件\Chapter 8\Complete\模糊背景图像.psd

步骤01 在 Photoshop CS5 中执行"文件 > 打开"命令，打开本书配套光盘中实例文件\Chapter 8\Media\014.jpg 文件，如右图所示。

步骤 02 在"图层"面板中复制一个"背景"图层,得到"背景 副本"图层,如下图所示。

步骤 03 单击模糊工具,在选项栏中设置各选项参数,然后在背景的绿色图像上涂抹,对图像进行模糊处理,如下图所示。

步骤 04 执行"图像 > 调整 > 曲线"命令,打开"曲线"对话框,分别设置"绿"通道与 RGB 通道曲线参数值,如下图所示。

步骤 05 设置完成后单击"确定"按钮,效果如下图所示。

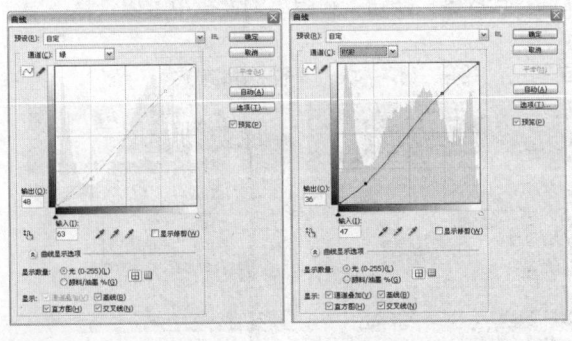

TIP 按下快捷键 Ctrl+M,可以打开"曲线"对话框。

步骤 06 单击涂抹工具,在选项栏中设置"强度"为 12,设置前景色为蓝色(R114、G173、B214),在天空图像上进行涂抹,如下图所示。

步骤 07 在图像的左上角输入适当的文字,如下图所示。

Unit 04 擦除工具的应用 >>

擦除类抠图工具包括橡皮擦工具、背景橡皮擦工具与魔术橡皮擦工具。其中利用橡皮擦工具擦除后，显示背景色，利用背景橡皮擦工具与魔术橡皮擦工具擦除后，显示透明区域，而且利用魔术橡皮擦工具可以一次性擦除与单击处颜色相同或相近的颜色。

>> 橡皮擦工具

使用橡皮擦工具擦除图像时，被擦除的图像部分显示为背景色。按 E 键即可选择橡皮擦工具。下面介绍橡皮擦工具的选项栏及各项参数，如下图和下表所示。

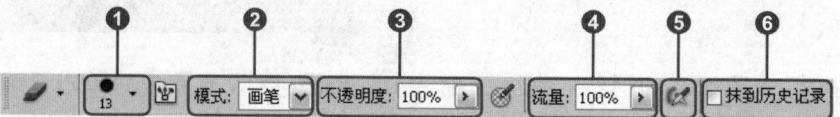

编号	名称	说明
❶	"画笔"选项	单击"点按可打开'画笔预设'选取器"按钮，在弹出的面板中可以选择不同的画笔
❷	"模式"下拉列表	"模式"下拉列表中包含"画笔"、"铅笔"和"块"3 种擦除方式 "画笔"模式　　"铅笔"模式　　"块"模式
❸	"不透明度"选项	该选项用于设置擦除的不透明度，不透明度值低于 100% 时，擦除后的区域会不同程度地保留原有的颜色
❹	"流量"选项	调整"流量"值，可设置擦除时的流量大小 原图　　"流量"值为 2%　　"流量"值为 20%
❺	"启用喷枪模式"按钮	单击该按钮，可以得到画笔工具的喷枪效果
❻	"抹到历史记录"复选框	勾选该复选框，进行擦除时，系统不再以背景色或透明区域替换被擦除的区域，而是以"历史记录"面板中选择的图像覆盖当前被擦除的区域

操作演示　使用橡皮擦工具擦除背景图像

完成文件：实例文件\Chapter 8\Complete\橡皮擦工具.psd

01 在Photoshop CS5 中执行"文件>打开"命令，打开本书配套光盘中实例文件\Chapter 8\Media\015.jpg 文件，如下图所示。

02 双击"背景"图层，打开"新建图层"对话框，单击"确定"按钮，将背景图层转换为普通图层，得到"图层 0"，如下图所示。

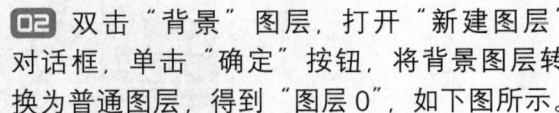

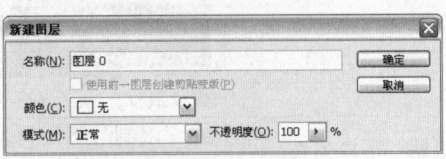

03 单击橡皮擦工具，在选项栏上进行设置，然后在图像上单击鼠标，对图像进行擦除，如下图所示。

04 采用相同的方法，拖动鼠标擦除多余背景图像，如下图所示。

TIP　使用橡皮擦工具擦除图像时，可以结合 [和] 键调整画笔的大小，并且可以按住 Shift 键细致擦除背景图像。

>> 背景橡皮擦工具

使用背景橡皮擦工具可以擦除图层中的图像，并使用透明区域替换被擦除的区域。使用背景橡皮擦工具擦除图像时，可以指定不同的取样和容差来控制透明度的范围和边界的锐化程度。下面介绍该工具的选项栏，具体说明如下图和下表所示。

编号	名称	说明
❶	"取样"按钮	包括"连续"取样、"一次"取样、"背景色板"取样 3 种。选择不同的取样模式能够得到不同的取样范围 连续取样　　　　　一次取样　　　　　背景色板取样
❷	"限制"下拉列表	在"限制"下拉列表中可选择擦除操作的范围，其中包含3个选项，即不连续、连续、查找边缘
❸	"容差"文本框	在"容差"文本框中设置的容差值越高，所涂抹的范围越大，反之越小
❹	"保护前景色"复选框	勾选该复选框，在擦除选区内的颜色时，与前景色匹配的区域不被擦除

》 魔术橡皮擦工具

利用魔术橡皮擦工具可以擦除图像中与单击处颜色相同的区域。这里介绍魔术橡皮擦工具的选项栏，如下图所示，选项栏中各选项的说明如下表所示。

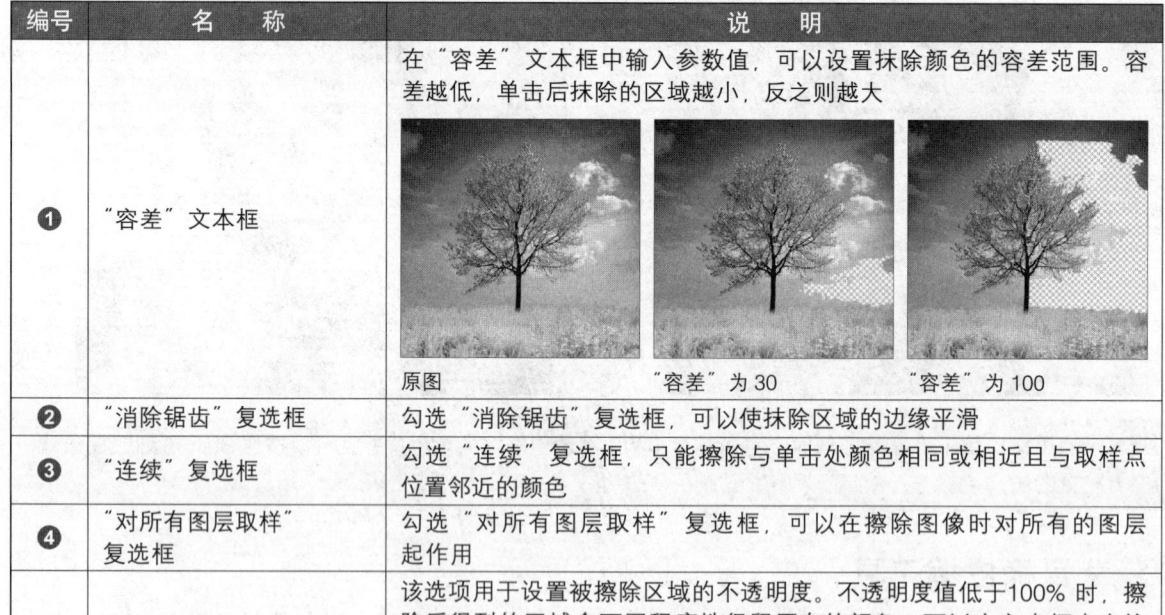

编号	名称	说明
❶	"容差"文本框	在"容差"文本框中输入参数值，可以设置抹除颜色的容差范围。容差越低，单击后抹除的区域越小，反之则越大 原图　　　　　"容差"为 30　　　　　"容差"为 100
❷	"消除锯齿"复选框	勾选"消除锯齿"复选框，可以使抹除区域的边缘平滑
❸	"连续"复选框	勾选"连续"复选框，只能擦除与单击处颜色相同或相近且与取样点位置邻近的颜色
❹	"对所有图层取样"复选框	勾选"对所有图层取样"复选框，可以在擦除图像时对所有的图层起作用
❺	"不透明度"文本框	该选项用于设置被擦除区域的不透明度。不透明度值低于100%时，擦除后得到的区域会不同程度地保留原有的颜色。可以在文本框中直接输入参数值，也可以单击右侧的三角按钮，利用弹出的滑块设置不透明度

打开任意一个图像文件，单击魔术橡皮擦工具，在图像上单击鼠标，对图像进行擦除。

原图

擦除图像

擦除更多图像

LET'S GO! 利用橡皮擦工具抠取图像

最终文件：实例文件\Chapter 8\Complete\抠取图像效果.psd

步骤01 在 Photoshop CS5 中执行"文件 > 打开"命令，打开本书配套光盘中实例文件\Chapter 8\Media\016.jpg 文件，如下图所示。

步骤02 单击魔术橡皮擦工具，在选项栏中进行设置后在红色图像上单击鼠标，删除图像，如下图所示。

步骤03 继续对红色背景的图像进行单击鼠标操作，对背景图像进行擦除，如下图所示。

步骤04 单击缩放工具，对图像进行放大，并结合抓手工具对图像进行移动，方便对图像的局部擦除，如下图所示。

步骤05 单击橡皮擦工具，对前面没擦干净的红色背景图像进行擦除，效果如下图所示。

步骤06 执行"文件 > 打开"命令，打开本书配套光盘中实例文件 \Chapter 8\Media\ 背景 .jpg 文件，如下图所示。

TIP 在使用橡皮擦工具对图像进行擦除时，设置选项栏中的"不透明度"可以调整擦除图像的透明效果。

步骤07 单击移动工具，将"沙发"图像移动至"背景"图像文件中，得到"图层1"，按下快捷键Ctrl+T，对图像执行自由变换命令，调整"沙发"图像的大小与位置，如下图所示。

步骤08 单击橡皮擦工具，选择柔角笔刷，在选项栏中设置"不透明度"为10%，对"沙发"图像的下方进行涂抹，擦除多余图像，如下图所示。

步骤09 执行"图像 > 调整 > 色相/饱和度"命令，在弹出的对话框中设置参数值，如下图所示。

步骤10 设置完成后单击"确定"按钮，调整图像颜色，如下图所示。

Unit 05 应用滤镜修饰图像 >>

应用滤镜可以制作质感纹理效果，也可以对图像进行扭曲、抠取、校正等操作，下面主要对常用的图像修饰滤镜进行介绍，帮助读者准确熟练地使用滤镜处理图像。

>> 应用"抽出"滤镜抠取图像

"抽出"滤镜常被用于图像的抠取，在Photoshop CS4"滤镜"菜单中就已取消了"抽出"选项，可以将抽出滤镜添加至Photoshop CS5安装磁盘的Adobe Photoshop CS5\Plug-ins\Filters文件夹中，重启Photoshop CS5在"滤镜"菜单中便会出现"抽出"选项。下面主要对"抽出"滤镜对话框中的各选项进行介绍，具体说明如下图和下表所示。

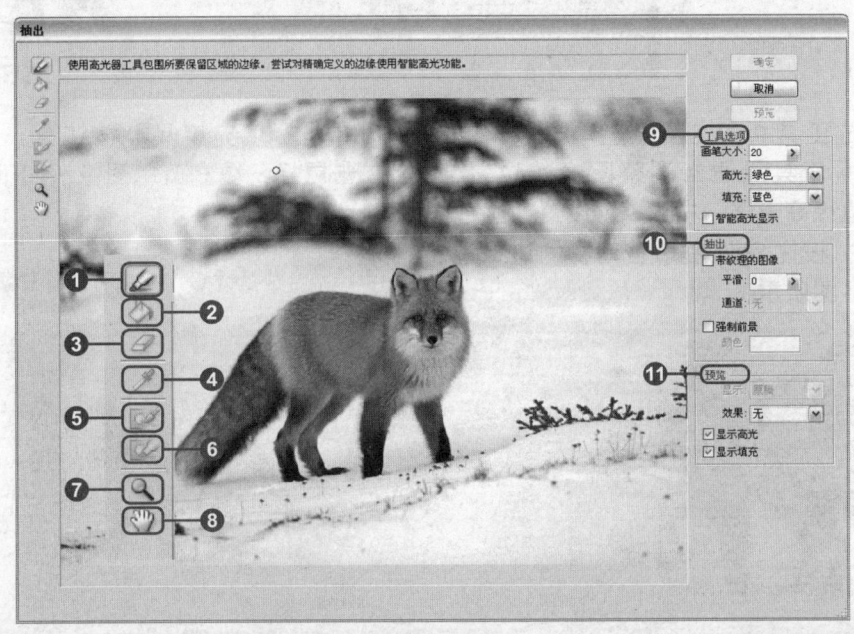

编号	名称	说明
❶	边缘高光器工具	沿着对象边缘勾画出抠取图像的大致轮廓，使对象边缘以高光显示
❷	填充工具	填充被选定的轮廓，填充部分为被抠取区域
❸	橡皮擦工具	删除使用边缘高光器工具选定的部分
❹	吸管工具	在分离的对象内部单击取样，取样颜色为前景色，需要勾选"强制前景色"复选框后方可使用
❺	清除工具	可消除抽出区域中的痕迹，还可以填充抽出对象中的间隙
❻	边线修饰工具	修改边线
❼	缩放工具	可以对图像进行放大或缩小
❽	抓手工具	移动图像
❾	工具选项	用于设置画笔的大小与高光颜色
❿	抽出	调整被抠取图像的柔和程度
⓫	预览	在画面中显示或隐藏使用边缘高光器工具涂抹的部分或使用填充工具填充颜色的部分

操作演示 使用"抽出"滤镜抠取图像

完成文件：实例文件\Chapter 8\Complete\抽出滤镜.psd

01 打开本书配套光盘中实例文件\Chapter 8\Media\017.jpg 文件，转换"背景"图层为普通图层，如下图所示。

02 执行"滤镜>抽出"命令，打开"抽出"对话框，如下图所示。

03 单击缩放工具，在图像上单击放大图像，结合抓手工具适当调整图像的位置，然后单击"边缘高光器"按钮，设置"画笔大小"为 10，按住 Shift 键沿着动物的边缘进行绘制，如下图所示。

04 单击"填充工具"按钮，在动物图像上单击鼠标，填充蓝色图像，如下图所示。

TIP 结合快捷键 Ctrl++，可以对图像进行放大。

05 单击"预览"按钮，隐藏背景图像，然后单击"边缘修饰工具"按钮，在动物图像上涂抹，如下图所示。

06 单击"确定"按钮，完成对动物图像的抠取，效果如下图所示。

>> 应用"液化"滤镜扭曲图像

"液化"滤镜可用于推、拉、旋转、反射、折叠和膨胀图像的任意区域,可根据需要对图像进行细微或剧烈的处理。"液化"滤镜是强大的修饰图像和创建艺术效果工具,可以使用"液化"滤镜对人物进行修饰,还可以制作出火焰、云彩、波浪等各种效果。这里介绍"液化"对话框及其参数,具体说明如下图和下表所示。

编号	名称	说明
❶	向前变形工具	选择"液化"对话框中的向前变形工具,使用此工具在图像预览图中单击并拖动鼠标,可以向前推动像素
❷	重建工具	使用重建工具,可以完全或部分地恢复更改的图像
❸	膨胀工具	选择"液化"对话框中的膨胀工具,按住或拖移鼠标时,可以使像素朝着画笔区域的中心移动
❹	冻结蒙版工具	使用冻结蒙版工具,在不需要改变的图像区域上拖动鼠标可以冻结区域,按住 Shift 键单击可以把当前点和前一次单击点之间直线上的图像区域冻结
❺	解冻蒙版工具	选择解冻蒙版工具,在需要解冻的图像预览图中拖移鼠标,可以解冻冻结的区域,按住 Shift 键单击可以将当前点和前一次单击点之间直线上的图像区域解冻
❻	"画笔大小"选项	用于设置扭曲图像的画笔宽度,拖动滑块或者在文本框中输入 1～60 的数值
❼	"显示图像"复选框	只有选中此复选框,对话框中才会显示图像预览图
❽	"显示蒙版"复选框	选中此复选框可以显示冻结区域

操作演示 使用"液化"滤镜变形图像

完成文件 ◎:实例文件\Chapter 8\Complete\液化滤镜.psd

01 打开本书配套光盘中实例文件 \Chapter 8\Media\018.jpg 文件,如下图所示。

02 执行"滤镜 > 液化"命令,打开"液化"对话框,单击冻结蒙版工具,设置画笔大小,在图像上进行涂抹,如下图所示。

03 单击膨胀工具，设置画笔大小后单击图像，对图像进行膨胀处理，如下图所示。

04 完成后单击"确定"按钮，完成图像的变形，如下图所示。

?PS解密 "液化"滤镜的妙用

在前面的操作演示中通过使用膨胀工具、冻结蒙版工具对动物的脸庞进行修饰，使动物发生变形。"液化"滤镜还可以对其他图像进行扭曲、旋转等调整，制作出火焰、云彩、波浪等效果。下图所示为"液化"滤镜的应用效果。

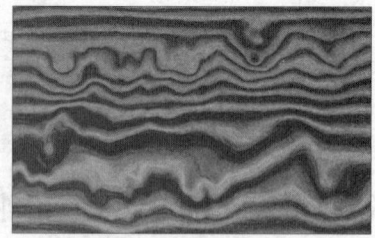

原图　　　　　　　　　　　扭曲效果　　　　　　　　　　　液化效果

》 应用"消失点"滤镜修复图像效果

使用"消失点"滤镜可以对图像中的瑕疵进行修复，也可以在编辑包含透视平面的图像时保留正确的透视，如建筑物的一侧或任何一个矩形对象。下面介绍"消失点"对话框及其中各种工具的功能，具体说明如下图和下表所示。

编号	名称	说明
❶	编辑平面工具	使用编辑平面工具，可以选择、编辑、移动透视网格并调整透视网格的大小
❷	创建平面工具	选择创建平面工具，可以定义透视网格的4个角节点，同时调整透视网格的大小和形状。按住 Ctrl 键拖移某个边节点可以创建一个垂直平面
❸	选框工具	选择选框工具，在预览图像中拖移建立矩形选区，按住 Alt 键拖移选区可以创建一个选区的副本，按住 Ctrl 键拖移选区可以使用源图像填充选区
❹	图章工具	选择图章工具，在预览图像中按住 Alt 键建立一个取样点，即可在图像中拖移鼠标进行绘制
❺	画笔工具	选择画笔工具，选择需要的颜色，在图像中拖移进行绘制
❻	变换工具	选择变换工具，可以对复制图像的浮动选区进行缩放、旋转和移动
❼	吸管工具	选择吸管工具，可以在预览图像中选择一种用于绘画的颜色

操作演示　使用"消失点"滤镜变换图像

完成文件：实例文件\Chapter 8\Complete\消失点滤镜.psd

01 打开本书配套光盘中实例文件 \Chapter 8\Media\019.jpg 文件，在"图层"面板中新建"图层1"，如下图所示。

02 执行"滤镜 > 消失点"命令，打开"消失点"对话框，单击创建平面工具，在图像缩览图中依次单击鼠标绘制网格，如下图所示。

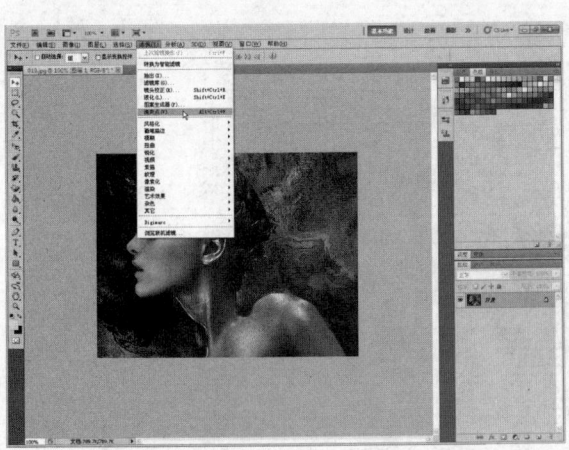

03 选择选框工具，在绘制的透视网格内双击鼠标，以透视网格的边缘为依据建立选区，设置"羽化"值为1，设置"移动模式"为"源"，如下图所示。

04 将光标放置于选区内，按住并拖动鼠标，可以观察到目标位置的图像复制到当前选区，如下图所示。

05 完成后单击"确定"按钮，单击橡皮擦工具，设置画笔的"不透明度"为15%，然后在生成的滤镜效果图像边缘擦拭，使其和背景图像更好地融合，如右图所示。

>> 应用"镜头校正"滤镜校正图像

"镜头校正"滤镜主要用于对图像的形状及颜色进行校正，对于一些拍摄扭曲的图像具有很好的校正作用。下面主要对"镜头校正"对话框中各选项进行介绍。具体说明如下图和下表所示。

编号	名称	说明
❶	移去扭曲工具	向中心拖动或向四周拖动校正失真图像
❷	拉直工具	绘制一条直线，将图像移动到新的一条横轴或纵轴
❸	移动网格工具	拖动以移动对齐网格
❹	设置	移动滑块修复枕形或桶形失真
❺	色差	修复图像围绕边缘细节的颜色
❻	晕影	调整围绕图像边缘的晕影
❼	变换	调整图像的透视效果

操作演示 使用"镜头校正"滤镜修复图像

完成文件：实例文件\Chapter 8\Complete\镜头校正滤镜.psd

01 执行"文件>打开"命令，打开本书配套光盘中实例文件\Chapter 8\Media\020.jpg文件，在"图层"面板中复制一次"背景"图层，得到"背景 副本"图层，执行"滤镜>镜头校正"命令，如下图所示。

02 在弹出的"镜头校正"对话框中，切换至"自定"选项卡，在"设置"下拉列表中选择"自定"选项，设置"垂直透视"参数值，如下图所示。

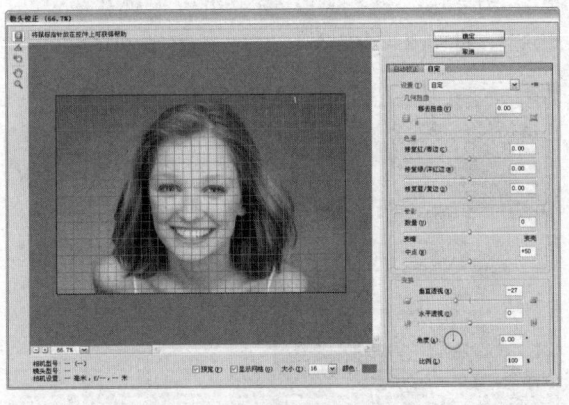

03 设置"比例"参数值，如下图所示。

04 设置完成后单击"确定"按钮，校正后的图像效果如下图所示。

LET'S GO! 使用"液化"滤镜修饰人物

最终文件：实例文件\Chapter 8\Complete\使用液化命令修饰人物.psd

步骤01 在 Photoshop CS5 中执行"文件 > 打开"命令，打开本书配套光盘中实例文件\Chapter 8\Media\021.jpg 文件，如下图所示。

步骤02 执行"滤镜 > 液化"命令，打开"液化"对话框。该对话框左侧为图像效果预览区域，右侧为参数设置区域，如下图所示。

步骤03 选择向前变形工具，设置"画笔大小"为115，然后在人物右边眉毛处进行上下推进，使眉毛变得修长纤细，如下图所示。

步骤04 用同样的方法对右边的眉毛进行处理，在制作时要注意观察两边眉毛是否对称，粗细是否相同，如下图所示。

步骤05 使用膨胀工具将人物左边的眼球放大，使眼睛更加有神采，如下图所示。

步骤06 使用相同的方法将人物右边的眼球同样放大，使两边眼睛对称，如下图所示。

步骤07 选择向前变形工具,设置"画笔大小"为100,在人物嘴角处进行拉伸,使人物笑容更加自然,如下图所示。

步骤08 选择冻结蒙版工具,设置"画笔大小"为400,在人物右下方的头发部分进行涂抹,如下图所示。

步骤09 选择向前变形工具,沿着人物左边脸部向里推进,修整人物脸型,再选择解冻蒙版工具,擦除蒙版,观察图像效果,如下图所示。

步骤10 用同样的方法对人物右边脸部稍作调整,使人物脸型更加完美。完成后,单击"确定"按钮,完成对人物的修饰,效果如下图所示。

DO IT YOURSELF 练习操作

1. 利用仿制图章工具修复人物面部

结合所学知识,使用仿制图章工具对人物面部进行修复,使人物皮肤光滑无瑕疵。

Step BY Step (步骤提示)

1. 打开素材图像
2. 使用仿制图章工具进行修复
3. 调整图像亮度/对比度

光盘路径

素材文件:
实例文件\Chapter 8\Media\022.jpg

最终文件:
实例文件\Chapter 8\Complete\仿制图章工具修复人物面部.psd

原图

修复效果

2. 利用"消失点"滤镜消除图像中的高光

通过对前面知识的学习，下面利用"消失点"滤镜对图像中的高光进行消除。

Step BY Step（步骤提示）
1. 打开素材图像
2. 执行"滤镜 > 消失点"命令

光盘路径
素材文件：
实例文件\Chapter 8\Media\023.jpg
最终文件：
实例文件\Chapter 8\Complete\消失点滤镜消除高光.psd

原图

消除高光

>> 案例参考

下图所示是一组利用图像修饰工具修饰图像的效果图，通过不同的修饰工具与滤镜可以完美处理图像效果，弥补照片拍摄的缺陷，制作个人画册图像。

Chapter 09 调色命令的高级应用

Photoshop CS5 中提供了许多调整图像色调与色彩的功能，如何利用这些功能对图像的色调和色彩进行调整，是制作出高水平作品的有效途径之一。调整命令的应用可以使图像合成效果更和谐真实，使图像色调相统一。本章主要介绍调色命令的运用，使用调色命令能够创建出各种各样的图像颜色效果。

技术要点

1. 调色命令主要包括哪几个类型？

调色命令主要分为快速调色命令、基本调色命令、高级调色命令、特色颜色调整命令4种类型。

2. 调色命令的作用是什么？

通过调色命令，可以对图像的颜色、亮度对比、色调等进行调整，是图像合成与平面设计作品制作中应用最广泛的功能。

3. 调整图像颜色的作用？

在制作平面设计作品时，常会对图像添加素材，为了使素材图像与画面效果衔接得更自然，就需要对图像的色调进行调整，使画面效果更和谐。

Unit 01 快速调色命令

快速调整命令是 Photoshop CS4 中就有的调整命令，通过执行命令对图像进行自动快速的调整，不会弹出调整对话框。

>> 自动色调

通过执行"图像 > 自动色调"命令可对图像进行色调调整，不会弹出调整对话框。也可以通过快捷键 Shift+Ctrl+L 对图像执行自动色调命令。

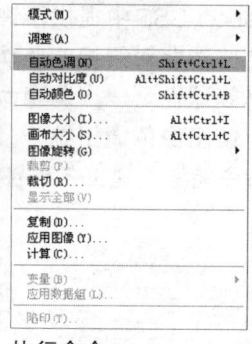

原图　　　　　　　　　　　　执行命令　　　　　　　　　　　调整效果

>> 自动对比度

通过执行"图像 > 自动对比度"命令，可对图像的对比度进行自动调整，也可以通过快捷键 Alt+Shift+Ctrl+L 调整图像对比度。

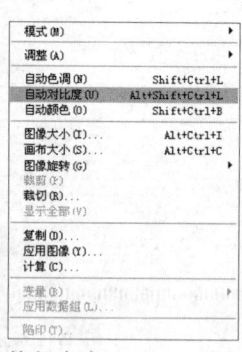

原图　　　　　　　　　　　　执行命令　　　　　　　　　　　调整效果

>> 自动颜色

通过执行"图像 > 自动颜色"命令，可对图像的颜色进行自动调整，也可以通过快捷键 Shift+Ctrl+B 调整图像颜色。

| 原图 | 执行命令 | 调整效果 |

Unit 02 基本调色命令 >>

在"图像>调整"菜单中包括3类调色命令，即基本调色命令、高级调色命令、特殊颜色调整命令。其中基本调色命令是调整图像颜色时常用的命令。利用基本调色命令能够对图像进行简单的调色处理，如加深饱和度、提高亮度等。本单元中将对基本调色命令进行详细讲解。

>> 色阶

利用"色阶"命令，能够调整图像的阴影、中间调和高光的强度级别，从而校正图像的色调范围和色彩平衡。下面对"色阶"对话框中的各项参数进行介绍,具体说明如下图与下表所示。

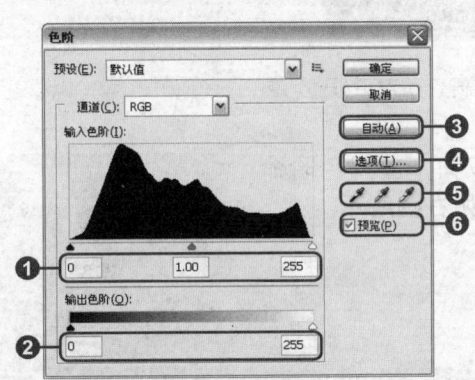

编号	名 称	说 明
❶	"输入色阶"选项	"输入色阶"选项包括3个文本框，第一个文本框用于设置图像的暗部色调，第二个文本框用于设置图像的中间色调，即灰度，第三个文本框用于设置图像亮部色调
❷	"输出色阶"选项	利用"输出色阶"选项可以使图像中较暗的像素变亮，较亮的像素变暗
❸	"自动"按钮	单击该按钮可以自动调整图像的对比度及明暗度 原图　　　　　　　自动调整色阶后的效果

（续表）

编号	名称	说明
❹	"选项"按钮	单击"选项"按钮可以打开"自动颜色校正选项"对话框，从中可以完成自动调整图像整体色调范围的设置
❺	"取样"按钮	"取样"按钮包括"设置黑场"按钮、"设置灰点"按钮和"设置白场"按钮。单击不同的设置按钮，能够将取样的像素设置为最暗像素、中间调像素、最亮像素
❻	"预览"复选框	勾选该复选框，将会在图像窗口中显示色调调整时的预览图像

操作演示 利用色阶调整图像亮度

完成文件 ⊚：实例文件\Chapter 9\Complete\色阶.psd

01 执行"文件>打开"命令，打开本书配套光盘中实例文件\Chapter 9\Media\001.jpg文件，如下图所示。

02 执行"图像 > 调整 > 色阶"命令，弹出"色阶"对话框，在弹出的"色阶"对话框中设置各项参数，如下图所示。

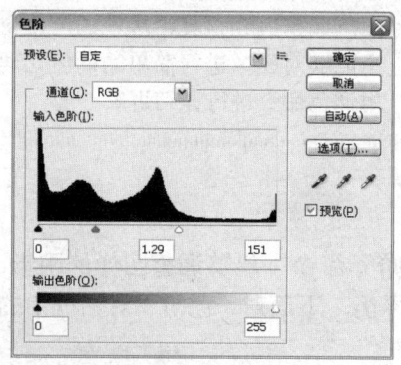

TIP 按下快捷键 Ctrl+L 即可打开色阶对话框。

03 完成后单击"确定"按钮，应用色阶命令后的整个图像变亮，效果如右图所示。

》曲线

"曲线"命令与"色阶"命令的相同点是，都可以调整图像的整个色调范围。不同的是，"曲线"命令不仅可以在图像的整个色调范围内调整14个不同点的色调与阴暗，还可以对图像中的个别颜色通道进行精确调整。下面对"曲线"对话框中的各个选项进行介绍，具体说明如下图与下表所示。

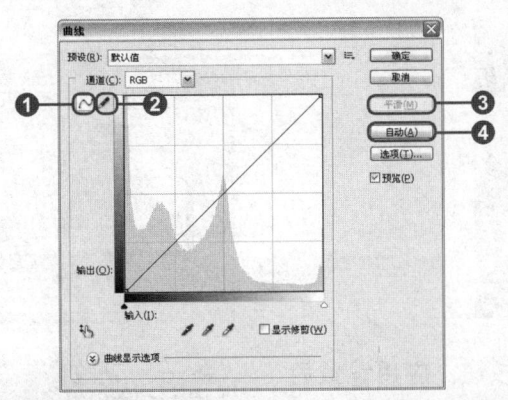

编号	名　称	说　明
❶	"曲线"按钮	在默认情况下,"曲线"按钮一般为选中状态,可以根据需要在曲线上移动、添加和删除控制点
❷	"铅笔"按钮	选择"铅笔"按钮,可以在表格中画出各种曲线,绘制完后可以单击"曲线"按钮,曲线就可以变得稍微平滑一些
❸	"平滑"按钮	在选择"铅笔"按钮后,在表格中绘制完曲线以后,"平滑"按钮才能够使用,单击此按钮,能够让曲线更加平滑一些,直到变成默认的直线状态
❹	"自动"按钮	单击"自动"按钮,系统会对图像应用"自动颜色校正选项"对话框中的设置

操作演示　利用曲线调整图像亮度

完成文件：实例文件\Chapter 9\Complete\曲线.psd

01 执行"文件>打开"命令,打开本书配套光盘中实例文件\Chapter 9\Media\002.jpg文件,如下图所示。

02 执行"图像 > 调整 > 曲线"命令,在弹出的"曲线"对话框中设置曲线参数,如下图所示。

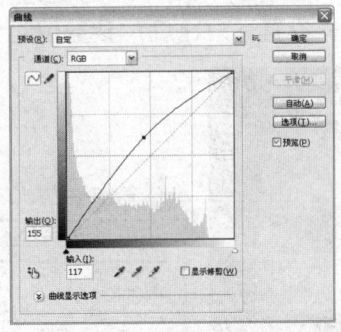

TIP 按快捷键 Ctrl+M 即可打开"曲线"对话框。

03 完成后单击"确定"按钮,应用"曲线"命令,如下图所示。

TIP 通过"曲线"对话框,可以对图像的颜色对比度进行调整。

04 再次执行"图像>调整>曲线"命令,在"曲线"面板的"通道"下拉列表中选择"绿"通道,如下左图所示。然后设置参数,设置完成后,在"通道"下拉列表中选择"红"通道,设置曲线参数输出输入分别为117、132、174、161,如下右图所示。

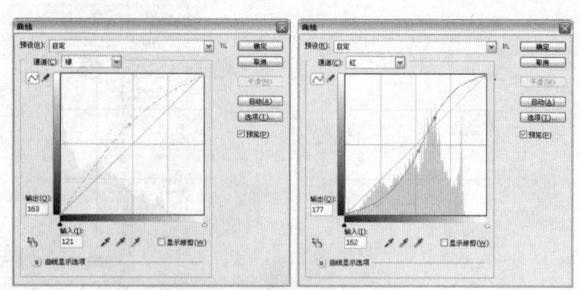

05 完成后单击"确定"按钮，应用设置后，图像中的颜色变的更饱和，如右图所示。

》 亮度/对比度

使用"亮度/对比度"命令可以对图像的色调范围进行简单的调整。与按比例（非线性）调整的"曲线"和"色阶"命令不同，"亮度/对比度"命令会对每个像素进行相同程度的调整（线性调整）。高端输出的作品一般不要使用"亮度/对比度"命令，因为这可能导致丢失图像细节。

打开一个图像文件，执行"图像>调整>亮度/对比度"命令，打开"亮度/对比度"对话框，设置参数值，对图像的亮度与对比度进行调整。设置"亮度"参数值越大，图像明度越高，反之越暗。同样设置"对比度"参数值越大，图像对比越强烈，反之越弱。

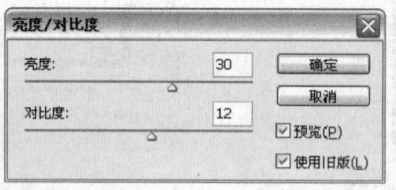

原图　　　　　　　　　　设置参数值　　　　　　　　　调整后效果

》 自然饱和度

"自然饱和度"命令是 Photoshop CS4 中就有的调整命令，用于将图像饱和度调整到自动状态。执行"图像 > 调整 > 自然饱和度"命令，在弹出的对话框中设置各项参数值，即可完成对图像自然饱和度的调整。

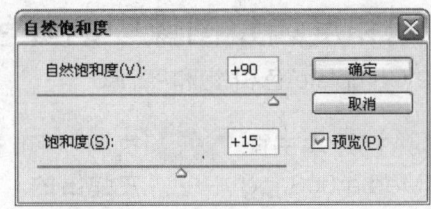 

| 原图 | 设置参数值 | 调整后效果 |

>> 色相/饱和度

利用"色相/饱和度"命令可以调整单个颜色的色相、饱和度和亮度值,或者同时调整图像中的所有颜色。在Photoshop中,此命令尤其适合用于微调CMYK模式图像中的颜色,以便适合输出设备的色域。下面介绍"色相/饱和度"对话框中的各个选项,具体说明如下图和下表所示。

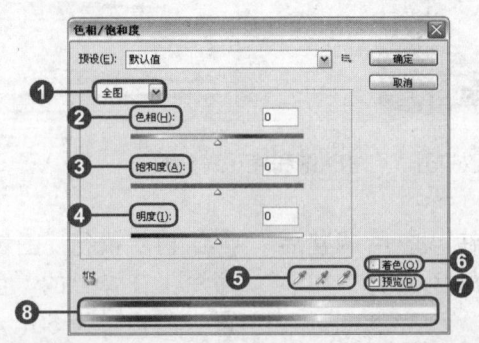

编号	名称	说明
❶	"编辑"下拉列表	在"编辑"下拉列表中可以选择"全图"选项,可以同时调节图像中的所有颜色。也可以选择某一个颜色成分,进行单独的调节
❷	"色相"选项	拖动"色相"选项下方的滑块,能够调节图像中的色相
❸	"饱和度"选项	拖动"饱和度"选项下方的滑块,能够调节图像的饱和度。向右拖动增加饱和度,向左拖动则减少饱和度
❹	"明度"选项	拖动"明度"选项下方的滑块,能够调节像素的亮度 原图　　　　设置明度滑块值为 -44　　　设置明度滑块值为 44
❺	按钮组	在按钮组中包括了"吸管工具"按钮、"添加到取样"按钮和"从取样中减去"按钮,在"编辑"下拉列表中选择某一个颜色成分单独调节时,取样按钮工具将被激活。可以根据需要选择不同的取样按钮对图像中的颜色进行取样
❻	"着色"复选框	勾选"着色"复选框则可将图像变成单一颜色的图像 原图　　　　勾选"着色"复选框后的效果
❼	"预览"复选框	勾选"预览"复选框后可以随时观察调整的效果
❽	颜色条	上方的颜色条显示调整前的颜色样本,下方的颜色条显示调整后的颜色样本

操作演示 利用色相/饱和度调整图像中的颜色

完成文件：实例文件\Chapter 9\Complete\色相/饱和度.psd

01 执行"文件>打开"命令，打开本书配套光盘中实例文件\Chapter 9\Media\003.jpg 文件，如下图所示。

02 执行"图像>调整>色相/饱和度"命令，在弹出的"色相/饱和度"对话框中设置"饱和度"为39，如下图所示。

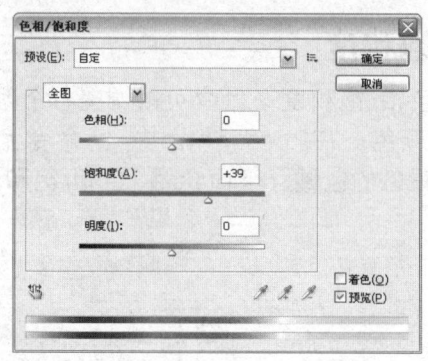

TIP 按快捷键Ctrl+U，同样可以打开"色相/饱和度"对话框。

03 完成后单击"确定"按钮，应用调整后的"饱和度"参数，图像的颜色变亮，如下图所示。

04 再次执行"图像>调整>色相/饱和度"命令，在弹出的"色相/饱和度"对话框中设置"色相"为50，如下图所示。

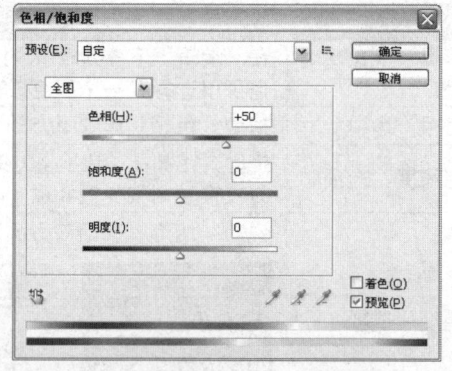

05 完成后单击"确定"按钮，应用调整后的"色相"参数，图像的颜色改变，如右图所示。

>> 色彩平衡

"色彩平衡"命令用于更改图像的总体颜色混合，纠正图像中出现的偏色。使用此命令必须确定在"通道"面板中选中复合通道，因为只有在复合通道中此命令才可用。按快捷键 Ctrl+B 即可打开"色彩平衡"对话框。下面介绍"色彩平衡"对话框中的各选项，具体说明如下图和下表所示。

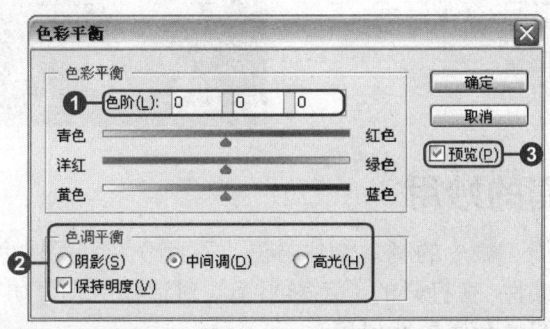

编号	名 称	说 明
①	"色阶"文本框	在"色阶"文本框中输入 -100 ～ +100 之间的数值可改变颜色的组成，调整图像的颜色，也可通过拖动下方的 3 个滑块调整图像颜色
②	"色调平衡"选项组	在"色调平衡"选项组中选中"阴影"、"中间调"或"高光"单选按钮，也就是选择要着重更改的色调范围，然后决定是否勾选"保持亮度"复选框
③	"预览"复选框	勾选该复选框，能够随时观察调整的图像效果

操作演示 利用色彩平衡校正偏色颜色

完成文件：实例文件\Chapter 9\Complete\色彩平衡.psd

01 执行"文件>打开"命令，打开本书配套光盘中实例文件\Chapter 9\Media\004.jpg 文件，如下图所示。

02 执行"图像 > 调整 > 色彩平衡"命令，在弹出的"色彩平衡"对话框中设置"中间调"参数，如下图所示。

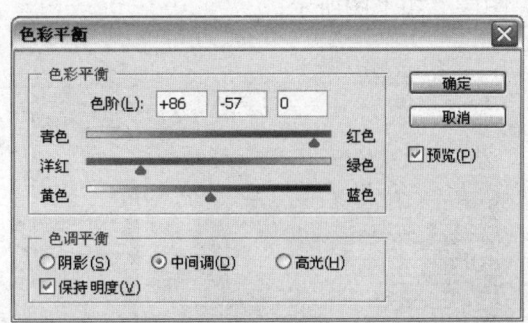

03 选择"阴影"单选按钮，在对话框中设置"阴影"参数，如下图所示。

04 完成后单击"确定"按钮，图像中的颜色得到校正，如下图所示。

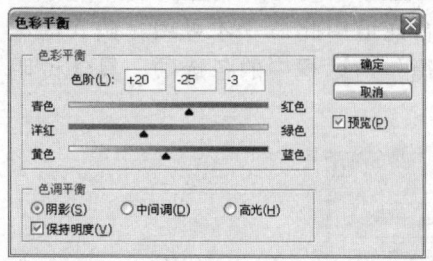

?PS解密 色彩平衡的妙用

前面介绍了"色彩平衡"命令的基本操作方法，下面介绍利用该命令制作特殊金属效果的方法。打开一个素材图像文件，在打开的"色彩平衡"对话框中设置如下图所示的各项参数值，单击"确定"按钮，添加图像金属质感效果。

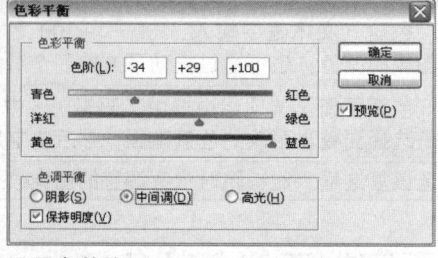

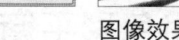

原图　　　　　　　　　设置参数值　　　　　　　　　图像效果

LET'S GO! 应用色彩平衡调整照片颜色

最终文件：实例文件\Chapter 9\Complete\色彩平衡调整照片颜色.psd

步骤01 执行"文件>打开"命令，打开本书配套光盘中实例文件\Chapter 9\Media\005.jpg文件，复制"背景"图层，得到"背景 副本"图层，如下图所示。

步骤02 按下快捷键Ctrl+B，打开"色彩范围"对话框，选择"阴影"单选按钮，在弹出的面板中设置参数值，如下图所示。

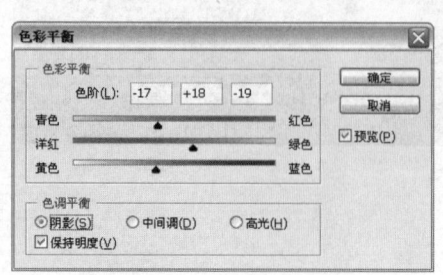

步骤03 在该对话框中选中"中间调"单选按钮,再次设置参数值,如下图所示。

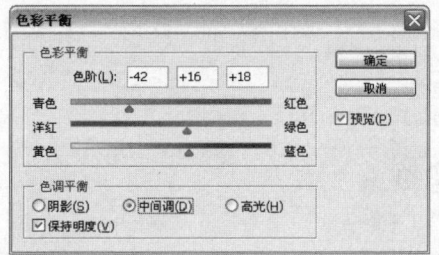

步骤04 采用相同的方法设置"高光"参数值,如下图所示。

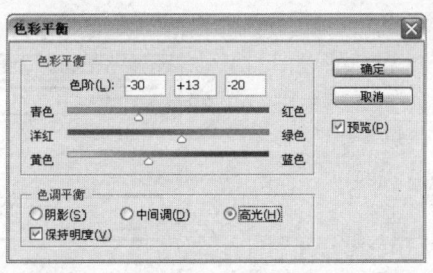

步骤05 设置完成后单击"确定"按钮,效果如下图所示。

步骤06 按下快捷键 Ctrl+M,打开"曲线"对话框,调整曲线参数值,如下图所示。

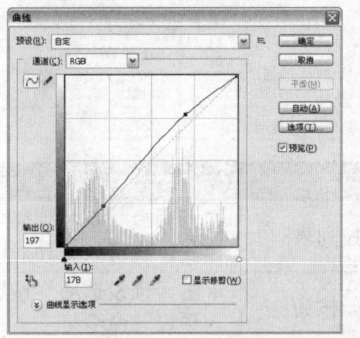

步骤07 设置完成后单击"确定"按钮,调整图像对比关系,效果如右图所示。

Unit 03 高级调色命令 >>

高级调整命令包括"黑白"、"匹配颜色"、"可选颜色"、"通道混合器"、"照片滤镜"、"阴影/高光"、"曝光度"等多种命令。利用这些命令能够对图像的颜色进行高级调整。在这一节中将对这些命令的功能进行具体介绍。

>> 黑白

"黑白"命令可以将彩色图像转换为灰度图像,但是图像中的颜色模式保持不变。使用"黑白"命令将彩色图像转换为灰度图像与利用"图像>模式>灰度"命令将图像转换为灰度模式的效果是相同的。使用"黑白"命令转换彩色图像时，可以在"黑白"对话框中根据不同的需要设置各项参数值。下面对"黑白"对话框中各选项进行介绍，具体说明如下图和下表所示。

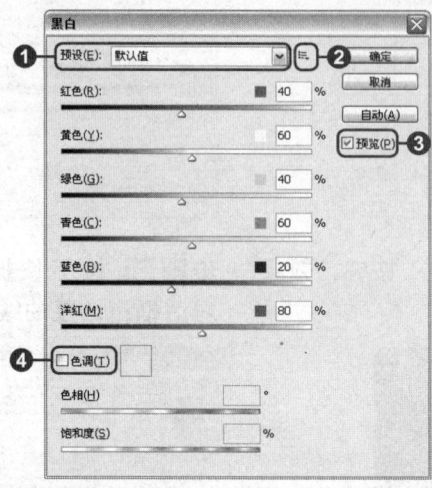

编号	名称	说明
❶	"预设"下拉列表	在"预设"下拉列表中提供了多种色调模式，根据需要可以选择不同的色调模式。也可以拖动对话框中的色块调整图像中的颜色通道
❷	"预设选项"按钮	单击"预设选项"按钮，弹出菜单，可以在菜单中执行"存储预设"或"载入预设"命令
❸	"预览"复选框	勾选该复选框后，能够随时观察调整的图像效果
❹	"色调"复选框	勾选该复选框后，"色相"滑块和"饱和度"滑块将被激活。可以通过拖动滑块来设置颜色，也可单击右下角的颜色框进行设置以更改图像中的颜色

操作演示 利用"黑白"命令更改图像颜色

完成文件 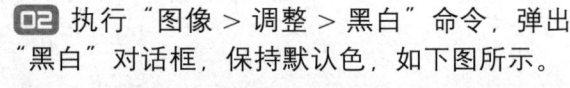：实例文件\Chapter 9\Complete\黑白.psd

01 执行"文件>打开"命令，打开本书配套光盘中实例文件\Chapter 9\Media\06.jpg文件，如下图所示。

02 执行"图像 > 调整 > 黑白"命令，弹出"黑白"对话框，保持默认色，如下图所示。

03 完成后单击"确定"按钮,图像应用黑白效果变为灰度图像,如下图所示。

04 再次执行"图像 > 调整 > 黑白"命令,在对话框中勾选"色调"选项,拖动滑块设置颜色,完成后单击"确定"按钮。图像应用勾选后的颜色如下图所示。

TIP 按下快捷键Ctrl+Alt+Shift+B即可打开"黑白"对话框。

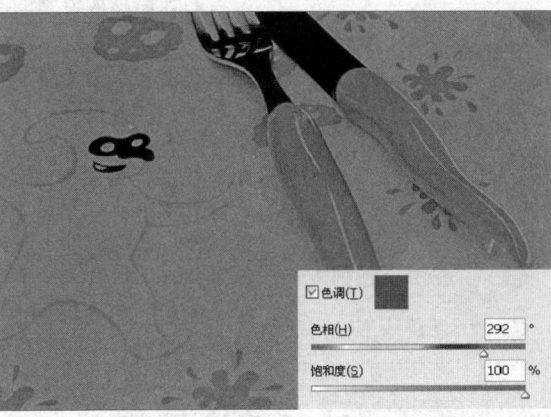

>> 匹配颜色

使用"匹配颜色"命令可以将一张照片中的颜色与另一张照片相匹配,将一个图层中的颜色与另一个图层组中的颜色相匹配,将一个图像中选区的颜色与同一图像或不同图像中的另一个选区相匹配。该命令还可调整亮度和颜色的范围并中和图像中的色痕。"匹配颜色"命令仅适用于RGB颜色模式的图像。下面介绍"匹配颜色"对话框中的参数,具体说明如下图和下表所示。

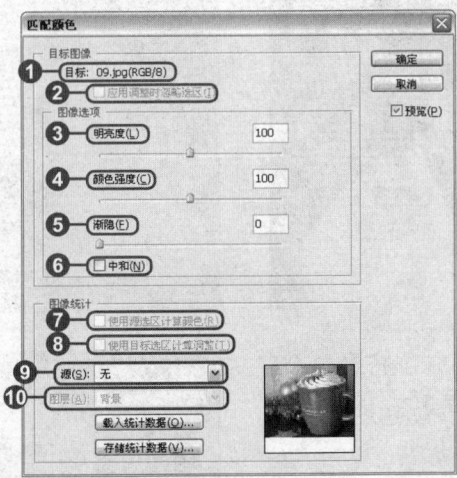

编号	名称	说明
❶	目标信息	显示当前操作图像的文件信息
❷	"应用调整时忽略选区"复选框	如果在图像中创建选区后,想将调整应用于整个目标图像,则可勾选"应用调整时忽略选区"复选框。此选项会忽略目标图像中的选区,并将调整应用于整个目标图像
❸	"明亮度"选项	拖动"明亮度"选项下方的滑块可以调节图像的亮度,设置的数值越大得到图像的亮度越高,反之则越低

（续表）

编号	名称	说明
❹	"颜色强度"选项	拖动"颜色强度"选项下方的滑块可以调节图像的颜色饱和度，设置的数值越大，得到的图像所匹配的颜色饱和度越大
❺	"渐隐"选项	拖动"渐隐"选项下方的滑块可以调节图像的颜色与图像的原色相近的程度。设置的数值越大得到的图像越接近于颜色匹配前的效果
❻	"中和"复选框	勾选"中和"复选框可以自动地去除目标图像中的色痕
❼	"使用源选区计算颜色"复选框	如果在图像中建立了选区并想要使用选区中的颜色来计算调整，就需要勾选该复选框。如果取消勾选该复选框，就是忽略源图像中的选区，并使用整个图像中的颜色来计算调整
❽	"使用目标选区计算调整"复选框	如果在目标图像中建立了选区并想要使用选区中的颜色来计算调整，就需要勾选该复选框。如果取消勾选该复选框，就是忽略目标图像中的选区，并且通过使用整个目标图像中的颜色来计算调整
❾	"源"下拉列表	在"源"下拉列表中可以选取要将其颜色与目标图像中颜色相匹配的源图像
❿	"图层"下拉列表	在"图层"下拉列表中可以从要匹配其颜色的源图像中选取图层。如果要匹配源图像中所有图层的颜色，则可从"图层"下拉列表中选择"合并的"选项

操作演示 匹配图像的颜色

完成文件：实例文件\Chapter 9\Complete\匹配颜色.psd

01 执行"文件>打开"命令，打开本书配套光盘中实例文件\Chapter 9\Media\008.jpg文件，如下图所示。

02 再打开本书配套光盘中实例文件\Chapter 9\Media\007.jpg 文件，如下图所示。

03 在工具箱中选择移动工具，将素材007拖动到008文件中生成"图层1"，效果如右图所示。

04 选择"图层1",执行"图像>调整>匹配颜色"命令,弹出"匹配颜色"对话框,在"源"下拉列表中选择008。完成后单击确定按钮。"图层1"中的颜色替换为"背景"图层的颜色,如右图所示。

>> 替换颜色

利用"替换颜色"命令可以创建蒙版,以选择图像中的特定颜色,然后替换选中的颜色。可以设置选定区域的色相、饱和度和亮度,也可以使用拾色器来选择替换颜色。由"替换颜色"命令创建的蒙版是临时性的。下面介绍"替换颜色"对话框中的参数,具体说明如右图和下表所示。

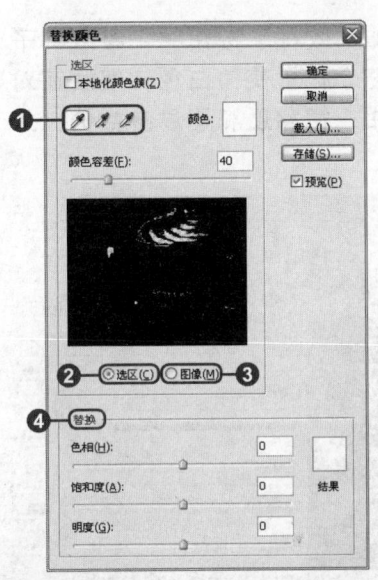

编号	名称	说明
❶	取样按钮	使用对话框中的"吸管工具"按钮、"添加到取样"按钮和"从取样中减去"按钮,可在"图像"或"选区"状态下的预览框中单击以选择由蒙版显示的区域。如果在"选区"状态下的预览框中单击鼠标两次,将使用拾色器设置要替换的目标颜色
❷	"选区"单选按钮	选中该单选按钮可以在预览框中显示蒙版。被蒙版区域呈黑色,未蒙版区域呈白色。部分被蒙版区域(覆盖有半透明蒙版)会根据不透明度显示不同的灰色色阶
❸	"图像"单选按钮	选中该单选按钮可以在预览框中显示图像
❹	"替换"选项组	在"替换"选项组中可以调整"色相"、"饱和度"和"明度"滑块,用以改变选区内的颜色

操作演示 替换图像的颜色

完成文件:实例文件\Chapter 9\Complete\替换颜色.psd

01 执行"文件>打开"命令,打开本书配套光盘中实例文件\Chapter 9\Media\009.jpg文件,如下图所示。

02 执行"图像>调整>替换颜色"命令,弹出"替换颜色"对话框,单击其中的"吸管工具"吸取杯子的红色,如下图所示。

03 单击"添加到取样"按钮，吸取杯子的高光，直到整个杯子变为白色。然后在对话框中设置色相、饱和度和明度参数值，如下图所示。

04 完成后单击"确定"按钮，图像中偏红的颜色都被替换，效果如下图所示。

>> 可选颜色

使用"可选颜色"命令可以有选择地修改任何主要颜色中的印刷色数量，而不会影响主要颜色。可选颜色的调整对单个通道不起作用。下面介绍"可选颜色"对话框中的参数，具体说明如下图和下表所示。

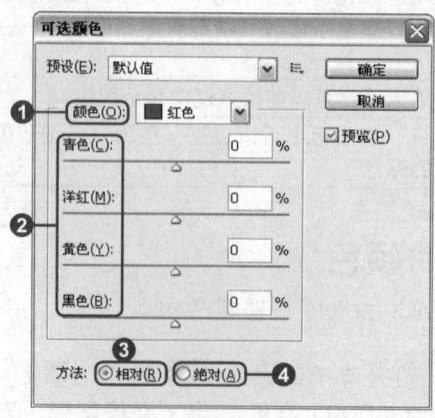

编号	名称	说明
❶	"颜色"下拉列表	在"颜色"下拉列表中可以选择要调整的颜色，包括红色、黄色、绿色、青色、蓝色、洋红、白色、中性色和黑色等
❷	颜色滑块	拖动面板中的滑块可调整"青色"、"洋红"、"黄色"和黑色的含量
❸	"相对"单选按钮	选中"相对"单选按钮，可以按照总量的百分比更改现有的"青色"、"洋红"、"黄色"和"黑色"的含量
❹	"绝对"单选按钮	选中"绝对"单选按钮，可以按照增加或减少的绝对值更改现有的颜色

操作演示　利用可选颜色调整图像颜色

完成文件◎：实例文件\Chapter 9\Complete\可选颜色.psd

01 执行"文件>打开"命令，打开本书配套光盘中实例文件\Chapter 9\Media\010.jpg 文件，如下图所示。

02 执行"图像 > 调整 > 可选颜色"命令，弹出"可选颜色"对话框，设置参数如下图所示。

03 完成后单击"确定"按钮，图像中被选中的红色都将被设置后的颜色替换，效果如下图所示。

04 打开"可选颜色"对话框，在"颜色"下拉列表中选择"黄色"，设置"青色"为100，选中"绝对"单选按钮，图像中偏黄的颜色变成绿色。完成后单击"确定"按钮，如下图所示。

通道混合器

"通道混合器"主要是利用保存颜色信息的通道混合颜色,利用"通道混合器"命令可以分别对各个通道进行颜色调整。下面介绍"通道混合器"对话框中的参数,具体说明如下图和下表所示。

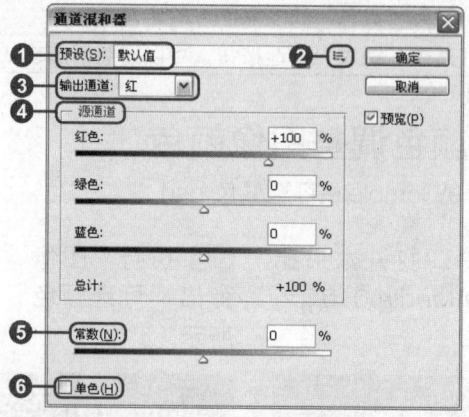

编号	名称	说明
❶	"预设"下拉列表	在"预设"下拉列表中提供了多种通道预设选项,可以选择不同的通道预设
❷	"预设选项"按钮	单击"预设选项"按钮可以存储或载入预设
❸	"输出通道"下拉列表	在"输出通道"下拉列表中可以选择要调整的颜色通道
❹	"源通道"选项组	在"源通道"选项组中,通过拖动"红色"、"绿色"和"蓝色"等3个滑块,可以调整颜色
❺	"常数"滑块	拖动"常数"滑块可以调整通道的不透明度
❻	"单色"复选框	勾选该复选框,能够将彩色图像变成灰色图像

操作演示 将彩色图像转为灰度图像

完成文件:实例文件\Chapter 9\Complete\通道混合器.psd

01 执行"文件>打开"命令,打开本书配套光盘中实例文件\Chapter 9\Media\011.jpg文件。如下图所示。

02 执行"图像>调整>通道混合器"命令,弹出"通道混合器"对话框,在"输出通道"下拉列表中选择"绿"通道,然后设置参数,如下图所示。

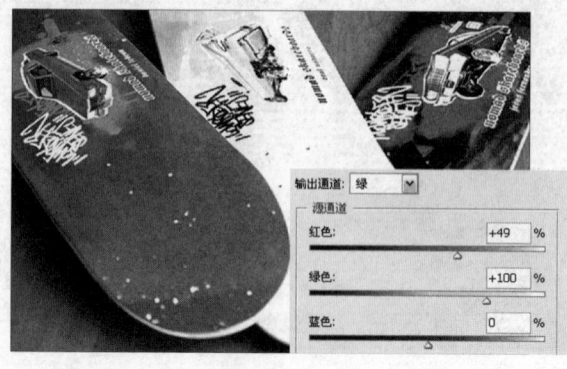

03 完成后单击"确定"按钮,"绿"通道的颜色被改变,画面中的图像也随"绿"通道颜色的变化而变化,如下图所示。

04 用前面同样的方法打开"通道混合器"对话框,在对话框的左下角勾选"单色"复选框,单击"确定"按钮,图像变成灰度图像,如下图所示。

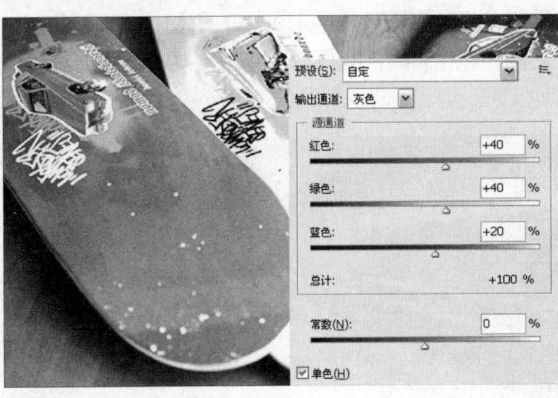

>> 照片滤镜

"照片滤镜"命令是通过颜色的冷、暖色调来调整图像的。使用"照片滤镜"命令可以选择预设的颜色,以便向图像应用色相调整,还可以通过"选择滤镜颜色"对话框来指定颜色。下面介绍"照片滤镜"对话框中的参数,具体说明如下图和下表所示。

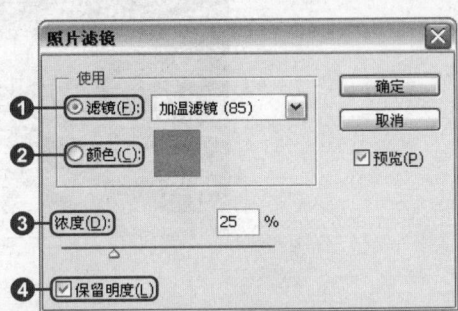

编号	名 称	说 明
❶	"滤镜"选项	选中"滤镜"单选按钮,在其右侧的下拉列表中会列出20种预设选项,可以根据需要选择合适的选项调节图像
❷	"颜色"选项	选中"颜色"单选按钮,单击右侧的颜色预览框后会弹出"拾色器"对话框,从中可以设置合适的颜色
❸	"浓度"选项	拖动"浓度"选项下方的滑块可以设置应用于图像的颜色数量,浓度越高颜色调整的幅度就越大
❹	"保留亮度"复选框	勾选该复选框,可以保证通过添加颜色滤镜不使图像变暗 原图　　　　　勾选"保留亮度"　　　　未勾选"保留亮度"

操作演示 利用照片滤镜调整图像冷暖色调

完成文件：实例文件\Chapter 9\Complete\照片滤镜.psd

01 执行"文件>打开"命令,打开本书配套光盘中实例文件\Chapter 9\Media\012.jpg文件。然后单击"打开"按钮,如下图所示。

02 执行"图像>调整>照片滤镜"命令,弹出"照片滤镜"对话框,在"滤镜"下拉列表中选择"冷却滤镜(LBB)",然后设置"浓度"参数,如下图所示。

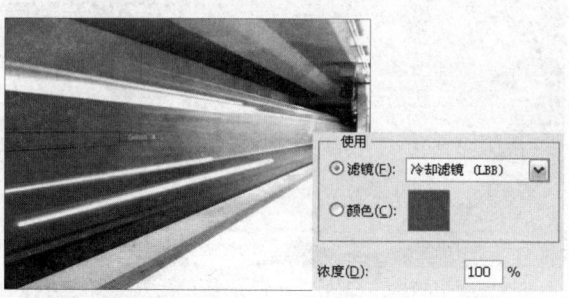

03 完成后单击"确定"按钮,应用设置后的"照片滤镜"如下图所示。

04 用同样的方法再次打开"照片滤镜",选中"颜色"单选按钮。图像效果变成暖色调如下图所示。

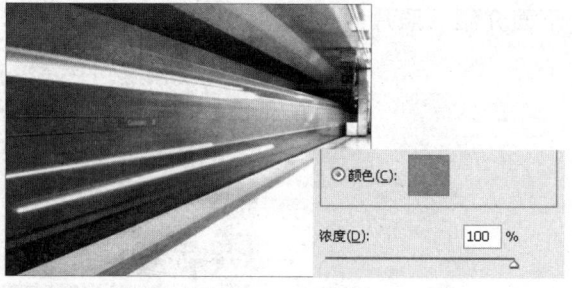

》阴影/高光

使用"阴影/高光"命令可以校正由于强逆光而形成过暗的照片局部,或者校正由于太接近相机闪光灯而显得过亮的照片局部。下面介绍"阴影/高光"对话框中的参数,具体说明如下图和下表所示。

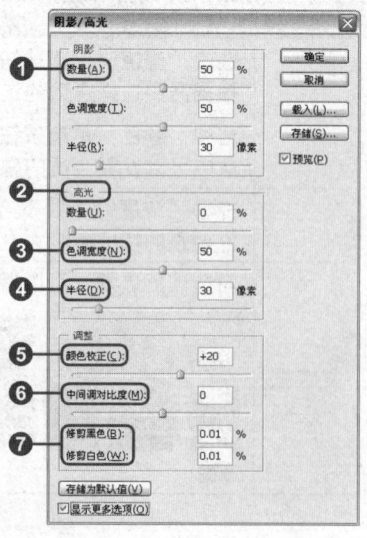

编号	名 称	说 明
❶	"数量"选项	拖动"数量"下方的滑块或者在其右侧的文本框中输入一个值可以调整阴影校正量。设置的值越大，为阴影提供的增亮程度越大
❷	"高光"选项	拖动"高光"下方的滑块或者在其右侧的文本框中输入一个值可以调整光照校正量。设置的值越大，为高光提供的变暗程度越大
❸	"色调宽度"选项	拖动"色调宽度"滑块可以控制阴影或高光中的修改范围，设置较小的值会只对较暗区域进行阴影校正的调整，并只对较亮的区域进行高光校正的调整。设置为较大的值会增大中间调的色调范围
❹	"半径"选项	拖动"半径"下方的滑块可以控制每个像素周围的局部相邻像素的大小
❺	"颜色校正"选项	拖动"颜色校正"下方的滑块可以在图像的已更改区域中微调颜色。该调整只适用于彩色图像
❻	"中间调对比度"选项	拖动"中间调对比度"滑块可以调整中间调中的对比度
❼	"修剪黑色"和"修剪白色"文本框	在"修剪黑色"和"修剪白色"文本框中，可以指定在图像中会将多少阴影和高光剪切到新的极端阴影

操作演示 调整由逆光造成图像的暗部

完成文件：实例文件\Chapter 9\Complete\阴影高光.psd

01 执行"文件>打开"命令，打开本书配套光盘中实例文件\Chapter 9\Media\013.jpg文件，如下图所示。

02 执行"图像>调整>阴影/高光"命令，弹出"阴影/高光"对话框，然后设置"数量"参数，如下图所示。

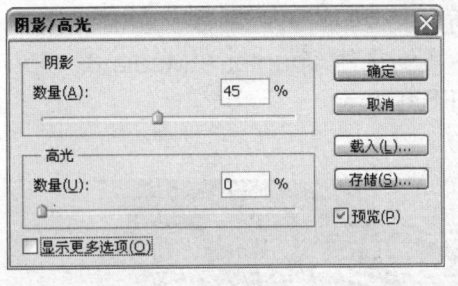

03 在对话框中勾选"显示更多选项"复选框，设置"调整"和"高光"参数，如下图所示。

04 继续在面板中设置"阴影"参数。完成后单击"确定"按钮，图像变亮，如下图所示。

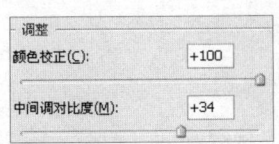
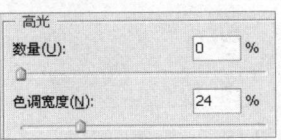

>> 曝光度

利用"曝光度"命令可以调整图像的色调,即通过线性颜色计算而得出的。根据实际需要可以调整出具有特殊曝光效果的图像。下面主要对"曝光度"对话框中的参数进行介绍,具体说明如下图和下表所示。

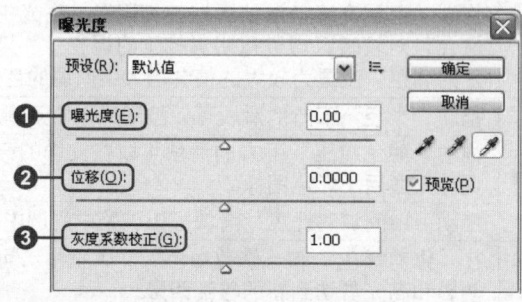

编号	名称	说明
❶	"曝光度"选项	拖动"曝光度"选项的滑块可以增加或者降低图像的曝光度
❷	"位移"选项	拖动"位移"选项下方的滑块可以使阴影和中间调的图像变暗,且对高光的影响很小
❸	"灰度系数"选项	拖动"灰度系数"滑块,当值为负值时可以增加图像中的灰度,为正值时可以减少图像中的灰度

操作演示 调整图像的曝光度

完成文件◎:实例文件\Chapter 9\Complete\曝光度.psd

01 执行"文件>打开"命令,打开本书配套光盘中实例文件\Chapter 9\Media\014.jpg文件,如下图所示。

02 执行"图像 > 调整 > 曝光度"命令,弹出"曝光度"对话框,然后单击"在图像中取样以设置黑场"按钮,然后在画面中的红色部分单击,图像变暗,如下图所示。

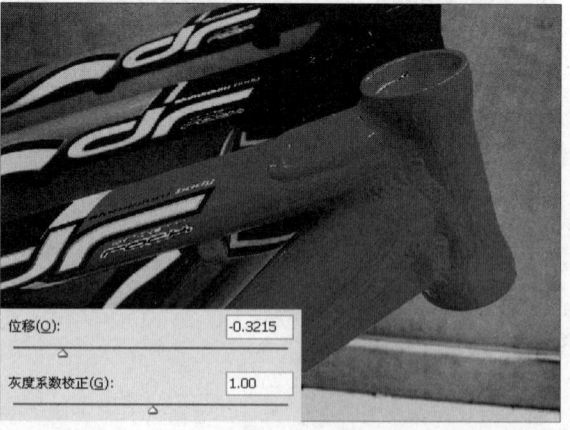

03 在对话框中单击"在图像中取样以设置灰场"按钮，然后在画面中的黑色部分单击，图像变亮，如下图所示。

04 在对话框中设置"曝光度"值为2，图像过度变亮，如下图所示。

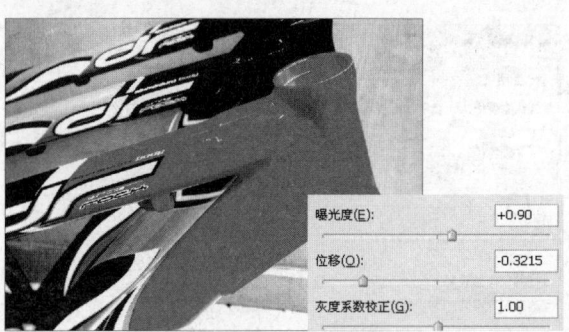

LET'S GO! 利用高级调整命令调整图像颜色

最终文件：实例文件\Chapter 9\Complete\调整图像颜色.psd

步骤01 执行"文件>打开"命令，打开本书配套光盘中实例文件\Chapter 9\Media\015.jpg文件，复制"背景"图层，如下图所示。

步骤02 执行"图像>调整>替换颜色"命令，在弹出的对话框中取样图像颜色，并进行参数设置，如下图所示。

步骤03 设置完成后单击"确定"按钮，效果如下图所示。

步骤04 执行"图像>调整>可选颜色"命令，在弹出的对话框中设置参数值，如下图所示。

步骤05 设置完成后单击"确定"按钮,效果如下图所示。

步骤06 执行"图像>调整>照片滤镜"命令,在弹出的对话框中设置各参数,如下图所示。

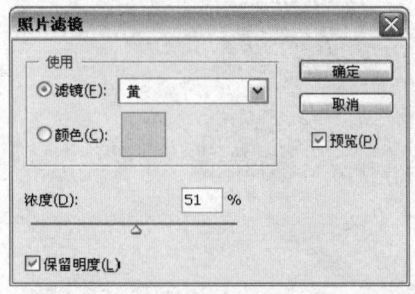

步骤07 设置完成后单击"确定"按钮,为图像添加照片滤镜效果,如右图所示。

Unit 04 特殊颜色调整命令

在Photoshop中,通过"渐变映射"、"反相"、"色调均化"、"阈值"和"色调分离"命令调整图像颜色,能够使图像产生特殊的效果,所以把这些命令称为特殊颜色调整命令。本单元就将具体介绍这些命令。

>> 渐变映射

"渐变映射"命令用于将相等的图像灰度范围映射到指定的渐变填充色。如果指定双色渐变填充,图像中的阴影会映射到渐变填充的一个端点颜色,高光则映射到另一个端点颜色,而中间调则映射到两个端点颜色之间的渐变。这里介绍"渐变映射"对话框中的参数,具体说明如下图和下表所示。

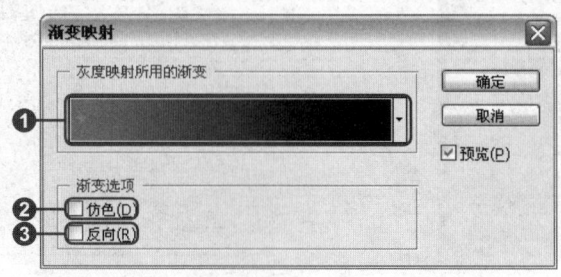

编号	名称	说明
❶	"点按可编辑渐变器"按钮	单击对话框中的渐变条打开"渐变编辑器"对话框,可在其中设置渐变颜色。或者单击渐变条右侧的按钮打开"渐变"拾色器面板,从中选择一种渐变色
❷	"仿色"复选框	勾选"仿色"复选框,在映射时将添加随机杂色,平滑渐变填充的外观并减少带宽效果
❸	"反向"复选框	勾选"反向"复选框,则会将相等的图像灰度范围映射到渐变色的反向

操作演示 利用渐变映射调整图像颜色区

完成文件 ⊚:实例文件\Chapter 9\Complete\渐变映射.psd

01 执行"文件>打开"命令,打开本书配套光盘中实例文件\Chapter 9\Media\016.jpg文件,如下图所示。

02 执行"图像 > 调整 > 渐变映射"命令,弹出"渐变映射"对话框,然后单击"点按可编辑渐变"按钮,从左至右设置颜色依次为黑色、黄色(R249、G234、B69),并勾选"反向"复选框,预览中可以看出图像变成由黄至黑的负片效果,如下图所示。

03 在对话框中取消勾选"反向"复选框。如下图所示。

04 完成后单击"确定"按钮,渐变映射效果如下图所示。

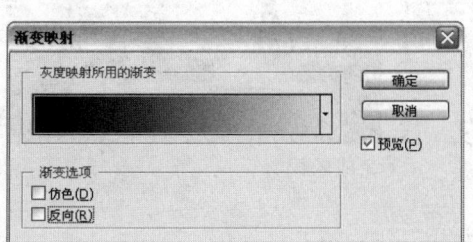

>> 反向

利用"反向"命令可以反转图像中的颜色,相对于黑白图像使用该命令能够将其转换为底片效果,而在彩色图像中执行该命令则可将图像中的各部分颜色转换为补色。

原图　　　　　　　　　　　　设置选项　　　　　　　　　　　　完成效果

>> 色调均化

利用"色调均化"命令可以重新分布图像中像素的亮度值,以便能够更均匀地呈现所有范围的亮度级。通过平均值调整图像的整体亮度,在颜色对比较强的时候,可以通过调整平均值亮度,使高光部分略暗,阴影部分略亮。

原图　　　　　　　　　　　　　　　　　执行"色调均化"命令效果

>> 阈值

利用"阈值"命令可以将灰度或彩色图像转换为较高对比度的黑白图像,在转换过程中,系统将把图像中所有比该阈值亮的像素都转换为白色,而把所有比该阈值暗的像素都转换为黑色。

 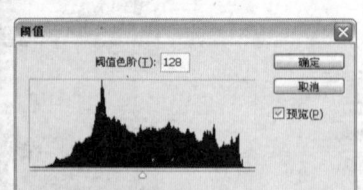 

原图　　　　　　　　　　　　设置参数值　　　　　　　　　　　完成效果

>> 色调分离

利用"色调分离"命令可以指定图像中每个通道的色调级(或亮度)的数目,然后将像素映射为最接近的匹配级别。该命令适用于在照片中创建特殊的效果。

原图

设置参数值

色调分离效果

>> 变化

利用"变化"命令可通过预览图的方式来调整图像的色彩平衡、对比度和饱和度等。该命令对于不需要精确颜色调整的平均色调图像最有用,但不能用于索引颜色图像或16位/通道图像。下面介绍"变化"对话框中的参数,具体说明如下图和下表所示。

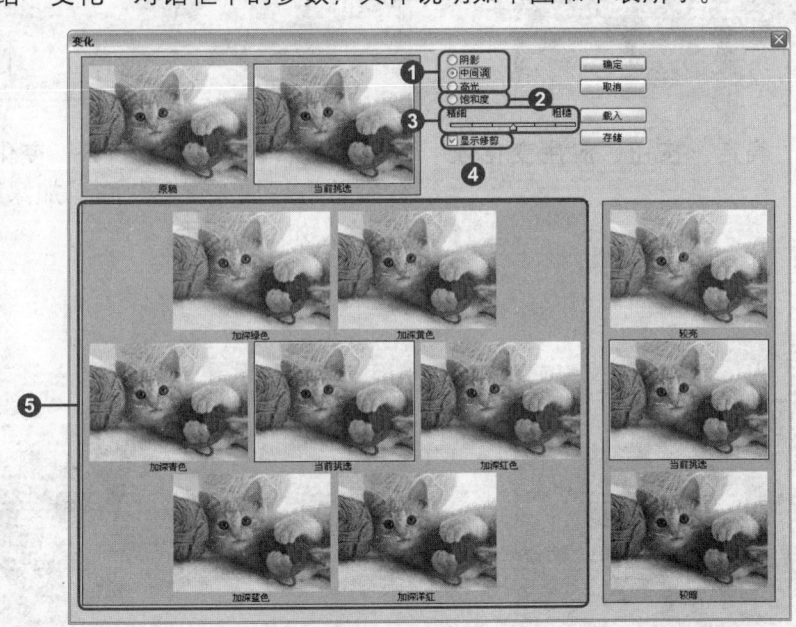

编号	名 称	说 明
❶	"阴影"、"中间调"和"高光"选项	选中"阴影"、"中间调"或"高光"单选按钮,以选择调整区域
❷	"饱和度"选项	"饱和度"选项用于控制图像的饱和度。选择"饱和度"单选按钮,该对话框中会显示有关饱和度的选项
❸	"精细/粗糙"滑块	拖动"精细/粗糙"滑块可以确定每一次调整的量
❹	"显示修剪"复选框	勾选"显示修剪"复选框可以显示图像中的溢色区域
❺	"加深颜色"选项组	单击"加深颜色"选项中的任意一项缩览图,都可以增加该缩览图所对应的颜色

操作演示 利用变化调整图像

完成文件：实例文件\Chapter 9\Complete\变化.psd

01 执行"文件>打开"命令，打开本书配套光盘中实例文件\Chapter 9\Media\017.jpg文件，如下图所示。

02 执行"图像>调整>变化"命令，在弹出的"变化"对话框中单击"加深黄色"和"加深红色"，然后在单击"较亮"，如下图所示。

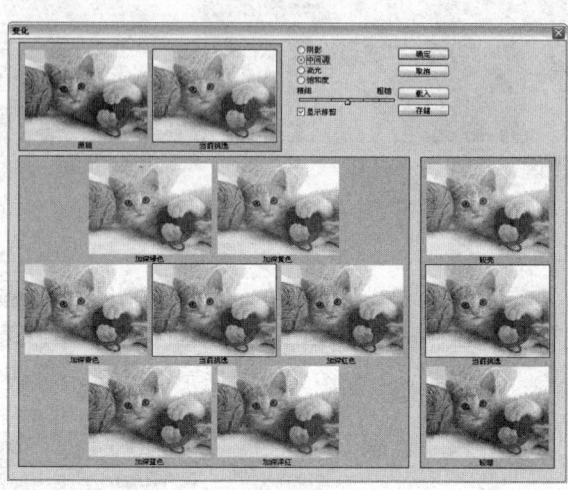

03 完成后单击"确定"按钮，应用变化效果，如下图所示。

04 用同样的方法再次打开"变化"对话框，分别单击"加深青色"和"加深蓝色"缩略图2次，如下图所示。

LET'S GO! 添加图像渐变映射效果

最终文件：实例文件\Chapter 9\Complete\变化.psd

步骤01 执行"文件>打开"命令，打开本书配套光盘中实例文件\Chapter 9\Media\018.jpg文件，复制一个"背景"图层，得到"背景 副本"图层，如下图所示。

步骤02 单击套索工具，在选项栏上设置"羽化"为20px，然后在图像上创建选区，如下图所示。

步骤03 在选项栏上单击"从选区减去"按钮 ，将十字架中间的图像从选区中减去，如下图所示。

步骤04 按下快捷键 Shift+Ctrl+I，对选区进行反选，如下图所示。

步骤05 执行"图像>调整>渐变映射"命令，打开"渐变映射"对话框，如下图所示设置渐变颜色。

步骤06 设置完成后单击"确定"按钮，效果如下图所示。

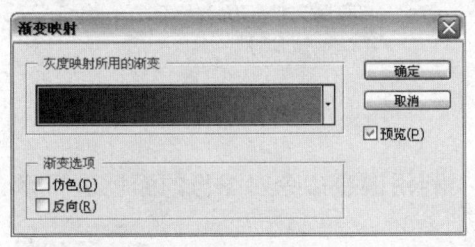

步骤07 设置"背景 副本"图层的混合模式为"滤色"，如下图所示。

步骤08 在"图层"面板下方单击"创建新的填充或调整图层"按钮 ，在弹出的下拉列表中选择"自然饱和度"选项，在弹出的面板中设置参数值，调整图像饱和度效果，如下图所示。

DO IT YOURSELF 练习操作

1. 调整图像颜色

本章节主要介绍了调色命令的具体运用，利用调色命令处理或编辑图像是 Photoshop 中常用的一种手段，灵活运用调色命令，能够处理出不同效果的艺术图片。

Step BY Step （步骤提示）
1. 打开素材图像
2. 使用调整命令调整照片颜色

光盘路径
素材文件：
实例文件\Chapter 9\Media\019.jpg
最终文件：
实例文件\Chapter 9\Complete\调色命令.psd

原图

调整图像效果

2. 利用调整命令调整照片颜色

通过前面的知识讲解，结合所学知识对偏黄照片进行调整。

Step BY Step （步骤提示）
1. 打开素材图像
2. 使用曲线、可选颜色对图像进行调整

光盘路径
素材文件：
实例文件\Chapter 9\Media\020.jpg
最终文件：
实例文件\Chapter 9\Complete\调整照片颜色.psd

原图

调整效果

>> 案例参考

下面是一组利用调整命令调整照片颜色的参考案例，利用调整命令对图像的颜色进行修饰，制作照片艺术效果。

Chapter 10 图层的应用

在 Photoshop CS5 中，图层是处理图像信息的平台，承载了几乎所有的编辑操作，是非常重要的功能之一。Photoshop CS5 图层就如同层叠在一起的透明纸张，供用户在上面进行编辑，将多个不同的图层叠在一起，形成一幅图像。图层可以说是 Photoshop 的灵魂，甚至可以说，没有图层就没有功能如此强大的 Photoshop。本章节主要介绍了图层的运用，其中调整图层是本章节的重点，图层样式是本章节的难点，在本章节中将对图层常用技巧进行详细讲解。

技术要点

1. 图层面板中主要包括哪些图层类型？

在"图层"面板中，变形文字图层、文字图层、蒙版图层、剪贴蒙版图层、形状图层、调整图层、填充图层、普通图层是 Photoshop 中常见的图层类型。

2. 调整图层的作用是什么？

调整图层可以对图像进行色调、对比度、颜色填充等操作，相对于调整命令，调整图层更简便。

3. 图层样式的作用是什么？

通过对图像添加图层样式，可以为图像添加立体、描边、纹理、发光等效果，便于制作特殊的艺术效果。

Unit 01 图层面板的基本编辑操作 >>

在 Photoshop 中图层是处理图像信息的平台，承载着几乎所有的编辑操作，是图像调整的重要功能之一。在"图层"面板中可以对图层进行编辑操作控制，其中包括图层锁定、图层合并、图层链接、图层组、图层混合等。本单元将详细介绍这些操作。

>> 了解"图层"面板

"图层"面板中含有所有图层、图层组和图层效果，如右图所示。可以对"图层"面板中的各种图层进行显示/隐藏以及各种编辑。下面对"图层"面板进行介绍，具体说明如下表所示。

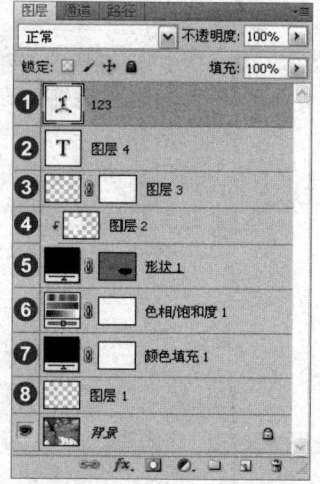

编号	名称	说明
❶	变形文字图层	变形文字图层是在文字的基础上变形而来。在 Photoshop 中提供了 15 种文字变形效果，打开"变形"文字对话框即可看到
❷	文字图层	文字图层就是编辑文字的图层。当使用文字工具在图像中单击后，在"图层"面板中就会自动生成文字图层
❸	蒙版图层	单击"图层"面板下方的"添加图层蒙版"按钮，就会生成蒙版图层
❹	剪贴蒙版图层	剪贴蒙版作用于下一个图层，适应于图像的合成，在剪贴蒙版上会显示一个形状的标志
❺	形状图层	使用形状工具，在选项栏中单击"形状图层"按钮，在绘制图层中自动生成图层
❻	调整图层	单击图层面板下方的"创建新的填充或调整图层"按钮，在弹出的菜单中选择调整命令，可在"图层"面板中自动生成一个调整图层
❼	填充图层	单击图层面板下方的"创建新的填充或调整图层"按钮，可选择"纯色"、"渐变"、"图案"等。选择不同的填充方式图层效果也会不同
❽	普通图层	单击"图层"面板下方的"创建新图层"按钮，会自动生成新的图层

TIP 执行"图层 > 调整图层"命令，在弹出的菜单中可以选择不同的调整图层命令，选择一个命令后即可打开相应的对话框，在对话框中设置参数，即可创建调整图层。

前面对"图层"面板中各个图层类型进行了介绍，下面对"图层"面板中各个按钮进行讲解，具体说明如下图和下表所示。

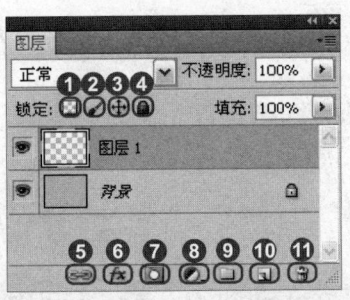

编号	名称	说明
❶	"锁定透明像素"按钮	单击"锁定透明像素"按钮锁定图像的透明像素后，不能对该图层中未绘制的区域进行编辑处理
❷	"锁定图像像素"按钮	单击"锁定图像像素"按钮锁定图像像素后，只能移动图层中的图像，但不能对该图层进行编辑处理
❸	"锁定位置"按钮	单击"锁定位置"按钮锁定图像位置后，不能对该图层的图像进行移动，但能够对图像文件进行编辑处理
❹	"锁定全部"按钮	单击"锁定全部"按钮锁定图像后，不能对图像文件进行任何编辑，包括移动
❺	"链接图层"按钮	选择多个图层后，单击"链接图层"按钮，能够对选中的图层进行链接并能够同时对它们进行编辑
❻	"添加图层样式"按钮	单击"添加图层样式"按钮，能够在选定图层上设定新样式
❼	"添加矢量蒙版"按钮	单击"添加矢量蒙版"按钮，能够在选定的图层上添加图层蒙版 原图　　在图像中创建选区　　添加图层蒙版
❽	"创建新的填充或调整图层"按钮	单击"创建新的填充或调整图层"按钮，在选定图层的区域上可以调整颜色和色调的图层
❾	"创建新组"按钮	单击"创建新组"按钮，能够在"图层"面板中创建一个新组，方便对图层进行管理
❿	"创建新图层"按钮	单击"创建新图层"按钮，能够在"图层"面板中创建一个新的普通图层
⓫	"删除图层"按钮	选中不需要的图层，单击"删除图层"按钮，即可删除选定的图层

>> 选择图层

在"图层"面板中，单击需要选择的图层将其选中，图层会显示为深灰色。当选中图层后，可以对该图层进行移动、调整、填充、变形等各种操作。

由多个图层组成的图像

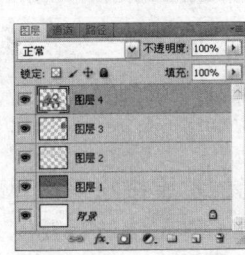
选择图层

移动图像位置

按住 Ctrl 键可以任意选择"图层"面板中的多个图层。按住 Shift 键单击一个图层，会将两个图层间的图层都选中。

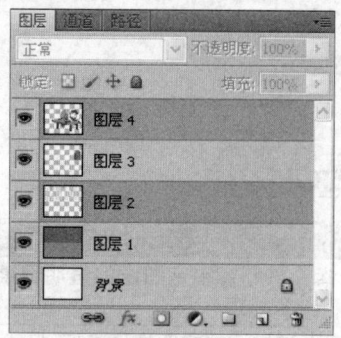
按住 Ctrl 键选择多个图层

按住 Shift 键选择多个图层

>> 复制图层

复制图层是"图层"面板中的常用操作之一，复制图层常用于丰富画面效果，满足设计需要。在 Photoshop CS5 中，复制图层的方法有很多种，下面对常用的图层复制方法进行介绍。

方法 1：拖动选中图层至"图层"面板下方的"创建新图层"按钮，释放鼠标，可完成对图层的复制。

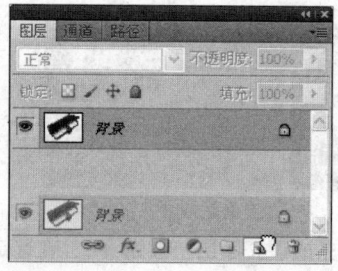
拖动图层

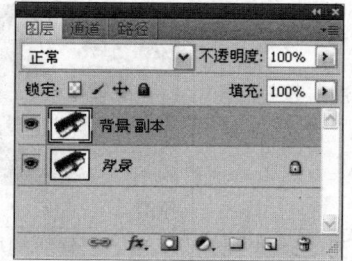
复制图层

TIP 选择图层后使用移动工具按住 Alt 键移动图像，也可以对该图层进行复制。

方法 2：执行"图层>复制图层"命令，打开"复制图层"对话框，单击"确定"按钮，可对图像进行复制。

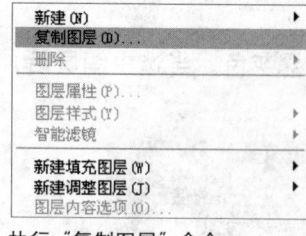
执行"复制图层"命令

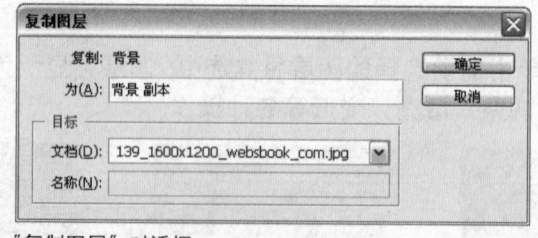
"复制图层"对话框

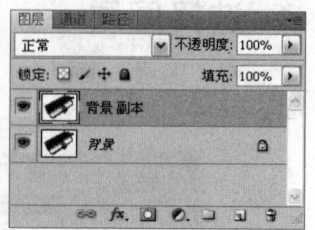
复制图层

方法 3：单击"图层"面板右上角的扩展按钮，在弹出的扩展菜单中选择"复制图层"选项，同样可以打开"复制图层"对话框，对图层进行复制。

方法 4：右键单击选中的图层，在弹出的快捷菜单中选择"复制图层"选项，可对图层进行复制。

》 锁定图层

锁定图层能够保护其内容，可以在完成某个图层的设置时完全锁定它，在图层面板中包括锁定图层透明像素、锁定图像像素、锁定位置、锁定全部操作命令，锁定的图层不能进行移动。

原图

锁定图层

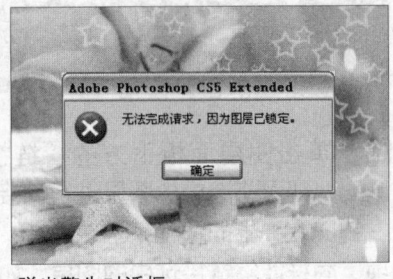
弹出警告对话框

》 链接图层

在 Photoshop CS5 中，如果需要同时对几个图层进行移动或编辑，可以使用链接图层的方法链接两个或更多个图层或组，可以对链接后的图层进行一起拷贝、粘贴、对齐、合并、应用变换和创建剪贴组等操作，通过这种方式能够快捷地对图像进行处理。

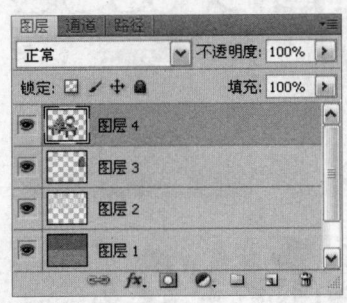
"图层"面板

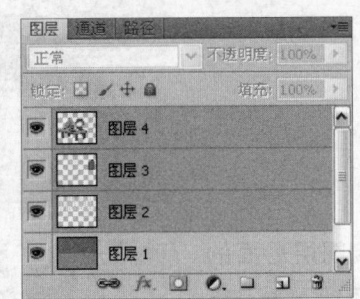
选择多个图层

链接图层

> **TIP** 如果临时禁用某个链接的图层，可以按住 Shift 键单击链接图层名称后面的链接图标，这时候链接图标上将出现红色的 × 号，表示临时取消该图层的链接。

操作演示 链接图层的方法

◎ **完成文件**：实例文件\Chapter 10\Complete\图层的链接.psd

01 执行"文件>打开"命令，打开本书配套光盘中实例文件\Chapter 10\Media\001.psd文件，如下图所示。

02 按住 Shift 键的同时，在图层面板中单击"图层 2"和文字图层，同时选中"图层 2"和文字图层，如下图所示。

03 单击图层面板下方的"链接图层"按钮，即可将选中的图层进行链接，或单击鼠标右键，在弹出的快捷菜单中选择"链接图层"选项，同样能够链接选中的图层，如下图所示。

04 选中链接后的图层，单击移动工具向上移动被链接的图层，这时被链接的图层会一起移动，如下图所示。

TIP 链接图层必须链接两个或两个以上的图层，对单个图层不起作用。

05 按住 Shift 键的同时单击链接图层后面的链接图标，图层链接图标将转换为，也就是禁用了图层链接，效果如右图所示。

TIP 按住 Shift 键再次单击链接图层后面的链接图标，即可启用链接。

>> 栅格化图层内容

平面设计是 Photoshop 应用最为广泛的领域，无论是书籍画册还是海报招贴，这些与印刷相关的平面印刷品，基本上都采用 Photoshop 软件进行图像的编辑处理。

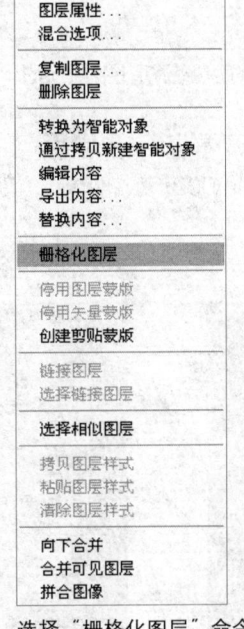
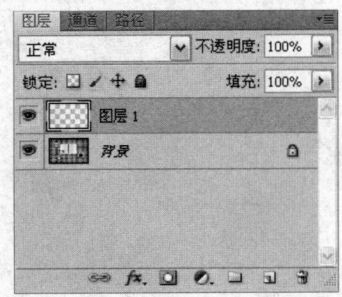

"图层"面板　　　　　　选择"栅格化图层"命令　　栅格化图层内容

>> 将背景图层转换为普通图层

打开一个图像文件，在"图层"面板中即会显示默认的"背景"图层，"背景"图层是被锁定的。需要对该图层进行重命名和解锁，可以双击该图层，打开"新建图层"对话框，单击"确定"按钮，将背景图层转换为普通图层。也可以拖动"背景"图层右侧的锁定按钮 🔒 至"删除图层"按钮 🗑 释放鼠标，对"背景"图层进行解锁。

在"图层"面板中，双击"背景"图层，打开"新建图层"对话框，可以对图层的"名称"、"颜色"、"模式"、"不透明度"等进行设置，单击"确定"按钮，将背景图层转换为普通图层。

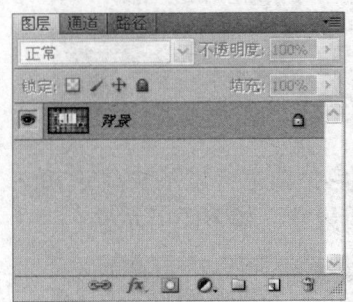
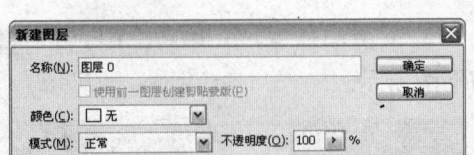
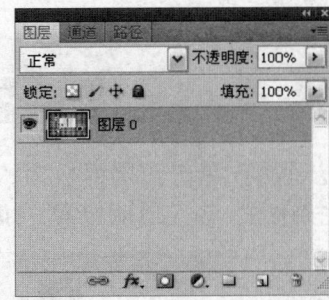

双击"背景"图层　　　　　"新建图层"对话框　　　　转换背景图层为普通图层

TIP 选择"背景"图层，单击鼠标右键，在弹出的快捷菜单中选择"背景图层"选项，打开"新建图层"对话框，在该对话框中可以对图层的名称与混合模式进行设置，单击"确定"按钮，可以将"背景"图层转换为普通图层。

LET'S GO! 图层的锁定操作

最终文件: 实例文件\Chapter 10\Complete\锁定图层.psd

步骤01 执行"文件 > 打开"命令,打开本书配套光盘中实例文件\Chapter 10\Media\002.jpg文件,如下图所示。

步骤02 在图层面板中单击"创建新图层"按钮,新建"图层1",选择椭圆选框工具,在选项栏中单击"添加到选区"按钮,在图像中创建选区,如下图所示。

步骤03 完成后设置前景色为蓝色(R0、G254、B254),按下快捷键Alt+Delete填充前景色,如下图所示。

步骤04 按下快捷键Ctrl+D取消选择区域,然后设置"图层1"的混合模式为"叠加",如下图所示。

步骤05 单击图层面板中的"锁定透明像素"按钮,锁定透明像素,如下图所示。

步骤06 设置前景色为白色,按下快捷键Alt+Delete即可填充前景色,如下图所示。

步骤 07 单击图层面板中的"锁定透明像素"按钮,取消锁定透明像素,然后单击"锁定图像像素"按钮,锁定图像像素,如下图所示。

步骤 08 选择"图层1",然后选择画笔工具对图像进行编辑,即弹出无法编辑图层的对话框,当"锁定图像像素"后,不能对图像进行编辑处理,如下图所示。

步骤 09 单击"图层1"前面的"指示图层可见性"按钮,隐藏"图层1",然后将"背景"图层拖动到"创建新图层"按钮上,复制一个"背景副本"图层,如下图所示。

步骤 10 单击图层面板中的"锁定位置"按钮,然后同样使用移动工具移动"背景 副本"图层,弹出图层已锁定对话框,因为在锁定图层位置后,不能移动图像的位置,如下图所示。

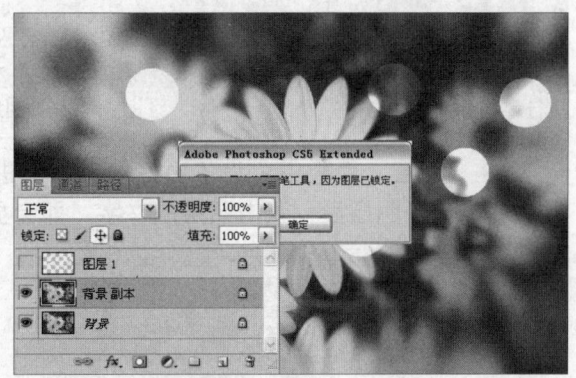

步骤 11 设置前景色为白色,然后选择画笔工具,在选项栏中设置画笔的笔刷为雪花,如下图所示。

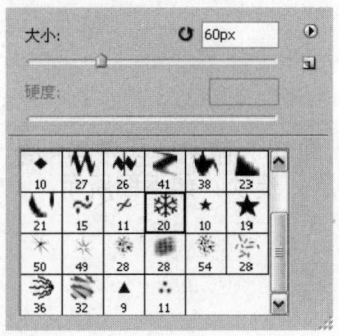

步骤 12 完成后在图像上单击绘制,即可绘制雪花图案,如下图所示。

Unit 02 创建与删除图层

在使用 Photoshop CS5 编辑图像时，常会对图层进行创建和删除，以满足设计需要。图层的创建便于将步骤细致分布，便于对图像的修改，同时对不满意的步骤图层可以直接删除。本单元主要对图层的创建和删除进行详细讲解。

>> 运用"新建"命令新建图层

单击"图层"面板下方的"创建新图层"按钮，在所选择的图层之上自动生成一个新的图层。也可以执行"图层 > 新建 > 图层"命令，打开"新建图层"对话框，可以对图层的"名称"、"颜色"、"模式"、"不透明度"进行设置，单击"确定"按钮，即可完成图层创建。

执行命令

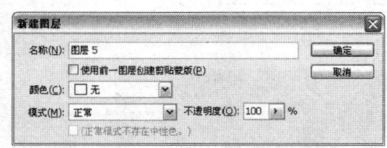
"新建图层"对话框

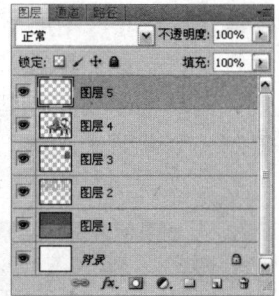
新建图层

在"图层"面板中，为了更好地对图层进行管理，使图层内容更清晰，可以对图层进行重命名。选择图层后，双击图层的文字，即会显示文字输入框，可以对图层的名称进行更改。

双击文字

重命名图层

操作演示 新建并重命名图层

◎ **完成文件**：实例文件\Chapter 10\Complete\新建并重命名图层.psd

01 运行Photoshop CS5，执行"文件>打开"命令，打开本书配套光盘中实例文件\ Chapter 10\Media\003.jpg文件，如下图所示。

02 执行"图层 > 新建"命令，在弹出的级联菜单中选择"图层"选项，如下图所示。

03 打开"新建图层"对话框,设置图层"名称"为"花",选择"颜色"为"红色",如下图所示。

04 设置完成后单击"确定"按钮,在"图层"面板中生成一个图层"花",如下图所示。

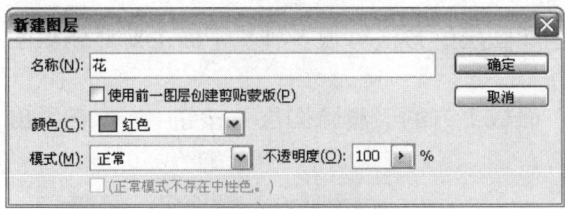 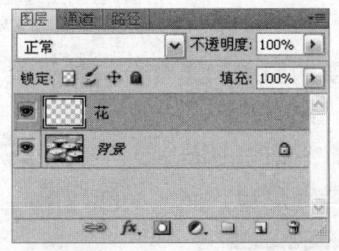

>> 运用"通过拷贝的图层"命令创建图层

利用"通过拷贝的图层"命令新建图层,与图层的复制类似,通过执行"图层 > 通过拷贝的图层"命令,对选中的图层进行复制,在"图层"面板中可生成一个图层。

 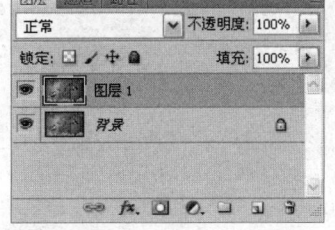

执行命令　　　　　　　　　　　　　　　　　　　新建图层

TIP 可以通过快捷键 Ctrl+J,使用"通过拷贝的图层"命令新建图层。

» 运用"通过剪切的图层"命令创建图层

利用"通过剪切的图层"命令新建图层，首先要对图像进行选区创建，然后执行"图层 > 通过剪切的图层"命令，对选区内的图像进行剪切，并在"图层"面板中新建一个图层。

创建选区

执行命令

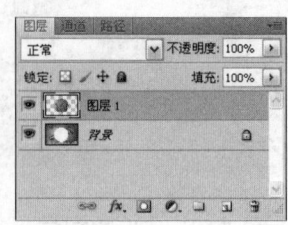
新建图层

» 删除图层

对于一些不需要的图层，通常会将其删除。删除图层的方法有很多种，下面主要对删除图层的基本方法进行介绍。

方法1：选择需要删除的图层，单击"图层"面板下方的"删除图层"按钮 ，在弹出的对话框中单击"是"按钮，即可删除图层。

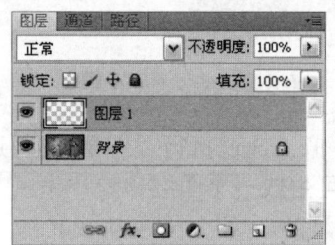
选择需要删除的图层

单击"是"按钮

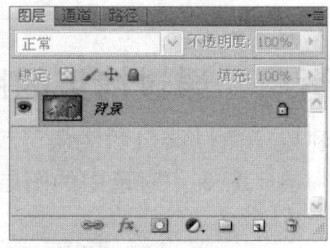
删除"图层1"

方法2：选择需要删除的图层，按住鼠标左键不放，拖动至"删除图层"按钮 ，释放鼠标，即可删除图层。

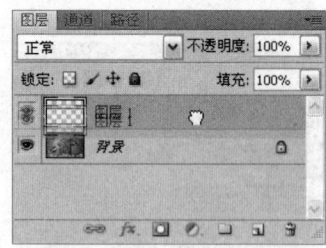
拖动图层

释放鼠标

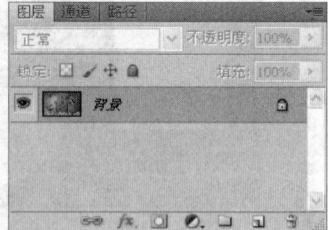
删除"图层1"

方法3：选择需要删除的图层，执行"图层>删除>图层"命令，即可删除图层。

方法4：选择需要删除的图层，在"图层"面板上单击右上角的扩展按钮，在弹出的扩展菜单中选择"删除图层"选项，即可删除图层。

方法 5：选择需要删除的图层，单击鼠标右键，在弹出的快捷菜单中选择"删除图层"选项，即可删除图层。

LET'S GO! 图层的创建与删除

最终文件： 实例文件\Chapter 10\Complete\图层的创建与删除.psd

步骤 01 打开本书配套光盘中实例文件 \Chapter 10\Media\004.jpg 文件，执行"图层 > 新建 > 图层"命令，如下图所示。

步骤 02 打开"新建图层"对话框，设置"名称"为"圆圈"，设置"颜色"为"红色"，如下图所示。

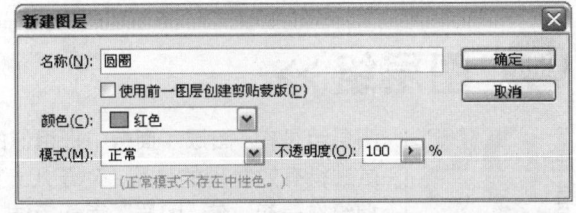

步骤 03 单击"确定"按钮，在"图层"面板中新建"圆圈"图层，如下图所示。

步骤 04 单击画笔工具，在"画笔"面板中设置各选项参数值，如下图所示。

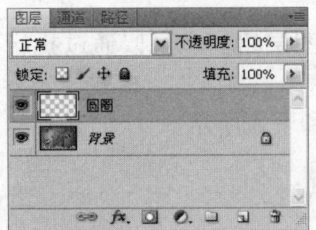
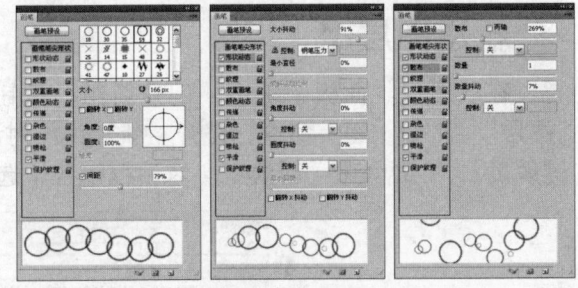

步骤 05 设置前景色为白色，在图像上绘制白色圆圈图像，如下图所示。

步骤 06 选择"圆圈"图层，按快捷键Ctrl + J，复制图层，单击移动工具，移动"圆圈副本"图像的位置，如下图所示。

步骤 07 在"圆圈 副本"图层上单击鼠标右键,在弹出的快捷菜单中选择"删除图层"选项,弹出"删除图层"对话框,如下图所示。

步骤 08 单击"是"按钮,对"圆圈 副本"图层进行删除,如下图所示。

TIP 在处理图像的过程中,当不再需要某个图层时,就应该将该图层删除,以减小图像文件的大小,从而释放内存空间。

Unit 03 图层组 >>

图层组是在"图层"面板中把相似的图层捆绑在一个文件夹的功能。图层组具有对图层进行有效管理的作用,对于几十甚至上百的图层,采用图层组的方式将其有规律地捆绑在一起,使"图层"面板简洁、规范,便于对图层的查找与编辑。本单元主要对图层组的创建与编辑进行讲解。

>> 新建图层组

在"图层"面板中单击"创建新组"按钮 ▭,即可创建一个图层组,也可以通过执行"图层 > 新建 > 组"命令,打开"新建组"对话框,可以设置"名称"、"颜色"、"模式"、"不透明度",下面介绍"新建组"对话框中各个选项,具体说明如下图和下表所示。

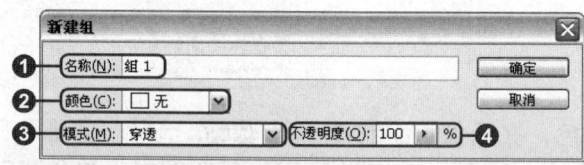

编号	名 称	说 明
❶	"名称"文本框	设置图层组的名称,默认情况下是"组1"、"组2"等名称 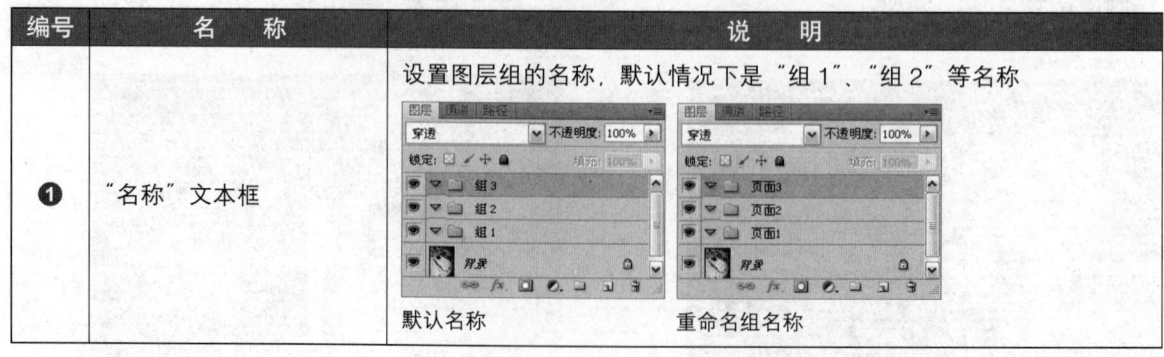 默认名称　　　　　　　　重命名组名称

(续表)

编号	名称	说 明
❷	"颜色"下拉列表	在组的前面增加颜色标识，单击右侧的下拉按钮，在弹出的下拉菜单中可以设置无、红色、黄色、绿色、蓝色、紫色、灰色，"无"代表没有颜色 设置颜色　　图层面板　　　　图层组中图层颜色
❸	"模式"下拉列表	单击右侧的下拉按钮，可以设置图层组的混合模式，默认为"穿透"
❹	"不透明度"选项	可改变图层组的不透明度

操作演示　新建一个图层组

完成文件： 实例文件\Chapter 10\Complete\新建图层组.psd

01 打开本书配套光盘中实例文件\Chapter 10\Media\005.jpg文件，如下图所示。

02 执行"图层 > 新建"命令，在弹出的级联菜单中选择"组"选项，如下图所示。

03 在弹出的"新建组"对话框中设置"名称"为"水珠"，设置"颜色"为"黄色"，如下图所示。

04 设置完成后单击"确定"按钮，在"图层"面板中新建"水珠"图层组，如下图所示。

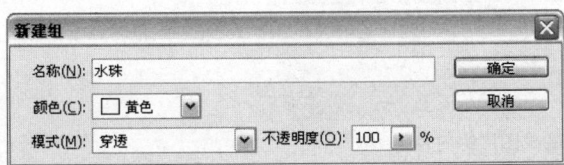
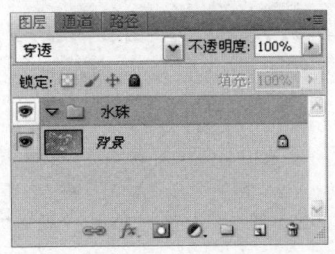

?PS解密 从图层建立组

利用"从图层建立组"命令,可以将选择的一个或多个图层捆绑在一个图层组中。在"图层"面板中选择需要建立图层组的多个图层,执行"图层 > 新建 > 从图层建立组"命令,可将选择的图层放置于新建的图层组中。

选择图层

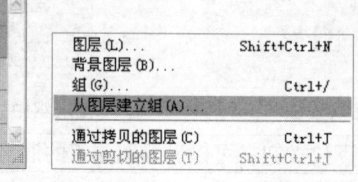
执行命令

从图层建立组

>> 将图层移入或移出图层组

新建图层组后,通过对图层的移动,可以将图层移入或移出图层组。选择需要移动的图层,拖动鼠标将图层移动至图层组内或外即可。

选择图层

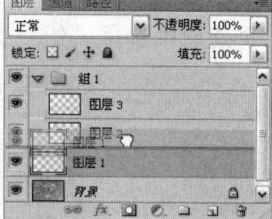
拖动图层

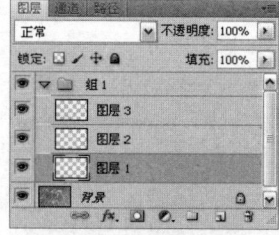
拖动至图层组内释放鼠标

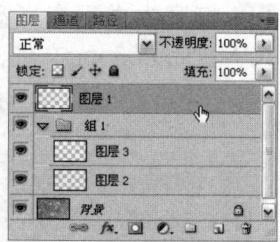
移出图层组以外

TIP 结合键盘上的 Ctrl+[或] 键,可对图层进行上下移动。

?PS解密 显示/隐藏图层组内容

在"图层"面板中可以对图层组中的内容进行显示或隐藏。单击图层组左侧的下三角按钮 ▼,即可对图层组中的内容进行显示或隐藏。

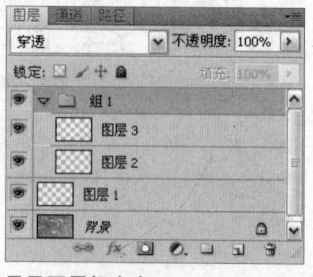
显示图层组内容

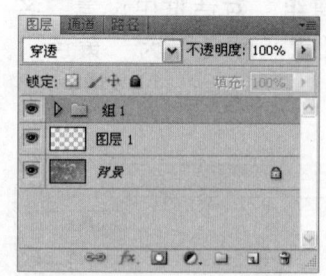
隐藏图层组内容

TIP 隐藏图层组内容,可使"图层"面板更简洁,便于对"图层"面板的管理。

?PS解密 取消图层编组

在编辑图像中需要将建立的图层组取消时，可以选择该图层组，单击鼠标右键，在弹出的快捷菜单中选择"取消图层编组"选项，取消图层组。图层组的图层将全部显示在"图层"面板中，而不会被删除。

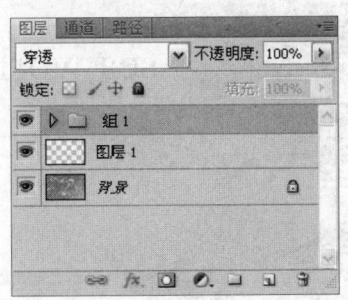 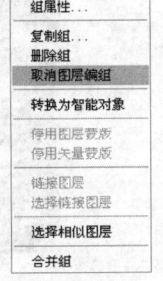 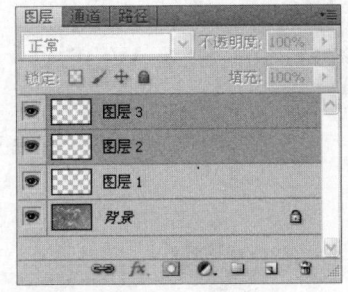

　　选择图层组　　　　　　　执行命令　　　　　　"图层"面板

LET'S GO! 应用图层组管理图像

最终文件： 实例文件\Chapter 10\Complete\图层组的操作.psd

步骤01 执行"文件>打开"命令，打开本书配套光盘中实例文件\Chapter 10\Media\006.psd文件，如下图所示。

步骤02 选择"图层13副本"，然后在图层面板中单击"创建新组"按钮，新建一个"组1"，如下图所示。

步骤03 按住 Shift 键单击"图层3"，然后单击"图层13"选中"图层3"至"图层13"的所有图层，将它们拖动到新建的"组1"中，如右图所示。

步骤 04 选中"组1",按下快捷键Ctrl+T,弹出自由缩放控制框,使用鼠标单击缩放控制框右下角的调节点向上拖动,缩放图像,如下图所示。

步骤 05 完成后按下 Enter 键完成操作,"组1"中的图像同时被缩放,如下图所示。

步骤 06 选中"组1",将其拖动到"创建新图层"按钮上复制一个"组1副本",单击移动工具,向下移动复制后的副本,如下图所示。

步骤 07 设置图层组"组1副本"的混合模式为"颜色加深",效果如下图所示。

Unit 04 合并与盖印图层 >>

通过对图层的合并可以将多个图层合并为一个图层,避免因图层过多造成运行缓慢的后果。盖印图层是在原有图层的基础上,对画面的整体效果进行盖印,自动生成一个图层。本单元主要对合并图层与盖印图层进行详细讲解。

>> 合并图层

选择需要合并的图层后,单击"图层"面板右上角的扩展按钮,在弹出的扩展菜单中可以选择"向下合并"、"合并可见图层"、"拼合图像"命令进行相应的合并。如果选择的是图层组,则在弹出的菜单中显示"合并图层组"命令。

1. 向下合并

在"图层"面板中选择一个图层，单击右上角的扩展按钮，在弹出的快捷菜单中选择"向下合并"选项，即可将选中的图层与下面的一个图层进行合并，并以下一层的图层名称显示。

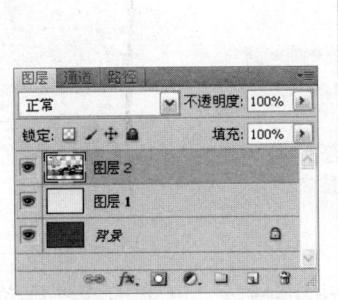
选择图层

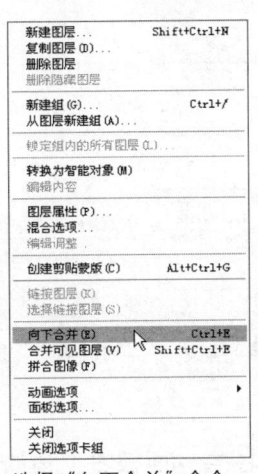
选择"向下合并"命令

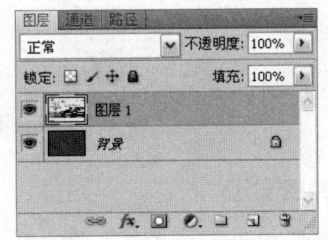
合并图层

2. 合并可见图层

执行"合并可见图层"命令，可将"图层"面板中除隐藏图层之外的所有图层进行合并。在"图层"面板中选择一个图层后，单击右上角的扩展按钮，在弹出的扩展菜单中选择"合并可见图层"选项，或通过快捷键Shift+Ctrl+E，可将所有可见图层合并为一个图层，并以先前选择的图层名称显示。

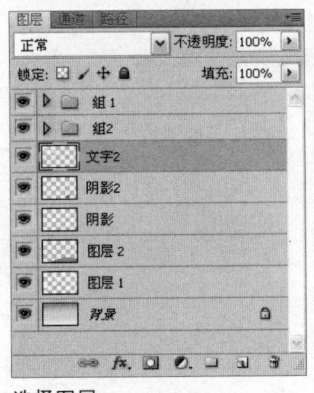
选择图层

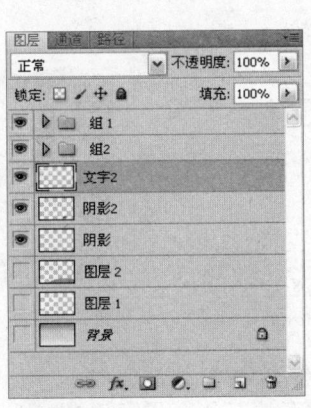
隐藏图层

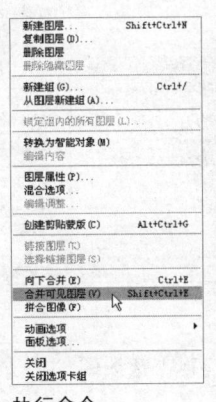
执行命令

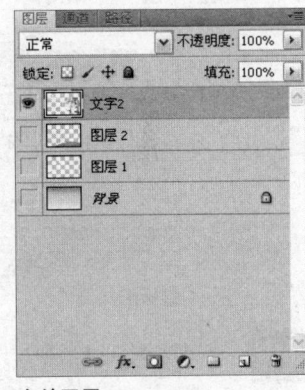
合并图层

3. 拼合图像

"拼合图像"命令可以将图像中所有图层合并为一个图层，并创建为背景图层。在"图层"面板中任意选择一个图层，单击右上角的扩展按钮，在弹出的扩展菜单中选择"拼合图像"选项，可对"图层"面板中的所有图层进行合并，并以"背景"图层的名称显示。

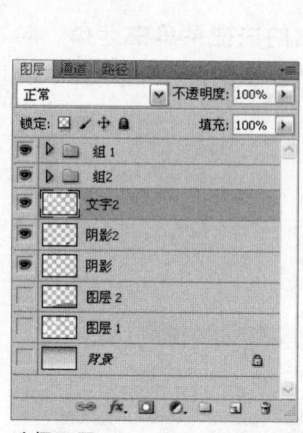
选择图层

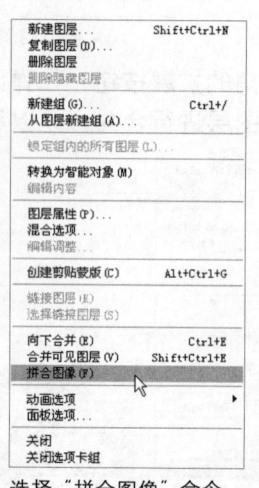
选择"拼合图像"命令

单击"确定"按钮

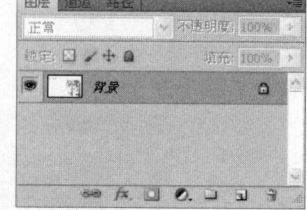
拼合所有图层

4. 合并图层组

选择需要合并的图层组，单击"图层"面板右上角的扩展按钮，在弹出的扩展菜单中选择"合并组"选项，将图层组中的所有图层合并为一个图层，并以图层组的名称显示。

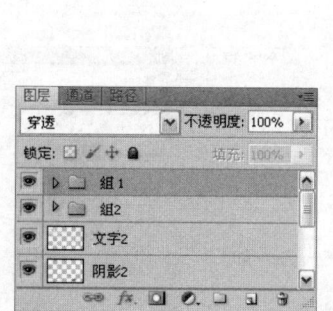
选择图层组

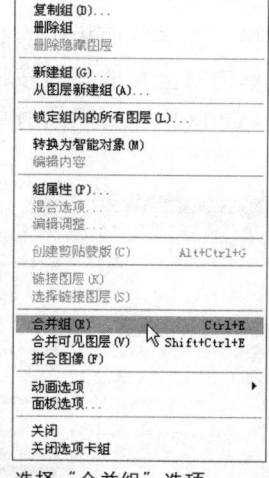
选择"合并组"选项

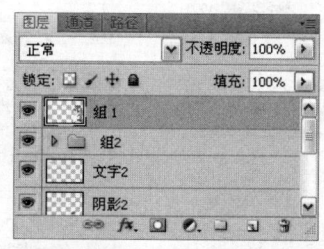
合并图层组

> **TIP** 选中需要合并的图层，按下快捷键 Ctrl+E，可以对图层进行合并。

>> 盖印图层

盖印图层就是在原有图层的基础上盖印一个新的图层，与合并图层类似，但是盖印图层比合并图层更方便，因为盖印图层不会影响原有图层，便于对图像效果的修改。在对盖印图层进行编辑时，如果对效果不满意，可以直接对盖印图层进行删除，而之前做好的效果图层仍然保留，可以再次盖印图层进行编辑，方便对图像的处理。

> **TIP** 盖印图层之前，首先选择一个普通图层（一般选择"图层"面板最上方的图层），然后按下快捷键 Shift+Ctrl+Alt+E 盖印图层，在"图层"面板中生成一个新的图层。也可以采用新建一个空白图层，然后按下快捷键 Shift+Ctrl+Alt+E 盖印图层，在新建的空白图层上盖印一个图像效果。

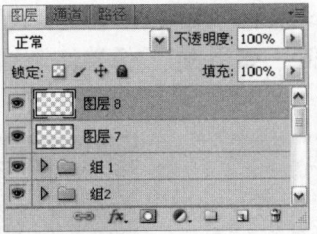

图层面板　　　　　　　　　新建空白图层　　　　　　　盖印一个图层

🏃 LET'S GO! 盖印图层的应用

◎ **最终文件**：实例文件\Chapter 10\Complete\盖印图层.psd

步骤01 运行Photoshop CS5，执行"文件>打开"命令，打开本书配套光盘中实例文件\Chapter 10\Media\007.psd文件，如下图所示。

步骤02 选择"图层6"，按下快捷键Shift+Ctrl+Alt+E盖印图层，生成"图层7"，如下图所示。

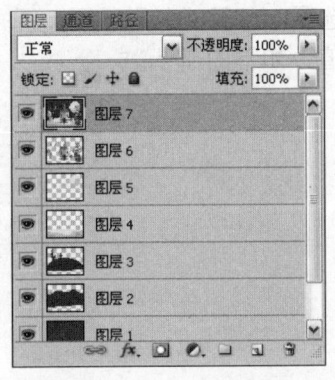

步骤03 按下快捷键Ctrl+L，打开"色阶"对话框，设置各项参数值，如下图所示。

步骤04 设置完成后单击"确定"按钮，加强图像明暗对比，如下图所示。

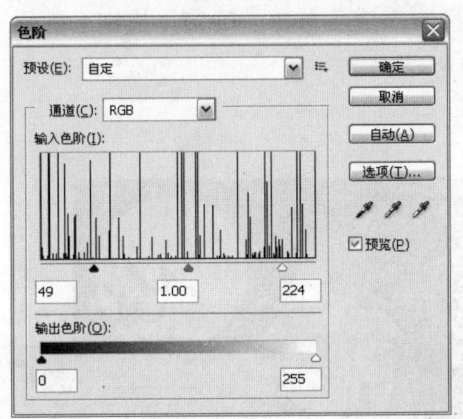

步骤 05 执行"滤镜>艺术效果>水彩"命令,在打开的对话框中设置参数值,如下图所示。

步骤 06 设置完成后单击"确定"按钮,为图像整体添加水彩效果,如下图所示。

步骤 07 单击"图层"面板下方的"创建新的填充或调整图层"按钮，在弹出的菜单中选择"色彩平衡"选项,打开"色彩平衡"调整面板,设置参数值,如下图所示。

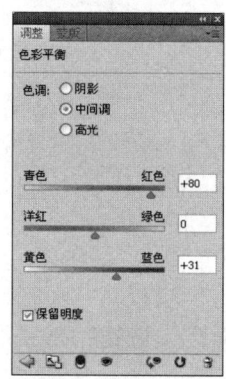

步骤 08 在"图层"面板中生成一个调整图层,如下图所示。

步骤 09 选择调整图层,按下快捷键Shift+Ctrl+Alt+E盖印图层,生成"图层8",选择"图层8",执行"滤镜 > 渲染 > 光照效果"命令,在弹出的对话框中设置参数值,如下图所示。

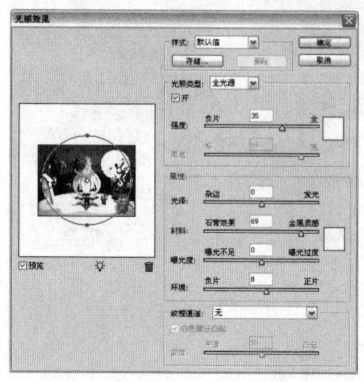

步骤 10 设置完成后单击"确定"按钮,效果如下图所示。

Unit 05 图层混合模式 >>

在 Photoshop 中可以使用很多方式来进行图像间的混合，例如设置图层的"不透明度"和"填充不透明度"参数，以及使用强大的图层混合模式和图层蒙版功能来合成各种设计特效。除利用图层混合模式处理混合图像这一基本功能之外，还可以用混合模式隐藏图像更多的细节。本单元将介绍图层混合模式的相关功能。

使用混合模式能够制作出各种特殊的效果，在混合模式中，可以将混合模式分为 6 大类，即组合型模式、加深型混合模式、减淡型混合模式、对比型混合模式、比较型混合模式、色彩型混合模式。掌握各类型混合模式的特点，可以便于我们在合成效果时能融会贯通，混合模式各选项与说明如下图和下表所示。

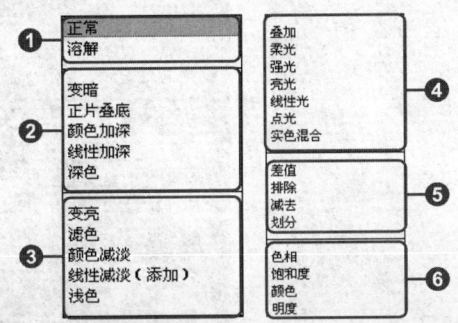

编号	名称	说明
❶	组合型模式	在组合模式中包含了"正常"和"溶解"模式，它们在配合透明度的情况下才能产生一定的混合效果 底层图像　当前图像　正常模式不透明度为 100%　正常模式不透明度为 50%
❷	加深型混合模式	加深型混合模式可将当前图像与底层图像进行比较，使底层图像变暗。加深型混合模式包括"变暗"、"正片叠底"、"颜色加深"、"线性加深"和"深色"混合模式
❸	减淡型混合模式	减淡型混合模式与加深型混合模式相反，其特点是当前图像中的黑色将会消失，任何比黑色亮的区域都可能加亮底层图像。减淡型混合模式包括"变亮"、"滤色"、"颜色减淡"、"线性减淡"和"浅色"混合模式
❹	对比型混合模式	对比型混合模式综合了加深型和减淡型混合模式的特点，包括"叠加"、"柔光"、"强光"、"亮光"、"线性光"、"点光"、"实色混合"混合模式
❺	比较型混合模式	比较型混合模式可以比较当前图像与底层图像，然后将相同的区域显示为黑色，不同的区域显示为灰度层次或色彩。比较型混合模式包括"差值"、"排除"、"减去"、"划分"混合模式
❻	色彩型混合模式	色彩的三要素是"色相、饱和度和亮度"，使用色彩型混合模式合成图像时，Photoshop 会将三要素中的一种或两种应用在图像中。"色彩型混合模式包括"色相"、"饱和度"、"颜色"、"明度"混合模式

>> 减淡型混合模式

减淡型混合模式包括:"变亮"、"滤色"、"颜色减淡"、"线性减淡",下面具体讲解该混合模式的应用。

操作演示 减淡型模式的混合特效

完成文件: 实例文件\Chapter 10\Complete\减淡混合模式.psd

01 执行"文件>打开"命令,打开本书配套光盘中实例文件\Chapter 10\Media\008.jpg文件,如下图所示。

02 执行"文件>打开"命令,打开本书配套光盘中实例文件\Chapter 10\Media\009.jpg文件,如下图所示。

03 使用移动工具将图像09.jpg移动到08.jpg文件中,生成"图层1"。设置"图层1"的混合模式为"线性减淡",图像被融合,如下图所示。

04 用同样的方法设置"图层1"的混合模式为"颜色减淡",图像融合效果发生变化,如下图所示。

>> 加深型混合模式

"加深"混合模式中包含了"变暗"、"正片叠底"和"颜色加深"等用于加深图像色调的混合模式。在这一小节中具体介绍加深混合模式中的"正片叠底"。使用"正片叠底"混合模式可以查看每个通道中的颜色信息,并将基色与混合色复合,结果色总是较暗的颜色。在该模式绘图时,前景色调与一幅图像的色调结合起来可减少绘图区域的亮度。

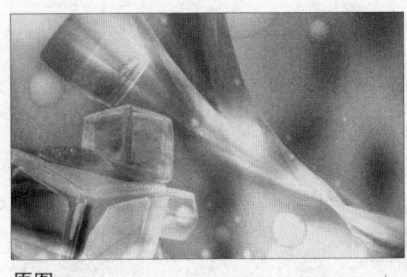
原图

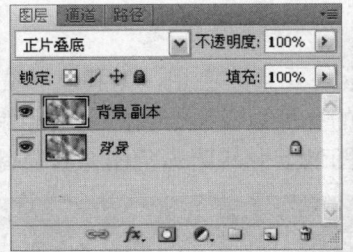
设置混合模式

正片叠底效果

TIP 图层混合是 Photoshop 中非常重要的功能,比较难以理解。在使用图层混合模式的过程中,没有必要死记硬背每个混合模式所产生的效果,只要记住基本作用就行,在操作的过程中可以不断尝试,直到满意为止。

>> 对比型混合模式

"对比"型混合模式包含了"叠加"、"强光"和"亮光"等混合模式。在这一小节中具体介绍对比型混合模式中的"叠加"混合模式。使用"叠加"混合模式或过滤颜色时,具体情况则取决于基色,图案或颜色在现有的像素上叠加时则保留基色的明暗对比。

原图

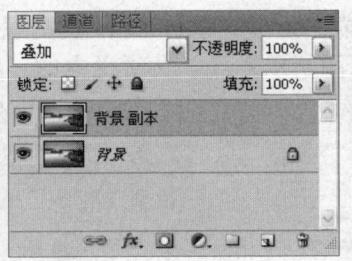
设置混合模式为"叠加"

叠加效果

>> 比较型混合模式

"比较"型混合模式用于比较基本图层和混合图层,并将其重叠的区域以不同层次的颜色显示出来。"比较"型混合模式中的"差值"混合模式是从基色上减去混合色、或从混合色中减去基色,具体情况则取决于哪一个颜色的亮度值更大,它与白色混合将反转基色,与黑色混合则不产生变化。

底层图像

当前图像

"差值"效果

色彩型混合模式

"色彩"型混合模式根据色彩三要素即色相、饱和度和亮度而决定混合结果。此类型混合模式中"颜色"模式是用于基色的亮度以及混合色的色相和饱和度创建结果色。这样可以保留图像中的灰阶，并且对于给单色图像上色和给彩色图像着色都非常有用。

底层图像

当前图像

"色相"效果

LET'S GO! 制作闪电效果

最终文件： 实例文件\Chapter 10\Complete\合成闪电效果.psd

步骤01 执行"文件>新建"命令，弹出"新建"对话框，在"预设"下拉列表中选择"默认 Photoshop 大小"选项，如下图所示。

步骤02 完成后单击"确定"按钮，按下快捷键 D 恢复默认色，选择渐变工具，单击选项栏中的"线性渐变"按钮，按住鼠标从右上至左下拖动绘制渐变，如下图所示。

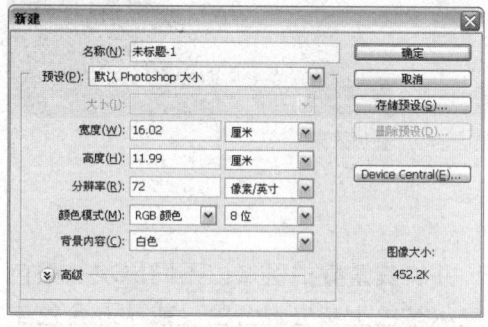

步骤03 执行"滤镜>渲染>分层云彩"命令，如下图所示。

步骤04 按下快捷键 Ctrl+I 反向选择，如下图所示。

步骤 05 按下快捷键Ctrl+L，弹出"色阶"对话框，在弹出的面板中设置参数，如下图所示。

步骤 06 完成后单击"确定"按钮，应用色阶命令，如下图所示。

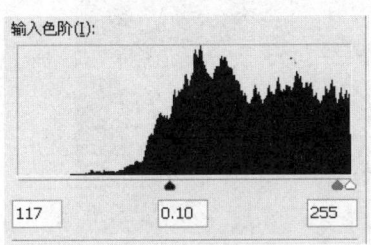

步骤 07 执行"图像＞调整＞变化"命令，在弹出的"变化"对话框中单击3次"加深青色"，再单击4次"加深洋红"如下图所示。

步骤 08 完成后单击"确定"按钮，应用变化后的效果如下图所示。

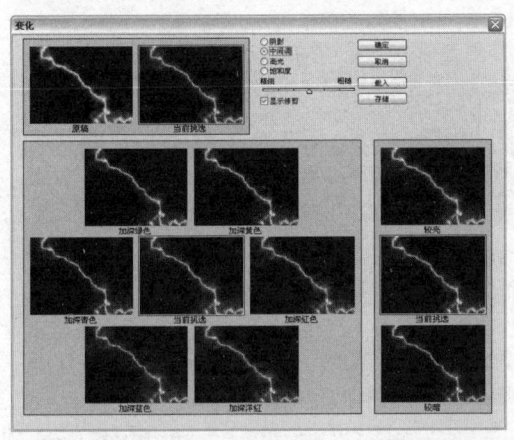

步骤 09 执行"文件＞打开"命令，打开本书配套光盘中实例文件 \Chapter 10\Media\010.jpg 文件，如下图所示。

步骤 10 选择移动工具，将制作好的闪电效果拖动到010.jpg文件中，得到"图层1"图层，如下图所示。

步骤11 按下快捷键 Ctrl+T，弹出自由变形控制框，向外拖动控制点适当放大图像，完成后按下快捷键 Ctrl+Enter 确定缩放，如下图所示。

步骤12 选择"图层1"，设置"图层1"的混合模式为"滤色"，如下图所示。

步骤13 单击图层面板下方的"添加蒙版"按钮，设置前景色为黑色，选择画笔工具，在选项栏中设置画笔为柔角。然后在图层蒙版中进行涂抹多余的闪电，如下图所示。

步骤14 选择"图层1"，将"图层1"拖动到"创建新图层"按钮上，复制得到"图层1副本"，如下图所示。

步骤15 完成后按下快捷键Ctrl+T，弹出自由变形控制框，单击控制框右下角的控制点，向左适当旋转图像，并单击鼠标在控制框任意一角向中心进行拖移，缩小图像，如下图所示。

步骤16 完成后按下键盘中的 Enter 键确认缩放变形，使用移动工具适当调整图像的位置，如下图所示。

LET'S GO! 使用混合模式为黑白照片"上妆"

最终文件： 实例文件\Chapter 10\Complete\黑白人物上妆.psd

步骤01 执行"文件>打开"命令，打开本书配套光盘中实例文件\Chapter 10\Media\011.jpg文件，如下图所示。

步骤02 在"图层"面板中新建"图层1"，单击画笔工具，选择柔角较大的笔刷，设置前景色为深红色（R121、G6、B0），然后在人物头发上进行涂抹，如下图所示。

步骤03 设置"图层1"的混合模式为"柔光"，图像效果如下图所示。

步骤04 新建"图层2"，设置前景色为米黄色（R233、G214、B208），然后在人物面部进行涂抹，如下图所示。

步骤05 设置"图层2"的混合模式为"颜色"，效果如下图所示。

步骤06 新建"图层3"，用多边形套索工具对人物嘴唇创建选区，如下图所示。

步骤07 填充选区颜色为粉红色（R255、G134、B154），取消选区，如下图所示。

步骤08 设置"图层3"的混合模式为"颜色"，如下图所示。

步骤09 新建"图层4"，单击画笔工具，选择柔角笔刷，设置前景色为桃红色（R242、G81、B128），在图像上绘制人物腮红，如下图所示。

步骤10 执行"滤镜>模糊>高斯模糊"命令，在弹出的"高斯模糊"对话框中设置半径参数为30像素，如下图所示。

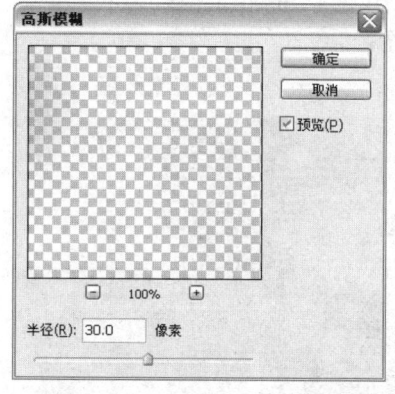

步骤11 设置完成后单击"确定"按钮，设置图层"不透明度"为44%，效果如下图所示。

步骤12 新建"图层5"，设置前景色为深紫色（R58、G20、B89），绘制人物眼影效果，如下图所示。

步骤 13 设置图层混合模式为"颜色",设置图层"不透明度"为59%,如下图所示。

步骤 14 按下快捷键 Ctrl+Shift+Alt+E 盖印图层,得到"图层6",如下图所示。

步骤 15 单击套索工具,在选项栏中设置"羽化"为20px,然后创建人物眼睛选区,如下图所示。

步骤 16 按下快捷键Ctrl+M,打开"曲线"对话框,调整曲线节点位置,如下图所示。

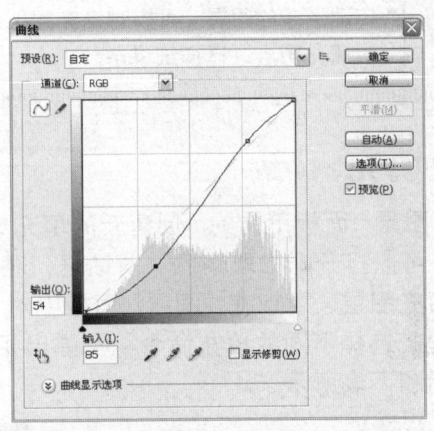

步骤 17 调整完成后单击"确定"按钮,加强人物眼睛的明暗对比关系,取消选区,效果如下图所示。

步骤 18 继续创建人物嘴唇的选区,如下图所示。

步骤 19 选区创建完成后，按下快捷键 Ctrl+U，打开"色相/饱和度"对话框，设置参数如下图所示。

步骤 20 设置完成后单击"确定"按钮，降低人物嘴唇颜色饱和度，按快捷键Ctrl+D取消选区，如下图所示。

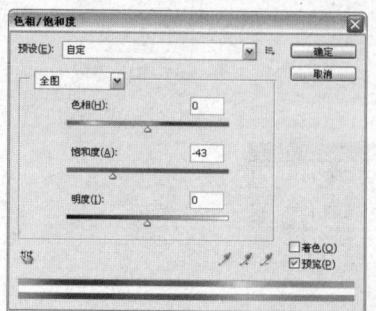

Unit 06 填充图层 >>

填充图层主要是利用"纯色"、"渐变"、"图案"命令进行图像填充时在"图层"面板中自动生成的图层，可以对填充图层进行模式、不透明度、调整命令等操作。本单元将对填充图层进行详细讲解。

>> 纯色填充

单击"图层"面板下方的"创建新的填充或调整图层"按钮 ⬤，在弹出的菜单中选择"纯色"选项，可以打开"拾取实色"对话框，对填充的颜色进行设置，然后单击"确定"按钮，添加图像填充图层。可以在"图层"面板中对"颜色填充 1"图层进行"模式"与"不透明度"设置。同理，选择不同的填充命令，可弹出相应的对话框。下面对填充命令进行介绍，具体说明如下图和下表所示。

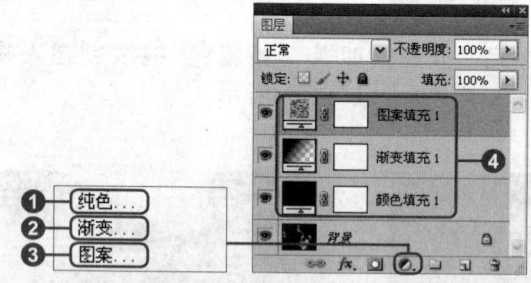

编号	名称	说明
❶	"纯色"选项	选择该选项，打开"拾取实色"对话框，可以对填充颜色进行设置，在"图层"面板中自动生成"颜色填充 1"图层
❷	"渐变"选项	选择该选项，打开"渐变填充"对话框，可以对渐变颜色进行设置，单击"确定"按钮，在"图层"面板中生成"渐变填充 1"图层
❸	"图案"选项	单击该选项，打开"图案填充"对话框，可以设置图案的样式，单击"确定"按钮，在"图层"面板中生成"图案填充 1"图层
❹	"填充图层"缩览图	单击填充图层缩览图，可以对相应图层的填充效果进行修改

操作演示 利用"纯色"命令填充图像颜色

完成文件： 实例文件\Chapter 10\Complete\纯色.psd

01 运行Photoshop CS5，执行"文件>打开"命令，打开本书配套光盘中实例文件\Chapter 10\Media\012.jpg文件，如下图所示。

02 单击"图层"面板下方的"创建新的填充或调整图层"按钮，在弹出的菜单中选择"纯色"选项，打开"拾取实色"对话框，设置填充颜色，如下图所示。

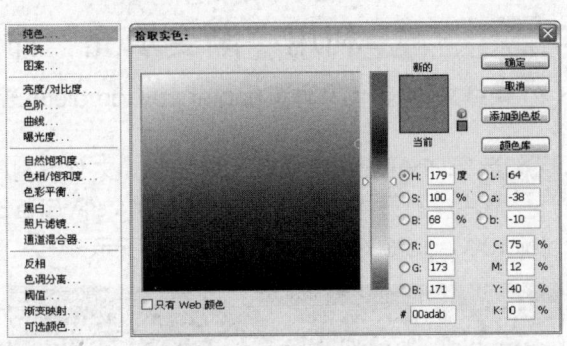

03 设置完成后单击"确定"按钮，添加图像颜色填充效果，在"图层"面板中自动生成图层"颜色填充1"，如下图所示。

04 设置"颜色填充1"图层的混合模式为"柔光"，如下图所示。

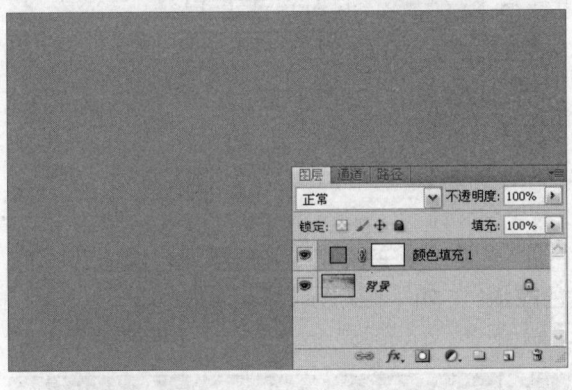

>> 渐变填充

单击"图层"面板下方的"创建新的填充或调整图层"按钮，在弹出的菜单中选择"渐变"选项，打开"渐变填充"对话框，在该对话框中可以对渐变颜色进行设置。下面对"渐变填充"对话框参数进行介绍，具体说明如下图和下表所示。

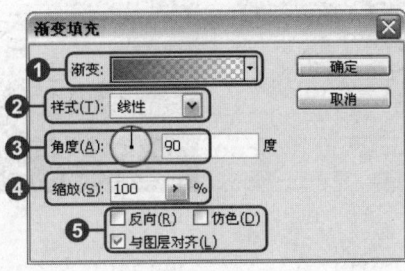

编号	名称	说明
❶	"渐变"下拉列表	单击右侧的渐变预览图,可以打开"渐变编辑器"对话框,设置渐变颜色
❷	"样式"下拉列表	单击右侧的下拉按钮,可以选择"线性"、"径向"、"角度"、"对称的"、"菱形"5种预设渐变样式
❸	"角度"选项	可设置渐变的角度
❹	"缩放"选项	可设置渐变的大小
❺	选项组	可设置渐变的"反向"、"仿色"以及"与图层对齐"

操作演示 利用"渐变填充"命令填充图像渐变颜色

最终文件: 实例文件\Chapter 10\Complete\渐变填充.psd

01 运行Photoshop CS5,执行"文件>打开"命令,打开本书配套光盘中实例文件\Chapter 10\Media\013.jpg文件,如下图所示。

02 单击"图层"面板下方的"创建新的填充或调整图层"按钮,在弹出的菜单中选择"渐变"选项,打开"渐变填充"对话框,设置渐变为土黄色(R140、G106、B4)到透明色的线性渐变,如下图所示。

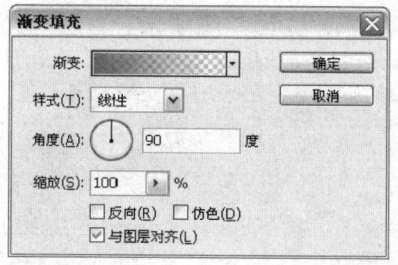

03 设置完成后单击"确定"按钮,添加图层渐变填充效果,在"图层"面板中自动生成一个填充图层,如下图所示。

04 设置"渐变填充1"图层混合模式为"颜色减淡",如下图所示。

>> 图案填充

单击"图层"面板下方的"创建新的填充或调整图层"按钮 ，在弹出的菜单中选择"图案"选项，打开"图案填充"对话框，在该对话框中可以对图案样式进行设置。下面对"图案填充"对话框参数进行介绍，具体说明如下图和下表所示。

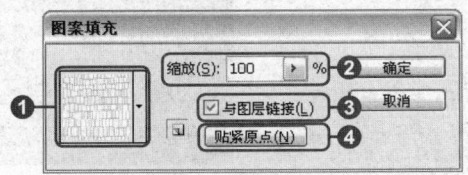

编号	名称	说明
❶	图案缩览图	单击该缩览图可以对图案的样式进行选择
❷	"缩放"选项	可设置图案的比例大小
❸	"与图层链接"复选框	勾选该复选框可强制图案与图像对齐
❹	"贴紧原点"按钮	单击该按钮可以复位图案的位置

操作演示　利用"图案填充"命令填充图像图案效果

完成文件： 实例文件\Chapter 10\Complete\图案填充.psd

01 运行Photoshop CS5，执行"文件>打开"命令，打开本书配套光盘中实例文件\Chapter 10\Media\014.jpg文件，如下图所示。

02 单击"图层"面板下方的"创建新的填充或调整图层"按钮 ，在弹出的菜单中选择"图案"选项，打开"图案填充"对话框，设置填充图案样式，如下图所示。

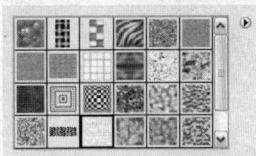

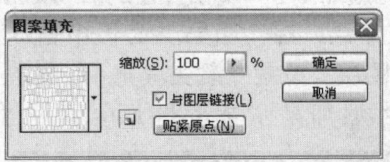

03 设置完成后单击"确定"按钮，效果如右图所示。

04 设置"图案填充1"的混合模式为"正片叠底",如右图所示。

TIP 填充图层通常结合图层混合模式一起使用,使填充图层效果更自然。

LET'S GO! 应用填充图层制作艺术桌面

最终文件: 实例文件\Chapter 10\Complete\填充图层.psd

步骤01 运行Photoshop CS5,执行"文件>打开"命令,打开本书配套光盘中实例文件\Chapter 10\Media\015.jpg文件,如下图所示。

步骤02 单击"图层"面板下方的"创建新的填充或调整图层"按钮 ,在弹出的菜单中选择"渐变"选项,打开"渐变填充"对话框,设置渐变颜色从左到右依次为黄灰色(R222、G219、B191)到透明色的线性渐变,如下图所示。

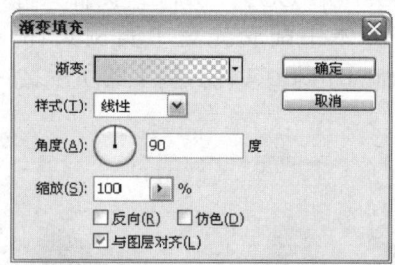

步骤03 设置完成后单击"确定"按钮,添加图层渐变填充效果,在"图层"面板中自动生成一个填充图层,设置"渐变填充1"图层混合模式为"线性加深",如下图所示。

步骤04 单击"图层"面板下方的"创建新的填充或调整图层"按钮 ,在弹出的菜单中选择"图案"选项,打开"图案填充"对话框,设置填充图案样式,如下图所示。

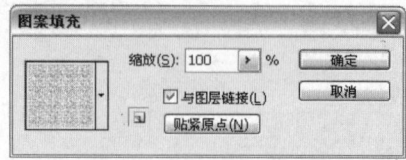

步骤05 设置完成后单击"确定"按钮,设置"图案填充1"图层混合模式为"柔光",如下图所示。

步骤06 单击"图案填充1"的蒙版缩览图,单击画笔工具,选择柔角笔刷,设置前景色为黑色,在蒙版图像上进行涂抹,隐藏气球图像上的图案效果,如下图所示。

步骤07 单击横排文字工具,打开"字符"面板,设置各项参数,设置颜色为黑色,如下图所示。

步骤08 设置完成后在图像的左侧输入文字,如下图所示。

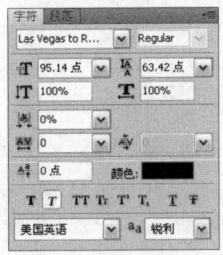

步骤09 单击横排文字工具,设置前景色为黑色,采用相同的方法,在图像上输入黑色文字,如右图所示。

Unit 07 调整图层 >>

调整图层是一类较为特殊的图层,该类图层中不能转载任何图像像素,但它可以包含一个图像调整命令,进而可以使用该命令对图像进行调整。本单元将具体介绍调整图层的各个调整命令。

>> 调整图层与普通图层的区别

调整图层具有图层的灵活性与优点,可以在调整的过程中根据需要为调整图层增加蒙版,以屏蔽对某些区域图像的调整或调整不透明度以降低调整图层的调整程度等。调整图层可将颜色和色调调整应用于图像,但不会改变图像的原始数据,因此不会对图像造成真正的修改和破坏。调整图层也可以将调整应用于多个图像,在调整图层上同样能够设置图层的混合模式。

>> 调整图层与"调整"命令的区别

使用调整图层编辑图像，不会对图像造成破坏。用户可以尝试不同的设置并随时可以对调整图层进行修改，还可以通过对调整图层的混合模式与"不透明度"的设置，改变调整图像效果。应用调整图层编辑图像具有选择性。在调整图层的图层蒙版上可以对调整效果进行隐藏或显示，通过对蒙版的编辑，可以改变图像调整效果。应用调整图层还可以针对多个或单个图像进行编辑，具有极强的灵活性，便于对图像的编辑。

>> "调整"面板

"调整"面板是 Photoshop CS4 中的新增功能，代替 Photoshop 之前版本中的"调整图层"对话框，使调整图层命令更集中。下面对"调整"面板进行介绍，具体说明如下图和下表所示。

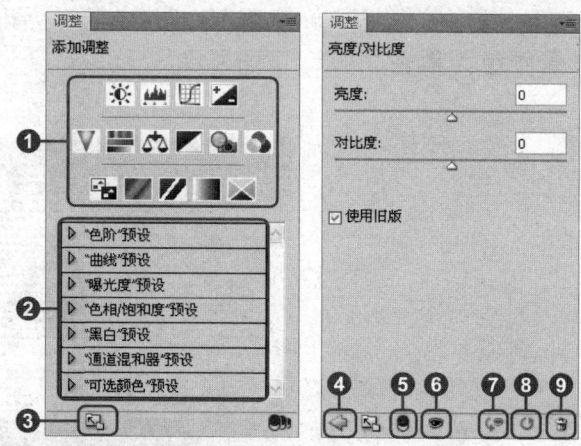

编号	名称	说明
❶	调整图层命令图标	单击任意一个图标，显示相应调整面板
❷	预设调整图层	包含 7 个调整图层的预设调整选项供用户选择使用，单击每个命令左侧的三角形按钮，即可显示相应预设选项，单击预设选项即可创建该调整图层的预设效果
❸	"切换面板"按钮	单击该按钮，可显示视图效果
❹	"返回到调整列表"按钮	单击该按钮，即可返回到调整列表中
❺	"剪切到图层"按钮	单击该按钮，可以使设置的调整图层效果影响到下层的所有图像
❻	"切换图层可见性"按钮	单击该按钮，可以显示／隐藏该调整图层
❼	"查看原图像效果"按钮	单击该按钮，可以在图像窗口中查看原图像效果
❽	"复位到调整默认值"按钮	单击该按钮，可将设置的选项恢复到默认状态
❾	"删除此调整图层"按钮	单击该按钮，即可删除该调整图层

>> 调整图层的应用

使用调整图层可以将颜色和色调调整后应用于多个图层，而不会永久更改图像中的像素值。当需要修改图像效果时，只需要重新设置调整图层的参数或直接将其删除即可。使用调整图层能够暂时提高图像对比，以便于选择图像，或在调整图层与指定对象图层之间创建剪贴蒙版，以达到调整智能对象颜色的目的。

操作演示 利用调整图层为苹果着色

完成文件：实例文件\Chapter 10\Complete\调整图层.psd

01 执行"文件>打开"命令，打开本书配套光盘中实例文件\Chapter 10\Media\016.jpg文件，单击工具箱中的"快速选择"工具，在图像窗口中创建苹果选区，如下图所示。

02 单击图层面板下方的"创建新的填充或调整图层"按钮，在打开的下拉菜单中选择"色彩平衡"命令，在弹出的"色彩平衡"对话框中设置"中间调"参数，完成后设置"阴影"与"高光"选项中的各项参数，如下图所示。

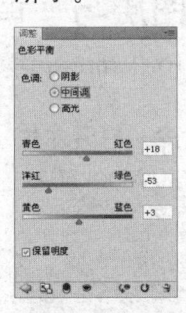 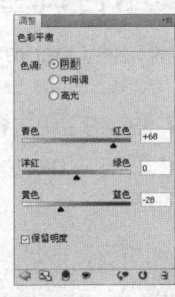 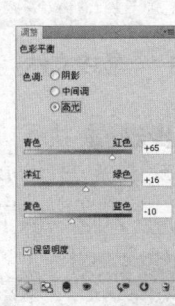

03 设置完成后，调整图像为红色，如下图所示。

04 在"背景"图层上新建"图层1"，用同样的方法为苹果梗创建一个选区。然后设置前景色为橘黄色（R179、G88、B8），完成后按下快捷键Alt+Delete填充前景色，并设置"图层1"的混合模式为"叠加"，按下快捷键Ctrl+D取消选区，如下图所示。

PS解密 调整图层的创建方法

前面对调整图层的基本操作方法进行了讲解，下面主要对调整图层的多种创建方式进行介绍，可帮助设计师更灵活地应用调整图层命令。

方法1：通过"调整"面板创建，单击"调整"面板中的调整图标，即可弹出相应的"调整"面板。

方法2：单击"图层"面板下方的"创建新的填充或调整图层"按钮，在弹出的菜单中选择调整选项，弹出相应的"调整"面板，创建调整图层。

方法3：执行"图层>新建调整图层"命令，在弹出的菜单中选择一个命令选项，就会弹出"新建图层"对话框，单击"确定"按钮，即可创建相应的调整图层。

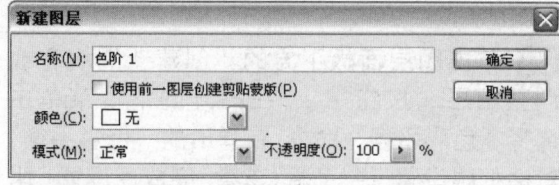
"新建图层"对话框

TIP 在"图层"面板中可以对调整图层的混合模式与"不透明度"进行设置，使调整命令与图像颜色衔接更自然，制作出特殊的画面效果。

LET'S GO! 结合调整图层与"调整"命令编辑图像

最终文件： 实例文件\Chapter 10\Complete\结合调整图层与调整命令编辑图像.psd

步骤01 执行"文件 > 打开"命令，打开本书配套光盘中实例文件\Chapter 10\Media\017.jpg 文件，如下图所示。

步骤02 单击工具箱中的"快速选择"工具，在图像窗口中为左边钟表的蓝色区域创建选区，如下图所示。

步骤03 单击图层面板下方的"创建新的填充或调整图层"按钮，在打开的下拉菜单中选择"色相/饱和度"命令，在弹出的"色相/饱和度"对话框中设置"色相"参数，如下图所示。

步骤04 完成后单击"确定"按钮，被选中的区域变成设置的颜色，如下图所示。

步骤05 选择调整图层，设置其"不透明度"为50%，图像中的颜色发生变化，如下图所示。

步骤06 设置调整图层的图层混合模式为"颜色"，图像中的颜色同样被改变，如下图所示。

Unit 08 图层样式 >>

Photoshop CS5中的图层样式提供了各种各样的效果，如"投影"、"外发光"、"内发光"、"斜面和浮雕"、"光泽"和"描边"等，使用这些效果能够快速更改图层内容的外观。本单元将介绍图层样式的结合运用。

>> 高级图像混合

在 Photoshop 中，图像的高级混合参数在"图层样式"对话框的"混合选项"选项面板中，执行"图层 > 图层样式 > 混合选项"命令即可打开"图层样式"对话框。与图层混合模式、图层不透明度等相比，高级混合功能一般很少用，只在一些特殊情况下，使用高级混合功能可以快速得到需要的效果。"图层样式"对话框部分选项说明如下图和下表所示。

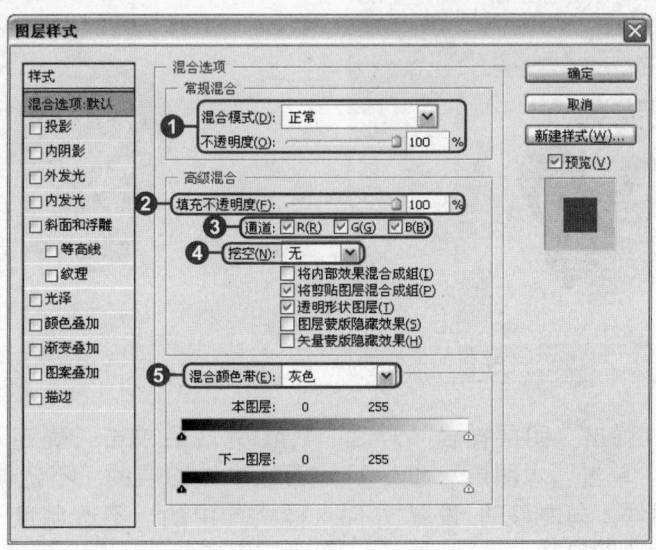

编号	名称	说明
❶	"常规混合"选项组	"常规混合"选项组中包括了"混合模式"下拉列表框和"不透明度"滑块。这两项功能与"图层"面板中对应选项的功能相同
❷	"填充不透明度"滑块	"填充不透明度"滑块用于设置图层的填充不透明度,与"图层"面板中的"填充"选项的功能相同 原图　　　　　　　　　设置填充不透明度为80%
❸	"通道"选项	可以在其右侧选择不同的通道执行各种混合设定
❹	"挖空"下拉列表	在"挖空"下拉列表中可以设定穿透某图层看到下一层的图像。若选择"无"选项,表示没有挖空效果;若选择"浅"选项,则挖空当前图层组的最底层或剪贴组的最底层;若选择"深"选项,则挖空到背景层
❺	"混合颜色带"下拉列表	在"混合颜色带"下拉列表中包含了4格颜色通道选项。若选择"灰色"选项,则表示作用于所有通道的混合;若选择"单个通道"选项,则表示单个通道内的混合

操作演示　制作幻影效果

完成文件: 实例文件\Chapter 10\Complete\高级图像混合.psd

01 执行"文件>打开"命令,打开本书配套光盘中实例文件\Chapter 10\Media\018、019.jpg文件,如下图所示。

02 单击移动工具,选择019素材,将其拖动至018素材文件中,生成"图层1",如下图所示。

03 双击"图层1",弹出"图层样式"对话框,然后按住Alt键,单击"本图层"和"下一图层"下的白色滑块。向左移动,设置"不透明度"为79%,如下图所示。

04 完成后单击"确定"按钮,在"图层"面板中该图层的"不透明度"也跟着"图层样式"中的"不透明度"参数变化而变化,如下图所示。

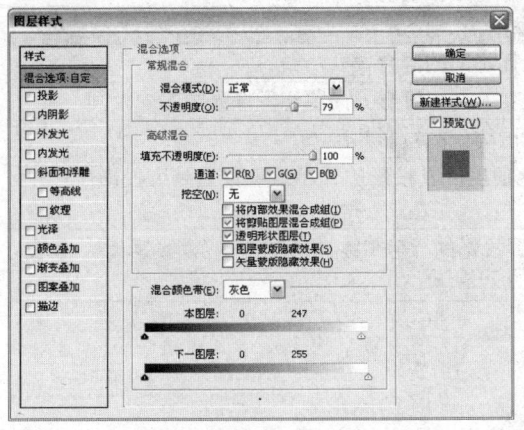

05 设置"图层1"的图层混合模式为"颜色加深",如右图所示。

>> 投影

在"图层样式"对话框中勾选"投影"复选框后,能够在选定的文字或图像的后面添加阴影,使图像产生立体感的效果。下面对"投影"参数面板进行介绍,具体说明如下图和下表所示。

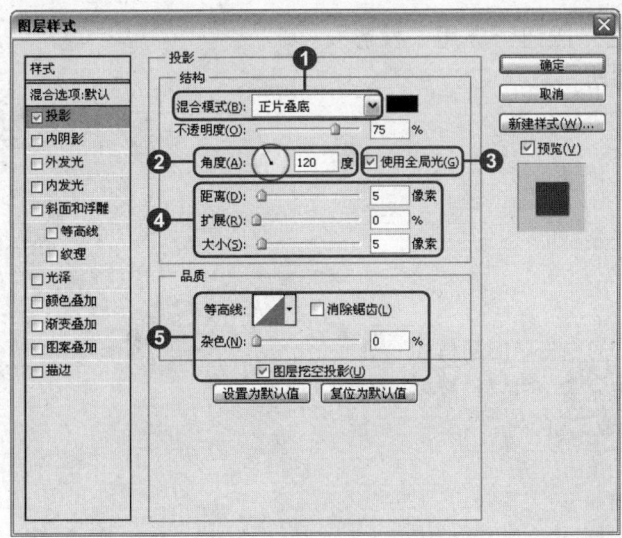

编号	名称	说明
❶	"混合模式"下拉列表	单击右侧的下拉按钮可以选择不同的混合模式
❷	"角度"选项	可设置投影的角度为投影改变方向。投影方向要和图像光源方向相同
❸	"使用全局光"复选框	勾选该复选框,影响所有图层样式的投影效果
❹	"距离"、"扩展"、"大小"选项	设置投影的距离远近、虚化程度以及投影的大小,参数值越大投影所产生的效果越明显
❺	"品质"选项组	在"品质"选项组中可以设置投影的"等高线"、"杂色"、"消除锯齿",改变投影效果

操作演示 为图像添加投影

完成文件:实例文件\Chapter 10\Complete\投影.psd

01 执行"文件>打开"命令,打开本书配套光盘中实例文件\Chapter 10\Media\020.psd文件,如下图所示。

02 双击"图层1",弹出"图层样式"对话框,在其中勾选"投影"复选框,然后设置各项参数,如下图所示。

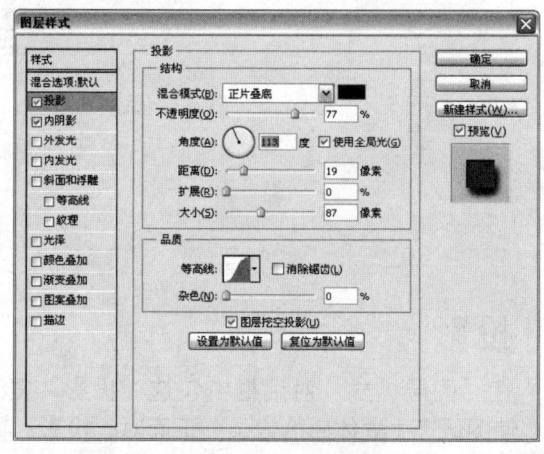

03 完成后单击"确定"按钮,应用"投影"图层样式,效果如右图所示。

TIP 双击图层缩览图即可打开"图层样式"对话框,选择不同的命令,可以打开相应的"图层样式"对话框。

>> 内阴影

内阴影和投影效果基本相同，不过投影是从对象边缘向外，而内阴影是从边缘向内。在"图层样式"面板中勾选"内阴影"选项后，能够在图层内容的边缘内添加阴影，以使图层具有凹陷外观。"内阴影"参数面板如右图所示。

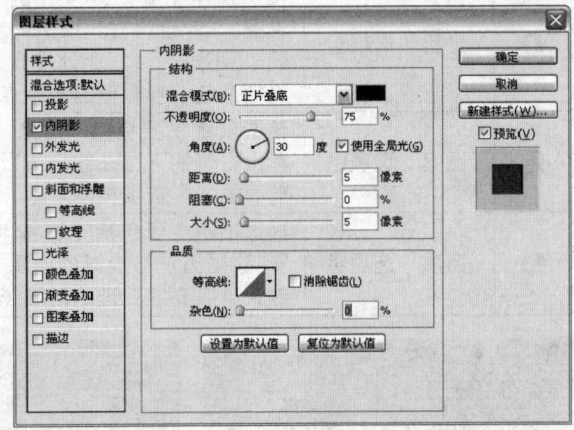

内阴影中阻塞与投影的扩展原理相同，不过扩展选项起扩大作用，而阻塞选项起收缩作用。

默认内阴影效果

距离：26　大小：51
等高线：

颜色：　距离：26
大小：51　等高线：

>> 外发光

"外发光"图层样式是从图层内容的外边缘添加发光效果。如果发光内容的颜色较深，则发光颜色需要选择较浅的颜色。下面对"外发光"参数面板进行介绍，具体说明如下图和下表所示。

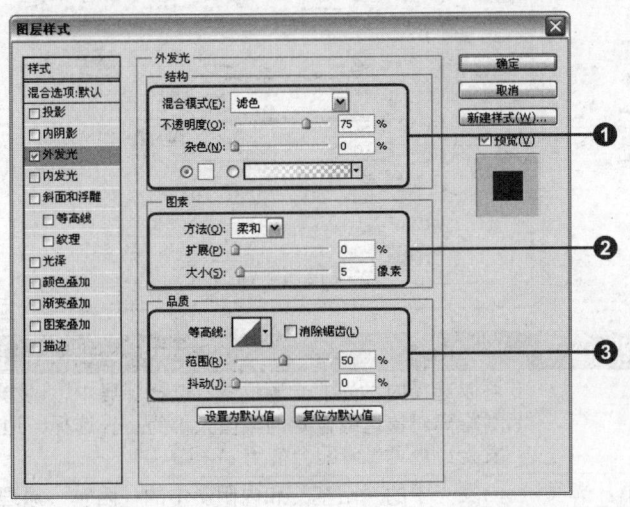

编号	名称	说明
❶	"结构"选项组	该选项组主要对外发光的"混合模式"、"不透明度"、"杂色"和"颜色"进行设置。"混合模式"即是外发光的混合模式，设置不同的混合模式所产生的效果不同；"不透明度"为外发光的不透明度，默认参数值为75%；"杂色"可设置外发光的杂色，参数值越大杂点效果越明显；"颜色"可设置外发光的颜色
❷	"图案"选项组	该选项组主要包括"方法"、"扩展"、"大小"。"方法"用于设置外发光的方式，单击右侧的下拉按钮，可以选择"柔和"和"精确"选项；"扩展"和"大小"与前面的投影选项相同
❸	"品质"选项组	该选项组主要包括"等高线"、"消除锯齿"、"范围"和"抖动"。"等高线"和"消除锯齿"与投影的使用方法相同；"范围"用于确定等高线作用的范围，范围越大，等高线处理的区域越大；"抖动"相当于为渐变光添加杂色

默认外发光效果

混合模式：线性减淡
颜色：

混合模式：线性减淡
颜色：
大小：43 等高线：

》 内发光

"内发光"图层样式是从图层内容的内边缘添加发光效果。和"外发光"图层样式一样，如果发光内容的颜色较浅，发光颜色就必须选择较深的，这样制作出来的效果比较明显。下面对"内发光"参数面板进行介绍，具体说明如下图和下表所示。

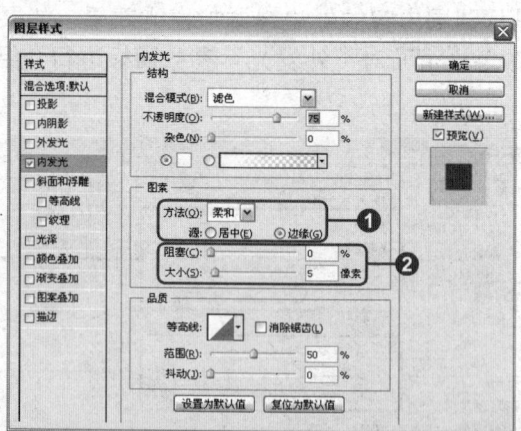

编号	名称	说明
❶	光影位置选项	可以选择内发光的光源位置，选择"居中"，发光就从图像的中心开始，直到距离对象边缘设定的数值大小为止。选择"边缘"，则发光对象边缘向内发光，也可二者配合使用
❷	"阻塞"、"大小"选项	内发光中的"阻塞"和内阴影中的"阻塞"原理相同

默认内发光效果

大小：59

颜色：■ 混合模式：线性加深

>> 斜面和浮雕

在图层样式面板中，勾选"斜面和浮雕"复选框，可以对图层添加高光与阴影的各种组合，该效果是Photoshop图层样式中最复杂的，其中包括了外斜面、内斜面、浮雕、枕状浮雕和描边浮雕。下面对"斜面和浮雕"参数面板进行介绍，具体说明如下图和下表所示。

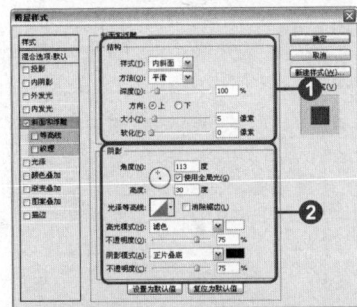
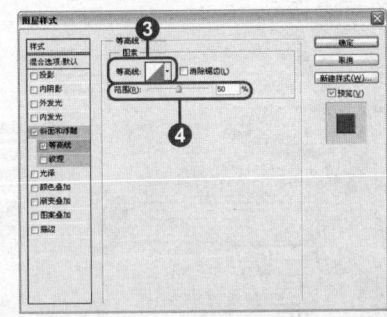
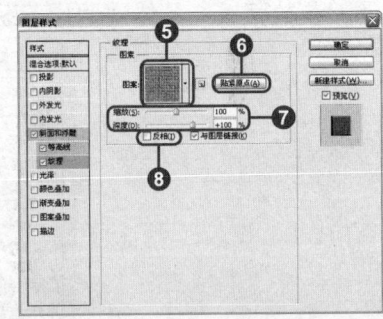

编号	名称	说明
❶	"结构"选项组	该选项组主要用于设置斜面和浮雕效果的立体效果类型、方法以及大小参数值 默认效果　　样式：外斜面　　大小：18
❷	"阴影"选项组	该选项组主要用于设置斜面和浮雕效果的高光和暗调，控制斜面的投影角度和高度、光泽等高线样式 高光模式(H)：差值　　光泽等高线：
❸	"等高线"缩览图	单击该缩览图可以对等高线的样式进行选择
❹	"范围"选项	可设置等高线所作用区域的大小，参数越大范围越广
❺	"图案"缩览图	单击该缩览图可选择图案样式
❻	"贴紧原点"按钮	单击该按钮可恢复原点与文档原点的对齐状态，如果选中"与图层链接"选项，则控制图案的原点与图层左上角对齐
❼	"缩放"和"深度"选项	"缩放"可以改变纹理的大小；"深度"可设置图案雕刻的立体感，范围从 −1000%~1000%
❽	"反相"复选框	勾选该复选框可呈现出明暗相反的纹理效果

默认斜面和浮雕效果

大小：20

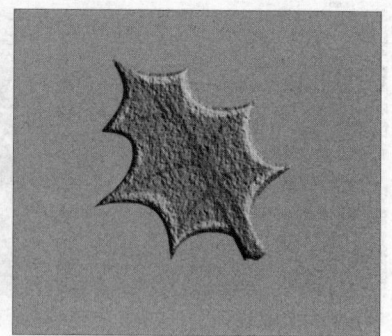
大小：20　图案：

>> 光泽

"光泽"图层样式用来创建光滑光泽的内部阴影，"光泽"效果和图层的轮廓相关，即使参数设置得完全一样，不同内容的图层添加光泽样式后产生的效果也不相同。下面介绍"光泽"参数面板，具体说明如下图和下表所示。

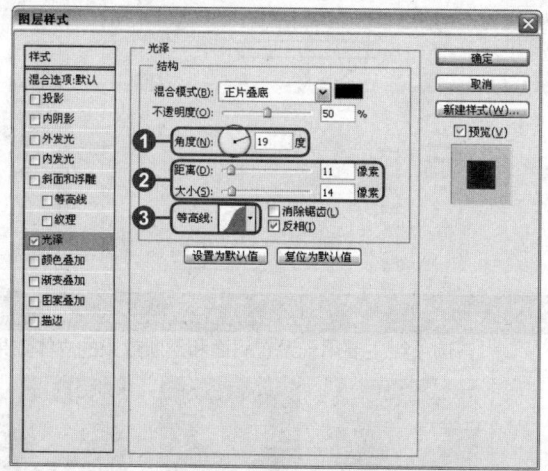

编号	名称	说明
❶	"角度"选项	可以设置光泽的角度，通过输入参数值或用鼠标移动光标进行设置
❷	"距离"、"大小"选项	可分别控制光泽距离的远近和大小
❸	"等高线"选项	可设置光泽阴影的形状

默认光泽效果

取消勾选"反相"复选框

设置"不透明度"为100%

▶ 颜色叠加

"颜色叠加"图层样式是用颜色填充图层内容。在"图层样式"对话框中，可以设置不同颜色叠加的"混合模式"和"不透明度"，下面介绍"颜色叠加"参数面板，具体说明如下图和下表所示。

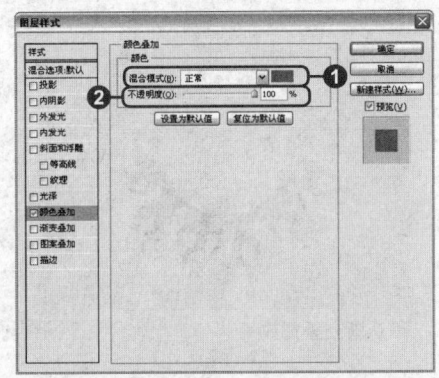

编号	名 称	说 明
❶	"混合模式"下拉列表	用于设置填充颜色混合模式和颜色
❷	"不透明度"选项	用于设置颜色透明效果

原图

默认颜色填充效果

不透明度：50%

▶ 渐变叠加

"渐变叠加"图层样式是用渐变颜色填充图层内容。在"图层样式"对话框中，可以选择或自定义各种渐变类型，并设置渐变的缩放程度来调整渐变效果。下面具体介绍"渐变叠加"参数面板，如下图和下表所示。

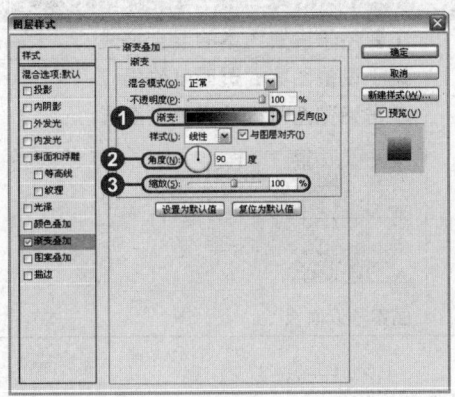

编号	名称	说明
❶	"渐变"缩览图	单击该缩览图打开"渐变编辑器"对话框，可以设置渐变颜色
❷	"角度"选项	可设置渐变填充的方向
❸	"缩放"选项	可设置渐变叠加的缩放，数值越大渐变叠加就越向外扩张，反之则向内收缩

原图

默认渐变叠加效果

渐变：　　　　样式：径向

图案叠加

"图案叠加"图层样式是用图案填充图层内容。在"图层样式"对话框中，可以选择图案类型。运用和载入画笔、图案同样的方法，可以载入更多的图案类型进行设置。下面对"图案叠加"参数面板进行介绍，具体说明如下图和下表所示。

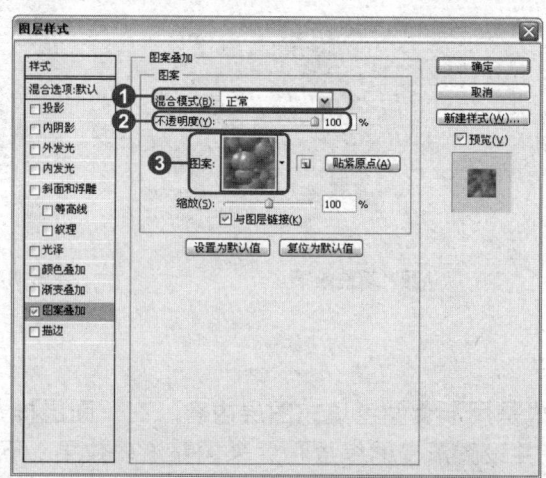

编号	名称	说明
❶	"混合模式"下拉列表	主要用于设置图案的混合模式
❷	"不透明度"选项	用于设置图案的透明度效果
❸	"图案"缩览图	单击缩览图可以选择填充图案 图案预设面板

原图

模式：正常 图案：

模式：颜色加深 图案： 缩放：50%

>> 描边

"描边"图层样式是使用颜色、渐变或图案在当前图层上描画对象的轮廓，其效果直观、简单，较为常用。下面对"描边"参数面板进行介绍，具体说明如下图和下表所示。

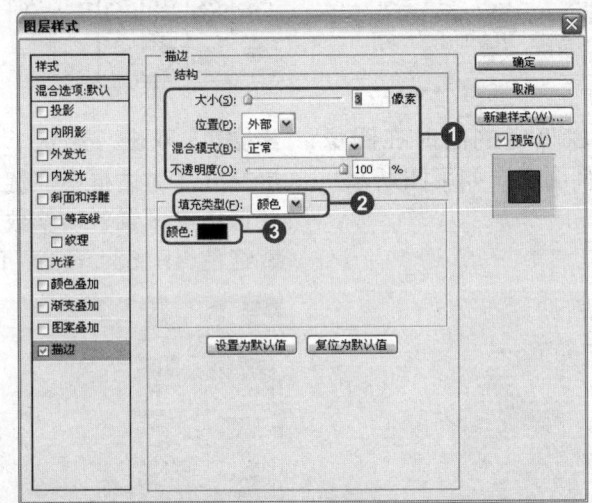

编号	名 称	说 明
❶	"结构"选项组	在该选项组中可以设置描边的大小、位置、混合模式以及不透明度
❷	"填充类型"选项	单击该选项右侧的下拉按钮，可以选择"颜色"、"渐变"和"图案"选项对图像进行描边
❸	"颜色"选项	单击该缩览图可打开"选取描边颜色"对话框，设置描边的颜色

默认描边效果

大小：16 颜色：

大小：16 渐变：

利用图层样式制作水晶壁纸

最终文件： 实例文件\Chapter 10\Complete\图层样式.psd

步骤01 按下快捷键 Ctrl+N，打开"新建"对话框，设置"名称"为"图层样式"，"宽度"为 15 厘米，"高度"为 10 厘米，分辨率为 150，如下图所示。

步骤02 完成后单击"确定"按钮，新建"图层 1"，设置前景色为浅绿色（R120、G250、B132），选择自定形状工具，在选项栏中单击"形状图层"按钮，在形状下拉列表中选择花形饰件 2，如下图所示。

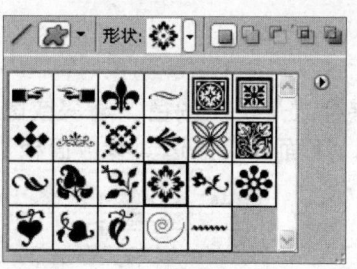

步骤03 完成后，按住 Shift 键的同时在图像窗口中绘制一个花形饰件图案，如下图所示。

步骤04 双击"形状 1"图层，在弹出的"图层样式"对话框中勾选"投影"复选框，然后在选项中设置各项参数，其中设置阴影颜色为紫红色（R155、G36、B125），如下图所示。

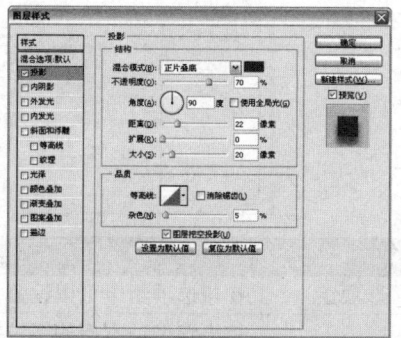

步骤05 勾选"内阴影"复选框，在面板中设置各项参数，其中设置颜色为蓝紫色（R137、G49、B153），如下图所示。

步骤06 勾选"外发光"复选框，然后在面板中设置各项参数，其中设置发光颜色为蓝紫色（R118、G34、B133），如下图所示。

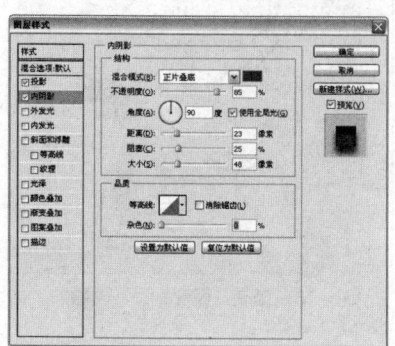

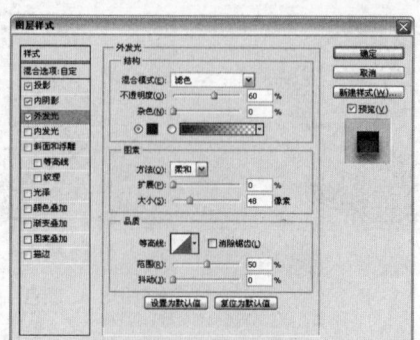

步骤07 勾选"内发光"复选框，在面板中设置各项参数，其中设置发光颜色为紫灰色（R90、G0、B94），如下图所示。

步骤08 勾选"斜面和浮雕"复选框，在面板中设置各项参数，如下图所示。

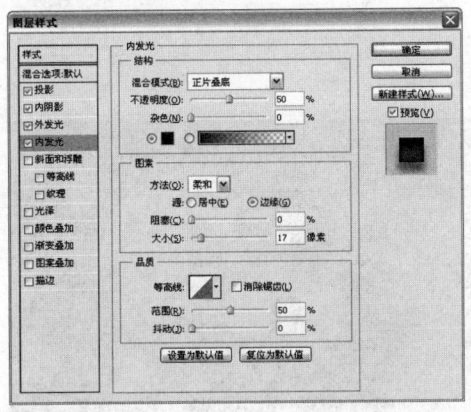

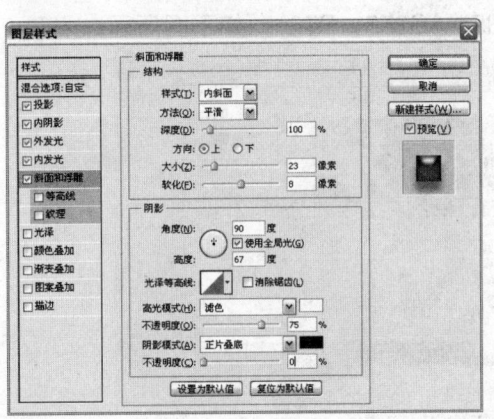

步骤09 勾选"等高线"复选框，在面板中设置各项参数，如下图所示。

步骤10 勾选"光泽"复选框，在面板中设置各项参数，其中设置效果颜色为紫色（R142、G5、B154），如下图所示。

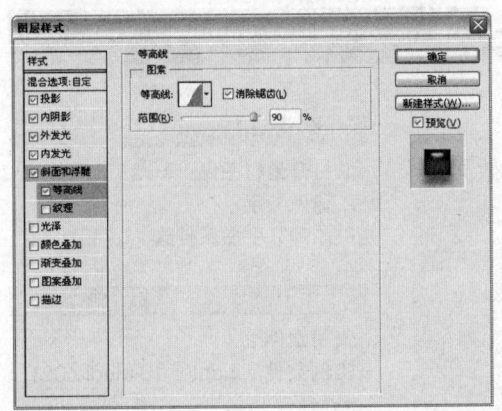

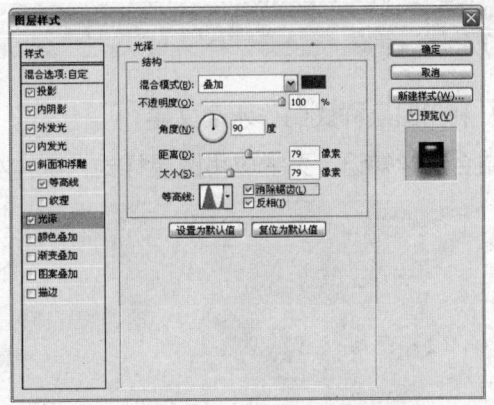

步骤11 勾选"颜色叠加"复选框，在面板中设置各项参数，其中设置叠加颜色为紫红色（R184、G0、B178），如下图所示。

步骤12 完成后单击"确定"按钮，应用设置后的效果如下图所示。

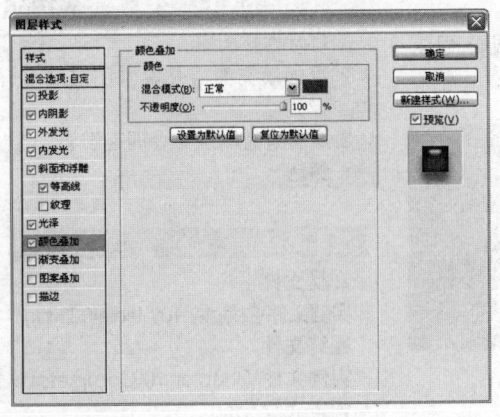

步骤13 选中"背景"图层,单击渐变工具,打开"渐变编辑器"对话框,从左至右设置色标为墨绿色(R25、G52、B3)到草绿色(R54、G255、B73),如下图所示。

步骤14 完成后单击"确定"按钮,在属性栏中单击"径向渐变"按钮,单击鼠标从中心向外拖动,效果如下图所示。

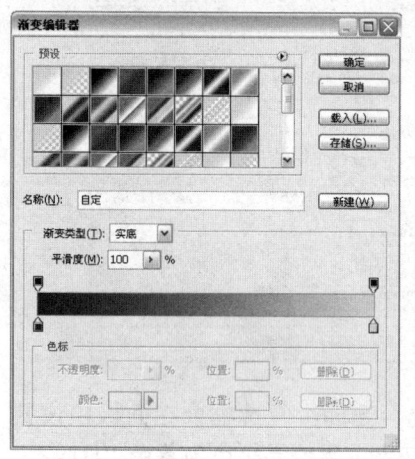

DO IT YOURSELF 练习操作

1. 利用图层样式制作水晶文字

结合所学知识,灵活应用图层样式,制作水晶文字效果。

原图

水晶文字效果

Step BY Step（步骤提示）

1. 打开素材图像
2. 输入文字
3. 添加文字图层样式

光盘路径

素材文件:
实例文件\Chapter 10\Media\021.jpg
最终文件:
实例文件\Chapter 10\Complete\水晶文字 .psd

2. 制作背景底纹效果

通过对前面知识的学习,结合图层混合模式以及调整图层命令,制作艺术壁纸效果。

原图

背景底纹

Step BY Step（步骤提示）

1. 打开素材图像
2. 添加填充图层并设置图层混合模式
3. 结合调整图层命令调整图像颜色

光盘路径

素材文件:
实例文件\Chapter 10\Media\022.jpg
最终文件:
实例文件\Chapter 10\Complete\背景底纹 .psd

Chapter 11 图层与蒙版的高级应用

蒙版是 Photoshop CS5 的核心功能之一。使用蒙版可以进行各种图像的合成。在蒙版中进行图像处理，能迅速还原图像，对原图像具有很好的保护作用。本章主要介绍图层与蒙版的高级应用，在 Photoshop CS5 中存在很多种蒙版类型，包括"图层蒙版"、"矢量蒙版"、"快速蒙版"以及"剪贴蒙版"。根据蒙版的特征，可以制作出边缘过渡自然、清晰的图像遮罩效果。

技术要点

1. 蒙版的基本类型包括哪些？

蒙版主要分为图层蒙版、快速蒙版、矢量蒙版和剪贴蒙版4种类型，应用这些蒙版可以制作出各种特殊的合成效果。

2. 蒙版对图像合成具有什么重要作用？

在进行图像合成时，添加图层蒙版，可通过对蒙版的编辑对图像进行隐藏或显示，而不影响原图像，对原图像具有保护作用，使操作更加方便，且便于修改。

Unit 01 蒙版

在制作合成图像时通常会用到蒙版，使用蒙版可以显示或隐藏部分图层图像，利用编辑蒙版，使蒙版中的图像发生变化，就可以使该图层中的图像与其他图像之间的混合效果发生相应的变化。本单元将详细介绍蒙版的相关内容。

>> "蒙版"面板的菜单命令

Photoshop CS4 就已增加了"蒙版"面板，可以更方便地对蒙版进行编辑。通过"蒙版"面板，可以快速地创建图层蒙版和矢量蒙版，并能对蒙版进行浓度、羽化、调整边缘等操作，使蒙版编辑更集中。前面对"蒙版"面板有了初步认识，这里主要对"蒙版"面板的菜单命令进行介绍。

单击"蒙版"面板右上角的扩展按钮，在弹出的扩展菜单中选择各项命令，可对蒙版进行编辑。图层蒙版与矢量蒙版的面板扩展菜单是不同的，下面对两种蒙版的扩展菜单进行介绍，具体说明如下图和下表所示。

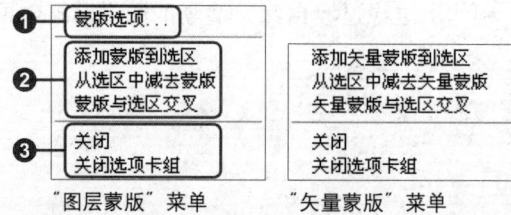

"图层蒙版"菜单　　"矢量蒙版"菜单

编号	名称	说明
❶	蒙版选项	选择"蒙版选项"命令，会弹出"图层蒙版显示选项"对话框，可以对蒙版的颜色和不透明度进行设置 "图层蒙版显示选项"对话框
❷	蒙版与选区编辑命令	添加蒙版到选区：在蒙版区域上创建选区后，执行该命令可以将蒙版与选区相交区域添加到选区 从选区中减去蒙版：创建选区后，执行该命令即可将选区与蒙版相交区域减去 蒙版与选区交叉：创建选区后，执行该命令即可保留选区与蒙版相交的区域
❸	关闭命令	执行该命令可以关闭"蒙版"面板

>> "蒙版"面板的基本操作

通过前面的讲解，读者对"蒙版"面板有了一定的了解。下面介绍"蒙版"面板的基本操作，通过"蒙版"面板可对蒙版进行创建、删除以及编辑。

1. 创建并编辑蒙版

在"蒙版"面板中可以直接对图层蒙版和矢量蒙版进行创建。通过单击"添加图层蒙版"按钮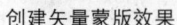和"添加矢量蒙版"按钮，可创建相应的蒙版。

创建矢量蒙版效果

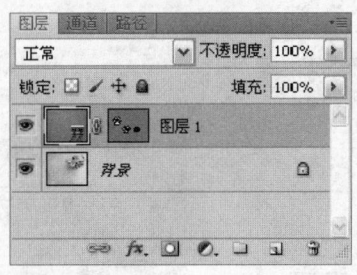
"图层"面板

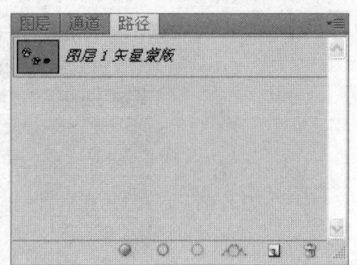
"路径"面板

2. 停用蒙版

对于一些编辑后的图层蒙版，如果需要查看原图像的效果，可对蒙版效果进行隐藏，以停用蒙版。停用蒙版的方法有很多种，在"蒙版"面板上直接单击"停用/启用蒙版"按钮，在蒙版图像上会显示一个红色×符号，表示停用蒙版，再次单击该按钮可启用蒙版。选中需要启用的蒙版，单击鼠标右键在弹出的快捷菜单中选择"启用图层蒙版"选项，也可以启用蒙版。

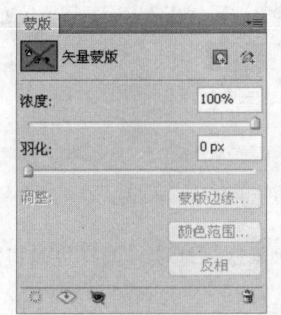
单击"停用/启用蒙版"按钮

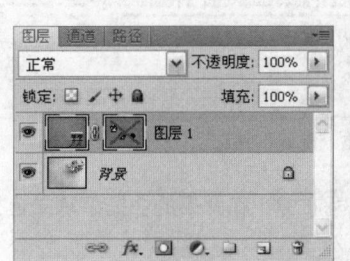
停用蒙版

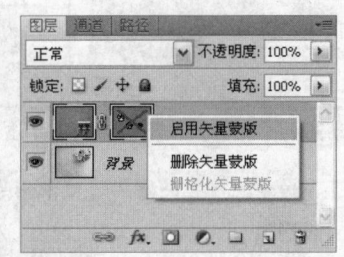
启用蒙版

3. 应用蒙版

单击"蒙版"面板中的"应用蒙版"按钮，可以将编辑后的蒙版应用到当前图层中，使蒙版与图层进行合并。一般在效果不需要更改的情况下使用，因为应用蒙版以后就不能再对蒙版进行修改。也可选中蒙版后单击鼠标右键，在弹出的快捷菜单中选择"应用蒙版"选项，应用蒙版至当前图层。

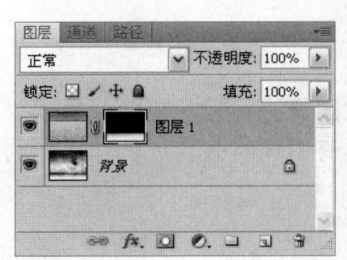
"图层"面板

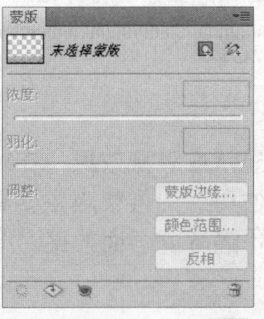
单击"应用蒙版"按钮

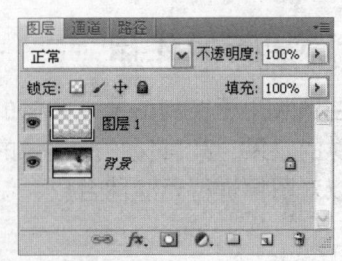
应用蒙版效果

4. 删除蒙版

对于不需要的蒙版可以删除，删除蒙版的方式有很多种，选中需要删除的蒙版，在"蒙版"面板中单击"删除蒙版"按钮，即可将选中的蒙版删除，而所有的蒙版操作对图像都将不再起作用。

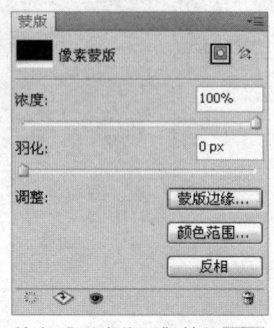
单击"删除蒙版"按钮

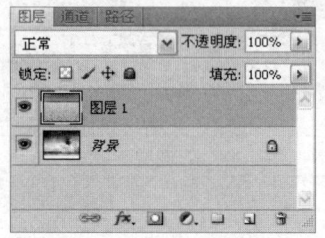
删除蒙版后

还可以在"图层"面板中选中需要删除的蒙版，按住鼠标左键不放，拖动蒙版至"删除图层"按钮上后释放鼠标，在弹出的对话框中单击"删除"按钮，也可删除蒙版。

拖动蒙版

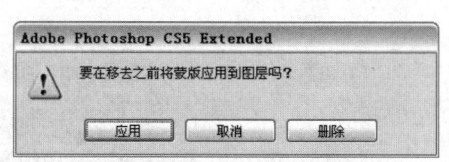
单击"删除"按钮

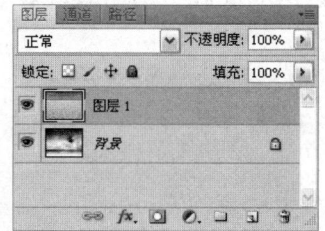
删除蒙版

TIP 选择需要删除的蒙版，单击鼠标右键，在弹出的快捷菜单中选择"删除蒙版"选项，同样可以将蒙版删除。

Unit 02 图层蒙版

图层蒙版是Photoshop中使用最频繁的蒙版类型。通过图层蒙版可将图像隐藏，以达到图像合成的效果。前面对"蒙版"面板进行了讲解，本单元将对图层蒙版的创建、作用、添加或删除等操作进行介绍。

》图层蒙版的作用

图层蒙版用于控制图层中图像的显示或隐藏效果，在对图像进行显示或隐藏的同时不会影响原图像的效果，具有保护原图像的作用。图层蒙版主要具有图像特效合成的作用，利用图层蒙版可以对图像进行无缝隙合成，制作逼真的画面效果。

底层图像　　　　　　　　　　　　当前图像　　　　　　　　　　　　合成效果

>> 图层蒙版的工作原理

图层蒙版是灰度图像，采用黑色在蒙版图层上进行涂抹，涂抹的区域图像将被隐藏，而显示出下层图像的内容。相反采用白色在蒙版图像上涂抹，则会显示被隐藏的图像，遮住下层图像内容。在对蒙版图层进行编辑时，可以结合渐变工具、画笔工具等工具，利用黑色与白色的涂抹方式对图像效果进行显示或隐藏。在"图层"面板中可以看出，被隐藏的图像部分在图层蒙版缩览图上呈黑色，显示的图像呈白色。

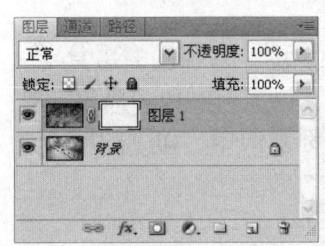  

未编辑的蒙版缩览图　　　　　　使用黑色涂抹蒙版图像　　　　　　编辑后的蒙版缩览图

>> 添加图层蒙版

前面对"蒙版"面板的创建或删除进行了讲解，这里主要对图层蒙版的添加进行介绍。在"图层"面板中选中需要添加图层蒙版的图层缩览图，单击"图层"面板下方的"添加图层蒙版"按钮，即可为该图层添加蒙版。也可以通过执行"图层>图层蒙版"命令，在弹出的级联菜单中进行选择，创建图层蒙版。

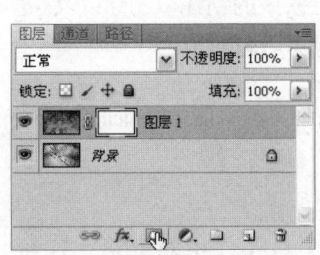  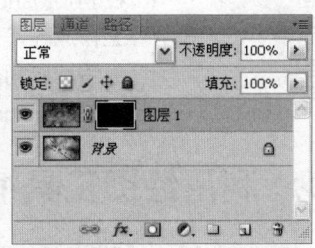

单击"添加图层蒙版"按钮　　　　执行命令　　　　　　　　　　　创建蒙版

操作演示　为图层添加图层蒙版

完成文件： 实例文件\Chapter 11\Complete\添加图层蒙版.psd

01 执行"文件>打开"命令，打开本书配套光盘中实例文件\Chapter 11\Media\001.jpg文件，在"图层"面板中新建"图层1"，如下图所示。

02 填充图层颜色为嫩绿色（R210、G218、B137），如下图所示。

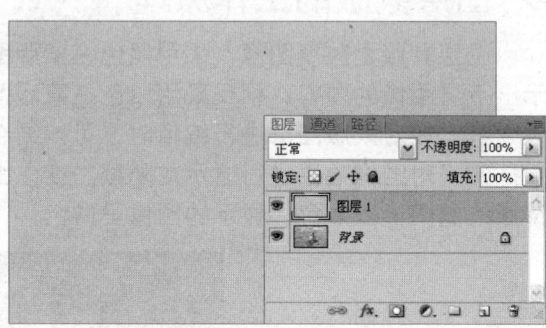

03 单击"图层"面板下方的"添加图层蒙版"按钮，为"图层1"添加图层蒙版，如下图所示。

04 单击蒙版图层缩览图，选择画笔工具，选择柔角较大的笔刷，设置前景色为黑色，对图像进行涂抹，隐藏部分图像，如下图所示。

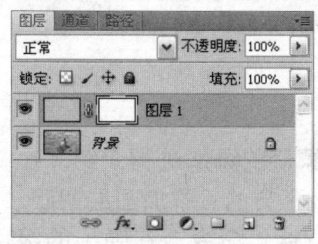
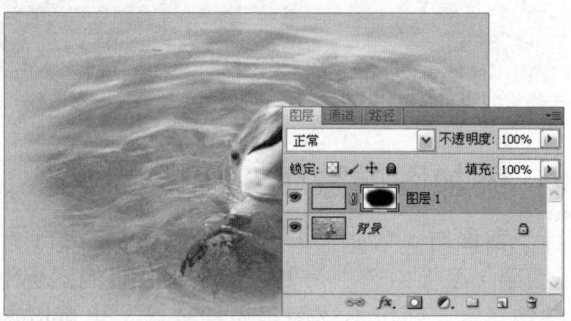

Unit 03　图层蒙版的基本操作

在 Photoshop 中，图层蒙版常被用于特效合成，前面对图层蒙版的创建、删除以及工作原理等进行了介绍，本单元将对图层蒙版的基本操作方法进行讲解，帮助读者灵活地应用图层蒙版制作出绚丽的特效合成图像。

>> 利用绘图工具编辑图层蒙版

使用绘图工具编辑图层蒙版是最常用的一种蒙版编辑方法。绘图工具操作相对灵活，在绘图工具中选择的画笔不同，编辑的蒙版效果也会不同。

底层图像　　　　　　　　　当前图像　　　　　　　　　涂抹蒙版效果

>> 利用渐变工具编辑图层蒙版

为图层添加图层蒙版以后，常会用到工具箱中的渐变工具对蒙版进行编辑。使用渐变工具可以制作渐隐的效果，使图像蒙版的编辑过渡非常自然，在合成图像中常被应用。

底层图像　　　　　　　　　当前图像　　　　　　　　　蒙版渐隐效果

>> 利用选区工具与油漆桶工具编辑图层蒙版

图层蒙版创建完成后，单击蒙版缩览图，可以使用选区工具在蒙版图像中创建选区，选择油漆桶工具填充选区为黑色，对选区内的图像进行隐藏，填充选区为白色则显示被隐藏的图像内容，填充选区为灰色则会使选区内的图像渐隐。

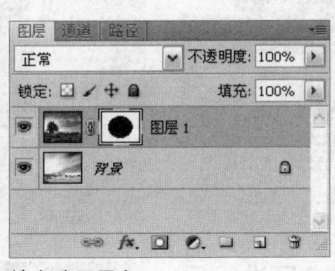

创建选区　　　　　　　　　填充选区黑色　　　　　　　　隐藏选区内图像

>> 利用滤镜编辑图层蒙版

滤镜是 Photoshop 中十分强大的功能之一，使用滤镜可以为图像添加各种特殊效果。利用滤镜还可以对图层蒙版进行编辑，由于蒙版中只有黑色和白色，使用滤镜编辑图层蒙版的原理在于将滤镜的效果做为黑色、白色、灰色隐藏或显示图像。滤镜在蒙版编辑中不常用，但是在蒙版编辑中却起着画龙点睛的作用。

操作演示 利用滤镜制作儿童相框

完成文件： 实例文件\Chapter 11\Complete\滤镜编辑蒙版.psd

01 执行"文件>打开"命令，打开本书配套光盘中实例文件\Chapter 11\Media\002.jpg文件，在"图层"面板中新建"图层1"，如下图所示。

02 填充"图层1"颜色为桃红色（R238、G77、B145），如下图所示。

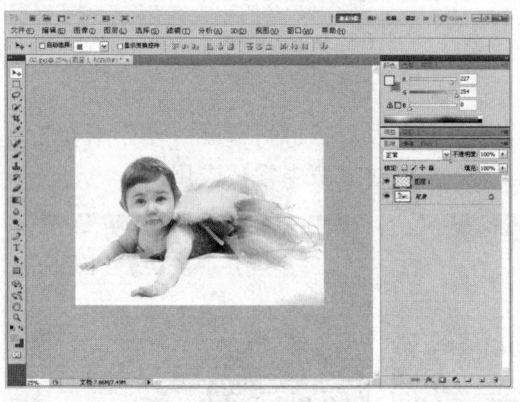

03 单击"图层"面板下方的"添加图层蒙版"按钮，为"图层1"添加图层蒙版，如下右图所示。单击椭圆选框工具，在选项栏上设置"羽化"为50px，然后在图像上创建椭圆选区，如下左图所示。

04 单击图层蒙版缩览图，填充选区颜色为黑色，将选区内的图像隐藏，透出下层图像内容，如下图所示。

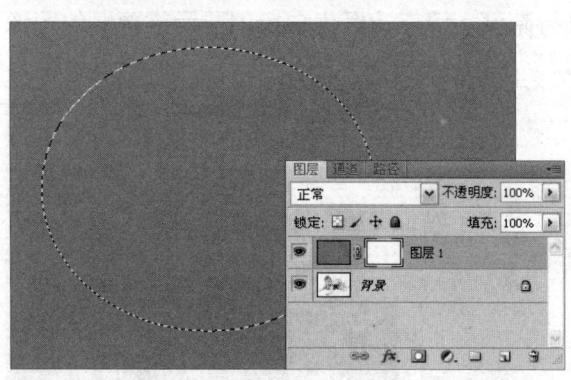

05 按下快捷键Shift+Ctrl+I，对选区进行反选，如右图所示。

06 执行"滤镜 > 素描 > 半调图案"命令，打开"半调图案"对话框，如下图所示设置各项参数值。

07 设置完成后单击"确定"按钮，按下快捷键 Ctrl+D 取消选区，单击横排文字工具 T，设置前景色为黄色（R227、G254、B0），在图像中输入文字，效果如下图所示。

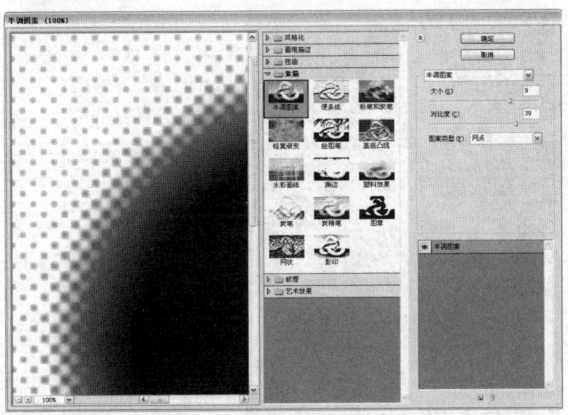

LET'S GO! 利用图层蒙版制作合成海报

◎ **最终文件：** 实例文件\Chapter 11\Complete\图层蒙版制作合成海报.psd

步骤 01 执行"文件 > 打开"命令，打开本书配套光盘中实例文件 \Chapter 11\Media\003.jpg 文件，如下图所示。

步骤 02 继续打开本书配套光盘中实例文件 \Chapter 11\Media\004.jpg 文件，如下图所示。

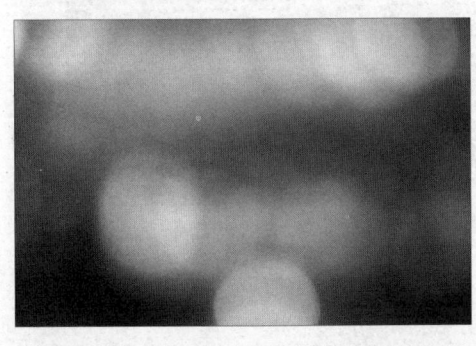

步骤 03 选择移动工具，将素材 004 拖动到 003 文件中，生成"图层 1"，如下图所示。

步骤 04 设置"图层 1"的混合模式为"明度"，如下图所示。

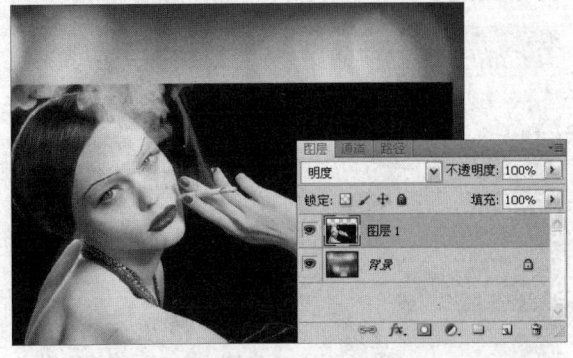

步骤05 在"图层"面板下方单击"添加图层蒙版"按钮，为"图层1"添加图层蒙版，设置前景色为黑色，选择画笔工具，设置画笔笔刷为柔角，然后在蒙版中绘制，擦除图像中的黑色部分，如下图所示。

步骤06 执行"文件>打开"命令，打开本书配套光盘中实例文件\Chapter 11\Media\005.jpg文件，如下图所示。

步骤07 在工具箱中选择移动工具，将素材005拖动到003文件中，生成"图层2"，如下图所示。

步骤08 设置"图层2"的混合模式为"明度"设置"不透明度"为50%，如下图所示。

步骤09 选择"图层2"，用前面同样的方法添加图层蒙版，为人物擦除多余的黑色部分，如下图所示。

步骤10 用前面同样的方法打开本书配套光盘中实例文件\Chapter 11\Media\006.jpg文件，如下图所示。

步骤 11 选择"图层3",设置"图层3"的混合模式为"柔光",如下图所示。

步骤 12 选择"图层3",同样运用前面的方法擦除人物周围多余的颜色,如下图所示。

步骤 13 新建"图层4",设置前景色为白色,选择画笔工具,在选项栏中单击"切换画笔面板"按钮,打开"画笔"面板,设置画笔为"菱形",如下图所示。

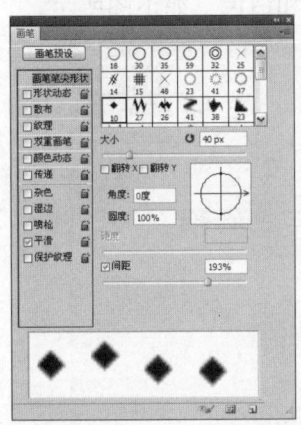

步骤 14 勾选"形状动态"复选框,在面板中设置各项参数,如下图所示。

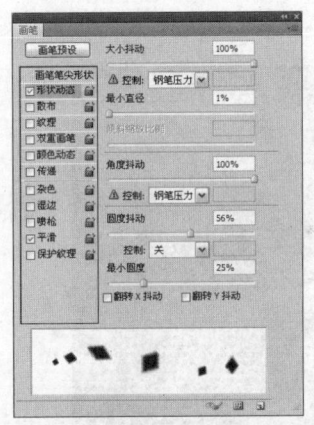

步骤 15 继续勾选"画笔"面板中的"散布"复选框,设置各项参数,如下图所示。

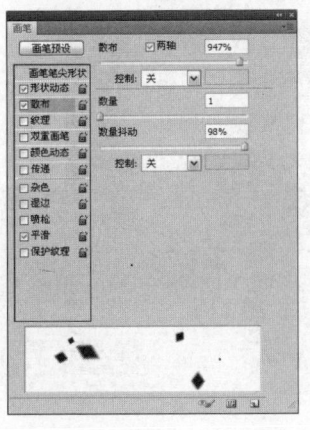

步骤 16 完成后在画面中拖动鼠标,绘制设置好的画笔笔刷,如下图所示。

步骤17 分别新建"图层5"和"图层6",然后按下键盘中的 [或] 键,适当切换画笔大小在画面中进行绘制。完成后设置"图层5"的"不透明度"为33%,如下图所示。

步骤18 选择工具箱中的横排文字工具,在选项栏中单击"切换字符和段落面板"按钮,打开"字符"面板,设置各项参数,其中设置颜色为朱红色(R249、G 87、B 87),如下图所示。

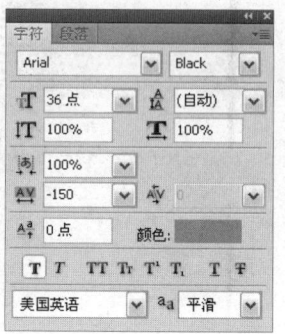

步骤19 完成后在画面中输入文字为 of course You are my favorite,如下图所示。

步骤20 双击文字图层,在弹出的"图层样式"对话框中勾选"描边"复选框,然后设置各项参数,其中设置渐变从左至右为桃红色(R190、G 0、B 94)和白色,如下图所示。

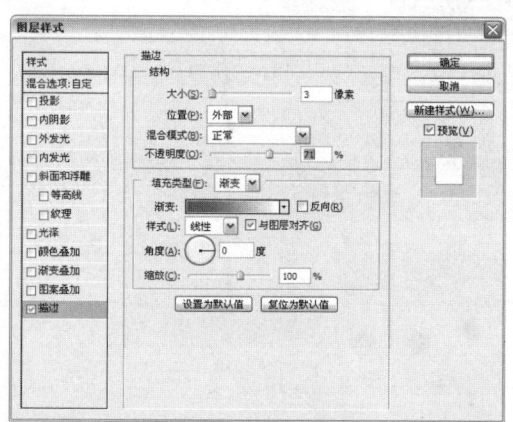

步骤21 完成后单击"确定"按钮,应用"图层样式",如下图所示。

步骤22 选择文字图层,设置文字图层的混合模式为"颜色减淡",效果如下图所示。

Unit 04 快速蒙版

前面对图层蒙版的应用原理与基本操作方法进行了介绍,本单元将主要对快速蒙版进行讲解,了解快速蒙版的作用与基本操作。

>> 快速蒙版的作用

快速蒙版主要用于图像选区的创建、抠取图像,可以将任何选区作为蒙版进行编辑。通过快速蒙版可以快速创建选区,通过绘图工具的涂抹,对涂抹的区域创建选区,也可以将选区直接转换为快速蒙版形式。

双击工具箱下面的"以快速蒙版模式编辑"按钮,打开"快速蒙版选项"对话框,通过该对话框可以对快速蒙版进行设置,下面对"快捷蒙版选项"对话框进行介绍,如下图和下表所示。

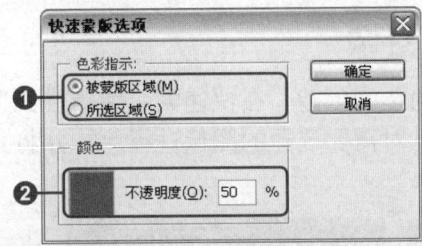

编号	名称	说明
❶	"色彩指示"选项组	该选项组用于设置使用快速蒙版时蒙版色彩的指示区域。"被蒙版区域"单选按钮为默认设置,即快速蒙版中红色区域为被蒙版区域;单击"所选区域"选项后,红色区域为选中区域 选择"所选区域"选项　　编辑快速蒙版区域　　创建选区
❷	"颜色"选项组	单击颜色框,可以打开"拾色器"对话框,设置选中区域所显示的颜色,默认情况下为红色 默认快速蒙版颜色　　设置颜色为绿色　　应用快速蒙版颜色效果

» 利用快速蒙版创建选区

单击工具箱下方的"以快速蒙版模式编辑"按钮,即可进入快速蒙版。使用绘图工具可以对图像进行涂抹,默认状态下涂抹颜色为半透明的红色,涂抹完成后单击工具箱下方的"以标准模式编辑"按钮,将涂抹的区域转换为选区。

原图　　　　　　　　　　　　　在快速蒙版下进行涂抹　　　　　　　　　创建选区

TIP 在快速蒙版编辑状态下,可以结合橡皮擦工具对不需要创建选区的图像蒙版区域进行擦除,使快速蒙版选区创建得更准确。

» 利用快速蒙版抠取图像

快速蒙版常被用于大面积的选区创建,在快速蒙版编辑模式下,同样可以采用工具箱中的工具对蒙版进行准确选择。通过对需要选择的图像进行涂抹并将其转换为选区,然后删除选区以外的图像,完成对图像的抠取。

原图　　　　　　　　　　　　　在快速蒙版下进行涂抹　　　　　　　　抠取图像效果

🏃 LET'S GO! 利用快速蒙版抠取人物

◎ **最终文件:** 实例文件\Chapter 11\Complete\快速蒙版抠取人物.psd

步骤01 执行"文件>打开"命令,打开本书配套光盘中实例文件\Chapter 11\Media\007.jpg 文件,双击"背景"图层将其转换为普通图层,得到"图层 0",如右图所示。

步骤02 双击工具箱下方的"以快速蒙版模式编辑"按钮◻，打开"快速蒙版选项"对话框，选中"被蒙版区域"单选按钮，如下图所示。

步骤03 设置完成后单击"确定"按钮，然后单击工具箱下方的"以快速蒙版模式编辑"按钮◻，选择画笔工具✎，选择尖角笔刷，在人物图像上涂抹，如下图所示。

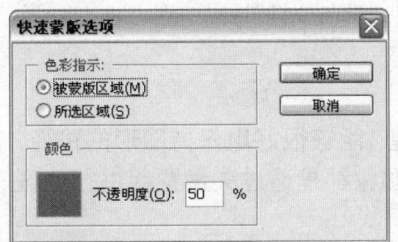

步骤04 涂抹完成后单击工具箱下方的"以标准模式编辑"按钮◻，创建图像选区，如下图所示。

步骤05 按下快捷键 Delete 键，删除选区内的图像，然后按下快捷键 Ctrl+D 取消选区，如下图所示。

TIP 通过快捷键 Q 可以在快速蒙版与标准模式之间切换。快捷键 Delete 不仅可以对选区内的图像进行删除，还可以在选中需要删除的图层后，按下快捷键 Delete，对该图层进行删除。

步骤06 执行"文件>打开"命令，打开本书配套光盘中实例文件\Chapter 11\Media\ 008.jpg文件，如下图所示。

步骤07 单击移动工具，选择007素材图像中的人物图像，拖动至008素材文件中，生成"图层1"，调整其在画面中的位置，如下图所示。

TIP 在 Photoshop 中常会用到将一个图像移动到另一个图像文件中的操作，移动图像后在该图像中将自动生成一个新图层。

Unit 05 矢量蒙版 >>

所谓矢量就是不会因为图像的放大或缩小影响图像的清晰度。矢量蒙版可以被任意的放大或缩小，一般通过路径绘制工具与形状绘制工具控制图像的可见性。本单元将对矢量蒙版进行详细讲解。

>> 矢量蒙版的作用

矢量蒙版常用于对矢量图形的修改，通过对矢量蒙版的创建，能够很好地保持图形的路径，在需要的时候随时可以在"路径"面板中进行选择编辑。矢量图像都是通过矢量蒙版进行处理的，有了矢量蒙版，能够高效率地进行图像制作。

采用形状绘制工具对矢量蒙版进行编辑，可将形状图形以外的图像进行隐藏，使形状图像以内的图像显示。

原图

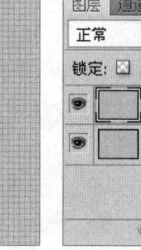
添加并编辑矢量蒙版

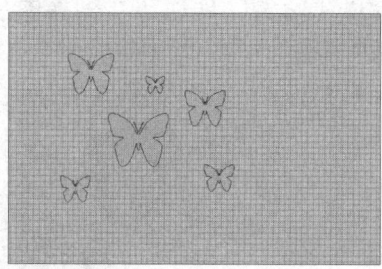
编辑蒙版效果

>> 矢量蒙版的链接特征

图层与面板之间有一个链接符号，将图层与蒙版链接在一起，便于对图层与蒙版进行编辑。单击该链接符号，当链接隐藏时将图层与蒙版进行分开，可以单独对图层或蒙版进行移动、变换操作。下面对矢量蒙版的链接特征进行讲解。

1. 移动性

前面对图层与蒙版的链接符号进行了介绍，通过链接图层与蒙版，可以将其一起移动。但是如果取消链接，就可以将图层与蒙版单独移动。

原图

链接情况下移动图像

取消链接移动图像

| TIP | 执行"图层 > 矢量蒙版"命令，可在弹出的级联菜单中进行矢量蒙版创建。 |

2. 变换性

矢量蒙版中的路径可以随意变换，在变换的过程中与图层和蒙版的链接有很大关系。

（1）创建矢量蒙版图层以后，当链接图像与矢量蒙版在图像中没有显示路径线的情况下，执行变换命令，则对整个图像与矢量蒙版进行一起变换。

 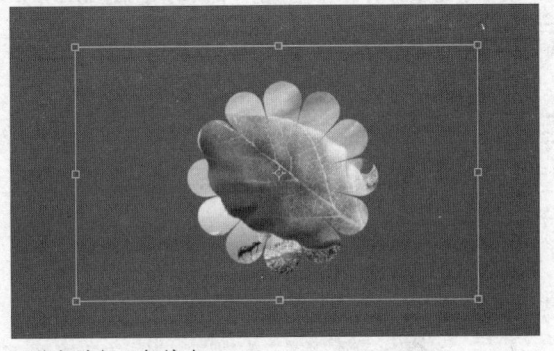

不显示路径线　　　　　　　　　　　　　图像与路径一起缩小

（2）显示路径线，执行变换命令，则只对路径进行缩小，不影响图像的大小。

显示路径线　　　　　　　　　　　　　对路径进行缩放

（3）取消链接，隐藏路径线对图像执行变换命令，则只对图像进行变换，不会影响路径的大小。

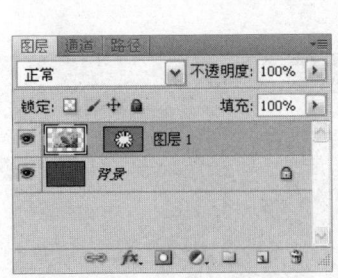 

取消链接　　　　　　　　　　　缩小图像

LET'S GO! 结合矢量蒙版添加相框效果

◎ **最终文件：** 实例文件\Chapter 11\Complete\矢量蒙版.psd

步骤 01 执行"文件>打开"命令，打开本书配套光盘中实例文件\Chapter 11\Media\009、010.jpg文件，如下图所示。

步骤 02 单击移动工具，将010.jpg文件移动到009图像文件中，得到"图层1"，如下图所示。

步骤 03 选择"图层1"，执行"图层 > 矢量蒙版"命令，在弹出的级联菜单中选择"全部显示"选项，为"图层1"创建矢量蒙版，如下图所示。

步骤 04 单击矢量蒙版缩览图，然后单击"图层1"右侧的"指示图层可见性"按钮，对"图层1"进行隐藏，如下图所示。

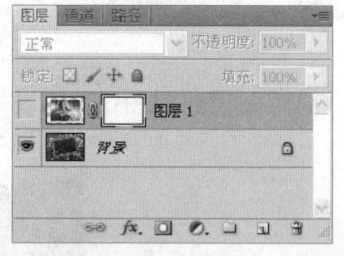

步骤 05 单击钢笔工具，在图像上沿着黑色相框部分绘制路径，如右图所示。

步骤 06 单击"图层 1"右侧的"指示图层可见性"按钮，对"图层 1"进行显示，如下图所示。

步骤 07 单击"图层 1"与矢量蒙版缩览图中间的链接按钮，隐藏路径线，然后按下快捷键 Ctrl+T，对图像使用自由变换命令，旋转图像并调整其在画面中的位置，如下图所示。

步骤 08 调整完成后按下 Enter 键结束自由变换命令，调整图像效果如下图所示。

步骤 09 按下快捷键 Ctrl+U，打开"色相/饱和度"对话框，设置各项参数值，如下图所示。

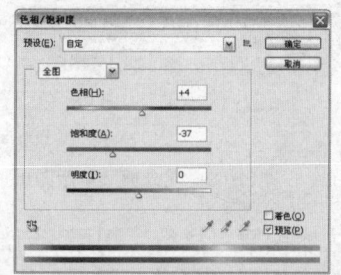

步骤 10 设置完成后单击"确定"按钮，图像效果如右图所示。

Unit 06 剪贴蒙版 >>

剪贴蒙版主要是由基层和内容图层组成，基层位于内容图层的下方，内容图层位于剪贴蒙版图层基层的上方。本单元将对剪贴蒙版的创建方法、基本操作方法、作用以及图层混合模式进行介绍。

>> 创建剪贴蒙版的方法

对于剪贴蒙版的应用，首先应了解剪贴蒙版的创建，剪贴蒙版的创建方法有很多种，下面主要对剪贴蒙版的创建方法进行介绍。

方法 1：按住Alt键，将光标放在"图层"面板中分隔两个图层的线上，光标变成两个交叉的图形，然后单击，创建剪贴蒙版图层。

内容图层

基底图层

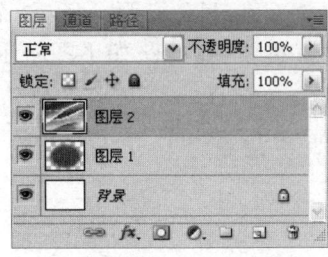
"图层"面板

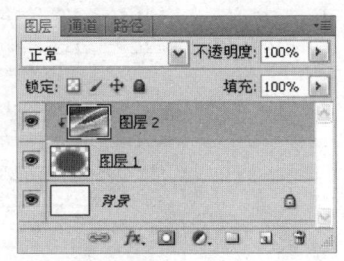
建立剪贴蒙版图层

剪贴效果

方法 2：选中内容图层，执行"图层>创建剪贴蒙版"命令，创建剪贴蒙版。

方法 3：选中内容图层，单击"图层"面板右上角的扩展按钮，在弹出的扩展菜单中选择"创建剪贴蒙版"选项，建立剪贴蒙版图层。

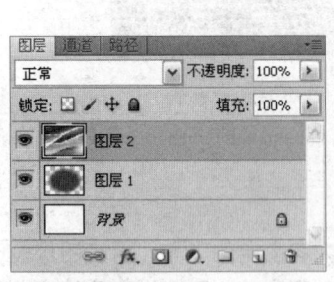
选中内容图层

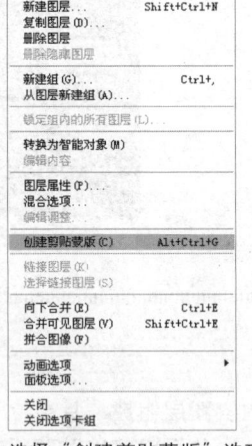
选择"创建剪贴蒙版"选项

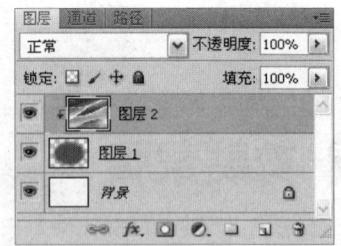
建立剪贴蒙版图层

方法 4：按下快捷键 Ctrl+Alt+G 创建剪贴蒙版。

剪贴蒙版的基本操作方法

前面对剪贴蒙版的创建方法进行了介绍，下面主要对剪贴蒙版的基本操作方法进行讲解，以帮助读者灵活应用剪贴蒙版图层制作出优秀的平面设计作品。

1. 释放剪贴蒙版

在"图层"面板中选择剪贴蒙版中的内容图层,执行"图层 > 释放剪贴蒙版"命令,可以将剪贴蒙版图层释放为普通图层。

2. 有选择的释放剪贴蒙版图层

在"图层"面板中添加了多个剪贴蒙版图层后,需要将部分的剪贴蒙版图层进行释放,可以按住 Ctrl 键选择需要释放的剪贴蒙版图层,然后单击"图层"面板右上角的扩展按钮,在弹出的扩展菜单中选择"释放剪贴蒙版"命令,释放剪贴蒙版图层。

选择多个内容图层

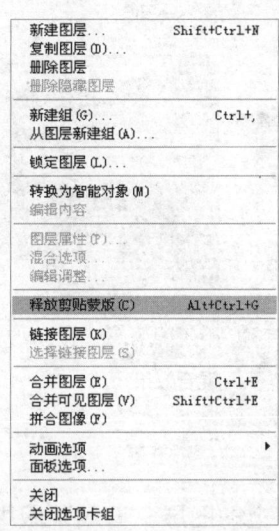
执行命令

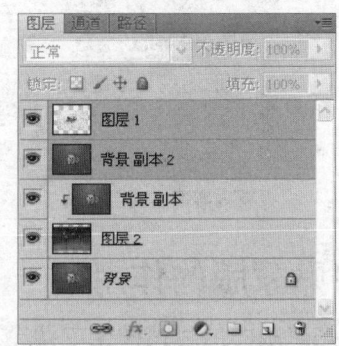
释放剪贴蒙版图层

> **TIP** 当"图层"面板中创建了多个剪贴蒙版图层以后,可以对最接近基层的内容图层进行选中,按下快捷键 Ctrl+Alt+G,释放选中图层的同时该剪贴蒙版以上的内容图层都被释放。

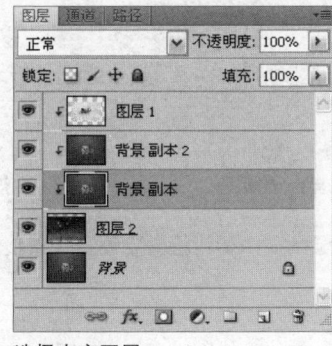
选择内容图层

释放剪贴蒙版图层

3. 设置剪贴蒙版图层混合模式

在剪贴蒙版中设置混合模式也是取决于基层,当对基层进行混合模式设置时,内容图层会受到基层混合模式的影响。当对内容图层进行混合模式设置时,基层为"正常"模式,也能使两个图层之间产生混合效果。

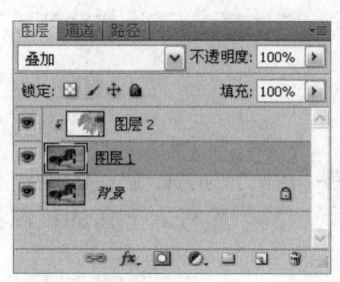
设置基层混合模式

混合效果

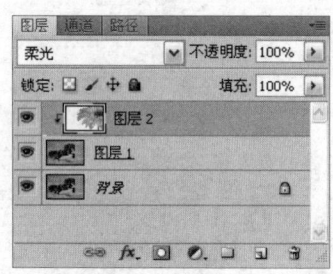
设置内容图层混合模式

混合效果

剪贴蒙版的作用

剪贴蒙版图层包括两个或两个以上的图层，剪贴蒙版中内容图层作用于基层基础上，根据基层的形状对内容图层产生约束，隐藏或显示内容图层图像。

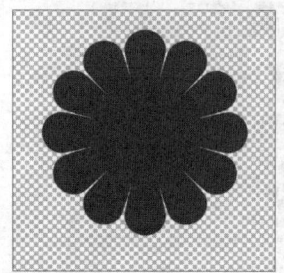
基层图像

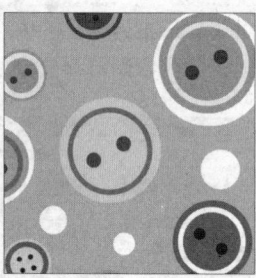
内容图像

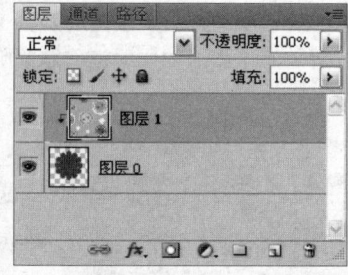
建立剪贴蒙版图层

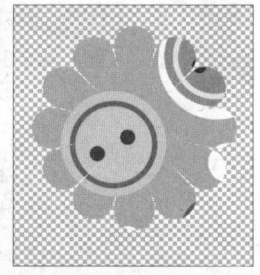
剪贴蒙版效果

TIP 剪贴蒙版常被应用于像素图像中。剪贴蒙版中的图层类型主要包括文字图层、调整图层以及填充图层。

操作演示 利用蒙版制作特效

完成文件： 实例文件\Chapter 11\Complete\剪贴蒙版.psd

01 执行"文件>打开"命令，打开本书配套光盘中实例文件\Chapter 11\Media\011.jpg文件，双击"背景"图层，将"背景"图层转换为普通图层，如下图所示。

02 选择自定义形状工具，在选项栏中单击"填充像素"按钮，在"形状"下拉列表中选择"灯泡1"图形，如下图所示。

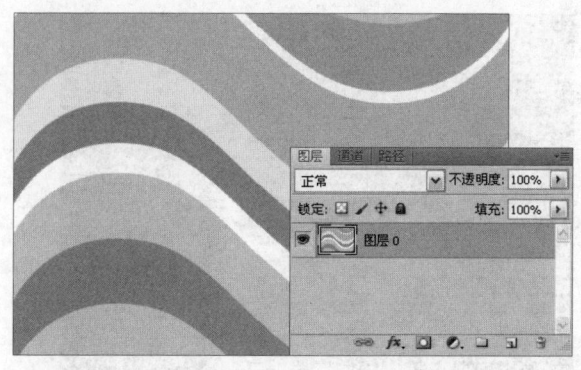

03 单击"图层"面板中的"创建新图层"按钮，新建一个"图层1"。设置前景色为白色，完成后在图像窗口中绘制选择的图像，如下图所示。

04 调整"图层0"图层到"图层1"之上，如下图所示。

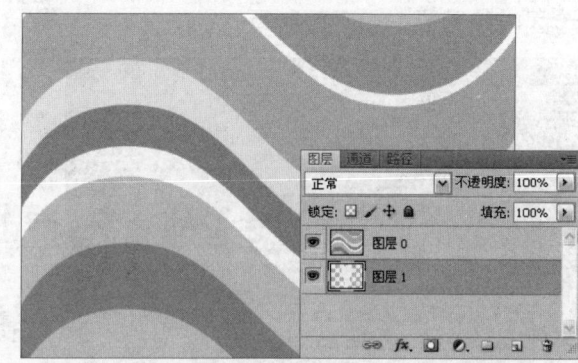

05 完成后按下快捷键Ctrl+Alt+G，为"图层1"创建剪贴蒙版，如右图所示。

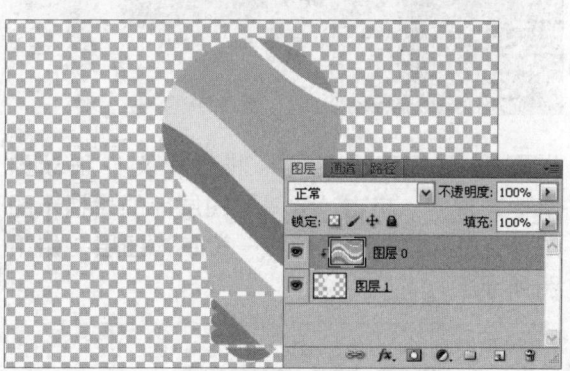

TIP 剪贴蒙版的创建必须是两个连续的图层。

LET'S GO! 鼠标创意合成特效

最终文件： 实例文件\Chapter 11\Complete\图层与蒙版的运用.psd

步骤01 执行"文件>打开"命令，打开本书配套光盘中实例文件\Chapter 11\Media\012.jpg文件，如下图所示。

步骤02 选择钢笔工具，沿鼠标边缘创建路径，如下图所示。

步骤03 完成后按下快捷键 Ctrl+Enter，将路径转换为选区，然后按下快捷键 Ctrl+J 复制选区内的图层，如下图所示。

步骤04 执行"文件>打开"命令，打开本书配套光盘中实例文件\Chapter 11\Media\013.jpg文件，如下图所示。

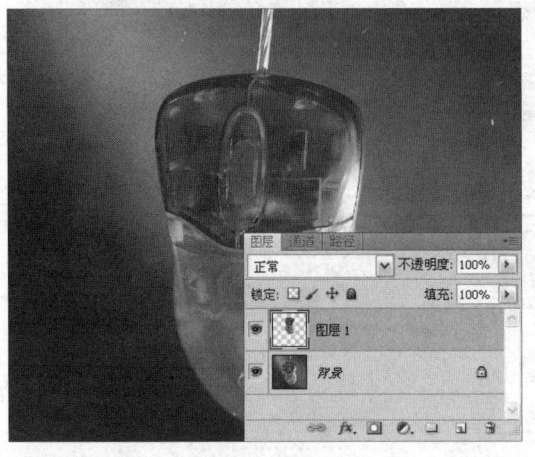

步骤05 选择移动工具，将素材文件拖动到鼠标文件中，单击"背景"图层前的"指示图层可见性"按钮，隐藏"背景"图层，如下图所示。

步骤06 按下快捷键 Ctrl+T，弹出自由变形控制框，分别调整鼠标与火的大小与位置，如下图所示。

步骤07 选择"图层2",按住 Ctrl 键的同时,单击"图层1"前的缩览图,将"图层1"的图像作为选区载入,如下图所示。

步骤08 完成后,单击"图层"面板下方的"添加蒙版"按钮 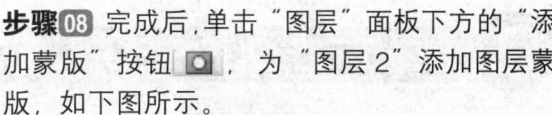 ,为"图层2"添加图层蒙版,如下图所示。

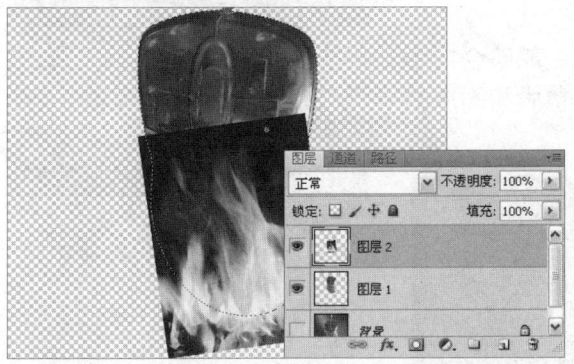

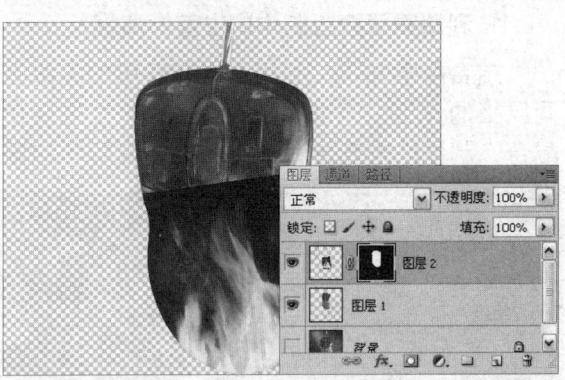

步骤09 选择"图层2",设置"图层2"的混合模式为"滤色",如下图所示。

步骤10 执行"文件>打开"命令,打开本书配套光盘中的实例文件\Chapter 11\Media\014.jpg文件。然后单击"打开"按钮,如下图所示。

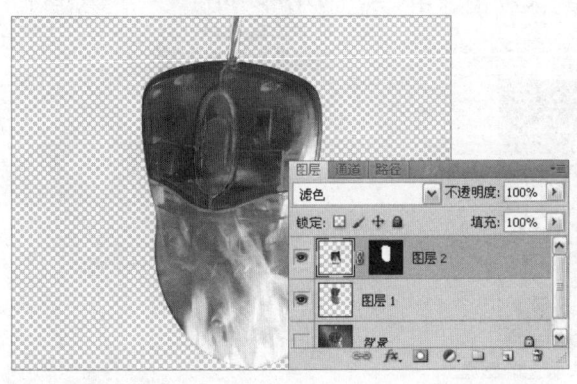

步骤11 用前面同样的方法使用移动工具,将素材文件拖动到鼠标文件中,生成"图层3",并调整"图层3"到"背景"图层之上,如下图所示。

步骤12 按住 Ctrl 键的同时选择"图层1"和"图层2",同样按下快捷键 Ctrl+T,弹出自由变形控制框。将鼠标向中心缩放,缩小鼠标与火焰图像,如下图所示。

DO IT YOURSELF 练习操作

1. 利用图层蒙版制作广告宣传海报

结合所学知识，利用图层和蒙版的高级运用，能够合成不同风格的作品。通过前面的学习，这里主要使用蒙版和图层的配合，制作广告宣传海报，巩固本章所学知识。

Step BY Step （步骤提示）
1. 新建图像文件
2. 制作背景效果
3. 添加素材图像

光盘路径
素材文件：
实例文件\Chapter 11\Media\015、016、017.psd
实例文件\Chapter 11\Media\花.adr
最终文件：
实例文件\Chapter 11\Complete\ 广告宣传海报 .psd

新建图像

海报效果

2. 利用剪贴蒙版添加图案

通过对前面知识的学习，下面采用剪贴蒙版对人物图像中的衣服添加花纹效果。

Step BY Step （步骤提示）
1. 打开素材图像
2. 添加花纹素材
3. 创建剪贴蒙版图层

原图

使用剪贴蒙版为人物添加衣服上的图案

>> 案例参考

下图所示是一组海报设计作品，利用图层与蒙版的完美结合，可为图像制作特殊的艺术效果，使画面合成效果更具真实感。

Chapter 12 通道的高级应用

通道是 Photoshop CS5 中最强大的功能之一。通过通道可以创建复杂的人物选区、抠取图像、进行图像的高级合成以及调整图像的颜色等。本章将主要介绍通道的基本操作和高级抠图技巧。使用通道能够抠取出复杂的图像，通过对本章节的学习，能够熟练掌握这些功能。

技术要点

1. 如何利用通道对图像进行抠取？

在通道面板中选择黑白对比强烈的通道，复制该通道，结合调色命令加强图像的明暗对比，然后对图像进行选区创建，完成对图像的抠取。

2. 利用通道抠取图像主要采用哪些方法？

在利用通道对图像进行抠取时，通常可以采用调整命令、画笔工具、路径绘制工具对图像进行抠取，根据不同的图像内容，可以有选择地抠取图像。

Unit 01 通道的基本操作 >>

在 Photoshop 中,可以显示图像的通道,通道采用特殊灰度储存图像的颜色信息和专色信息。利用通道可以保存选区和添加蒙版,也可以编辑图像,如绘制形状、添加滤镜效果和图层样式等,在本单元中将具体介绍通道的基本操作。

>> "通道"面板

在"通道"面板中,能够创建"通道"和管理"通道"。该面板中列出了图像中的所有通道,在"通道"面板中提供了通道和选区之间的切换功能,下面对"通道"面板进行介绍,具体说明如下图和下表所示。

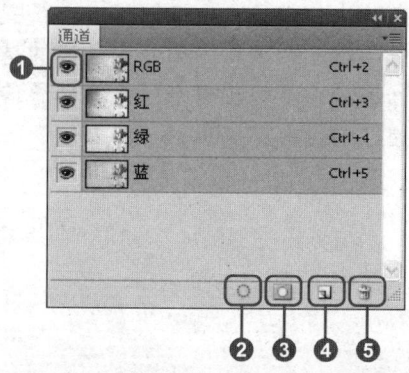

编号	名称	说明
❶	眼睛图标按钮 👁	"眼睛"图标 👁 用于显示和隐藏通道
❷	"将通道作为选区载入"按钮 ○	单击"将通道作为选区载入"按钮 ○,可以将通道中的内容转换为选区
❸	"将选区存储为通道"按钮 ▢	单击"将选区存储为通道"按钮 ▢,可以将图像中的选区转换为蒙版,保存到新增的Alpha通道中
❹	"创建新通道"按钮 ▫	单击"创建新通道"按钮 ▫,可以创建一个新的Alpha通道
❺	"删除当前通道"按钮 🗑	选中要删除的通道,然后单击"删除当前通道"按钮 🗑,即可删除选中的通道

素材图像

"通道"面板

通道的类型

在Photoshop中，可以将通道分为5种类型：复合通道、颜色通道、Alpha通道、专色通道和单色通道，这里详细介绍通道的各种类型以及相关功能，具体说明如下图和下表所示。

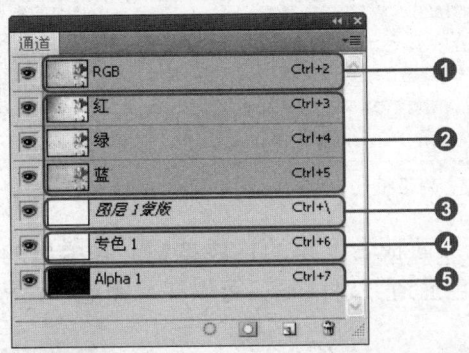

编号	名称	说明
❶	复合通道	复合通道是始终以彩色显示，用于预览并编辑整个图像颜色通道的一个快捷方式。它只应用于RGB、CMYK和Lab 3种颜色模式的图像
❷	颜色通道	颜色通道是在打开新图像时自动创建的。图像的颜色模式决定了所创建通道的数目
❸	图层蒙版	如果在图层中建立了蒙版，在"通道"面板中就会显示出该图层的蒙版
❹	专色通道	专色通道指定用于专色油墨印刷的附加印版
❺	Alpha通道	利用Alpha通道可以将选区存储为灰度图像

RGB模式"通道"面板

CMYK模式"通道"面板

通道的创建、复制及删除

在"通道"面板中可创建新的通道，这样可以在不破坏原图像颜色的情况下进行编辑，对不需要的通道可以删除。下面对通道的创建、复制、删除进行具体介绍。

1. 创建通道

通道创建的方式有很多种，这里主要对通道的创建方法进行详细讲解。

方法1：可以通过单击"通道"面板下方的"创建新通道"按钮，创建一个Alpha通道。

方法2：单击"通道"面板右上角的扩展按钮，在弹出的扩展菜单中选择"新建通道"选项，打开"新建通道"对话框，可以对通道的名称、色彩指示和颜色等进行设置。

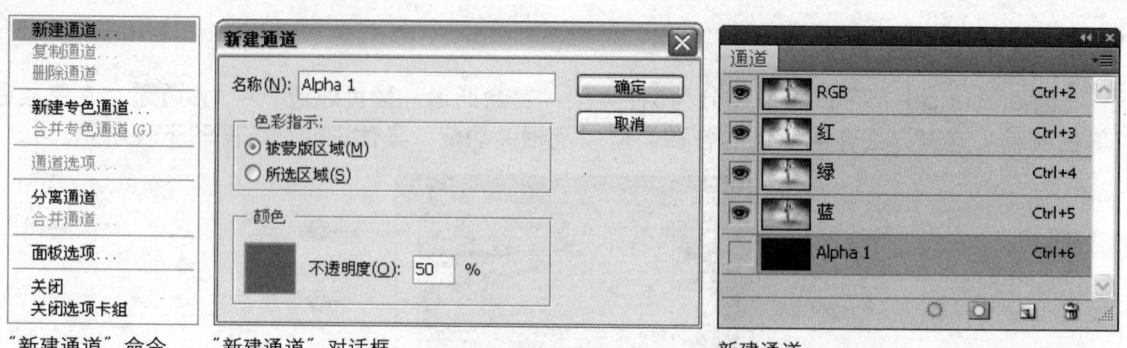

"新建通道"命令　　　"新建通道"对话框　　　　新建通道

方法 3：单击"通道"面板右上角的扩展按钮，在弹出的扩展菜单中选择"新建专色通道"命令，打开"新建专色通道"对话框，可以在"通道"面板中新建一个"专色通道"。

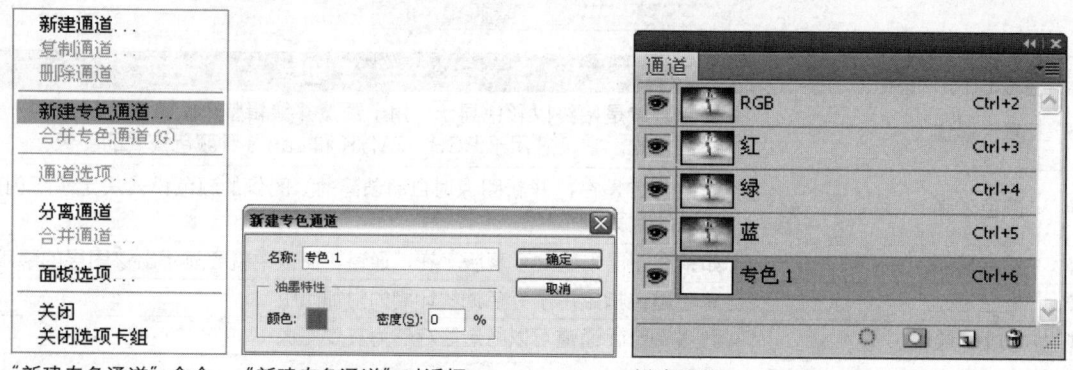

"新建专色通道"命令　　"新建专色通道"对话框　　新建通道

方法 4：在"图层"面板中添加图层蒙版，会在"通道"面板中自动生成一个图层蒙版通道图层。

2. 删除通道

在"通道"面板中可以添加通道，也可以删除通道。下面主要对通道的删除方法进行介绍。

方法1：选中需要删除的通道，单击"通道"面板下方的"删除当前通道"按钮，在弹出的询问对话框中单击"是"按钮，对通道进行删除。

选择通道　　　　　　单击"是"按钮　　　　　　删除通道

方法 2：选中需要删除的通道，按住鼠标左键不放，拖动鼠标至"删除当前通道"按钮，释放鼠标，对通道进行删除。

方法3：选中需要删除的通道，单击鼠标右键，在弹出的快捷菜单中选择"删除通道"选项，对通道进行删除。

方法4：选中需要删除的通道，单击"通道"面板右上角的扩展按钮，在弹出的扩展菜单中选择"删除通道"命令，对通道进行删除。

3. 复制通道

前面对通道的创建与删除方法进行了介绍，这里主要讲解通道的复制。选中需要复制的通道，单击鼠标右键，在弹出的快捷菜单中选择"复制通道"命令，打开"复制通道"对话框，可以对通道的名称与目标进行设置，单击"确定"按钮，完成通道的复制。

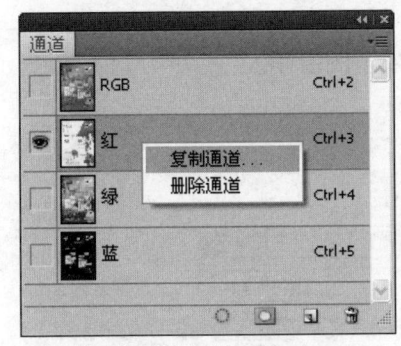
选择"复制通道"命令

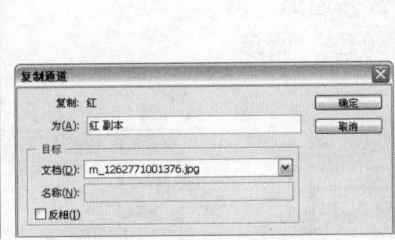
"复制通道"对话框

复制红通道

》 分离和合并通道

分离通道后，可以将源文件关闭，单个通道中的图像以单独的灰度图像窗口出现，能分别存储和编辑新图像。合并通道，可以将多个图像合并为一个图像通道，要合并的图像模式必须是灰度模式，具有相同的图像尺寸且处于打开状态。下面将介绍分离与合并通道的具体操作。

操作演示 分离合并通道

◎ **完成文件：** 实例文件\Chapter 12\Complete\分离合并通道.psd

01 执行"文件>打开"命令，打开本书配套光盘中实例文件\Chapter 12\Media\001.jpg文件，如右图所示。

02 单击"通道"面板,在面板的左侧单击扩展按钮,在弹出的扩展菜单中选择"分离通道"命令,"红"、"绿"、"蓝"通道被分离出来,查看图像的通道面板,图像为灰度模式,如右图所示。

03 用前面同样的方法单击"通道"面板左上角的扩展按钮,在弹出的扩展菜单中选择"合并通道"选项。在弹出的"合并通道"对话框中选择"模式"为"Lab颜色"通道,如下图所示。

04 单击"确定"按钮,弹出"合并Lab通道"对话框,如下图所示。

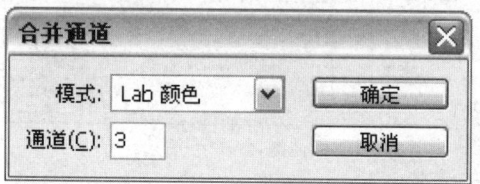

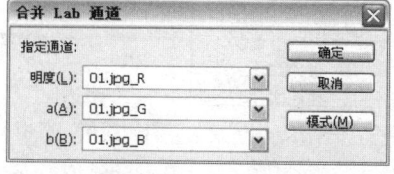

05 完成后单击"确定"按钮,合并图像为"Lab通道",如右图所示。

不同的图像模式,其"通道"面板中显示颜色也会不同,如RGB模式的图像,"通道"面板中只有3个颜色通道和一个复合通道,而CMYK则是4个颜色通道和一个复合通道。

▶▶ 显示或隐藏通道

在"通道"面板中单击"指示通道可见性"按钮,可以对通道进行显示和隐藏,通过对不同通道的显示,所体现的图像效果也不同。

原图　　　　　　　　　　显示红、绿通道　　　　　　　　通道显示效果

显示绿、蓝通道　　　　通道显示效果

LET'S GO! 删除复制通道

最终文件： 实例文件\Chapter 12\Complete\删除复制通道.psd

步骤01 执行"文件 > 打开"命令，打开本书配套光盘中实例文件 \Chapter 12\Media\002.jpg 文件，如下图所示。

步骤02 打开"通道"面板，选中"绿"通道，并将其拖动至"创建新通道"按钮 上，复制一个"绿 副本"通道，如下图所示。

步骤03 按下快捷键Ctrl+L，弹出"色阶"对话框，在对话框中设置各项参数，完成后单击"确定"按钮，如下图所示。

步骤04 在按住 Ctrl 键的同时单击"绿 副本"通道的缩览图，将其作为选区载入，如下图所示。

步骤05 单击"创建新通道"按钮 ，创建一个Alpha通道，如下图所示。

步骤06 设置前景色为任意色，然后按下快捷键 Alt+Delete 填充，如下图所示。

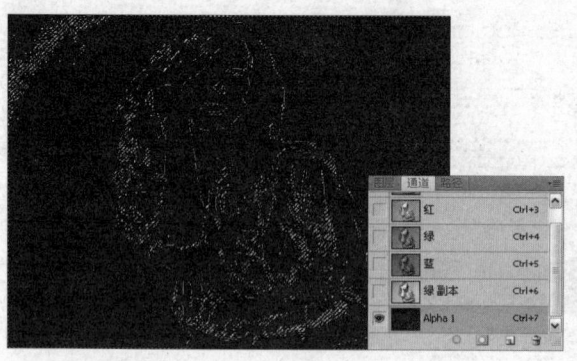 

步骤07 单击"删除当前通道"按钮，如下图所示。

步骤08 删除通道后，"通道"面板自动切换为复合通道，如下图所示。

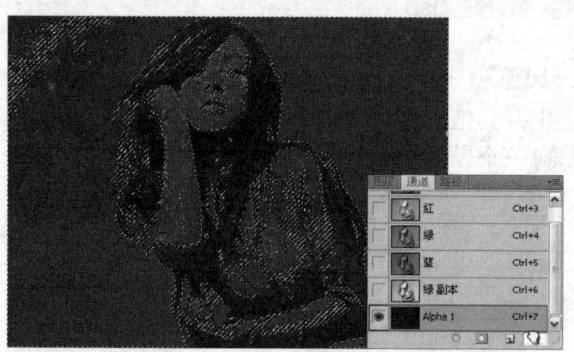 

Unit 02 颜色通道的运用 >>

在 Photoshop 中对图像进行编辑的同时，其实是对颜色通道进行的编辑。这些通道将图像分解成多个颜色成分，不同的图像模式，其通道数量也会不同。如前面所讲的 RGB 模式与 CMYK 模式的"通道"面板。本单元将对颜色通道进行详细讲解。

>> 颜色通道用于存储颜色信息

在"通道"面板中容纳了不同模式的颜色通道，这里主要对RGB模式与CMYK模式的颜色通道进行讲解。

1. RGB颜色模式

当图像模式为RGB模式时，在"通道"面板中有3个颜色通道和一个复合通道。在对图像进行调整、绘画、应用滤镜等相关操作时，如果选择某个通道，则对图像的所有操作只改变当前通道的颜色信息，如果没有对通道进行选择，则改变整个图像的通道信息。

TIP 在颜色通道中选中某个颜色后，会对图像的像素发生根本的改变。对每个通道调整的程度不同，效果也会不一样。

RGB 模式图像

"通道"面板

红通道

绿通道

蓝通道

2. CMYK 颜色通道

当图像模式为CMYK颜色模式时，通道中有4个颜色通道（青色、洋红、黄色、黑色）和一个复合通道。CMYK模式图像也可以通过对不同的颜色通道进行调整，从而调整图像的颜色效果。

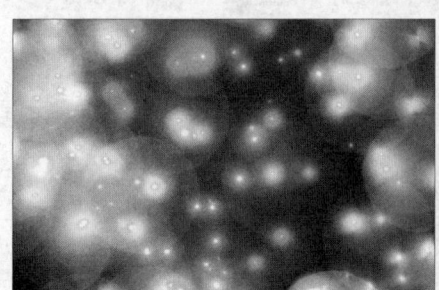
CMYK 模式图像

"通道"面板

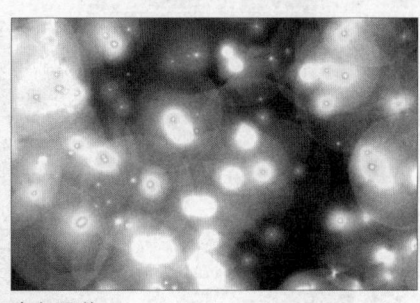
青色通道

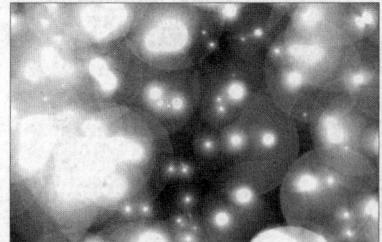
洋红通道

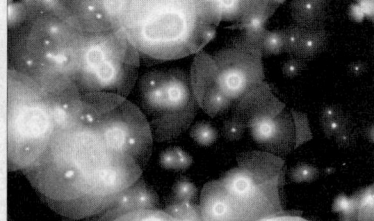
黄色通道

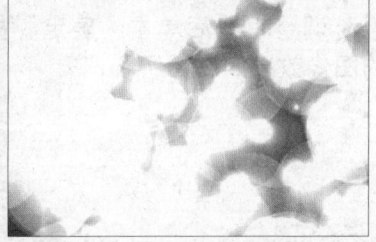
黑色通道

利用颜色通道调整图像颜色

前面对 RGB 与 CMYK 颜色通道进行了介绍，通过对颜色通道的调整可以改变图像颜色效果，下面主要对颜色通道具体操作进行讲解。

操作演示 利用"曲线"命令调整通道颜色

完成文件： 实例文件\Chapter 12\Complete\利用曲线调整通道颜色.psd

01 执行"文件>打开"命令，打开本书配套光盘中实例文件\Chapter 12\Media\003.jpg文件，如下图所示。

02 按下快捷键Ctrl+M，打开"曲线"对话框，选择"红"通道调整曲线位置，如下图所示。

03 继续选择"绿"通道，调整曲线的位置，如下图所示。

04 选择"蓝"通道，继续调整曲线的位置，如下图所示。

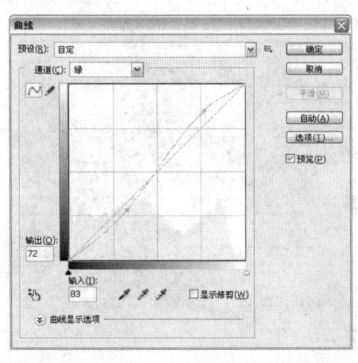
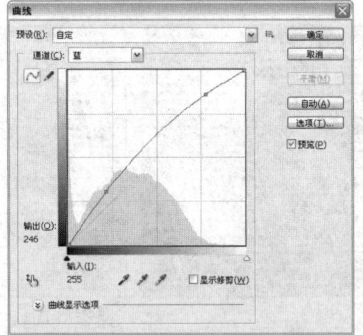

05 调整完成后单击"确定"按钮，调整后的图像效果如右图所示。

 TIP 在颜色通道中选中某个颜色后，对图像的调整会对图像的像素发生根本的改变。对每个通道调整的程度不同，效果也会不一样。

LET'S GO! 利用"调整"命令调整各通道颜色

最终文件： 实例文件\Chapter 12\Complete\利用调整命令调整通道颜色.psd

步骤 01 执行"文件>打开"命令，打开本书配套光盘中实例文件\Chapter 12\Media\004.jpg文件，如下图所示。

步骤 02 在"通道"面板中选择"青色"通道，执行"图像 > 调整 > 亮度/对比度"命令，在弹出的"亮度/对比度"对话框中设置参数值，如下图所示。

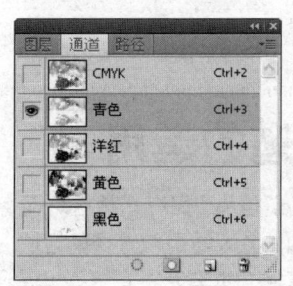 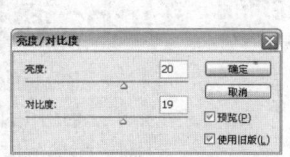

步骤 03 设置完成后单击"确定"按钮，调整青色图像明暗对比，如下图所示。

步骤 04 选择"黄色"通道，按下快捷键Ctrl+L，打开"色阶"对话框，设置各项参数值，如下图所示。

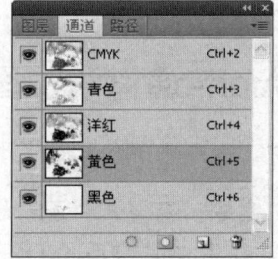 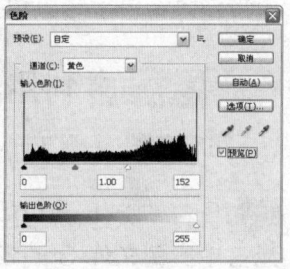

步骤 05 设置完成后单击"确定"按钮，调整黄色图像颜色，如下图所示。

步骤 06 选择"黑色"通道，并按下快捷键Ctrl+M，打开"曲线"对话框，调整曲线，如下图所示。

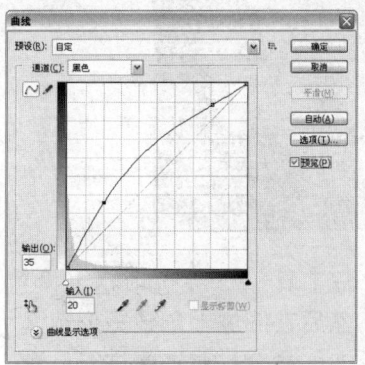

步骤 07 调整完成后单击"确定"按钮，加强黑色图像的明暗对比，效果如右图所示。

Unit 03 Alpha通道的运用 >>

Alpha通道是为了保存选择区域而存在的通道，在Photoshop中应用十分普遍。Alpha通道中的白色区域是被选择的区域，黑色区域是未被选择的区域，灰色区域是带有羽化效果的区域。本单元将介绍Alpha通道的基本操作应用。

>> Alpha通道的编辑

在前面小节中对Alpha通道的创建进行了介绍，下面主要对Alpha通道的基本应用以及编辑方法进行讲解，具体操作步骤如下。

操作演示 利用Alpha通道添加图像相框

◎ **完成文件**：实例文件\Chapter 12\Complete\Alpha通道.psd

01 执行"文件>打开"命令，打开本书配套光盘中实例文件\Chapter 12\Media\005.jpg文件，如下图所示。

02 单击"通道"面板下侧的"创建新通道"按钮，创建一个Alpha通道，如下图所示。

03 单击矩形选框工具，在选项栏上设置"羽化"为20px，然后在图像上创建矩形选区，执行"选择>反向"命令，对选区进行反选，并填充选区颜色为白色，如下图所示。

04 按下快捷键Ctrl+D取消选区，执行"滤镜>素描>单调图案"命令，在弹出的对话框中设置参数值，完成后单击"确定"按钮，如下图所示。

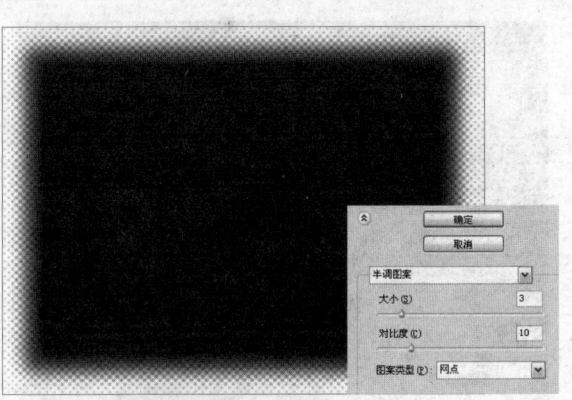

05 按住 Ctrl 键单击"Alpha 1"通道缩览图，载入白色区域选区，如下图所示。

06 回到"图层"面板中，新建"图层 1"，填充选区颜色为黄色（R255、G228、B0），取消选区，如下图所示。

Unit 04 专色通道的运用 >>

前面对颜色通道与 Alpha 通道的基本应用进行了讲解，本单元主要对特殊印刷的专业通道进行介绍。应用专色通道可以对印刷作品进行一些特殊的颜色打印。

>> 认识专色通道

专色通道是一个相对比较特殊的通道，常用于一些特殊处理的操作。如图像打印中，为图像添加荧光油墨、烫金、烫银、套版印制无色系等，这些特殊的油墨无法用三原色油墨混合，这时就需要专色通道和专色印刷功能。

专色印刷可以使印刷作品更具质感，且具有视觉震撼力。由于专色印刷不能明显显示，所以在使用专色通道进行图像印刷时，往往需要更多的经验以对专色通道熟练运用。

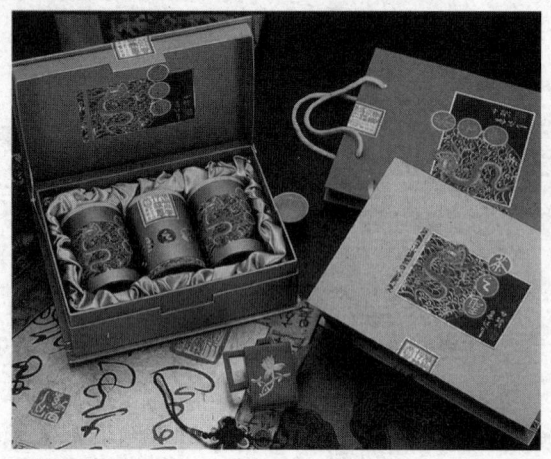

专色印刷

专色通道的编辑

打开"通道"面板,单击该面板右上角的扩展按钮,在弹出的扩展菜单中选择"新建专色通道"选项,可以打开"新建专色通道"对话框,这里首先对"新建专色通道"对话框中各选项进行介绍,具体说明如下图和下表所示。

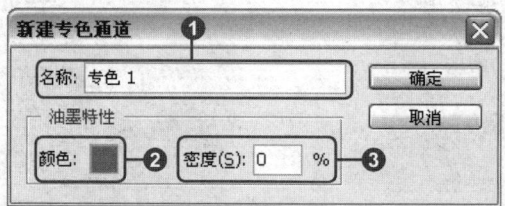

编号	名　　称	说　　　　明
❶	"名称"文本框	可以设置专色通道的名称
❷	"颜色"选项	单击颜色预览框可以打开"选择专色"对话框,进行颜色设置 设置颜色　　　　　　填充颜色效果
❸	"密度"文本框	密度和颜色相关,设置的密度越小越能完全显示下层油墨的透明度,密度越大越会遮盖下层油墨。密度和颜色设置只对屏幕预览效果起作用,而不会影响印刷效果 密度为0%　　　密度为50%　　　密度为100%

操作演示 专色通道的基本操作方法

完成文件： 实例文件\Chapter 12\Complete\专色通道.psd

01 执行"文件>打开"命令，打开本书配套光盘中实例文件\Chapter 12\Media\006.jpg文件，如下图所示。

02 选择"通道"面板，单击右上角的扩展菜单，在弹出的扩展菜单中选择"新建专色通道"选项，如下图所示。

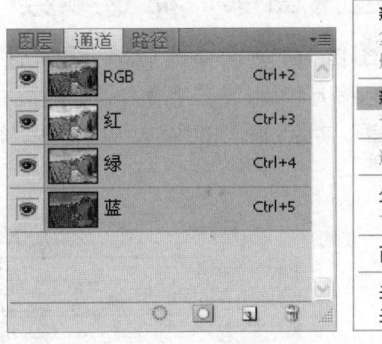

03 在弹出的"新建专色通道"对话框中设置各项参数，设置完成后单击"确定"按钮，在"通道"面板中新建一个专色通道，填充通道为深灰色，如下图所示。

04 再次打开"新建专色通道"对话框，设置"密度"为100%，单击"确定"按钮，新建"专色2"通道，如下图所示。

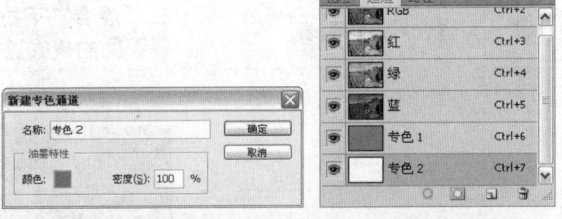

05 填充"专色2"与"专色1"通道为相同的颜色，如右图所示。

Unit 05 通道与"应用图像"命令 >>

利用"应用图像"命令可将两个具有相同尺寸图像的图层或通道进行混合,从而创建新的图像。前面对通道的基本操作与类型进行了讲解,这里将主要对通道与"应用图像"命令进行介绍。

>> 认识"应用图像"命令参数

使用"应用图像"命令调整图像时,只是通道效果的合成,而不会产生新的通道。利用"应用图像"命令能够方便地混合各种尺寸相同的图像。执行"图像 > 应用图像"命令,可以打开"应用图像"对话框,这里首先介绍"应用图像"对话框中各参数,具体说明如下图和下表所示。

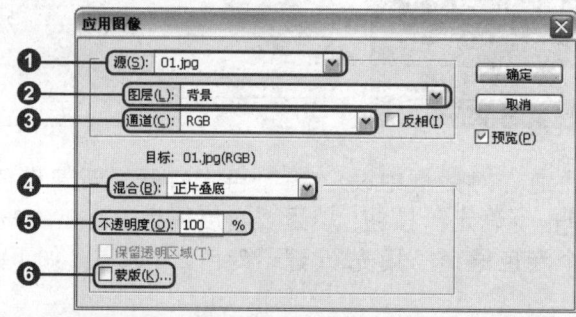

编号	名称	说明
❶	"源"下拉列表	在"源"下拉列表中可以选择需要合并图像的源
❷	"图层"下拉列表	在"图层"下拉列表中可以选择需要进行混合的图层
❸	"通道"下拉列表	在"通道"下拉列表中可以选择需要进行混合的通道
❹	"混合"下拉列表	在"混合"下拉列表中,提供了多种混合模式,可以根据图像效果选择不同的模式进行图像效果混合
❺	"不透明度"文本框	在"不透明度"文本框中,能够设置"源"下拉列表中图像的不透明度 设置源的不透明度为100%　　设置源的不透明度为50%
❻	"蒙版"复选框	勾选"蒙版"复选框,能够将选中的图层设置为蒙版,用于隐藏其所在图像在图层中的图像区域

操作演示 "应用图像"的基本操作方法

完成文件： 实例文件\Chapter 12\Complete\应用图像.psd

01 执行"文件>打开"命令，打开本书配套光盘中实例文件\Chapter 12\Media\007.jpg文件，如下图所示。

02 用同样的方法执行"文件>打开"命令，打开本书配套光盘中实例文件\Chapter 12\Media\008.jpg文件，如下图所示。

03 执行"图像>应用图像"命令，打开"应用图像"对话框，设置参数，如下图所示。

04 完成后单击"确定"按钮，应用图像效果，如下图所示。

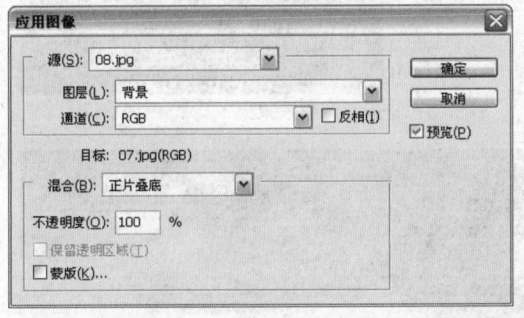

❯❯ 在相同图像中应用"应用图像"命令

"应用图像"命令可以在不同图像中使用，也可以在两个相同的图像中使用。也就是将目标图像与源图像设置为同一图像。

原图像

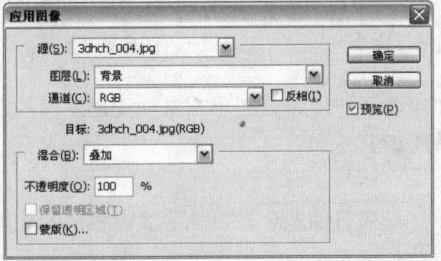
设置参数

图像效果

TIP 执行"图像>应用图像"命令后，还可以多次执行此命令，以使图像混合效果更丰富。

》"应用图像"命令与图层的关系

当图像文件中具有多个图层时,在"应用图像"对话框中选择源图像非常重要,根据不同的图像,混合效果也会不一样。如果需要对所有图层执行"应用图像"命令,可以采用"合并图层"选项,如下图所示。

图像1

图像2

图像3

"图层"面板

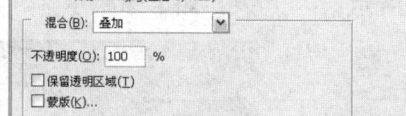
执行"应用图像"命令

应用图像效果

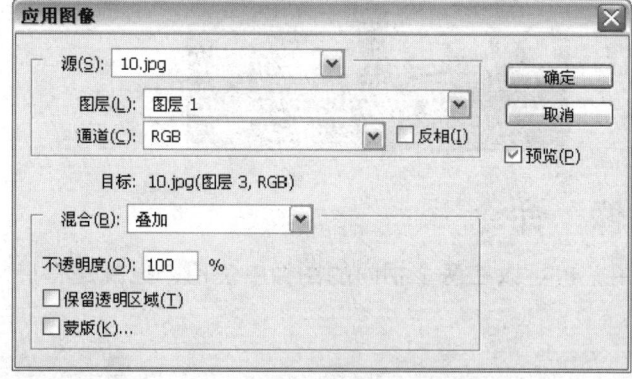
对"图层3"与"图层1"执行"应用图像"命令

图像效果

TIP 在"图层"面板中选中的某个图层,就是该图层与其他图层之间的混合。选择图层和被选择图层的关系是,选择图层作用于被选择图层。

TIP 执行"应用图像"命令时,必须保证源图像与目标图像有相同的像素。因为使用"应用图像"命令处理图像的原理是两个图层或通道重叠后,相应位置的像素在不同的混合模式下相互作用,从而产生不同的效果。

Unit 06 通道计算 >>

"计算"命令与"应用图像"命令类似,都是将两个尺寸相同的图像进行混合,并用于混合两个来自一个或多个源图像的单个通道,然后可以将结果应用到新图像或新通道。利用"计算"命令可以创建新的通道和选区,也可创建新的黑白图像文件,在前面的小节中介绍了利用"应用图像"命令合并图像,在这一小节中将讲解利用"计算"命令抠选图像。

>> 认识通道与计算命令参数

通过"计算"命令可以建立多个图像之间的链接,并且可以反复应用该命令对图像进行操作。执行"图像>计算"命令,可以打开"计算"对话框,这里主要对"计算"对话框的参数进行讲解,如下图和下表所示。

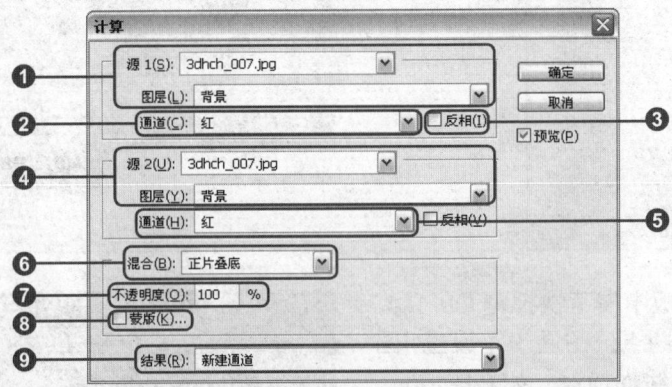

编号	名称	说明
❶	"源1"、"图层"下拉列表	单击右侧的下拉按钮,可以设置源图像与图层
❷	"通道"下拉列表	可选择通道进行混合
❸	"反相"复选框	勾选该复选框可以对通道内容进行负片效果
❹	"源2"、"图层"下拉列表	选择第二个源图像和图层混合
❺	"通道"下拉列表	选择源图像计算通道,它不受颜色模式的影响
❻	"混合"下拉列表	设置混合模式,单击右侧的下拉按钮,在弹出的菜单中可以选择混合模式
❼	"不透明度"选项	设置图像混合的透明度
❽	"蒙版"复选框	勾选该复选框可以激活图像、图层和通道选项
❾	"结果"下拉列表	单击右侧的下拉按钮,在弹出的下拉菜单中可以设置"新建文档"、"新建通道"、"新建选区"等保存方式

操作演示 "计算"的基本操作方法

完成文件: 实例文件\Chapter 12\Complete\计算.psd

01 执行"文件>打开"命令,打开本书配套光盘中实例文件\Chapter 12\Media\009.jpg文件,如下图所示。

02 执行"图像>计算"命令,打开"计算"对话框,如下图所示设置各项参数值。

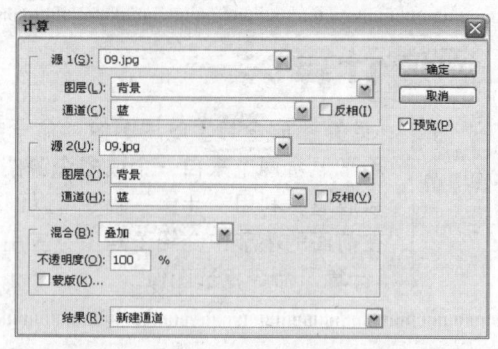

03 设置完后单击"确定"按钮,在"通道"面板中生成 Alpha 1 通道,如下图所示。

04 按住 Ctrl 键单击 Alpha 1 通道缩览图,载入通道选区,如下图所示。

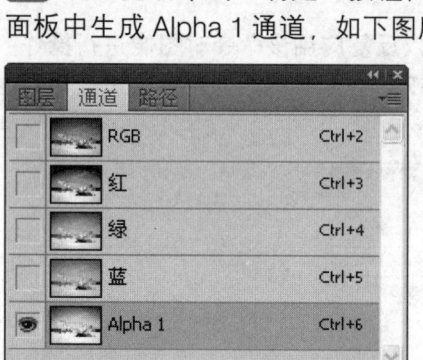

05 回到"图层"面板中按下快捷键 Ctrl+J,复制选区内图像,自动生成"图层 1",设置"图层 1"的混合模式为"线性加深",如右图所示。

TIP 复合通道不能应用"计算"命令。

》在不同图像通道中使用"计算"命令

通道"计算"命令应用方法有很多种,不仅可以应用于同一个图像,也可以应用于不同图像,还可以对不同图像相同通道进行图像混合。下面主要对通道基本应用方法进行讲解。

1. 在相同的图像和通道下使用"计算"命令

打开一个图像文件,执行"图像>计算"命令,打开"计算"对话框,设置相同的通道对图像进行混合应用。

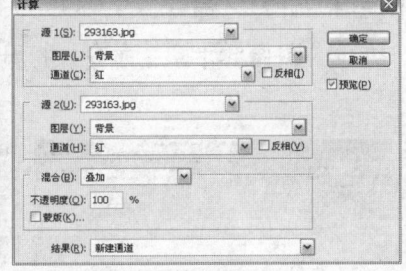

源图像　　　　　　　　　　　设置"计算"对话框参数　　　　　　完成效果

2. 在不同图像、相同通道使用"计算"命令

打开两个不同的图像文件，执行"图像>计算"命令，打开"计算"对话框，设置相同的通道对图像进行混合应用。

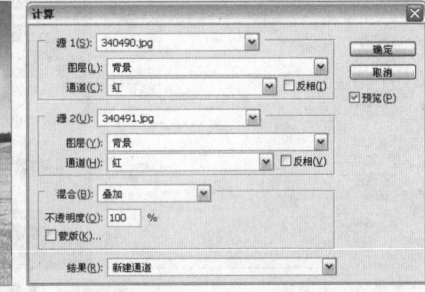

原图1　　　　　　　　　　　　原图2　　　　　　　　　　　　设置参数值

新建 Alpha 1 通道　　　　　　载入通道选区　　　　　　　　粘贴选区内图像至图层面板

3. 在相同图像、不同通道下使用"计算"命令

打开一个图像文件，执行"图像>计算"命令，打开"计算"对话框，设置不同的通道对图像进行混合应用。

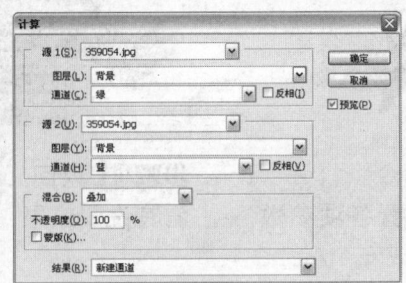

原图　　　　　　　　　　　　设置不同的通道　　　　　　　　图像效果

4. 在不同图像、不同通道下使用"计算"命令

打开两个不同的图像文件，执行"图像>计算"命令，打开"计算"对话框，设置不相同的通道对图像进行混合应用。

  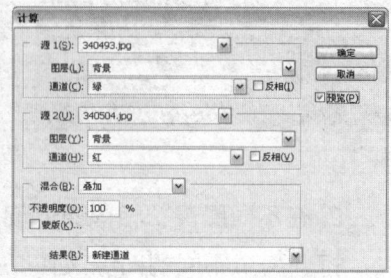

原图1　　　　　　　　　原图2　　　　　　　　　设置不同的通道

新建 Alpha1 通道　　　　载入通道选区　　　　　完成通道混合效果

LET'S GO! 使用"计算"命令制作合成效果

◎ **最终文件：** 实例文件\Chapter 12\Complete\计算图像.psd

步骤 01 执行"文件>打开"命令，打开本书配套光盘中实例文件\Chapter 12\Media\010.jpg文件，如下图所示。

步骤 02 打开"通道"面板，选择"蓝"通道，并将其拖动到"创建新通道"按钮上，复制得到"蓝 副本"通道，如下图所示。

步骤 03 执行"图像>计算"命令，打开"计算"对话框，如下左图所示设置各项参数。完成后单击"确定"按钮，生成一个Alpha 1通道，如下右图所示。

步骤 04 返回"图层"面板，在图像窗口中查看其设置效果，如下图所示。

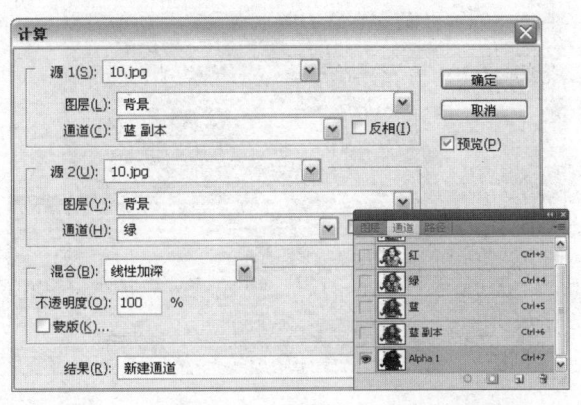

步骤 05 为了方便处理图像，按下快捷键Ctrl+I对图像进行反向，如下图所示。

步骤 06 设置前景色为白色，选择柔角画笔，按下键盘中的[或]键适当调整画笔大小，然后在图像中进行涂抹，如下图所示。

步骤 07 完成后在按住Ctrl键的同时单击"蓝副本"通道的缩览图，将通道作为选区载入，如下图所示。

步骤 08 完成后，返回"图层"面板，按下快捷键Ctrl+J复制选区内的图像，为了便于观察，单击"背景"图层前的"指示图层可见性"按钮，隐藏"背景"图层，如下图所示。

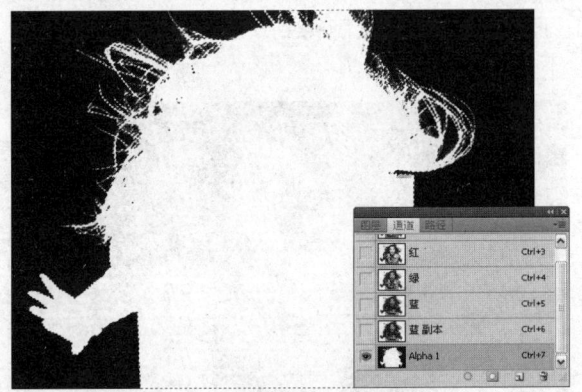

步骤 09 执行"文件>打开"命令，打开本书配套光盘中实例文件\Chapter 12\Media\011.jpg文件，如下图所示。

步骤 10 选择移动工具，将选取后的图像拖动到011文件中，生成"图层1"，然后设置"图层1"的混合模式为"点光"，如下图所示。

Unit 07 通道与抠图 >>

前面对通道的基本应用进行了讲解，下面主要针对通道的图像抠取进行介绍，通过对调整命令、画笔工具、路径、颜色通道等的运用完成对图像的抠取。

>> 利用通道与"调整"命令抠图

通过前面对通道与调整命令的基础知识讲解，读者对其应该有了一定的了解。下面通过调整命令与通道的结合运用，对图像进行抠取，巩固读者对通道抠图应用技法的学习。利用通道与调整命令抠取图像，主要是增强图像的黑白对比，以完成对图像的抠取。

操作演示 利用"调整"命令抠取图像

完成文件： 实例文件\Chapter 12\调整命令抠取图像.psd

01 执行"文件>打开"命令，打开本书配套光盘中实例文件\Chapter 12\Media\012.jpg文件，如下图所示。

02 在"通道"面板中选择黑白对比强烈的"蓝"通道，并复制得到"蓝 副本"通道，如下图所示。

03 选择"蓝 副本"通道，按下快捷键 Ctrl+L，打开"色阶"对话框，设置参数值以加强图像黑白对比，如下图所示。

04 设置完成后单击"确定"按钮，如下图所示。

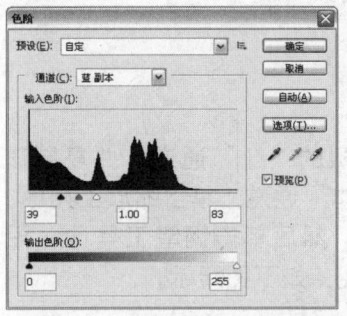

05 单击画笔工具，设置前景色为黑色，在人物图像上进行涂抹，如下图所示。

06 涂抹完成后按住Ctrl键，单击"蓝 副本"通道缩览图，载入通道选区，如下图所示。

07 回到"图层"面板，双击"背景"图层，将"背景"图层转换为普通图层，如下图所示。

08 按下快捷键 Delete 删除选区内的图像，然后按下快捷键 Ctrl+D 取消选区，完成对图像的抠取，效果如下图所示。

>> 利用通道与路径抠图

利用路径可以很好地抠取图像，使用路径进行抠图时，除了要细致、细心地对所抠取图像进行路径绘制外，还必须注意以下几项，如下表所示。

编号	说 明
❶	一般主体物与背景过于接近，需要采用路径绘制工具对图像进行抠取
❷	结合缩放工具，对图像进行比例放大，便于更精细地完成图像路径的绘制
❸	结合空格键，可以对放大的图像进行移动，便于路径绘制

操作演示 利用路径抠取图像

完成文件： 实例文件\Chapter 12\路径抠取图像.psd

01 执行"文件>打开"命令，打开本书配套光盘中实例文件\Chapter 12\Media\013.jpg文件，双击"背景"图层，将"背景"图层转换为普通图层，得到"图层0"，如下图所示。

02 选择对比强烈的"红"通道，并复制该通道得到"红 副本"通道，单击缩放工具，对图像进行放大，然后单击钢笔工具，沿汽车边缘绘制路径，如下图所示。

03 完成对整个汽车的路径绘制，效果如下图所示。

04 按下快捷键 Ctrl+Enter，将路径转换为选区，如下图所示。

05 回到"图层"面板中，按下快捷键Shift+Ctrl+I，对选区进行反选，如下图所示。

06 按下快捷键 Delete，删除选区内的图像，然后取消选区，如下图所示。

LET'S GO! 利用通道抠取人物图像

◎ **最终文件：** 实例文件\Chapter 12\通道抠取图像.psd

步骤 01 执行"文件 > 打开"命令，打开本书配套光盘中实例文件\Chapter 12\Media\014.jpg 文件，如下图所示。

步骤 02 双击"背景"图层，将"背景"图层转换为普通图层，得到"图层0"，如下图所示。

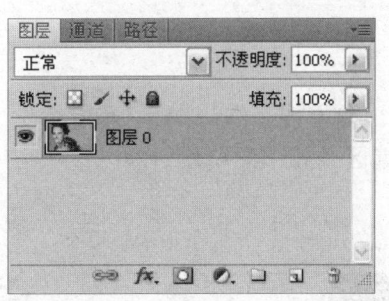

步骤 03 在"通道"面板中选择黑白对比强烈的"红"通道，并复制该通道，得到"红 副本"通道，如下图所示。

步骤 04 选择"红 副本"通道，按下快捷键Ctrl+L，打开"色阶"对话框，设置参数值调整图像黑白对比关系，如下图所示。

TIP 在"通道"面板中选择正确的通道复制，便于对图像的抠取。

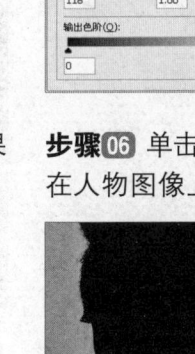

步骤 05 设置完成后单击"确定"按钮，效果如下图所示。

步骤 06 单击画笔工具，设置前景色为黑色，在人物图像上进行涂抹，如下图所示。

步骤 07 按下快捷键Ctrl+L，打开"色阶"对话框，设置参数值，如下图所示。

步骤 08 设置完成后单击"确定"按钮，图像黑白对比分明，如下图所示。

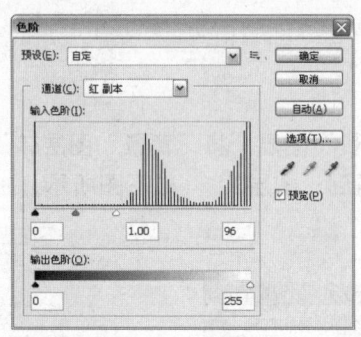

步骤09 按住Ctrl键单击"红 副本"通道缩览图，载入通道选区，如下图所示。

步骤10 回到"图层"面板中，按下快捷键Shift+F6，打开"羽化选区"对话框，设置"羽化半径"为1像素，单击"确定"按钮，如下图所示。

步骤11 按下快捷键Delete删除选区内的图像，然后取消选区，如下图所示。

步骤12 打开本书配套光盘中实例文件\Chapter 12\Media\015.jpg文件，如下图所示。

步骤13 单击移动工具，将人物图像移动至015图像文件中，得到"图层1"，调整图像的位置，如下图所示。

步骤14 选择"图层1"，执行"图像>调整>可选颜色"命令，在弹出的对话框中设置参数值，如下图所示。

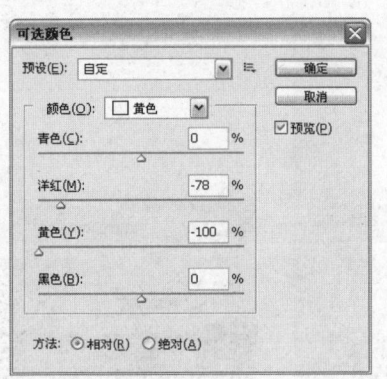

步骤15 设置完成后单击"确定"按钮，效果如下图所示。

步骤16 复制一个"图层1"，得到"图层1副本"，执行"图像 > 调整 > 去色"命令，将图像调整为黑白效果，如下图所示。

步骤17 设置"图层1副本"的混合模式为"柔光"，效果如右图所示。

DO IT YOURSELF 练习操作

1. 利用通道与"应用图像"命令调整图像颜色

结合通道与"应用图像"命令，调整照片艺术效果。

Step BY Step（步骤提示）
1. 打开图像文件
2. 执行"应用图像"命令

原图　　　　　　　　　　调整效果

2. 利用通道抠取人物图像

结合通道与"抠取"命令，抠取照片中的人物图像。

原图　　　　　　　　　　抠取图像效果

光盘路径

素材文件：
实例文件\Chapter 12\Media\016.jpg
最终文件：
实例文件\Chapter 12\Complete\调整图像颜色.psd

Step BY Step （步骤提示）

1. 打开素材图像
2. 调整通道明暗对比
3. 抠取图像

光盘路径

素材文件：
实例文件\Chapter 12\Media\017.jpg
最终文件：
实例文件\Chapter 12\Complete\抠取人物图像.psd

>> 案例参考

下面是一些采用通道与应用图像命令制作的平面设计案例。通过对通道的灵活应用，不仅可以调整图像的艺术效果，还可以对图像进行抠取，制作平面设计广告。

Chapter 13 文字工具与图层样式的高级应用

文字能够直观地对信息进行传达，它是艺术创造中必不可少的元素之一。在 Photoshop CS5 中，文字工具具有非常重要的作用，本章就将介绍文字工具的各种使用方法，包括文字路径的转换、文字的变形和文字与图层样式的结合使用。通过对本章的学习，读者能够更熟练地运用这些功能，其中文字的变形与图层样式处理是本章的重点。

技术要点

1. 文字工具的具体应用有哪些？

利用文字工具，可以在图像上输入横排文字、直排文字、横排蒙版文字、直排蒙版文字、变形文字，也可以沿路径输入文字，在 Photoshop 中具有十分重要的作用。

2. 怎样使用文字与图层样式制作特殊文字效果？

在画面中输入文字以后，双击文字图层，在打开的"图层样式"对话框中，可以对文字添加各种样式效果，增添文字发光、投影、纹理、立体等效果。

文字工具

在平面设计作品中，文字是不可缺少的元素，好的文字排版能够为作品锦上添花，起到美化作品的效果。通常情况下，在图像中都会对文字进行艺术化的处理或编辑，如对文字图层的转换以及变形等操作。本单元将讲解在 Photoshop 中文字工具的使用方法。

横排文字工具和直排文字工具

利用文字工具可以在图像中添加文字。使用 Photoshop 中的文字工具输入文字，其方法与在一般应用程序中输入文字的方法一致。按 T 键即可选择横排文字工具，按快捷键 Shift+T 能够在文字工具之间切换。下面主要对文字工具选项栏进行介绍，具体说明如下图和下表所示。

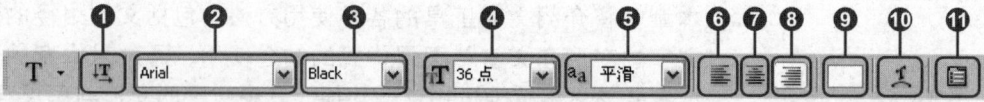

编号	名称	说明
❶	"切换文本方向"按钮	单击"切换文本方向"按钮，可以对文字进行横排或直排的状态切换
❷	"设置字体系列"下拉列表	单击"设置字体系列"下拉列表按钮，可以在弹出的下拉列表中选择需要的字体
❸	"设置字体样式"下拉列表	单击"设置字体样式"下拉列表按钮，可在弹出的下拉列表中设置文字的字体形态
❹	"设置字体大小"下拉列表	单击"设置字体大小"下拉列表按钮，可在弹出的下拉列表中设置字体大小，也可以输入需要的字体大小
❺	"设置消除锯齿的方法"下拉列表	单击"设置消除锯齿的方法"下拉列表按钮，里面提供了5种控制文字边缘的方式，即"无"、"锐利"、"犀利"、"浑厚"、"平滑"
❻	"左对齐文本"按钮	单击"左对齐文本"按钮，可以将文字设置为左对齐
❼	"居中对齐文本"按钮	单击"居中对齐文本"按钮，可以将文字设置为居中对齐
❽	"右对齐文本"按钮	单击"右对齐文本"按钮，可以将文字设置为右对齐 单击居中对齐文本按钮　单击左对齐文本按钮　单击右对齐文本按钮
❾	"设置文字颜色"颜色框	单击设置"文字颜色"颜色框，可以打开"拾色器"对话框，从中可以设置当前文字的颜色
❿	"创建文字变形"按钮	单击"创建文字变形"按钮，可以打开"变形文字"对话框
⓫	"切换字符和段落面板"按钮	单击"切换字符和段落面板"按钮，可以在"字符"面板和"段落"面板间切换

操作演示 输入文字

完成文件: 实例文件\Chapter 13\Complete\横排文字和直排文字工具.psd

01 执行"文件>打开"命令,打开本书配套光盘中实例文件\Chapter 13\Media\001.jpg文件,如下图所示。

02 单击直排文字工具,再单击画面,出现输入文字的光标,如下图所示。

03 设置前景色为嫩绿色(R198、G255、B0),输入文字BY THE WAY,输入的文字显示为设置后的颜色,如下图所示。

04 单击选项栏中的"切换文本方向"按钮,文字即变成横排文字,如下图所示。

>> 横排文字蒙版工具和直排文字蒙版工具

使用横排文字蒙版工具和直排文字蒙版工具编辑文字时,是在蒙版状态下编辑的,当退出蒙版后,输入的文字以选区的形式显示,在前景色中设置颜色能够对文字选区进行颜色填充。

1. 输入横排蒙版文字

在工具箱中单击横排文字蒙版工具,在画面中单击输入文字,然后单击选项栏中的"提交所有当前编辑"按钮,确认操作,输入后的文字转换为选区,填充选区颜色后完成对文字的输入。

| 输入横排蒙版文字 | 将文字转换为选区 | 填充选区颜色 |

TIP 使用横排文字蒙版工具 输入文字并将文字转换为选区后,可以结合选区创建工具对选区中的文字进行移动。

2. 输入直排文字蒙版工具

在工具箱中单击直排文字蒙版工具 ,然后在画面中单击输入直排文字,然后单击选项栏中的"提交所有当前编辑"按钮 ,确认操作,输入后的文字转换为选区,填充选区颜色后完成对文字的输入。

| 输入直排蒙版文字 | 将文字转换为选区 | 填充选区颜色 |

>> "字符"面板

前面对文字工具的基础知识进行了介绍,这里主要对"字符"面板中的各参数进行讲解,具体说明如下图和下表所示。

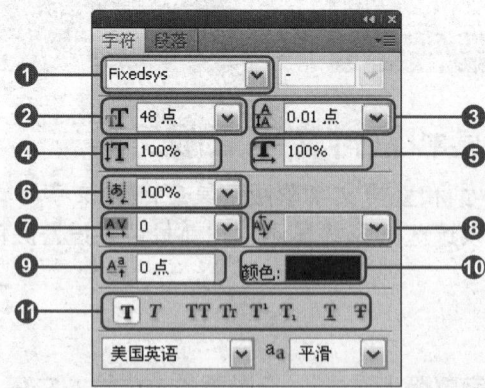

编号	名 称	说 明
❶	"设置字体系列"下拉列表	在"设置字体系列"下拉列表中,可以选择需要的字体,然后对输入的文字应用所选择的字体

（续表）

❷	"设置字体大小"下拉列表	在"设置字体大小"下拉列表中，可以选择设置字体大小的点数，也可以在文本框中直接输入需要字体大小的点数
❸	"设置行距"下拉列表	各个文字行之间的垂直间距称为行距，在该下拉列表框中可以直接输入数值或选择一个数值设置行距，数值越大行间距越大
❹	"垂直缩放"文本框	在"垂直缩放"文本框中可以设置选中文字的高度缩放比例，范围为0%~100%
❺	"水平缩放"文本框	在"水平缩放"文本框中可以设置选中文字的宽度缩放比例，范围为0%~100%
❻	"设置所选字符的比例间距"下拉列表	在"设置所选字符的比例间距"下拉列表中可以设置所选字符之间的比例间距，范围为0%~100%，数值越大字符之间的间距越小
❼	"设置所选字符的字距调整"下拉列表	在"设置所选字符的字距调整"下拉列表中，能够设置所选字符的间距，数值越大字符间距越大
❽	"设置两个字符间的字距微调"下拉列表	"设置两个字符间的字距微调"下拉列表框可用来微调两个字符的间距，范围为 -1000 ~ 1000
❾	"设置基线偏移"文本框	"设置基线偏移"文本框可用来设置所选字符与基线的距离，在文本框中输入正值可以使文字向上移动，输入负值可以使文字向下移动
❿	"设置文本颜色"选项	单击右侧的预览框可弹出"拾色器"对话框，在该对话框中可设置需要的颜色
⓫	字体特殊样式按钮组	在字体特殊样式按钮组中包括了"仿粗体"按钮、"仿斜体"按钮、"全部大写字母"按钮、"小型大写字母"按钮、"上标"按钮、"下标"按钮、"下划线"按钮、"删除线"按钮

LET'S GO! 为图像添加发光文字

最终文件： 实例文件\Chapter 13\Complete\横排文字蒙版工具和直排文字蒙版工具.psd

步骤01 执行"文件 > 打开"命令，打开光盘实例文件 \Chapter 13\Media\002.jpg 文件，如下图所示。

步骤02 单击直排文字蒙版工具，在选项栏中单击"切换字符和段落面板"按钮，设置字体颜色为大红色（R255、G0、B0），如下图所示。

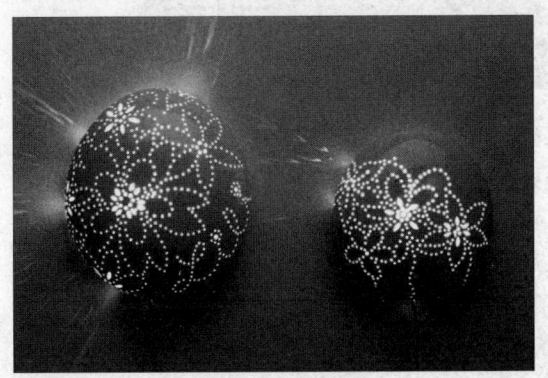

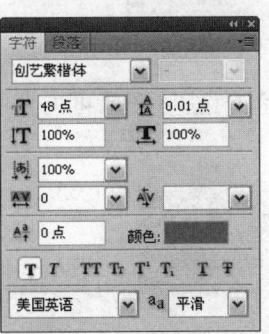

步骤03 设置完成后，单击鼠标左键，进入蒙版编辑状态，如下图所示。

步骤04 在图像窗口中输入文字，文字成直线排列，如下图所示。

Photoshop CS5 完全学习教程

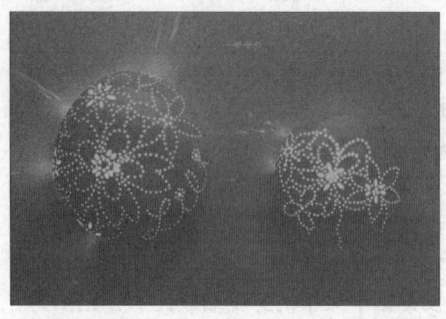

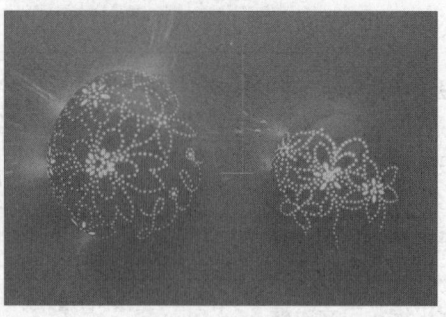

步骤 05 单击选项栏中的"提交所有当前编辑"按钮，确认操作，输入后的文字转换为选区，如下图所示。

步骤 06 新建"图层1"，选择渐变填充工具，在"渐变编辑器"对话框中从左至右设置参数为红色（R253、G8、B5）和黑色，如下图所示。

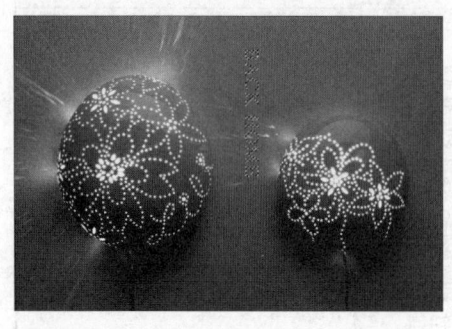

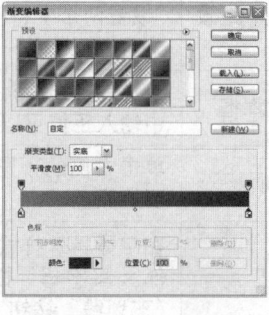

步骤 07 完成后，从上至下拖动鼠标，对文字选区进行线性渐变填充，如下图所示。

步骤 08 按下快捷键 Ctrl+D 取消选区，如下图所示。

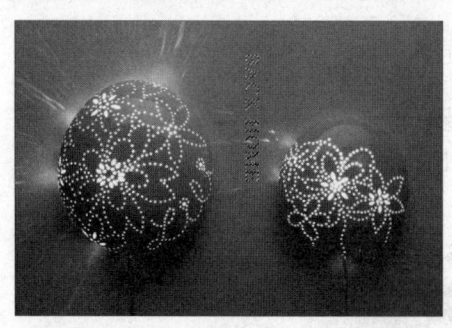

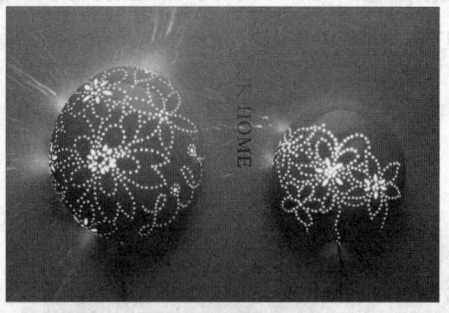

步骤 09 选择"图层1"，单击"指示图层可见性"按钮，隐藏"图层1"，如下图所示。

步骤 10 单击横排文字蒙版工具，进入蒙版编辑状态，如下图所示。

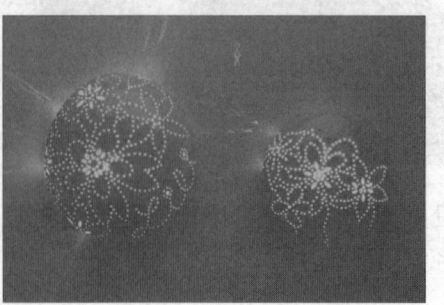

步骤 11 在选项栏中选择华文行楷字体,设置字体大小为24点,然后在图像窗口中输入文字,如下图所示。

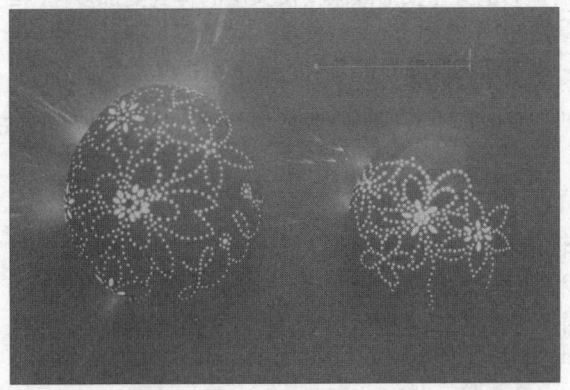

步骤 12 单击选项栏中的"提交所有当前编辑"按钮,确认操作,输入的文字转换为选区,如下图所示。

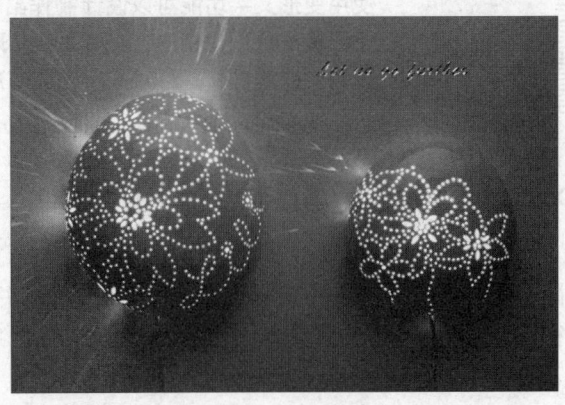

步骤 13 设置前景色为白色,新建"图层2",然后按下快捷键Alt+Delete填充前景色,完成后按下快捷键Ctrl+D取消选区,如下图所示。

步骤 14 双击"图层2",在弹出的"图层样式"对话框中勾选"外发光",然后设置各项参数,如下图所示。

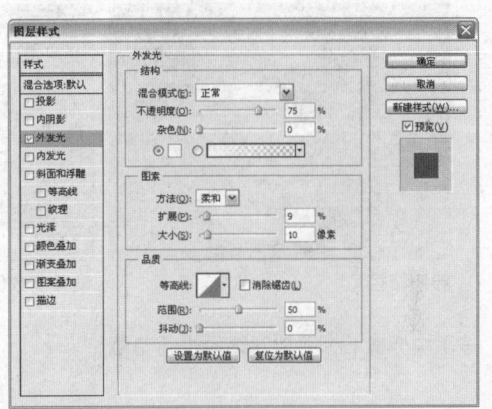

步骤 15 完成后单击"确定"按钮,应用图层样式,如下图所示。

步骤 16 单击移动工具,选择文字,调整文字的位置,如下图所示。

Unit 02 文字的变形 >>

使用变形文字功能可以设计制作出丰富多彩的文字变形效果，使文字的样式更加多样化。单击选项栏中的"创建文字变形"按钮，会弹出"变形文字"对话框，在其中选择需要的样式，即可对文字应用变形。本单元将详细介绍文字的编辑和处理。

>> 文字与路径的结合使用

工作路径是出现在"路径"面板中定义形状轮廓的一种临时路径，基于文本图层创建工作路径之后，就可以像处理任何其他路径一样储存和处理该路径。但是无法以文本的形式编辑路径中的字符，不过原文本图层将保持不变并可编辑。本小节将具体介绍文字与路径的结合使用方法。

1. 沿着路径输入文字

使用钢笔工具 ✐ 绘制曲线路径，结合横排文字工具 T 对绘制好的路径添加文字，创建跟随路径进行移动的文字效果，可以根据需要对路径进行调整，增添文字的曲线效果。

绘制路径　　　　　　　　　设置参数值　　　　　　　　输入文字

TIP 按下快捷键 Esc 可以对路径进行隐藏。

2. 移动或变换路径文字

当路径文字输入完成后，可以结合移动工具 ▶⨁ 与自由变换命令对路径文件进行位置的旋转或变换。

结合自由变换命令调整文字　　　移动并旋转文字　　　　　　完成文字调整

3. 建立文字工作路径

在图像中输入文字后，执行"图层>文字>创建工作路径"命令，可以建立文字路径，结合路径编辑工具调整文字的形状。

原图

输入文字

"图层"面板

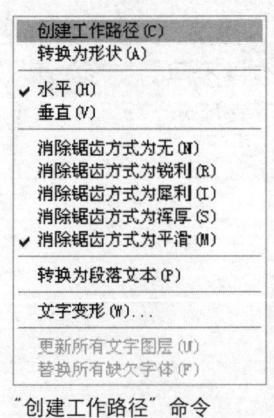
"创建工作路径"命令

建立文字路径

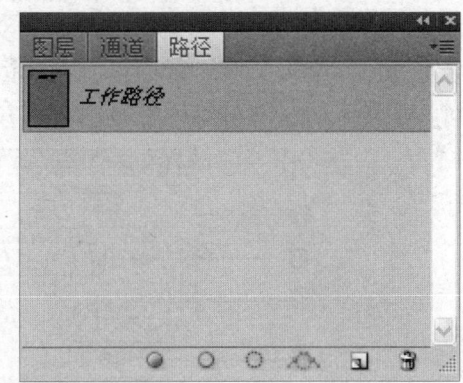
"路径"面板

操作演示 路径文字的基本操作

完成文件： 实例文件\Chapter 13\Complete\路径文字.psd

01 打开本书配套光盘中实例文件 \Chapter 13\Media\003.jpg，如下图所示。

02 单击钢笔工具，在图像中创建如下图所示的路径。

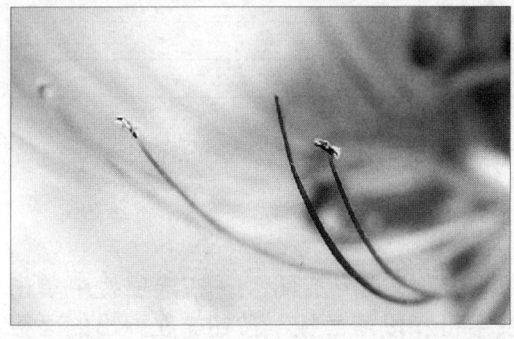

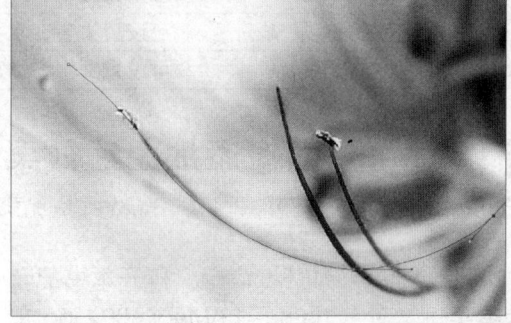

03 单击横排文字工具，将光标移动到路径的起始端，当光标变形时，单击鼠标，并输入需要的文字，如下图所示。

04 适当调整文字的字体，设置文字图层的混合模式为"正片叠底"。并在"图层"面板中单击除文字图层以外的区域，隐藏路径，效果如下图所示。

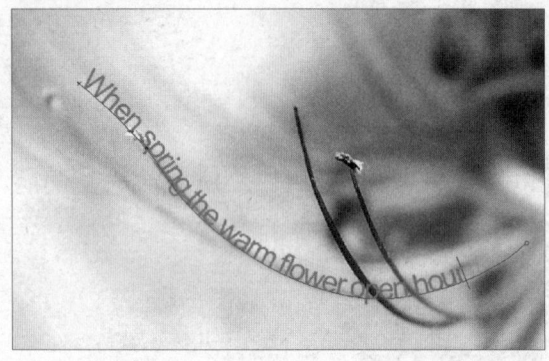
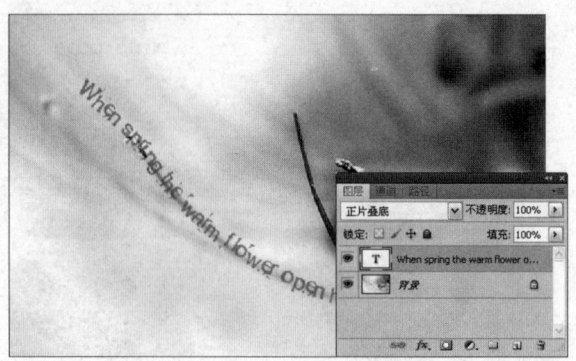

>> 创建变形文字

在图像窗口中输入文字后,通常会对文字进行变形处理,执行"图层>文字>文字变形"命令即可弹出"变形文字"对话框,在对话框中可根据需要对文字选择不同的变形效果。这里主要对"变形文字"对话框中各参数进行介绍,具体说明如下图和下表所示。

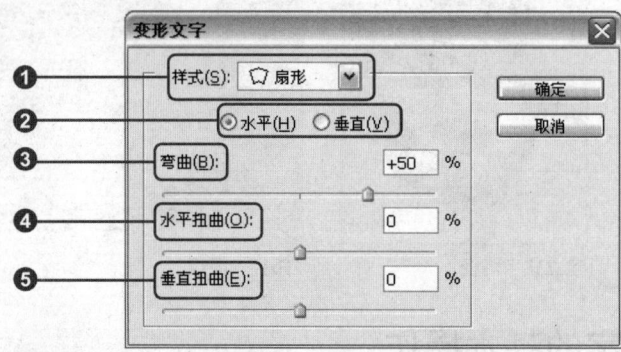

编号	名称	说明
❶	"样式"下拉列表	单击右侧的下拉按钮,在弹出的下拉列表中可以对样式进行选择
❷	"变形方向"选项	可以对文字的变形方向进行设置
❸	"弯曲"选项	对文字弯曲的程度进行设置,可以移动滑块设置参数值,也可以直接进行参数输入
❹	"水平扭曲"选项	可设置文字在水平方向的变形效果
❺	"垂直扭曲"选项	可设置文字在垂直方向的变形效果

操作演示 为图像添加曲线效果文字

◎ **完成文件**:实例文件\Chapter 13\Complete\变形文字.psd

01 执行"文件>打开"命令,打开本书配套光盘中实例文件\Chapter 13\Media\004.jpg 文件,如下图所示。

02 单击横排文字工具 T,在选项栏中单击"切换字符和段落面板"按钮,在弹出的面板中设置字体、大小、颜色,使用鼠标左键在画面中单击,输入文字如下图所示。

03 在选项栏中单击"创建文字变形"按钮，在弹出的对话框中设置各项参数，如下图所示。

04 完成后单击"确定"按钮，文字应用变形效果，如下图所示。

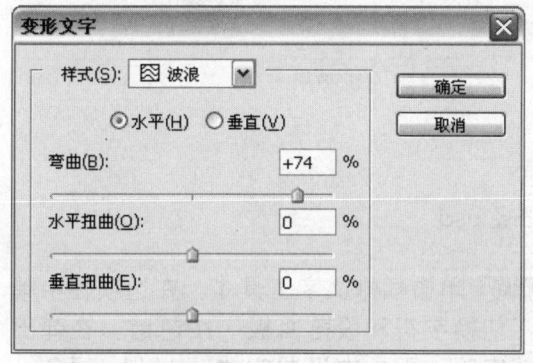

05 选择文字图层，设置文字图层的混合模式为"颜色加深"，如右图所示。

?PS解密 设置"变形文字"参数值

　　输入文字后，在选项栏上单击"创建变形文本"按钮，打开"文字变形"对话框，单击"样式"右侧的下拉按钮，选择一个文字样式，启用弯曲、水平弯曲、垂直弯曲选项，通过对选项参数设置，可以对文字变形效果进行更精细的调整。

输入白色文字

"图层"面板

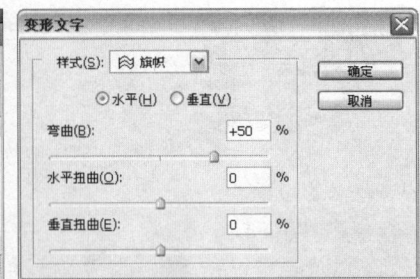
"变形文字"对话框

变形效果

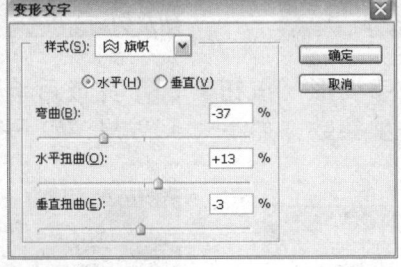
设置参数值

变形效果

LET'S GO! 制作个性造型文字

最终文件： 实例文件\Chapter 13\Complete\文字与路径.psd

步骤 01 执行"文件>打开"命令，打开本书配套光盘中实例文件\Chapter 13\Media\005.jpg文件，如下图所示。

步骤 02 单击横排文字工具，在选项栏中单击"切换字符和段落面板"按钮，在弹出的"字符"面板中设置字体、大小、颜色，其中颜色为棕黄色（R191、G151、B4），如下图所示。

步骤 03 完成后在画面中单击，输入文字，如下图所示。

步骤 04 执行"图层>文字>创建工作路径"命令，立即为文字创建工作路径，如下图所示。

步骤 05 按住Ctrl键的同时选择路径选择工具 ，用前面章节讲过的方法对文字路径进行调整。隐藏文字图层，观察调整后的文字路径，如下图所示。

步骤 06 新建"图层1"，设置前景色为草绿色（R218、G220、B16），然后单击"路径"面板中的"用前景色填充路径"按钮 填充前景色，完成后单击"路径"面板中的空白区域取消路径，如下图所示。

步骤 07 完成后双击"图层1"，弹出"图层样式"对话框，在其中勾选"外发光"复选框，然后设置各项参数，如下图所示。

步骤 08 勾选"光泽"复选框，在面板中设置各项参数，如下图所示。

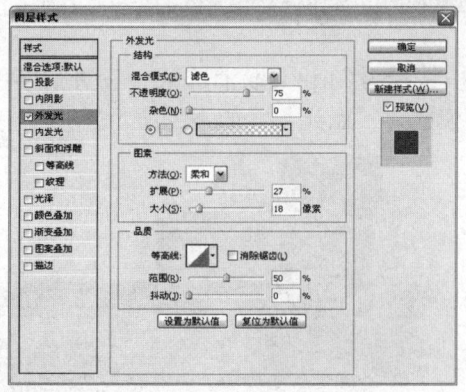
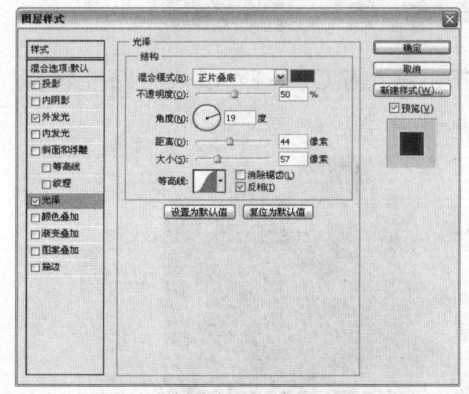

步骤 09 完成后单击"确定"按钮，效果如下图所示。

步骤 10 在"图层"面板中设置"图层1"的"不透明度"为80%，如下图所示。

步骤⓫ 单击椭圆工具，在图像的左下角绘制一个椭圆路径，如下图所示。

步骤⓬ 选择横排文字工具，在"字符"面板中设置字体颜色、大小，如下图所示。

步骤⓭ 在椭圆路径框中单击鼠标，当光标变成时，在图像窗口中单击，如下图所示。

步骤⓮ 在图像窗口中输入相关文字，输入的文字沿椭圆路径进行调整，如下图所示。

步骤⓯ 按下快捷键Ctrl+Enter，将路径转换为选区，如下图所示。

步骤⓰ 按快捷键Ctrl+D取消选区，设置文字图层混合模式为"点光"，如下图所示。

Unit 03 创建段落文字

前面对文字输入的基本操作进行了讲解,这里主要对段落文字进行介绍。段落文字常被用于平面设计中的画册、书籍版式编排中,具有文字较多的特殊性。下面主要通过对段落文字的"段落"面板、段落对齐方式对段落文字进行详细介绍。

"段落"面板

在图像中输入较多文字时,可以采用"段落"面板对文字进行调整。利用对段落文字的多种调整方式,可以对段落文字进行左右缩进和段首缩进、段前和段后添加空白等操作。下面主要对"段落"面板中各参数进行介绍,如下图和下表所示。

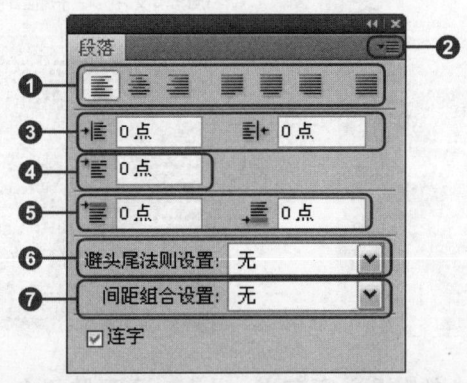

编号	名称	说明
❶	对齐方式按钮组	在"段落"面板的首行按钮中,提供了7个对齐按钮供用户选择,单击对齐按钮可设置相应的文字对齐方式
❷	扩展按钮	单击该按钮,打开扩展菜单,可以对段落进行不同的设置
❸	"左缩进"和"右缩进"文本框	可输入参数值设置段落文字的单行或整段的左右缩进
❹	"首行缩进"文本框	可输入参数对段落文字的首行缩进进行单独控制
❺	在段前和段后添加空格文本框	可输入参数对段前和段后文字添加空格
❻	"避头尾法则设置"下拉列表	单击右侧的下拉按钮,可在弹出的下拉列表中选择"JIS 宽松"和"JIS 严格"选项,设置段落文字编排方式
❼	"间距组合设置"下拉列表	单击右侧的下拉按钮,在弹出的下拉菜单中可以选择软件提供的段落文字间距组合选项

操作演示 "段落"面板的基本操作

完成文件:实例文件\Chapter 13\Complete\段落文字.psd

01 打开本书配套光盘中实例文件\Chapter13\Media\006.jpg文件,单击横排文字工具,在图像上按住鼠标左键不放,拖动鼠标绘制文字输入框,如下图所示。

02 分别设置"字符"面板和"段落"面板参数值,如下图所示。

 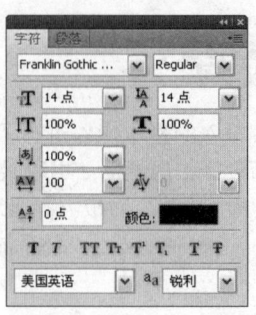 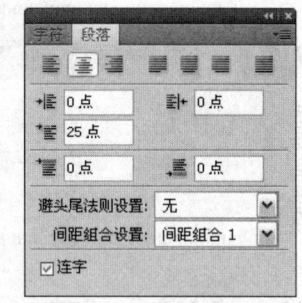

03 在图像中输入段落文字，如下图所示。

04 单击横排文字工具 ，在段落文字上单击鼠标左键，显示文字输入框，将光标移动至输入框边缘，当光标显示为双箭头时，拖动鼠标调整段落文字框的大小，如下图所示。

05 调整完成后单击选项栏上的"提交所有当前编辑"按钮 ✓，确认操作，如下图所示。

06 设置前景色为淡黄色（R233、G214、B98），按下快捷Alt＋Delete填充文字前景色，如下图所示。

>> 设置段落文字对齐方式

在文字选项栏中可以对文字进行居左、居中、居右等对齐设置，而在"段落"面板中，利用相应的按钮可以对文字进行"左对齐文本"、"居中对齐文本"、"右对齐文本"、"最后一行左对齐"、"最后一行居中对齐"、"最后一行右对齐"和"全部对齐"设置。

Chapter 13 文字工具与图层样式的高级应用

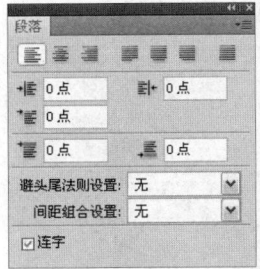
"段落"面板

左对齐文本　　　居中对齐文本

右对齐文本

最后一行左对齐

最后一行居中对齐

最后一行右对齐　　　全部对齐

TIP 在对段落文字进行对齐设置时，需要注意的是，若段落文字处于编辑状态，根据文本光标闪烁的位置可以进行不同的对齐效果，退出文本编辑状态则可以对所有段落文字进行对齐设置。

LET'S GO! 输入海报段落文字

 最终文件：实例文件\Chapter 13\Complete\输入段落文字.psd

步骤01 运行Photoshop CS5，执行"文件>打开"命令，打开本书配套光盘中实例文件\Chapter 13\Media\007.jpg文件，如下图所示。

步骤02 单击横排文字工具，单击选项栏上的"切换字符和段落面板"按钮，分别设置"字符"和"段落"面板参数值，如下图所示。

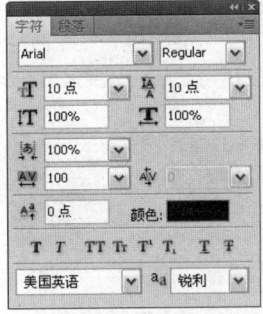

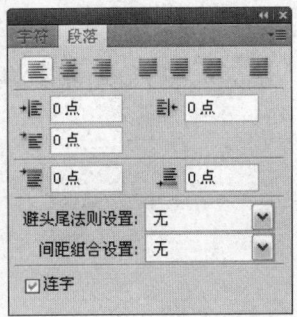

375

步骤 03 在图像上按住鼠标左键不放，拖动鼠标在图像上创建文字编辑框，如下图所示。

步骤 04 文字编辑框绘制完成后，输入段落文字，如下图所示。

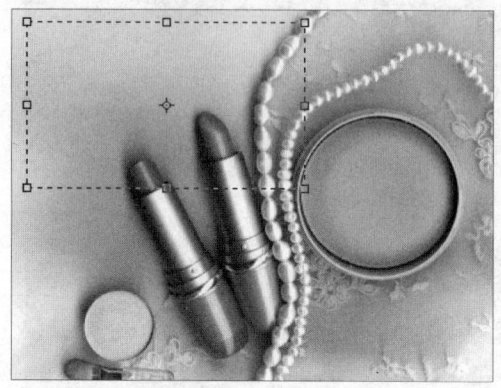
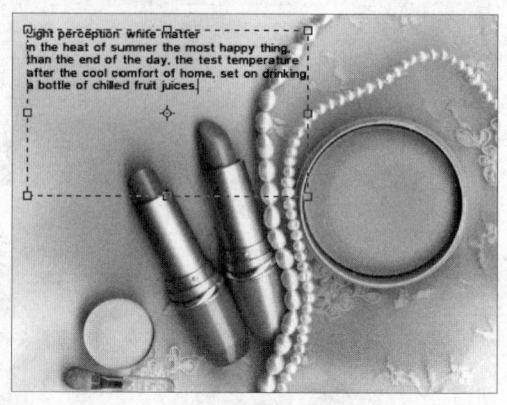

步骤 05 将光标移动至第一排文字处，按住鼠标左键不放拖动，选择第一排文字，如下图所示。

步骤 06 文字选择完成后，打开"字符"面板，设置各项参数值，单击"全部大小字母"按钮，如下图所示。

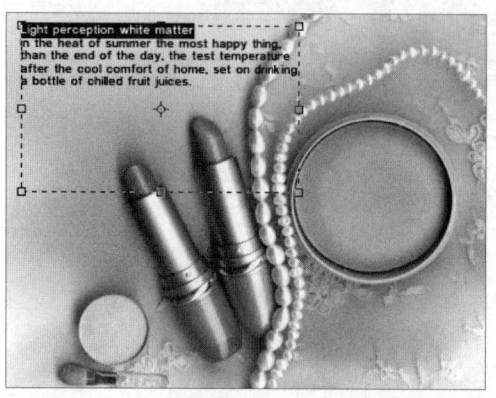
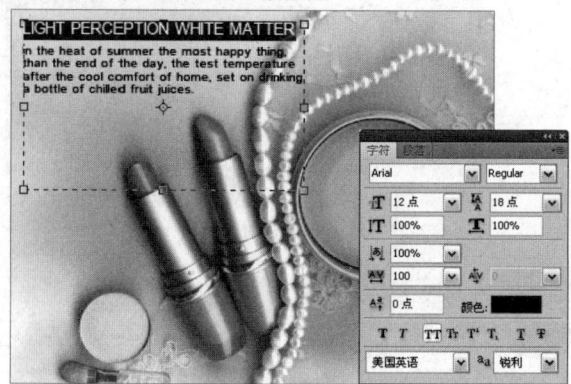

步骤 07 将光标移动至第二排文字的最前方，然后打开"段落"面板，设置"首行缩进"参数为25，如下图所示。

步骤 08 调整完成后，单击文字工具选项栏上的"提交所有当前编辑"按钮，确认操作，如下图所示。

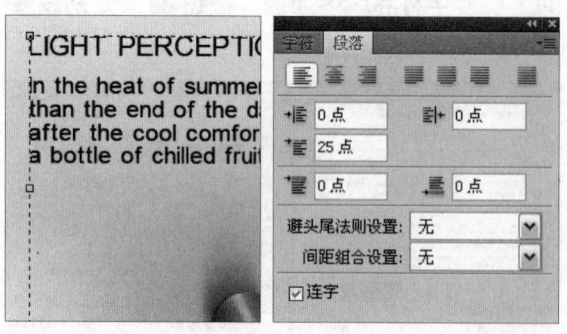
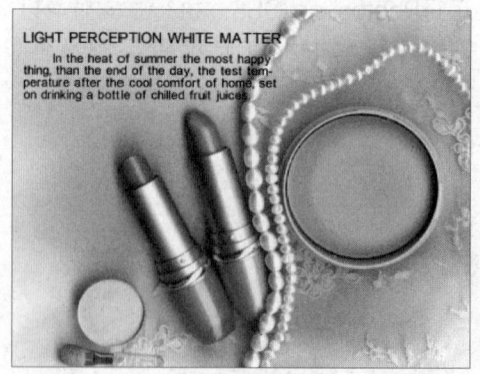

步骤 09 设置前景色为深红色（R116、G30、B3），按下快捷键Alt+Delete，填充文字前景色，如右图所示。

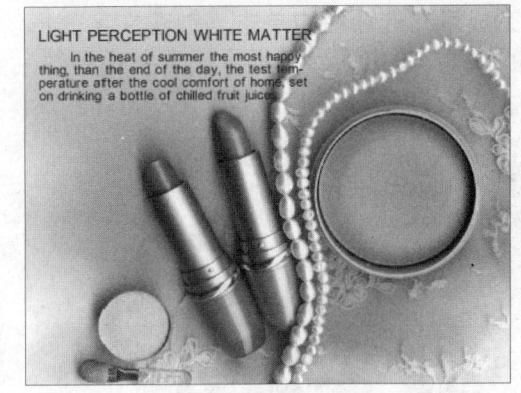

TIP 打开文字"字符"面板，单击颜色缩览图，可以打开"选择文本颜色"对话框，设置颜色参数值，可以对文字颜色进行修改。

Unit 04 添加文字图层样式 >>

在图像窗口输入文字后，需要对文字进行特效处理。在图层样式面板中可以对文字添加投影、外发光、内发光、斜面浮雕立体效果等操作，使文字效果更加多元化。本节将具体介绍文字与图层样式的配合应用。

>> 文字的投影效果

在前几个小节中，学习了利用图层样式为文字进行特效处理。在本小节中，将学习利用图层样式中的投影效果对文字进行处理。

操作演示 添加卡通效果文字

完成文件： 实例文件\Chapter 13\Complete\投影效果.psd

01 执行"文件>打开"命令，打开本书配套光盘中实例文件\Chapter 13\Media\008.jpg文件，如下图所示。

02 单击横排文字工具，在选项栏中单击"切换字符和段落面板"按钮，在弹出的面板中设置字体、大小、颜色，其中颜色为黄色（R239、G241、B0），在画面中单击鼠标，输入文字，如下图所示。

03 完成后在选项栏中单击"创建文字变形"按钮，在弹出的对话框中设置各项参数，完成后单击"确定"按钮，如下图所示。

04 双击文字图层，在弹出的"图层样式"对话框中勾选"投影"复选框，然后设置各项参数，如下图所示。

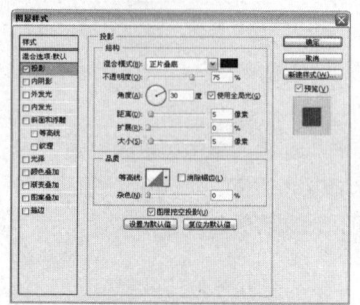

05 完成后单击"确定"按钮，即可应用"图层样式"效果，如右图所示。

TIP 对文字样式进行选择时，15个变形选项中，前11个选项均可以通过更改文字变形位置来设置文字的水平或垂直变换，而后4个变形文字样式不能对文字进行水平或垂直变换调整。

文字的斜面与浮雕效果

前面讲解了使用图层样式为文字添加多种样式效果，本小节将介绍利用图层样式中的选项制作出透明的浮雕文字效果。

打开一个图像文件，单击横排文字工具，在图像上输入白色文字。双击文字图层，打开"图层样式"对话框，勾选"斜面和浮雕"复选框，打开"斜面和浮雕"选项面板，设置参数值后单击"确定"按钮，可以对文字添加立体效果。

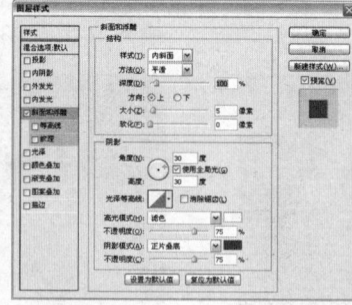

输入文字　　　　　　　　　设置参数值　　　　　　　　　图层样式效果

LET'S GO! 制作透明文字

最终文件： 实例文件\Chapter 13\Complete\透明文字.psd

步骤01 执行"文件>打开"命令，打开本书配套光盘中实例文件\Chapter 13\Media\009.jpg文件，如下图所示。

步骤02 单击横排文字工具，打开"字符"面板，设置字体、大小、颜色，设置字体颜色为黄色（R218、G220、B16），如下图所示。

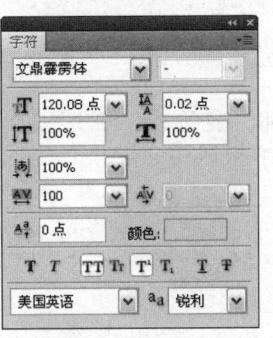

步骤03 在图像中单击鼠标左键，然后输入"天空不空"字样，如下图所示。

步骤04 完成后双击文字图层，弹出"图层样式"对话框，勾选"投影"复选框，在选项面板中设置各项参数，如下图所示。

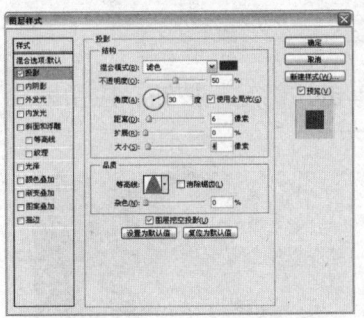

步骤05 勾选"内阴影"复选框，在选项面板中设置各项参数，如下图所示。

步骤06 勾选"内发光"复选框，在选项面板中设置各项参数，如下图所示。

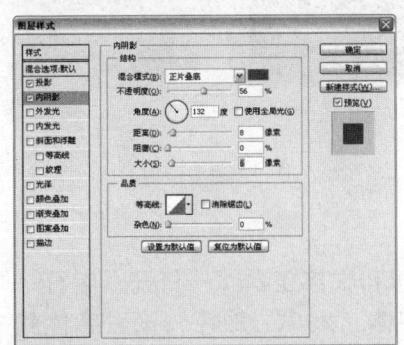
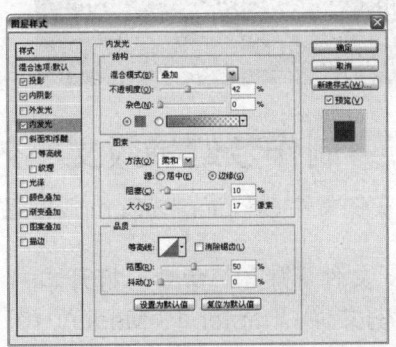

步骤07 勾选"斜面和浮雕"复选框，在选项面板中设置各项参数，如下图所示。

步骤08 在"斜面和浮雕"选项中勾选"等高线"选项，如下图所示进行设置。

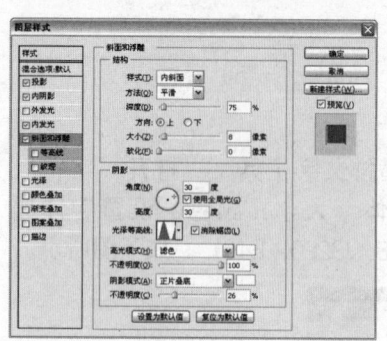
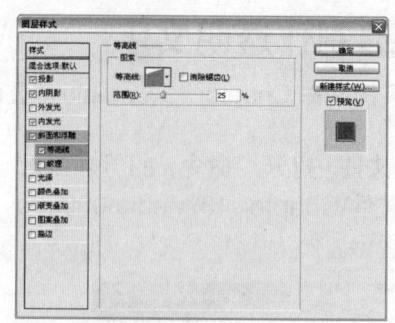

步骤 09 勾选"颜色叠加"复选框,在选项面板中设置各项参数,如下图所示。

步骤 10 勾选"描边"复选框,在选项面板中设置各项参数,如下图所示。

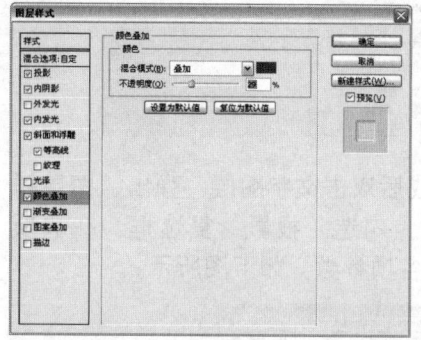
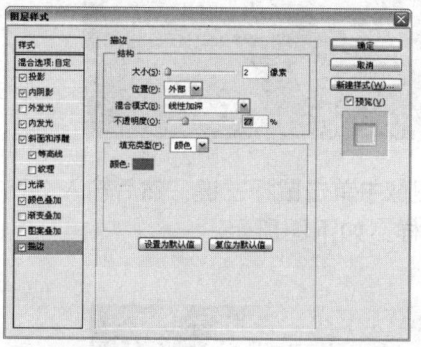

步骤 11 完成后单击"确定"按钮,应用图层样式,如下图所示。

步骤 12 在"图层"面板中设置"填充"为0%,文字变为透明的浮雕效果,如下图所示。

LET'S GO! 制作梦幻特效文字效果

最终文件: 实例文件\Chapter 13\Complete\透明文字.psd

步骤 01 执行"文件>打开"命令,打开本书配套光盘中实例文件\Chapter 13\Media\010.jpg文件,如下图所示。

步骤 02 单击横排文字工具，打开"字符"面板,设置字体、大小、颜色,设置字体颜色为红色(R255、G0、B 0),如下图所示。

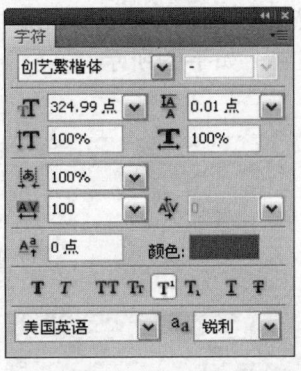

步骤 03 然后单击鼠标左键，在图像窗口中输入字母，如下图所示。

步骤 04 再次打开"字符"面板，在面板中设置字体参数，如下图所示。

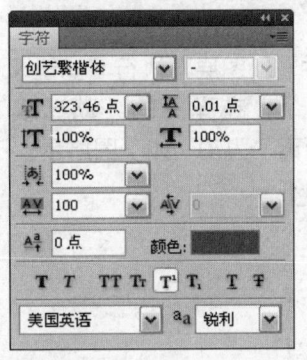

步骤 05 完成后同样在图像窗口中再次输入字母，如下图所示。

步骤 06 用同样的方法，设置不同的字体大小，然后在图像窗口中输入其他字母，如下图所示。

步骤 07 分别选择"h图层"和"t图层"，然后设置它们的图层"不透明度"为20%，如右图所示。

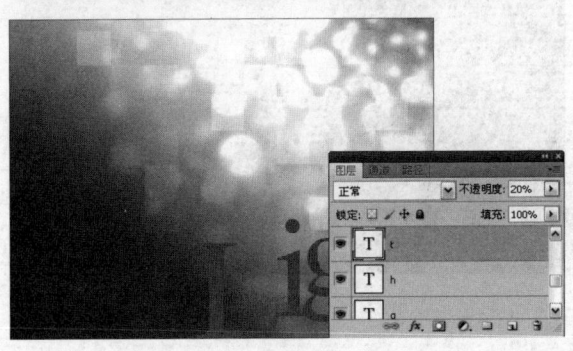

步骤08 选择所有字母图层，按下快捷键Ctrl+Alt+E，合并选择的图层，如下图所示。

步骤09 隐藏除背景图层和合并后的所有图层，将合并后的图层拖动到"创建新图层"按钮 上，复制一个新图层，如下图所示。

步骤10 选择"t（合并）"图层，执行"滤镜>模糊>动感模糊"命令，在弹出的"动感模糊"对话框中设置"距离"为70，如下图所示。

步骤11 完成后单击"确定"按钮，应用动感模糊，效果如下图所示。

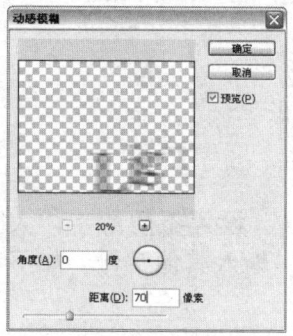

步骤12 新建"图层1"，选择矩形选框工具 ，在图像窗口中绘制矩形条，效果如下图所示。

步骤13 在工具箱中选择渐变工具 ，在选项栏中单击"点按可编辑渐变"按钮，弹出"渐变编辑器"对话框，然后在对话框中设置参数，从左至右为深褐色(R5、G0、B0)，大红色(R255、G1、B3)，粉红色(R255、G146、B183)，如下图所示。

步骤⑭ 设置好后单击"确定"按钮,然后在画面中从左向右拖动鼠标,填充线性渐变,完成后按下快捷键Ctrl+D取消选区,效果如下图所示。

步骤⑮ 完成后双击"t(合并)副本"图层,弹出"图层样式"对话框,在弹出的对话框中勾选"颜色叠加"复选框,在面板中设置各项参数,如下图所示。

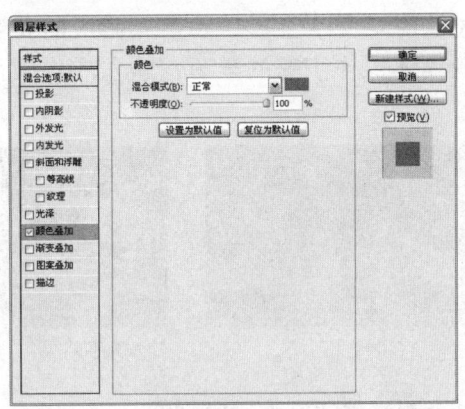

步骤⑯ 完成后单击"确定"按钮,图像中的文字效果颜色加深,如下图所示。

步骤⑰ 新建"图层2"和"图层3",设置前景色分别为白色和黑色,选择画笔工具,在选项栏中选择柔角像素画笔,适当调节画笔不透明度后进行绘制,如下图所示。

步骤⑱ 用前面同样的方法在图像窗口中添加其他文字元素,如右图所示。

DO IT YOURSELF 练习操作

1. 输入段落文字

通过前面对文字工具"段落"面板的介绍，以及对段落文字输入具体操作步骤的学习，输入广告画面中的段落文字信息。

原图

输入文字效果

Step BY Step （步骤提示）
1. 打开图像文件
2. 输入段落文字

光盘路径
素材文件：
实例文件\Chapter 13\Media\011.jpg
最终文件：
实例文件\Chapter 13\Complete\输入广告段落文字.psd

2. 结合图层样式制作质感文字

通过文字与图层样式的结合，添加文字立体效果，制作质感特效文字。

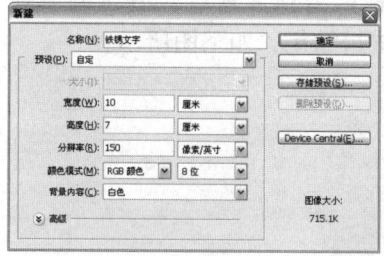
"新建"对话框

文字效果

Step BY Step （步骤提示）
1. 新建图像文件
2. 输入文字
3. 调整文字质感效果

光盘路径
素材文件：
实例文件\Chapter 13\Media\木纹、铁锈.jpg
最终文件：
实例文件\Chapter 13\Complete\铁锈文字.psd

>> 案例参考

下面是一组应用文字工具与图层样式结合制作的立体文字特效图片。在下面的案例中利用文字工具输入相关文字，再结合图层样式的添加，可制作出不同质感的立体文字效果。

Chapter 14 滤镜的综合应用

Photoshop CS5 提供了 100 多种滤镜，包括 5 种独立特殊滤镜和 14 种效果滤镜。利用滤镜强大的功能可以为图像制作出丰富多彩的艺术效果。本章将主要讲解 Photoshop CS5 中各个滤镜的概念及在应用滤镜时的规则和技巧，包括很多利用滤镜为图像添加效果的技巧。滤镜功能是本章的重点和难点，通过对本章的学习，不仅可以使用户能够熟练应用滤镜制作出各种图像效果，还有助于提高审美能力。

技术要点

1. 滤镜具有什么作用？

滤镜的作用是遵循一定的程序算法对图像中像素的颜色、亮度、饱和度、对比度、色调、分布、排列等属性进行计算和变换处理，制作图像特殊效果。

2. 滤镜主要分为哪几种类型？

在Photoshop CS5中，"滤镜"菜单主要将滤镜分为以下类型：独立特殊滤镜组、风格化滤镜组、画笔描边滤镜组、模糊滤镜组、扭曲滤镜组、锐化滤镜组等。通过滤镜组中的滤镜，可制作特殊的图像效果。

Unit 01 独立特殊滤镜的应用 >>

在 Photoshop CS5 中,"滤镜"菜单中提供了 5 种特殊的滤镜,包括"抽出"、"滤镜库"、"液化"、"图案生成器"和"消失点"。由于"抽出"、"液化"、"消失点"和"镜头校正"命令在前面已经介绍过,这里就不再重复介绍。下面分别介绍其他几种滤镜的使用方法。

>> 滤镜库

"滤镜库"中集成了多种滤镜,在"滤镜库"中可以累积应用多个滤镜,也可以重复应用单个滤镜,还可以重新排列滤镜并更改已应用的每个滤镜的设置。"滤镜库"是应用滤镜的最佳选择,但是"滤镜"菜单中列出的所有滤镜并不是都包括在"滤镜库"对话框中,这里就不再重复介绍。下面介绍"滤镜库"对话框以及其中的参数,如下图和下表所示。

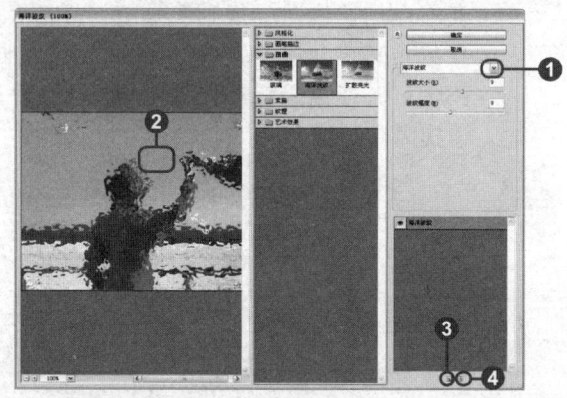

编号	名 称	说 明
❶	"下拉"按钮	单击"滤镜库"对话框右侧的下拉按钮,可以根据需要选择不同的滤镜
❷	"抓手工具"	将鼠标放置到图像缩览图区域,可以使用抓手工具在预览区域中拖移查看图像的其他区域
❸	"新建图层"按钮	单击"滤镜库"对话框右侧的"新建图层按钮",可得到一个新的滤镜效果图层,新图层的命令与参数和上一个滤镜效果图层相同
❹	"删除效果图层"按钮	单击选中需要删除的滤镜效果图层,再单击"删除效果图层"按钮即可删除滤镜效果图层

操作演示 滤镜库的基本操作

01 执行"文件 > 打开"命令,打开本书配套光盘中实例文件\Chapter 14\Media\001.jpg 文件,如下图所示。

02 执行"滤镜 > 滤镜库"命令,打开"滤镜库"对话框,可以看到,该对话框左侧为图像效果预览区域,中间部分为滤镜命令选择区域,而右侧是参数设置和滤镜效果添加或删除区域,如下图所示。

03 执行"滤镜>素描>半调图案"命令,弹出的"半调图案"对话框,如下图所示。

04 单击"新建效果图层"按钮,添加滤镜效果图层,前面添加的滤镜效果图层仍然存在,执行"滤镜>扭曲>玻璃"命令后得到两个滤镜叠加的效果,如下图所示。

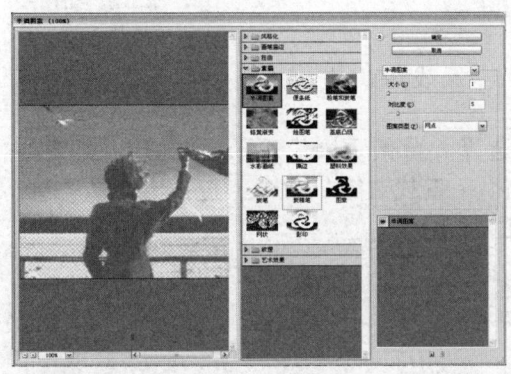
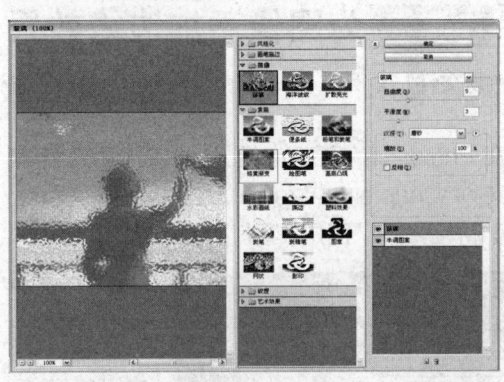

TIP 在"滤镜库"对话框中,可以通过快捷键Ctrl++和Ctrl+-对图像进行放大或缩小。

Unit 02 风格化滤镜组 >>

"风格化"滤镜组包括"查找边缘"、"等高线"、"风"、"浮雕效果"、"扩散"等8种滤镜效果,通过置换像素和查找并增加图像的对比度,可在选区中生成绘画或印象派的效果。本单元将详细介绍本组滤镜的作用和使用方法。

>> 查找边缘与等高线

使用"查找边缘"滤镜可以查找对比强烈的图像边缘区域并突出边缘,用线条勾勒出图像的边缘,生成图像周围的边界。使用"等高线"滤镜可以查找图像中的主要亮度区域并勾勒边缘,以获得与等高线图中的线条类似的效果。下面介绍"等高线"对话框及其中的参数,如下图和下表所示。

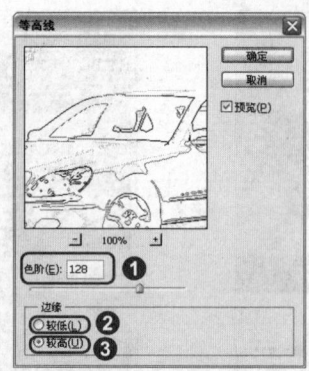

编号	名称	说明
❶	"色阶" 文本框	"色阶" 文本框用于设置查找图像边缘的色阶值
❷	"较低" 单选按钮	选择此单选按钮，则查找的颜色值高于指定的色阶边缘
❸	"较高" 单选按钮	选择此单选按钮，则查找的颜色值低于指定的色阶边缘

操作演示　为图像添加边缘效果

◎ **完成文件：** 实例文件\Chapter 14\Complete\查找边缘与等高线.psd

01 在 Photoshop CS5 中打开本书配套光盘中实例文件 \Chapter 14\Media\002.jpg，如下图所示。复制"背景"图层得到"背景 副本"图层。

02 选择"背景 副本"图层，执行"滤镜 > 风格化 > 查找边缘"命令，查找出图像轮廓，如下图所示。

03 执行"滤镜>风格化>等高线"命令，在弹出的"等高线"对话框中进行设置，如下图所示。

04 执行"图像>调整>反相"命令，生成用彩色线条勾勒边缘的图像。再执行"滤镜>素描>半调图案"命令，在打开的"半调图案"对话框中设置参数，如下图所示。

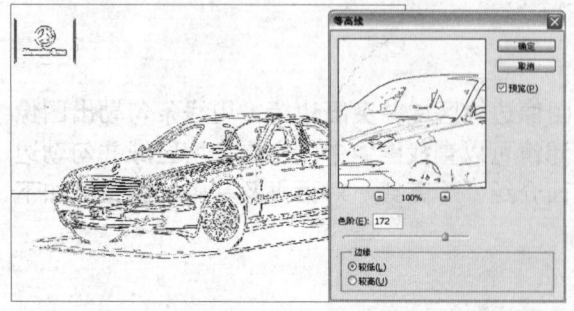

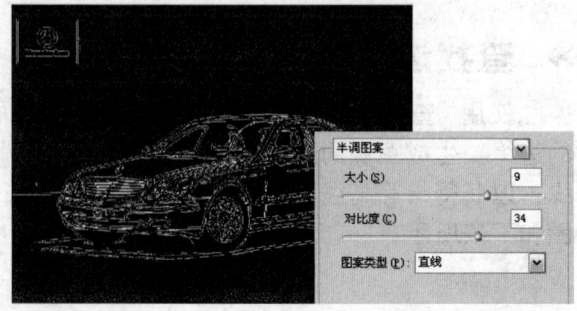

05 保持选择"背景 副本"图层，设置该图层的混合模式为"叠加"，如下图所示。

06 执行"图像>调整>色相/饱和度"命令，适当降低图像的饱和度及明度，如下图所示。

》 风效果

使用"风"滤镜可以在图像中放置细小的水平线条，以获得风吹的效果，可以根据需要设置不同大小的风的效果。这里介绍"风"对话框以及其中的参数，如下图和下表所示。

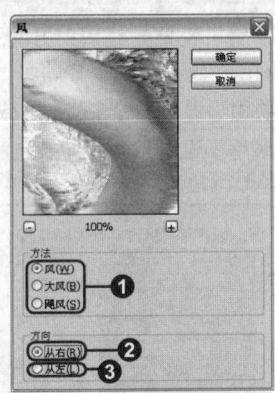

编号	名 称	说 明
❶	"风"、"大风"、"飓风"单选按钮	在"方法"选项组内包括"风"、"大风"和"飓风"3种产生滤镜效果的方法。3种方法产生的效果基本相同，只是产生的风的强度不同
❷	"从右"单选按钮	选择此单选按钮，则图像将从右向左产生起风效果
❸	"从左"单选按钮	选择此单选按钮，则图像将从左向右产生起风效果

 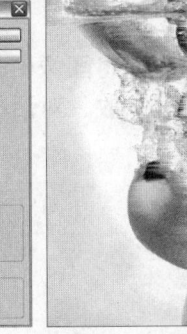

原图　　　　　　　　　　　　　　"风"对话框　　　　滤镜效果

浮雕效果

使用"浮雕效果"滤镜，可以通过将选区的填充色转换为灰色，并用原填充色描画边缘，从而使选区显得凸起或压低，制作出浮雕效果。这里介绍"浮雕效果"对话框以及其中的参数，如下图和下表所示。

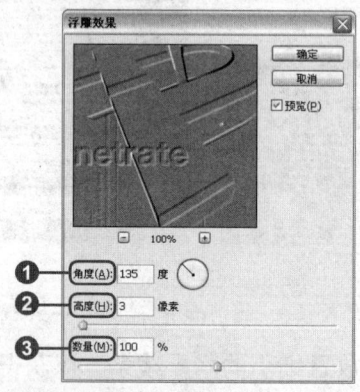

编号	名称	说明
❶	"角度"文本框	此选项用于设置光线照射方向，范围为 -360°～+360°，-360°可使表面凹陷，+360°可使表面凸起
❷	"高度"文本框	此选项用于设置图像中凸出区域的凸出程度
❸	"数量"文本框	此选项用于设置原图像中颜色的保留程度，当输入的数值为 0 时，图像变为单一颜色

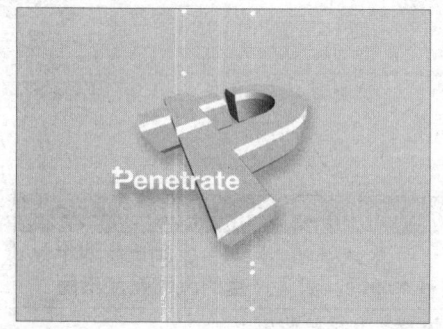
原图

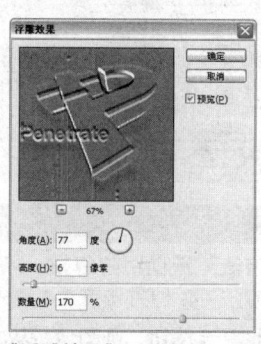
"浮雕效果"对话框

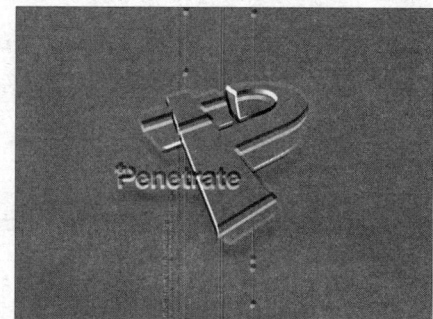
滤镜效果

扩散

使用"扩散"滤镜，可以将图像中的像素搅乱，使图像的焦点虚化，从而产生透过玻璃观察图像的效果。这里介绍"扩散"对话框以及其中的参数，如下图和下表所示。

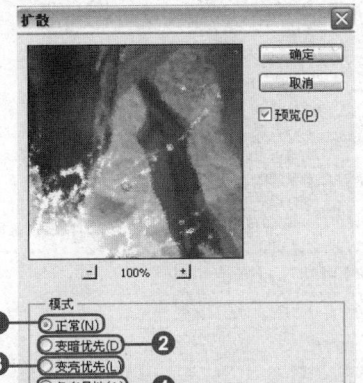

编号	名称	说明
❶	"正常"单选按钮	选择此单选按钮，可以使像素随机移动
❷	"变暗优先"单选按钮	选择此单选按钮，可以用较暗的像素替换较亮的像素
❸	"变亮优先"单选按钮	选择此单选按钮，可以用较亮的像素替换较暗的像素
❹	"各向异性"单选按钮	选择此单选按钮，可以在颜色变化最小的方向上搅乱像素

原图

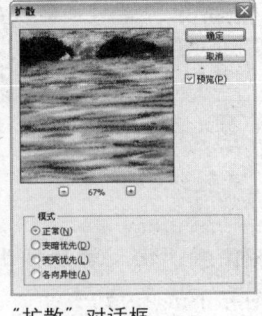
"扩散"对话框

扩散滤镜效果

>> 拼贴

使用"拼贴"滤镜可以将图像分解为一系列拼贴，使选区偏离其原来的位置。这里介绍"拼贴"对话框及其参数，如下图和下表所示。

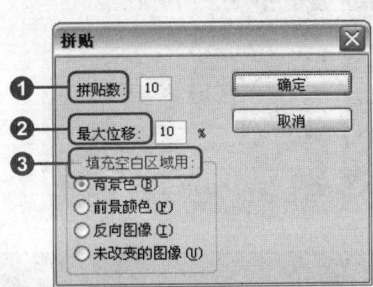

编号	名称	说明
❶	"拼贴数"文本框	用于设置图像高度方向上分割块的数量
❷	"最大位移"文本框	用于设置生成方块偏移的距离
❸	"填充空白区域用"选项组	该选项组包括"背景色"、"前景颜色"、"反向图像"和"未改变的图像"4个单选按钮，可选择任意一个单选按钮填充拼贴之间的区域

 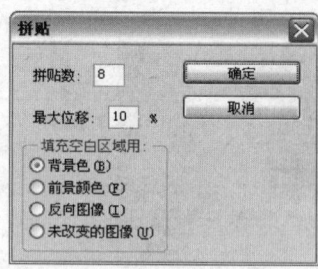 

原图　　　　　　　　　　　"拼贴"对话框　　　　　　　拼贴滤镜效果

❯❯ 曝光过度

使用"曝光过度"滤镜可以使图像产生正片与负片混合的效果，这种效果类似于电影中将摄影照片短暂曝光的效果。

 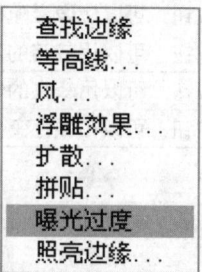 

原图　　　　　　　　　　　选择"曝光过度"选项　　　　曝光过度滤镜效果

❯❯ 照亮边缘

使用"照亮边缘"滤镜可以突出图像的边缘，并添加类似霓虹灯的光亮。下面介绍"照亮边缘"对话框以及其中的参数，如下图和下表所示。

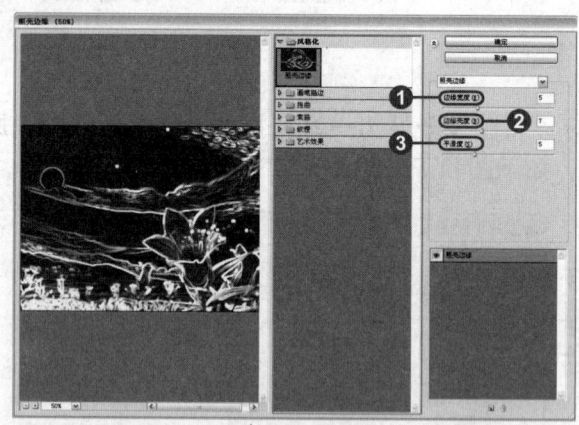

编号	名　称	说　明
❶	"边缘宽度"文本框	此选项可以设置发光边缘的宽度
❷	"边缘亮度"文本框	此选项可以设置发光边缘的亮度
❸	"平滑度"文本框	此选项可以设置发光边缘的平滑程度

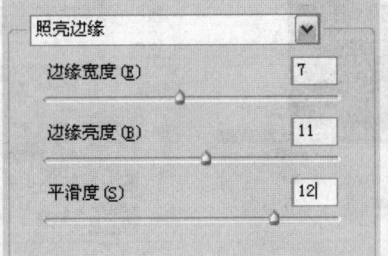
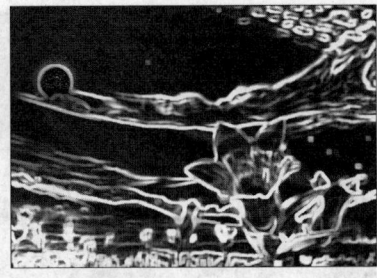

原图　　　　　　　　　　　　　设置参数值　　　　　　　　　　　　照亮边缘滤镜效果

LET'S GO! 利用风格化滤镜组制作图像纹理效果

最终文件：实例文件\Chapter 14\Complete\风格化.psd

步骤 01 在Photoshop CS5中打开本书配套光盘中实例文件\Chapter 14\Media\003.jpg，如下图所示。

步骤 02 按下快捷键Ctrl+J复制"背景"图层，得到"图层1"，如下图所示。

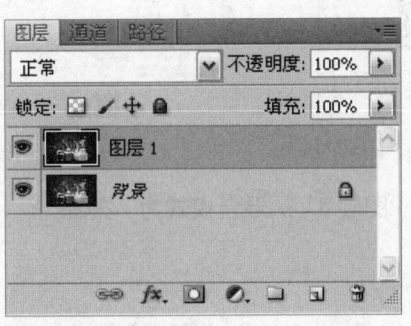

步骤 03 执行"滤镜>风格化>浮雕效果"命令，打开"浮雕效果"对话框，设置参数值，如下图所示。

步骤 04 设置完成后单击"确定"按钮，图像效果如下图所示。

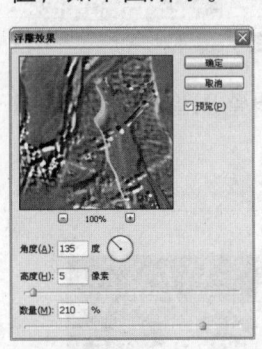

步骤 05 设置"图层1"的混合模式为"叠加"，效果如下图所示。

步骤 06 按下快捷键Shift+Ctrl+Alt+E盖印图层，生成"图层2"，如下图所示。

多媒体超值版
Photoshop CS5 完全学习教程

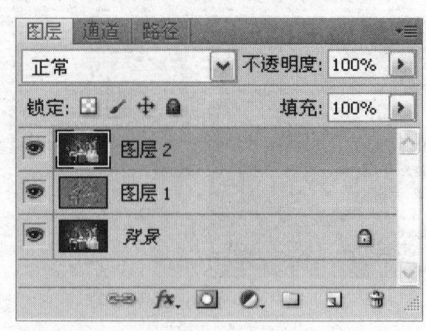

步骤07 执行"滤镜>风格化>等高线"命令，打开"等高线"对话框，设置各项参数值，如下图所示。

步骤08 设置完成后单击"确定"按钮，图像效果如下图所示。

步骤09 设置"图层2"的混合模式为"叠加"，如右图所示。

步骤10 单击"图层"面板下方的"创建新的填充或调整图层"按钮，在弹出的菜单中选择"色彩平衡"选项，分别设置"中间调"和"高光"面板参数，如下图所示。

步骤11 设置参数后，调整图像效果如下图所示。

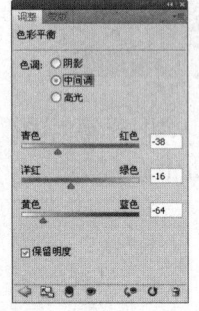
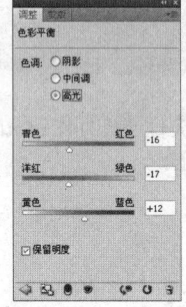

Unit 03 画笔描边滤镜组 >>

"画笔描边"滤镜组包括"成角的线条"、"墨水轮廓"、"喷溅和喷色描边"、"强化的边缘"、"深色线条"等8种滤镜。通过使用不同的画笔和油墨描边效果，可创造出自然绘画效果的外观。本单元将详细介绍本组滤镜的作用和使用方法。

>> 成角的线条

"成角的线条"滤镜是用对角描边重新绘制图像，用相反方向的线条来绘制亮部区域和暗部区域，这里对"成角的线条"对话框中的各参数进行介绍，如下图和下表所示。

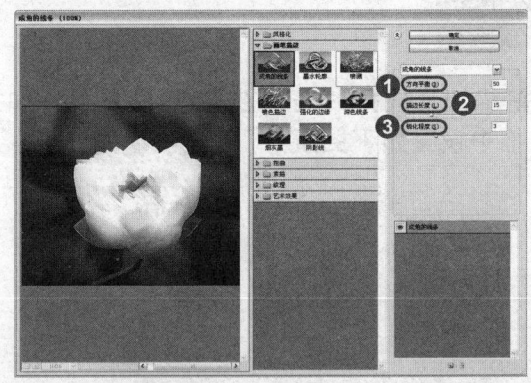

编号	名称	说明
❶	"方向平衡"文本框	当参数值较大时，会从右上端向左下端应用笔画；参数值较小时，则会从左上端向右下端应用画笔
❷	"描边长度"文本框	设置参数越大，画笔越长
❸	"锐化程度"文本框	可调整画笔锐利程度

原图　　　　　　　　　　　设置参数值　　　　　　　　　　

成角的线条滤镜效果

? PS解密　成角的线条妙用

◎ **最终文件：** 实例文件\Chapter 14\Complete\成角的线条效果.psd

前面总结了"成角的线条"滤镜的使用方法，这里介绍如何使用"成角的线条"滤镜制作雨景，具体操作如下。

步骤01 在Photoshop CS5 中打开本书配套光盘中实例文件\Chapter 14\Media\004.jpg，如下图所示。

步骤02 新建"图层 1"图层并填充为白色，执行"滤镜>杂色>添加杂色"命令，在弹出的"添加杂色"对话框中设置参数，完成后单击"确定"按钮，效果如下图所示。

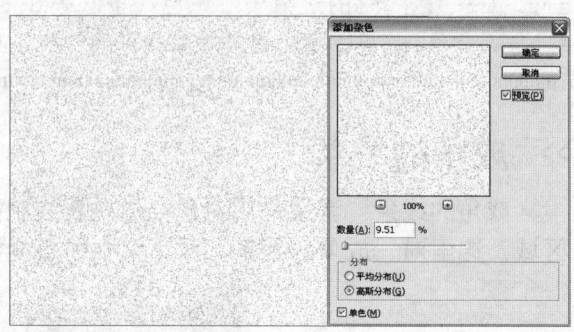

步骤03 执行"滤镜>画笔描边>成角的线条"命令，在弹出的对话框中设置如下图所示的参数。

步骤04 为图像添加"成角的线条"效果，如下图所示。

步骤05 设置"图层 1"图层的混合模式为"正片叠底"，如右图所示。

》墨水轮廓

"墨水轮廓"滤镜是采用钢笔画的风格，用纤细的线条在原细节上重绘图像。这里对"墨水轮廓"对话框中的参数进行介绍，具体说明如下图和下表所示。

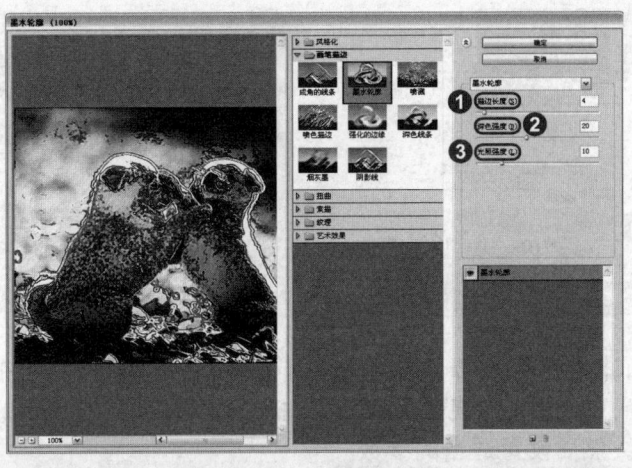

编号	名称	说明
❶	"描边长度"文本框	用于设置参数调整画笔的长度
❷	"深色强度"文本框	设置参数值越大，阴影部分区域越大、画笔越深
❸	"光照强度"文本框	设置参数值越大，高光部分越大

原图

设置参数值

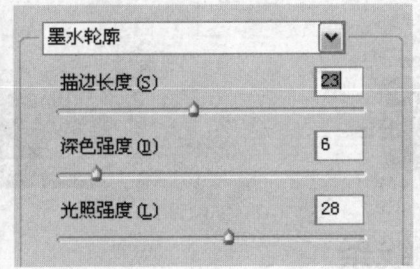

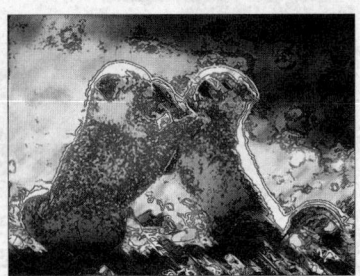
墨水轮廓滤镜效果

›› 喷溅和喷色描边

使用"喷溅"滤镜可以模拟喷枪的效果，以简化图像的整体效果。"喷色描边"滤镜可以使用图像的主色，用成角的喷溅颜色线条重新绘画图像。下面将结合这两种滤镜制作图像的喷溅和描边效果，具体操作如下。

操作演示 制作图像喷溅效果

完成文件： 实例文件\Chapter 14\Complete\喷溅和喷色描边.psd

01 打开本书配套光盘中实例文件 \Chapter 14\Media\005.jpg 文件，执行"滤镜 > 画笔描边 > 喷溅"命令，在打开的"喷溅"对话框中进行设置，如下图所示。

02 单击"喷溅"对话框右侧下方的"新建效果图层"按钮，新建一个滤镜效果图层，新建图层与上一个图层命令、参数相同，如下图所示。

03 在对话框中间的滤镜命令选择区域中选择"喷色描边"命令，新建的滤镜效果图层即变为"喷色描边"。然后设置适当的参数，如下图所示。

04 单击"确定"按钮，制作图像的喷溅和描边效果，如下图所示。

》 强化的边缘与深色线条

使用"强化的边缘"滤镜可以强化图像的边缘。设置高的边缘亮度时，强化效果类似于白色粉笔；设置低的边缘亮度时，强化效果类似于黑色油墨。"深色线条"滤镜是用短绷紧的深色线条绘制暗部区域，使用长的白色线条来控制亮部区域。

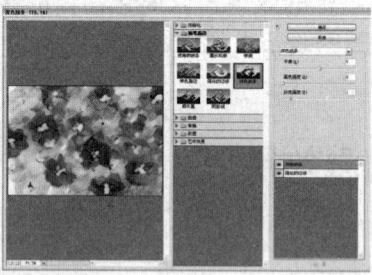

原图　　　　　　　　　　设置参数值　　　　　　　　深色线条滤镜效果

》 烟灰墨

使用"烟灰墨"滤镜可以制作日本画风格的效果，使图像看起来像是用蘸满油墨的画笔在宣纸上绘制而成的，同时用非常黑的油墨创建柔和的模糊边缘。

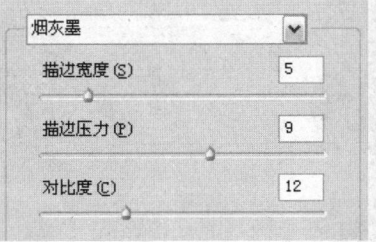

原图　　　　　　　　　　　设置参数值　　　　　　　　　　烟灰墨滤镜效果

>> 阴影线

使用"阴影线"滤镜可以保留原始图像的细节和特征，同时使用模拟的铅笔阴影线添加纹理，并可使彩色区域的边缘变得粗糙。

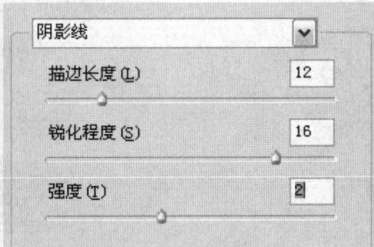

原图　　　　　　　　　　　设置参数值　　　　　　　　　　阴影线滤镜效果

LET'S GO! 制作图像绘画效果

最终文件： 实例文件\Chapter 14\Complete\画笔描边滤镜组.psd

步骤01 打开本书配套光盘中实例文件\Chapter 14\Media\006.jpg文件，复制"背景"图层，得到"图层1"，如下图所示。

步骤02 执行"滤镜>画笔描边>成角的线条"命令，在打开的"成角的线条"对话框中设置参数，如下图所示。

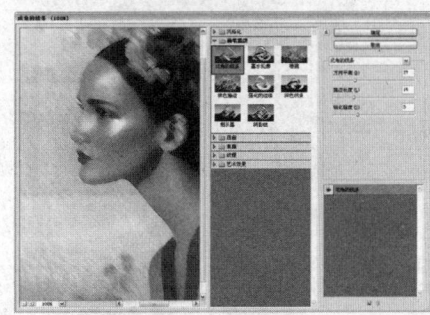

步骤03 设置完成后单击"确定"按钮，图像效果如下图所示。

步骤04 执行"滤镜>画笔描边>喷溅"命令，在对话框中设置参数，如下图所示。

步骤05 设置完成后单击"确定"按钮，效果如下图所示。

步骤06 执行"滤镜>画笔描边>阴影线"命令，在弹出的"阴影线"对话框中设置参数值，如下图所示。

步骤07 设置完成后单击"确定"按钮，效果如下图所示。

步骤08 复制"图层1"，得到"图层1 副本"，执行"滤镜>画笔描边>深色线条"命令，在弹出的对话框中设置参数值，如下图所示。

步骤09 设置完成后单击"确定"按钮，效果如下图所示。

步骤10 设置"图层1 副本"图层的混合模式为"柔光"，设置图层的"不透明度"为58%，如下图所示。

Unit 04 模糊滤镜组 >>

"模糊"滤镜组包括"表面模糊"、"动感模糊"、"径向模糊"、"方框模糊"、"高斯模糊"等11种滤镜。使用"模糊"滤镜组中的滤镜可以对选区或整个图像进行柔化，产生平滑过渡的效果，也可以使用该组滤镜去除图像中的杂色，使图像变得柔和，还可以使用其中一些滤镜修饰图像或者为图像增加动感效果。本单元将详细介绍本组滤镜的作用和使用方法。

>> 表面模糊

使用"表面模糊"滤镜可以使图像在保留边缘的同时添加模糊效果，此滤镜可用于创建特殊效果并消除杂色或颗粒度。

 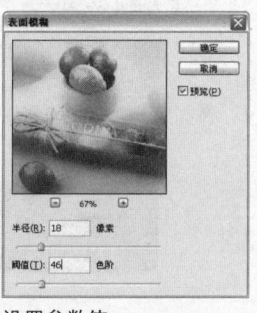 

原图　　　　　　　　　　设置参数值　　　　　　　表面模糊滤镜效果

TIP 结合快捷键 Ctrl+F，可以对上次滤镜进行重复操作。

>> 动感模糊与径向模糊

使用"动感模糊"滤镜可使图像沿着指定方向且以指定强度进行模糊处理。此滤镜的效果类似于以固定的曝光时间给一个正在移动的对象拍照。使用"径向模糊"滤镜可以模拟移动或旋转的相机所产生的模糊效果。结合使用这两种滤镜的具体操作如下。

操作演示 制作正在奔驰的汽车图像

完成文件： 实例文件\Chapter 14\Complete\动感模糊与径向模糊.psd

01 打开本书配套光盘中实例文件\Chapter 14\Media\007.jpg文件。执行"滤镜>模糊>径向模糊"命令，在打开的"径向模糊"对话框中进行各项设置，如下图所示。

02 单击"确定"按钮，制作出径向模糊图像效果，如下图所示。

03 按下快捷键Ctrl+Z，撤销上一步操作，选择工具箱中的钢笔工具，单击并沿着车身绘制路径，然后按下快捷键Ctrl+Enter将路径转换为选区，再执行"选择>反向"命令反选选区，如下图所示。

04 执行"滤镜>模糊>动感模糊"命令，在打开的"动感模糊"对话框中设置"角度"为"23度"，"距离"为"177像素"，然后单击"确定"按钮，再按下快捷键Ctrl+D取消选区，如下图所示。

>> 方框模糊

"方框模糊"滤镜是基于相邻像素的平均颜色值来模糊图像的。此滤镜用于创建特殊效果，可以用于计算给定像素的平均值的区域大小，设置的半径越大，产生的模糊效果越明显。

原图

设置参数值

方块模糊滤镜效果

>> 高斯模糊与特殊模糊

"高斯模糊"滤镜是通过控制模糊半径来对图像进行模糊效果处理,使用此滤镜可为图像添加低频细节,并产生一种朦胧效果。使用"特殊模糊"滤镜可以精确地模糊图像。使用这两种滤镜的具体操作如下。

TIP 当对图像执行了高斯模糊滤镜效果以后,可以结合"编辑>渐隐高斯模糊"命令,在弹出的对话框中设置"不透明度"和"模式",使模糊效果更自然。

操作演示 制作高斯模糊与特殊模糊效果

◎ **完成文件:** 实例文件\Chapter 14\Complete\高斯模糊与特殊模糊.psd

01 打开本书配套光盘中实例文件\Chapter 14\Media\008.jpg文件,执行"滤镜>模糊>高斯模糊"命令,在打开的"高斯模糊"对话框中,设置"半径"为5像素,如下图所示。

02 单击"确定"按钮,制作出高斯模糊图像效果,如下图所示。

03 按下快捷键Ctrl+Z,撤销上一步操作。然后执行"滤镜>模糊>特殊模糊"命令,在打开的"特殊模糊"对话框中进行各项设置,然后单击"确定"按钮,如右图所示。

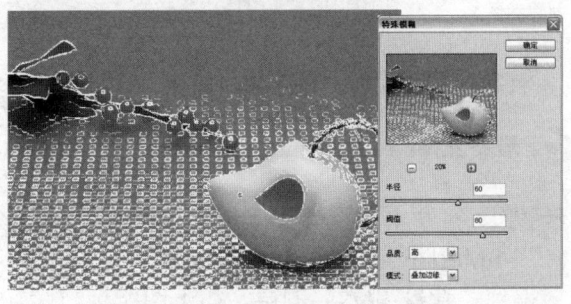

》 模糊与进一步模糊

"模糊"滤镜与"进一步模糊"滤镜的作用都是在图像中有显著颜色变化的地方消除杂色，从而产生轻微的模糊效果。"模糊"滤镜通过平衡已定义的线条和遮蔽区域清晰边缘旁边的像素，使图像中的颜色变化显得比较柔和；而使用"进一步模糊"滤镜得到的效果是应用3~4次"模糊"滤镜后的效果。

》 镜头模糊和形状模糊

使用"镜头模糊"滤镜可以为图像添加模糊效果，产生更强的景深效果，以便使图像中的一些对象在焦点内，而使另一些区域变得模糊。此滤镜使用深度映射来确定像素在图像中的位置，在选择了深度映射的情况下，也可以使用十字线光标来设置给定模糊的起点。"形状模糊"滤镜是使用指定的形状来创建模糊效果，可以选择任意形状来制作图像的模糊效果。

原图　　　　　　　　　　　镜头模糊　　　　　　　　　　　形状模糊

》 平均

使用"平均"滤镜可以找出图像或选区的平均颜色，然后用该颜色填充图像或选区，可以使图像得到平滑的外观。

 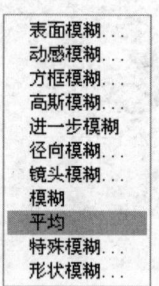 

创建选区　　　　　　　　　执行"平均"命令　　　　　　　平均滤镜效果

LET'S GO! 利用模糊滤镜组调整照片梦幻效果

最终文件：实例文件\Chapter 14\Complete\模糊滤镜组.psd

步骤 01 打开本书配套光盘中实例文件\Chapter 14\Media\009.jpg 文件，复制"背景"图层得到"背景 副本"图层，如下图所示。

步骤 02 执行"滤镜>模糊>高斯模糊"命令，在弹出的"高斯模糊"对话框中设置参数值，如下图所示。

Chapter 14 滤镜的综合应用

步骤 03 设置完成后单击"确定"按钮，效果如下图所示。

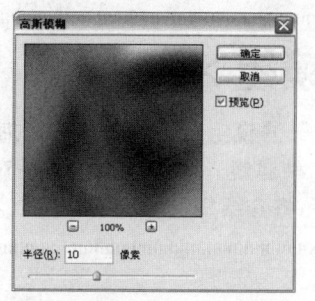

步骤 04 执行"编辑>渐隐高斯模糊"命令，打开"渐隐"对话框，设置"不透明度"为76%，设置完成后单击"确定"按钮，如下图所示。

405

步骤 05 设置"背景 副本"图层的混合模式为"滤色"，效果如下图所示。

步骤 06 复制"背景 副本"图层，得到"背景 副本2"图层，按下快捷键Shift+Ctrl+U，对图像执行去色命令，如下图所示。

步骤 07 设置"背景 副本 2"图层的混合模式为"柔光"，"不透明度"为67%，如右图所示。

Unit 05 扭曲滤镜组 >>

"扭曲"滤镜组包括"波浪"、"海洋波纹"、"波纹"、"水波"、"玻璃"、"极坐标"等13种滤镜。此滤镜组主要是对图像进行几何扭曲，创建3D或其他图像效果。本单元将介绍每种滤镜的功能以及具体操作。

>> 波浪与海洋波纹

"波浪"滤镜用于在图像上创建波状起伏的图案，可以制作出波浪效果。使用"海洋波纹"滤镜可以将随机分隔的波纹添加到图像表面，使图像看上去像在水中一样。下面介绍使用这两个滤镜的具体操作。

操作演示 制作波状起伏和添加波纹到图像表面的效果

完成文件： 实例文件\Chapter 14\Complete\波浪与海洋波纹.psd

01 打开本书配套光盘中实例文件\Chapter 14\Media\010.jpg文件。执行"滤镜>扭曲>波浪"命令，在打开的"波浪"对话框中设置各项参数，如下图所示。

02 调整好后单击"确定"按钮，制作出图像的波状起伏效果，如下图所示。

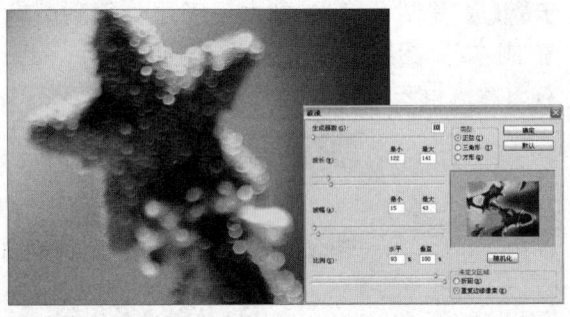

03 按下快捷键Ctrl+Z，撤销上一步操作，回到原始图像，然后执行"滤镜>扭曲>海洋波纹"命令，在打开的"海洋波纹"对话框中设置各项参数，如下图所示。

04 设置完成后单击"确定"按钮，如下图所示。

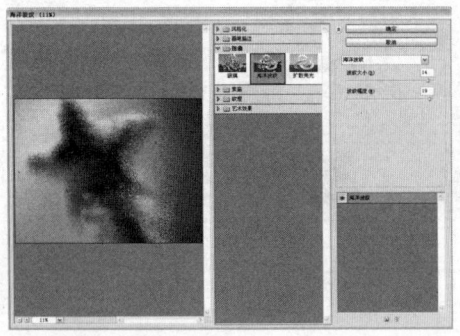
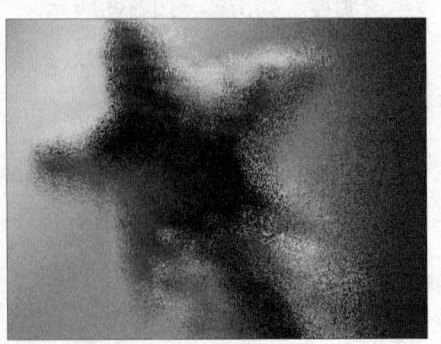

》波纹与水波

"波纹"滤镜是通过在选区上创建波状起伏的图案来模拟水池表面的波纹。使用"水波"滤镜可根据图像像素的半径将选区径向扭曲,从而产生类似于水波的效果。

原图

波纹滤镜效果

水波滤镜效果

》玻璃与极坐标

使用"玻璃"滤镜可以使图像看起来像是透过不同类型的玻璃看到的图像效果。应用"极坐标"滤镜时,可以选择将选区从平面坐标转换到极坐标,或者将选区从极坐标转换到平面坐标,从而产生扭曲变形的图像效果。

原图

玻璃滤镜效果

极坐标滤镜效果

》挤压与球面化

使用"挤压"滤镜可以挤压选区内的图像,从而使图像产生凸起或凹陷的效果。使用"球面化"滤镜可以在图像的中心产生球形的凸起或凹陷效果,使对象具有3D效果。下面介绍使用这两种滤镜的具体操作。

操作演示 制作图像挤压变形和3D效果

完成文件: 实例文件\Chapter 14\Complete\挤压与球面化.psd

01 打开本书配套光盘中实例文件\Chapter 14\Media\011.jpg文件,执行"滤镜>扭曲>挤压"命令,在打开的"挤压"对话框中设置各项参数,如下图所示。

02 单击"确定"按钮,制作出挤压变形的图像效果,如下图所示。

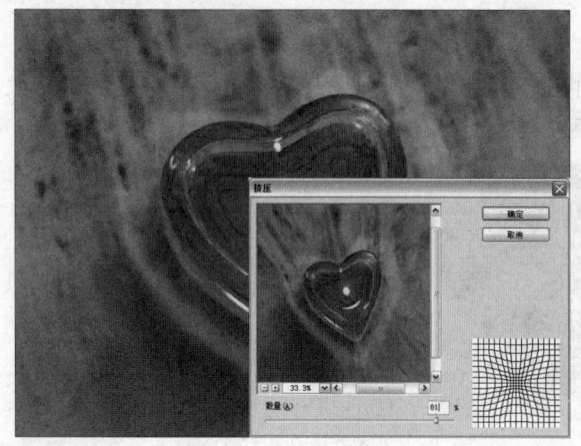
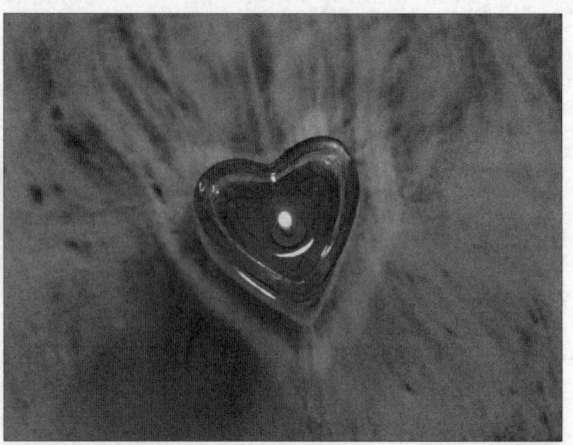

03 按下快捷键Ctrl+Z，撤销上一步操作，然后执行"滤镜>扭曲>球面化"命令，在打开的"球面化"对话框中进行各项设置，然后单击"确定"按钮，如右图所示。

>> 扩散亮光与旋转扭曲

使用"扩散亮光"滤镜可以通过扩散图像中的白色区域，使图像从选区中心向外渐隐亮光，从而产生朦胧效果。使用"旋转扭曲"滤镜可以旋转选区内的图像，图像中心的旋转程度比边缘的旋转程度大。

原图

扩散亮光滤镜效果

旋转扭曲滤镜效果

» 切变

使用"切变"滤镜可以通过调整"切变"对话框中的曲线来扭曲图像。下面是使用"切变"滤镜的具体效果。

 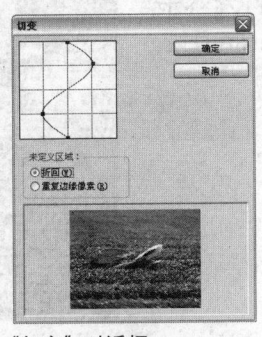 

原图　　　　　　　　　　　　　"切变"对话框　　　　　　　切变滤镜效果

» 置换

使用"置换"滤镜需要使用一个 PSD 格式的图像作为置换图，然后对置换图进行相关设置，以确定当前图像如何根据位移图发生弯曲、破碎的效果。下面介绍使用该滤镜的方法。

打开一个图像文件，执行"滤镜 > 扭曲 > 置换"命令，在打开的"置换"对话框中进行参数设置，单击"确定"按钮，弹出一个"选择一个置换图"对话框，在该对话框中选择一个相应的滤镜图像文件，单击"确定"按钮，可看到图像会根据所选择的滤镜效果而发生改变。

 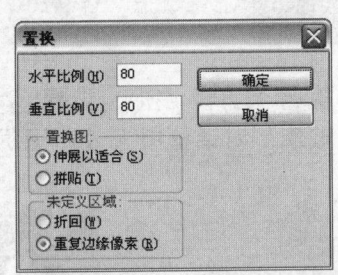

原图　　　　　　　　　　　　　　　　　　设置参数值

选择置换滤镜效果　　　　　　　　　　　最终效果

LET'S GO! 制作个性照片

◎ **最终文件**：实例文件\Chapter 14\ Complete\扭曲滤镜组.psd

步骤 01 执行"文件>打开"命令，打开本书配套光盘中实例文件\Chapter 14\Media\012.jpg文件，如右图所示。

步骤 02 单击套索工具，在选项栏上设置"羽化"为20px，然后对人物图像进行选区创建，如下图所示。

步骤 03 选区创建完成后，按下快捷键Ctrl+J，复制选区内图像，自动生成"图层1"，如下图所示。

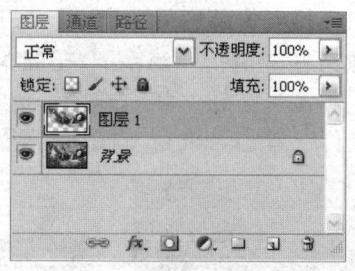

步骤 04 选择"背景"图层，执行"滤镜>扭曲>玻璃"命令，在弹出的"玻璃"对话框中设置参数值，如下图所示。

步骤 05 设置完成后单击"确定"按钮，效果如下图所示。

步骤 06 复制"图层1"，对"图层1 副本"执行"滤镜>扭曲>扩散亮光"命令，在弹出的对话框中设置参数值，如下图所示。

步骤 07 设置完成后单击"确定"按钮，效果如下图所示。

步骤 08 设置"图层1"副本的混合模式为"柔光",如右图所示。

Unit 06 锐化滤镜组 >>

"锐化"滤镜组包括"锐化"、"进一步锐化"、"USM 锐化"、"锐化边缘"、"智能锐化"5 种滤镜。此滤镜组通过增加相邻像素的对比度来聚焦模糊的图像,使模糊的图像能变得清晰。本单元将分别对本组滤镜进行介绍。

>> 锐化与进一步锐化

"锐化"滤镜是通过增大像素之间的反差来使模糊的图像变清晰。"进一步锐化"滤镜也是运用同样的原理来使图像产生清晰的效果。"进一步锐化"滤镜比"锐化"滤镜的锐化效果更强。

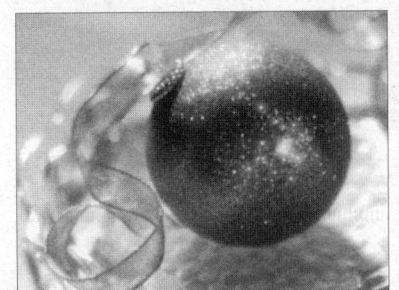 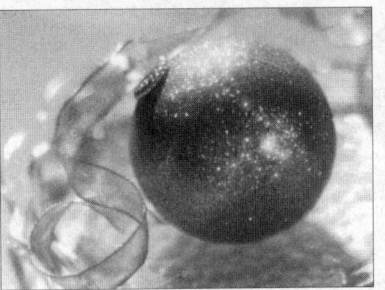 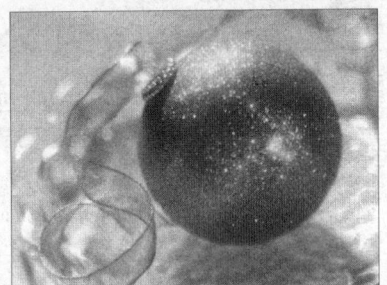

原图　　　　　　　　　　　锐化滤镜效果　　　　　　　　　进一步锐化滤镜效果

TIP "锐化"和"进一步锐化"滤镜的作用是使图像变得更加清晰,在执行"锐化"和"进一步锐化"命令时,可根据需要进行重复操作,以便达到需要的效果。

>> 锐化边缘与USM锐化

使用"锐化边缘"滤镜只对图像的边缘进行锐化，而保留图像总体的平滑度。使用"USM锐化"滤镜可以调整图像边缘的对比度，并在边缘的每一侧生成一条亮线和一条暗线，使图像边缘更加突出。

原图

锐化边缘滤镜效果

USM 锐化滤镜效果

>> 智能锐化

"智能锐化"滤镜通过设置锐化算法来锐化图像，也可以通过控制阴影和高光中的锐化量来使图像产生锐化效果。下面介绍使用该滤镜的具体操作。

打开一个图像文件，执行"滤镜 > 锐化 > 智能锐化"命令，在打开的"智能锐化"对话框中进行参数值设置，单击"确定"按钮，即可制作出锐化的图像效果。

原图

设置参数值

智能锐化效果

Unit 07 视频滤镜组 >>

"视频"滤镜组包括"NTSC 颜色"和"逐行"两种滤镜。使用这两种滤镜可以使视频图像和普通图像之间相互转换。

使用"NTSC 颜色"滤镜可以将图像颜色限制在电视机图像可接受的范围之内，以防止过饱和颜色渗到电视扫描行中。"逐行"滤镜是通过移去视频图像中的奇数或偶数隔行线，使在视频上捕捉的运动图像变得平滑。本单元介绍使用这两种滤镜的具体操作。

操作演示 平滑视频图像中的隔行线

完成文件： 实例文件\Chapter 14\Complete\NTSC颜色与逐行.psd

01 执行"文件 > 打开"命令，打开本书配套光盘中实例文件 \Chapter 14\Media\013.jpg 文件，如下图所示。

02 执行"滤镜>视频> NTSC 颜色"命令，显示图像颜色，如下图所示。

03 再按下快捷键Ctrl+Z，撤销上一步操作，回到原始图像，执行"滤镜>视频>逐行"命令，在打开的"逐行"对话框中进行设置，然后单击"确定"按钮，如右图所示。

Unit 08 素描滤镜组 >>

"素描"滤镜组包括"半调图案"、"便条纸"、"粉笔和炭笔"、"铬黄"、"绘画笔"等 14 种滤镜。可以使用这些滤镜制作 3D 效果，将纹理添加到图像上，还适用于创建美术或手绘外观的图像效果。下面对本组滤镜进行具体介绍。

>> 半调图案与便条纸

"半调图案"滤镜是使用前景色和背景色，在保持图像中连续色调范围的同时模拟半调网屏的效果。使用"便条纸"滤镜可以使图像简化，制作具有浮雕凹陷和纸颗粒感纹理的效果。

原图

半调图案滤镜效果

便条纸滤镜效果

TIP 素描滤镜组与前景色和背景色密切相关,可通过对前景色与背景色的设置,决定滤镜图像的整体色调。

>> 粉笔和炭笔与绘画笔

使用"粉笔和炭笔"滤镜可以重绘图像的高光和中间调,在图像的阴影区域用黑色对角炭笔线条进行替换,并使用粗糙粉笔绘制中间调的灰色背景。"绘画笔"滤镜是使用细小的线状油墨描边以捕捉原图像中的细节,使用前景色作为油墨,使用背景色作为纸张,以替换原图像中的颜色。

原图

粉笔和炭笔滤镜效果

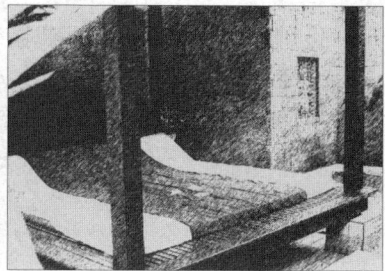
绘画笔滤镜效果

>> 铬黄

使用"铬黄"滤镜可以渲染图像,使图像具有擦亮的铬黄表面效果。打开一个图像文件,执行"滤镜 > 素描 > 铬黄"命令,在打开的"铬黄"对话框中进行参数值设置,单击"确定"按钮,即可制作出擦亮的铬黄表面图像效果。

原图

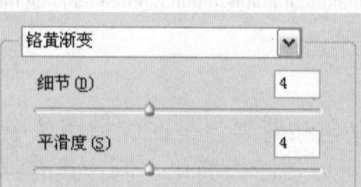
设置参数值

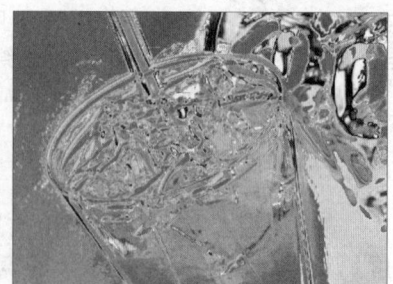
铬黄滤镜效果

>> 基底凸现与石膏效果

使用"基底凸现"滤镜可以使凸现呈现较为细腻的浮雕效果,并可根据需要加入光照效果,以突出浮雕表面的变化。使用"石膏效果"滤镜可以按照 3D 效果来制作图像,结合前景色与背景色为图像着色。

  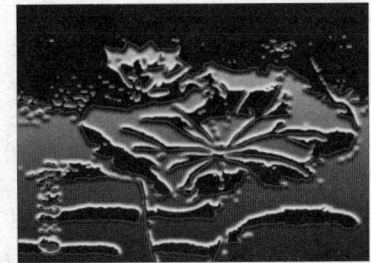

原图　　　　　　　　　　　　基底凸现滤镜效果　　　　　　　　石膏效果滤镜效果

>> 水彩画纸

"水彩画纸"滤镜是利用有污点的图像在潮湿的纤维纸上涂抹,以制作出颜色流动并混合的特殊艺术效果。

 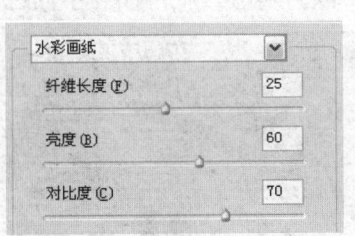 

原图　　　　　　　　　　　　设置参数　　　　　　　　　　　水彩画纸滤镜效果

>> 撕边与图章

使用"撕边"滤镜可以使图像由粗糙的撕破的纸片状重建图像,使用前景色与背景色为图像着色。使用"图章"滤镜可以简化图像,使图像效果类似于用橡皮或木制图章创建而成。

原图　　　　　　　　　　　　撕边滤镜效果　　　　　　　　　图章滤镜效果

炭笔与炭精笔

使用"炭笔"滤镜可以使图像产生色调分离的涂抹效果，图像中的主要边缘由粗线条进行绘制，而中间色调用对角描边进行绘制。使用"炭精笔"滤镜可以在图像上模拟浓黑和纯白的炭精笔纹理，用前景色描绘暗部区域，用背景色描绘亮部区域。

原图

炭笔滤镜效果

炭精笔滤镜效果

网状与影印

使用"网状"滤镜可以模拟胶片乳胶的可控收缩和扭曲来创建图像，使图像在阴影部分呈现结块状，在高光部分呈现轻微颗粒化效果。使用"影印"滤镜可以模仿由前景色和背景色模拟复印机影印图像效果，只复制图像的暗部区域，而将中间色调改为黑色或白色。

原图

网状滤镜效果

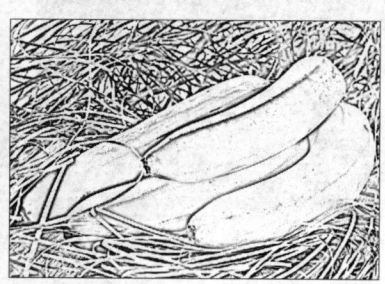
影印滤镜效果

Unit 09 纹理滤镜组 >>

"纹理"滤镜组包括"龟裂缝"、"颗粒"、"马赛克拼贴"、"拼缀图"、"染色玻璃"、"纹理化"6种滤镜。使用这些滤镜可以模拟具有深度感或物质感的外观纹理效果。本单元将对这些滤镜进行详细介绍。

龟裂缝与染色玻璃

使用"龟裂缝"滤镜可将图像绘制在一个高凸现的石膏表面上，以表现图像等高线水彩精细的网状裂缝，还可以对包含多种颜色值或灰度值的图像创建浮雕效果。使用"染色玻璃"滤镜可将图像重新绘制为玻璃拼贴起来的效果，生成的玻璃块之间的缝隙会使用前景色来填充。

 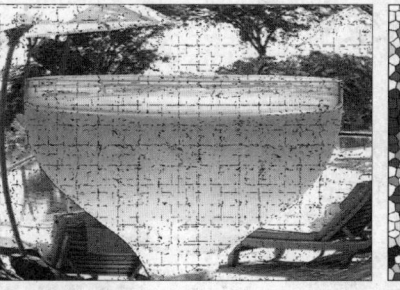 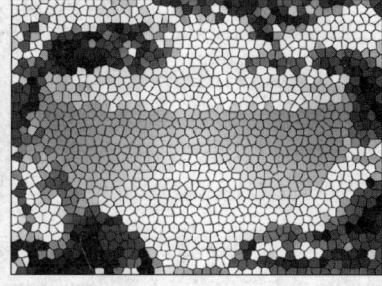

原图　　　　　　　　　　　龟裂缝滤镜效果　　　　　　　　　染色玻璃滤镜效果

>> 颗粒与马赛克拼贴

使用"颗粒"滤镜可以利用不同的颗粒类型在图像中添加不同的纹理。使用"马赛克拼贴"滤镜可以渲染图像，使图像看起来像是由很多碎片拼贴而成，在拼贴之间还有深色的缝隙。

原图　　　　　　　　　　　颗粒滤镜效果　　　　　　　　　　马赛克拼贴滤镜效果

>> 拼缀图与纹理化

使用"拼缀图"滤镜可以将图像分解为若干个正方形，而每个正方形都是用图像中该区域的主色填充的。使用"纹理化"滤镜可以将选择或创建的纹理应用于图像。

原图　　　　　　　　　　　拼缀图滤镜效果　　　　　　　　　纹理化滤镜效果

LET'S GO! 制作壁纸效果

最终文件： 实例文件\Chapter 14\Complete\制作壁纸效果.psd

步骤01 打开本书配套光盘中实例文件\Chapter 14\Media\014.jpg 文件，如下图所示。

步骤02 单击"创建新的填充或调整图层"按钮，在弹出菜单中选择"色彩平衡"命令，在"调整"面板中设置如下图所示参数。

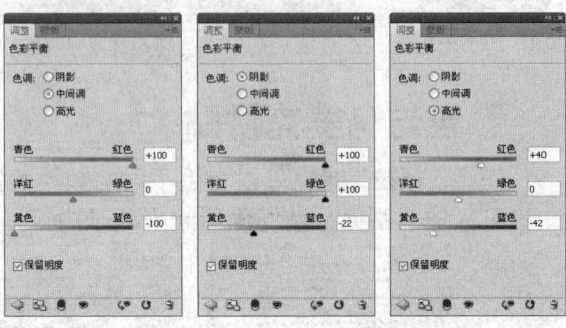

步骤03 通过上步的操作，为图像调整了色调，效果如下图所示。

步骤04 单击套索工具，如下图所示创建选区，按下快捷键Shift+F6，在弹出的对话框中将"羽化半径"值设置为15像素。

步骤05 单击"创建新的填充或调整图层"按钮，在弹出菜单中选择"曲线"命令，在"调整"面板中设置参数，完成后单击"确定"按钮，效果如下图所示。

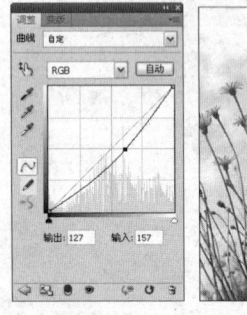

步骤06 单击套索工具，如下图所示创建选区，按下快捷键Shift+F6，在弹出的对话框中将"羽化半径"值设置为25像素，如下图所示，完成后单击"确定"按钮。

步骤 07 单击"创建新的填充或调整图层"按钮 ⊘，在弹出菜单中选择"曲线"命令，在"调整"面板中设置参数，如下左图所示，完成后单击"确定"按钮，效果如下右图所示。

步骤 08 创建"图层 1"，单击自定形状工具 ⋈，在选项栏上单击"形状"快捷箭头，在弹出的面板中选择"圆形边框"，如下图所示。

步骤 09 将前景色设置为土黄色（R169、G142、B75），并设置混合模式为"颜色减淡"，在花朵上绘制圆形，如下图所示。

步骤 10 多次复制"图层 1"，并分别调整其大小和位置，效果如下所示。

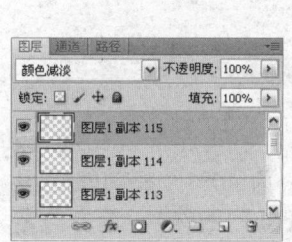

步骤 11 按住Ctrl键分别选择"图层 1"的所有图层，如下左图所示，然后拖动至"创建新组"上，生成"组 1"，如下右图所示。

步骤 12 打开本书配套光盘中实例文件\Chapter 14\Media\花纹.psd文件，如下图所示。

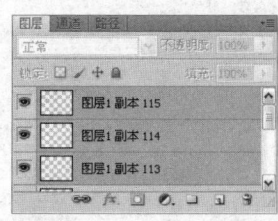

步骤 13 单击移动工具 ⊕，将素材文件"花纹"拖动至当前图像文件中并结合键盘中的方向键调整图像的位置，如下图所示。

步骤 14 打开本书配套光盘中实例文件\Chapter 14\Media\弧线.psd文件，如下图所示。

步骤15 单击移动工具,将素材文件"弧线"拖动至当前图像文件中,调整图像的位置和大小,如下图所示。

步骤16 为了美化图像的效果,添加一些文字元素,如下图所示。

步骤17 新建"图层2",并设置混合模式为"颜色加深","不透明度"为40%,将前景色设置为土黄色(R169、G142、B75),单击自定形状工具,在选项栏上设置各项参数,在图像中绘制圆形,如下图所示。

步骤18 新建"图层3",并设置混合模式为"颜色减淡",将前景色设置为土黄色(R169、G142、B75),单击自定形状工具,在选项栏上设置各项参数,在图像中绘制圆形,如下图所示。

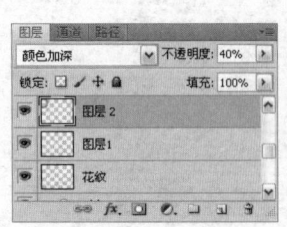
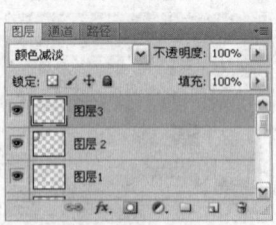

步骤19 按下快捷键Ctrl+Shift+Alt+E,盖印可见图层,生成"图层4"。

步骤20 选择"图层4",执行"滤镜>纹理>纹理化"命令,在弹出的对话框中设置各项参数,完成后单击"确定"按钮,如下图所示。

步骤21 选择"图层4",执行"滤镜>纹理>纹理化"命令,在弹出的对话框中设置各项参数,完成后单击"确定"按钮,如右图所示。

Unit 10 像素化滤镜组 >>

"像素化"滤镜组包括"彩块化"、"彩色半调"、"点状化"、"晶格化"、"马赛克"、"碎片"、"铜版雕刻"7种滤镜。本组滤镜主要是使用单元格中相近颜色值的像素结成块,重新定义图像或选区,从而产生点状、马赛克、晶格等各种特殊效果。本单元将详细介绍这些滤镜的功能和具体操作。

>> 彩块化

使用"彩块化"滤镜可以使图像中纯色或颜色相近的像素结成相近颜色的像素块。使用该滤镜可以使扫描的图像看起来像手绘图像,或者实现图像的抽象派效果。如下图所示的是使用"彩块化"滤镜后的图像和原图像的对比。

原图　　　　　　　　　　　　　彩块化滤镜效果

>> 彩色半调与点状化

"彩色半调"滤镜是在图像的每个通道上使用放大的半调网屏效果,对于每个通道,滤镜都将图像划分为矩形,并用圆形替换每个矩形。使用"点状化"滤镜可将图像中的颜色分解为随机分布的网点,得到手绘的点状化效果。

原图

彩色半调滤镜效果

点状化滤镜效果

>> 晶格化与马赛克

使用"晶格化"滤镜可以使像素结块形成多边形纯色效果。"马赛克"滤镜可以将图像中的像素结成方块状,并使每一个块中的像素颜色相同。

原图

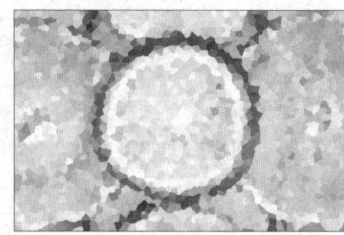
晶格化滤镜效果

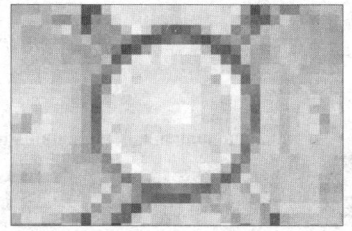
马赛克滤镜效果

>> 碎片与铜版雕刻

使用"碎片"滤镜可以对选区中的像素进行4次复制,然后将4个副本平均轻移,使图像产生不聚焦的模糊效果。使用"铜版雕刻"滤镜可以将图像转换为黑白区域的随机图案或彩色图像中完全饱和的随机图案。

原图

碎片滤镜效果

铜版雕刻效果

Unit 11 渲染滤镜组 >>

"渲染"滤镜组包括"云彩"、"分层云彩"、"光照效果"、"镜头光晕"、"纤维"5种滤镜。可以使用本组滤镜为图像制作云彩图案、折射图案、模拟的光反射等效果。本单元将详细介绍该滤镜组中滤镜的功能与操作方法。

>> 云彩与分层云彩

"云彩"滤镜是使用介于前景色和背景色之间的随机值生成柔和的云彩图案。"分层云彩"滤镜与"云彩"滤镜的原理相同,但是使用"分层云彩"滤镜时,图像中的某些部分会被反相为云彩图案。

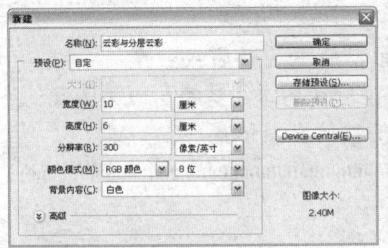
"新建"对话框

云彩滤镜效果

分层云彩滤镜效果

>> 光照效果与镜头光晕

使用"光照效果"滤镜可以给 RGB 格式的图像增加不同的光照效果,还可以使用灰度格式的图像纹理创建类似于 3D 效果的图像,并可存储自建的光照样式,以便应用于其他图像。使用"镜头光晕"滤镜可以模拟亮光照射到相机镜头所产生的折射效果。

分层云彩滤镜效果

分层云彩滤镜效果

分层云彩滤镜效果

>> 纤维

"纤维"滤镜是使用前景色和背景色创建编织纤维的外观。新建一个文件,设置前景色为默认色,然后执行"滤镜 > 渲染 > 纤维"命令,在打开的"纤维"对话框中设置各项参数后单击"确定"按钮,即可制作出纤维效果图像。

"纤维"对话框

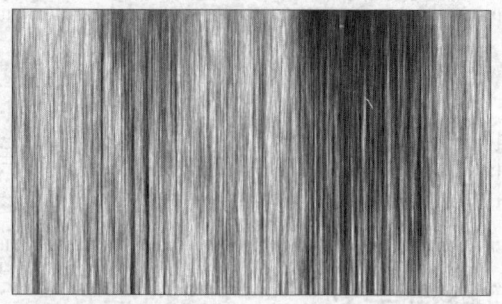
纤维滤镜效果

Unit 12 艺术效果滤镜组 >>

"艺术效果"滤镜组包括"壁画"、"彩色铅笔"、"粗糙蜡笔"、"底纹效果"、"调色刀"、"干画笔"、"海报边缘"、"海绵"等15种滤镜。使用本组滤镜可以为图像制作绘画或艺术效果。本单元将详细介绍该组滤镜的功能和具体操作。

>> 壁画与干画笔

"壁画"滤镜是用小块颜料以短而圆的粗略涂抹笔触重新绘制一种粗糙风格的图像。使用"干画笔"滤镜可以制作用干画笔技术绘制边缘的图像,此滤镜通过将图像的颜色范围减小为普通颜色范围来简化图像。

原图

壁画滤镜效果

干壁画滤镜效果

>> 彩色铅笔与粗糙蜡笔

使用"彩色铅笔"滤镜可以制作用各种颜色的铅笔在纯色背景上绘制的图像效果,所绘图像中重要的边缘被保留,外观以粗糙阴影线状态显示。使用"粗糙蜡笔"滤镜可在布满纹理的图像背景上应用彩色画笔描边。

原图

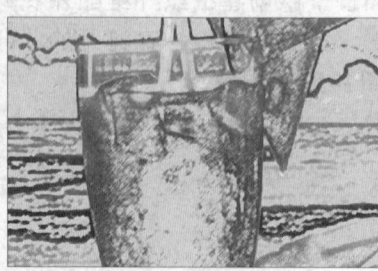
彩色铅笔滤镜效果

粗糙蜡笔滤镜效果

›› 底纹效果与胶片颗粒

使用"底纹效果"滤镜可以在带纹理的背景上绘制图像,然后将最终图像绘制在原图像上。使用"胶片颗粒"滤镜可以将平滑图案应用在图像的阴影和中间色调部分,将一种更平滑、更高饱和度的图案添加到亮部区域。

原图

底纹效果滤镜效果

胶片颗粒滤镜效果

›› 调色刀与木刻

使用"调色刀"滤镜可以减少图像中的细节,得到描绘得很淡的画布效果。使用"木刻"滤镜可以将图像描绘成由几层边缘粗糙的彩纸剪片组成的效果。

›› 海报边缘与水彩

使用"海报边缘"滤镜可以减少图像中的颜色数量,自动查找图像的边缘并在边缘上绘制黑色线条。使用"水彩"滤镜可以水彩的风格绘制图像,尤如使用蘸了水和颜料的中号画笔绘制简化了的图像细节,使图像颜色饱满。

›› 海绵与霓虹灯光

"海绵"滤镜是使用颜色对比强烈且纹理较重的区域绘制图像,得到类似海绵绘画的效果。"霓虹灯光"滤镜可将各种类型的灯光添加到对象上,得到类似霓虹灯一样的发光效果。

原图

海绵滤镜效果

霓虹灯光滤镜效果

>> 绘画涂抹、塑料包装与涂抹棒

使用"绘画涂抹"滤镜可以选取各种大小和类型的画笔创建绘画效果，可使图像产生模糊的艺术效果。使用"塑料包装"滤镜可以给图像涂上一层光亮的塑料，以强化图像中的线条及表面细节。而"涂抹棒"滤镜则是使用黑色的短线条来涂抹图像的暗部区域，使图像显得更加柔和。下面详细介绍使用这 3 种滤镜的具体操作。

操作演示 制作网点图像效果

01 打开光盘中实例文件 \Chapter 14\Media\015.jpg 文件。执行"滤镜 > 艺术效果 > 绘画涂抹"命令，设置各项参数，如下图所示。

02 然后单击"确定"按钮，可以看到图像产生了模糊效果，如下图所示。

03 按下快捷键Ctrl+Z，撤销上一步操作，回到原始图像。执行"滤镜>艺术效果>塑料包装"命令，在打开的"塑料包装"对话框中进行设置，如下图所示。然后单击"确定"按钮。

04 再次按下快捷键Ctrl+Z，撤销上一步操作，回到原始图像。执行"滤镜>艺术效果>涂抹棒"命令，在打开的"涂抹棒"对话框中进行设置，如下图所示。最后单击"确定"按钮。

Unit 13 杂色滤镜组 >>

"杂色"滤镜组包括"减少杂色"、"蒙尘与划痕"、"去斑"、"添加杂色"、"中间值"5种滤镜。这些滤镜可以用来添加或移去杂色，为图像创建与众不同的纹理或移去有问题的区域。本单元将对本组滤镜作详细介绍。

>> 减少杂色与添加杂色

使用"减少杂色"滤镜可以减少图像中的杂色，同时保留图像的边缘。使用"添加杂色"滤镜可以在图像中应用随机像素，使图像产生颗粒状效果，常用于修饰图像中不自然的区域。

原图

减少杂色滤镜效果

添加杂色滤镜效果

>> 蒙尘与划痕和中间值

"蒙尘与划痕"滤镜是通过更改像素来减少图像中的杂色。"中间值"滤镜是通过混合像素的亮度来减少图像中的杂色。

原图

蒙尘划痕滤镜效果

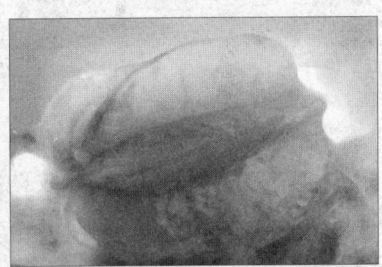
中间值滤镜效果

>> 去斑

使用"去斑"滤镜可以检测图像边缘并模糊去除相应边缘的选区，可以在去除图像杂色的同时保留细节图像。

原图

去斑滤镜效果

DO IT YOURSELF 练习操作

1. 利用滤镜设计网页

通过对滤镜知识的学习，应用所掌握的滤镜基本特征，设计一个质感背景的网页。

Step BY Step （步骤提示）
1. 新建图像文件
2. 结合滤镜制作纹理背景
3. 添加适当素材图像

网页设计 1

网页设计 2

2. 广告招贴设计

通过滤镜的应用，制作纹理背景的海报招贴设计，增添画面时间冲击力。

Step BY Step （步骤提示）
1. 新建图像文件
2. 结合滤镜制作纹理背景
3. 添加适当素材图像

广告招贴 1

广告招贴 2

Chapter 15 3D工具应用

3D 工具是 Photoshop CS5 中新增的功能，利用 3D 工具可以在平面图像上添加三维立体效果。本章主要对 3D 工具进行介绍，帮助读者了解 3D 工具、3D 面板、3D 图像、3D 对象渲染输出等基本操作。通过学习 3D 工具各项功能的应用，可以使读者熟练掌握 3D 工具的操作方法，丰富平面图像效果。

技术要点

1. 3D工具主要分为哪几种类型？它们有什么作用？

在Photoshop CS5中，3D工具主要包括3D对象变换工具和3D对象遥摄工具。3D对象变换工具可以对图像进行移动、旋转和缩放等变换操作；3D对象遥摄工具用于控制虚拟摄像机的机位，改变3D对象的视图效果。

2. 在Photoshop CS5中可以使用3D工具进行哪些操作？

可以创建3D明信片、创建3D形状、创建3D网格、转换3D图像为2D图像、在3D对象上绘图，并且还可以对3D对象进行渲染输出等操作。

Unit 01 3D工具 >>

3D工具是Photoshop CS4中就有的功能，Photoshop SC4分别用于控制三维图像和控制摄像机机位，可以进行更方便、智能的操作。本单元将主要对3D变换工具组和3D遥摄工具组进行详细介绍。

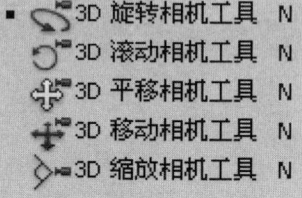

控制 3D 模型　　　　　　　控制摄像机机位

>> 3D对象变换

在 Photoshop CS5 中，通过 3D 工具可以对图像进行移动、旋转和缩放等变换操作。这里主要对 3D 变换工具组选项栏进行介绍，具体说明如下图和下表所示。

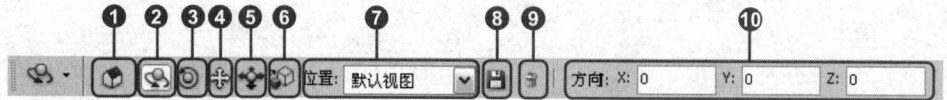

编号	名 称	说 明
❶	"返回到初始对象位置" 按钮	单击该按钮可将进行变换的 3D 对象恢复到默认状态
❷	"旋转 3D 对象" 按钮	可在图像中任意拖动对 3D 对象进行 X、Y、Z 轴的空间旋转，也可以在 3D 操作杆的某两个轴之间单击，在约束的轴之间切换 3D 移动工具的平面移动功能
❸	"滚动 3D 对象" 按钮	将旋转约束在两轴之间，即 X、Y 和 X、Z 以及 Y、Z 轴，被启用轴之间呈现橙色的标注 原始位置　　旋转图像　　X、Y 轴旋转　　Y、Z 轴旋转
❹	"拖动 3D 对象" 按钮	可在画面中任意拖动，对 3D 对象进行 X、Y、Z 轴的空间移动，也可在操纵杆的某两个轴之间单击，选择在固定的两个轴之间移动 原始位置　　X、Y、Z 轴平移　　X、Z 轴平移　　Y、Z 轴平移

（续表）

⑤	"滑动 3D 对象"按钮	可对 3D 对象进行 X、Y、Z 轴的任意滑动
⑥	"缩放 3D 对象"按钮	按住鼠标左键不放对 3D 对象进行拖动，可调整 3D 对象的比例，水平拖动则调整大小 进行 X 轴滑动　　进行 Y 轴滑动
⑦	"位置"下拉列表	单击右侧的下拉按钮，可在弹出的下拉列表中选择 3D 对象的位置
⑧	"存储当前视图"按钮	可通过新建 3D 视图对话框保存当前视图状态下的 3D 对象
⑨	"删除当前所选视图"按钮	用于删除当前选定的视图状态
⑩	"方向"文本框	可输入参数值调整 3D 对象 X、Y、Z 轴的变换

▶▶ 3D对象的遥摄

　　3D 遥摄工具主要用于控制虚拟摄像机的机位，改变 3D 对象的视图效果，下面主要对 3D 遥摄工具选项栏进行介绍，具体说明如下图和下表所示。

> **TIP** 按下快捷键 Shift+N 可以切换选择各项 3D 对象的遥摄工具。

编号	名　称	说　　明
❶	"移动环绕 3D 相机"按钮	以画面为中心拖动 3D 对象进行环绕移动相机
❷	"滚动 3D 相机"按钮	拖动 3D 相机以滚动视图，向左拖动以顺时针滚动视图，向右拖动以逆时针滚动视图
❸	"用 3D 相机拍摄全景"按钮	采用 3D 相机拍摄全景效果。向上拖动视平线向下移动，实现俯视角度的视图；向下拖动视平线向上移动，实现仰视角度的视图
❹	"与 3D 相机一起移动"按钮	与 3D 相机一起移动视图
❺	"变焦 3D 相机"按钮	通过 3D 相机缩放视图大小
❻	"视图"下拉列表	可通过下拉列表定义视图模式为默认视图、自定视图等

操作演示　利用3D遥摄工具调整视图

01 在Photoshop CS5 中，执行"文件>打开"命令，打开本书配套光盘中实例文件\ Chapter 15\Media\001.obj 文件，如下图所示。

02 在工具箱上单击3D旋转相机工具，在Y、Z轴中间单击，如下图所示。

03 按住鼠标左键不放移动，如下图所示。　　04 单击3D移动相机工具，按鼠标左键向下拖动鼠标，如下图所示。

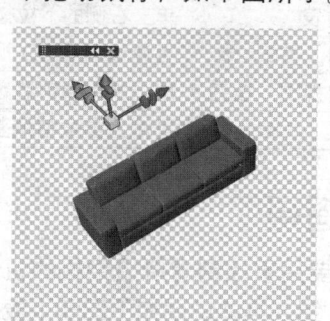

Unit 02　3D面板 >>

在 Photoshop CS5 中提供了 3D 面板，在其中可通过众多参数来控制、添加、修改场景、材质、网格和灯光等。执行"窗口 >3D"命令，可以打开 3D 面板，其中显示了 3D 文件的相关组件。本小节主要对 3D 面板的应用进行介绍。

打开 3D 面板的方法有很多种：
方法 1：执行"窗口 >3D"命令，打开 3D 面板。
方法 2：在"图层"面板中双击 3D 图层按钮。
方法 3：执行"窗口 > 工作区 > 高级 3D"菜单命令。

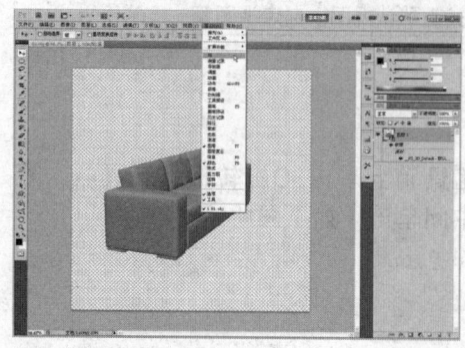

执行"窗口>3D"命令

打开 3D 面板

>> 3D场景

在 3D 面板中，可通过顶部的按钮组件选择场景、网格、材料、光源，单击任意一个按钮则显示相应的面板选项。单击"场景"按钮 ，面板中只显示"场景"相关信息，这里对"场景"面板中各信息进行介绍，具体说明如下图和下表所示。

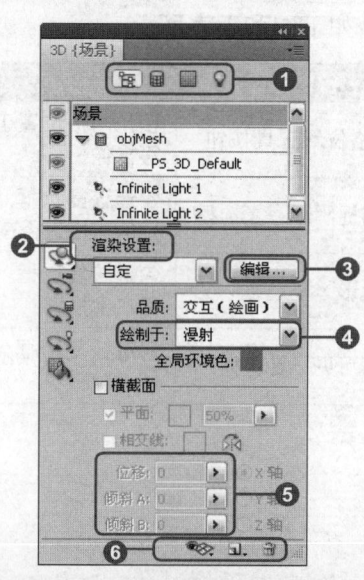

编号	名　　称	说　　明
❶	顶部按钮组件	主要包括"场景"按钮 、"网格"按钮 、"材料"按钮 、"光源"按钮 ，单击按钮弹出相应面板
❷	"渲染设置"下拉列表	单击右侧的下拉按钮，可弹出渲染预设菜单，可以进行预设渲染选择
❸	"编辑"按钮	用于自定义渲染设置
❹	"绘制于"下拉列表	单击右侧的下拉按钮，可在弹出的下拉菜单中选择纹理
❺	"横截面"复选框选项组	包括位移、倾斜 A、倾斜 B，勾选"横截面"复选框后可用
❻	底部按钮组件	主要包括"切换底面"按钮 、"添加新光源"按钮 、"删除光源"按钮 　　　　　　　切换底面效果　　　　　切换光源效果　　　　　添加新光源效果

>> 3D网格

在 3D 面板中单击"网格"按钮，在面板中即会显示网格相关信息，在面板的上侧显示网格的个数，在面板下侧的预览框中以红色边框显示的为当前选中网格。可对网格设置进行访问和了解相关信息，如应用于网格的材料和纹理数量，以及其中所包含的顶点和表面数量。这里对"网格"面板进行介绍，如下图和下表所示。

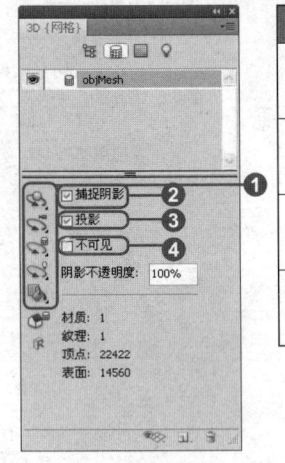

编号	名称	说明
❶	网格位置工具按钮	使用网格位置工具可以对网格进行移动、旋转、缩放等操作
❷	"捕捉阴影"复选框	勾选该复选框，可在"光线跟踪"渲染模式下控制选定的网格是否在其表面显示来自其他网格的阴影
❸	"投影"复选框	勾选该复选框，可控制选定的网格是否在其他网格表面产生投影
❹	"不可见"复选框	勾选该复选框，可以隐藏网格，但是会显示其表面的所有阴影

>> 3D材料

在3D面板中单击"材料"按钮，在面板上侧显示在3D文件中所使用的材料。在创建模型时，可能使用一种或多种材料对3D模型的外观进行创建。如果模型中包含有网格，则每个网格可能会有与之关联的特定材料。3D模型可以从一个网格构建，但使用了多种材料时，每个材料将控制网格特定部分的外观。下面对"材料"面板进行介绍，如下图和下表所示。

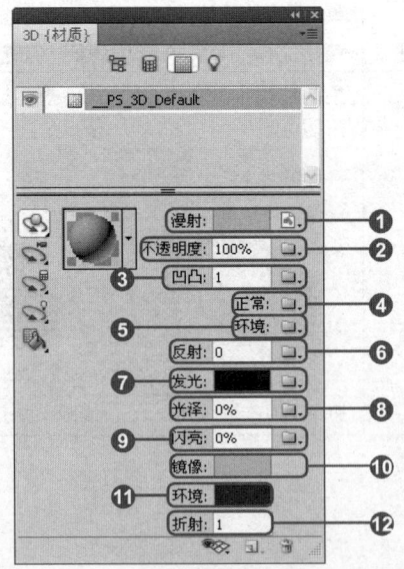

编号	名称	说明
❶	"漫射"选项	用于设置材料的颜色，可以是实色或 2D 内容

（续表）

编号	名称	说明
❷	"不透明度"文本框	用于设置材料的不透明度
❸	"凹凸"文本框	用于在不改变网格底层的情况下，在材料表面创建凹凸效果。凹凸映射是一种灰度图像，其中较亮的值创建为凸出的表面，较暗的值创建为平坦的表面区域
❹	"正常"选项	"正常"选项与凹凸映射纹理一样，正常映射会增加表面细节
❺	"环境"选项	用于储存 3D 对象周围的环境图像
❻	"反射"文本框	用于设置参数值来增加 3D 场景、环境映射和材料表面其他对象的反射
❼	"发光"选项	可定义不依赖光照即可显示的颜色
❽	"光泽"文本框	可以通过输入参数调整光泽，可用于定义来自光线经表面反射折回的光线数量。其中黑色区域为创建完全的光泽度，白色区域为移除所有光泽度，中间值则减少高光大小
❾	"反光"选项	用于设置光泽度进行反光折射光线的散射。低反光度产生更明显的光照效果，而焦点不足。高反光度产生不明显、更亮、更耀眼的高光
❿	"镜像"选项	用于设置镜面属性的颜色
⓫	"环境"选项	用于设置在反射表面上的可见环境光颜色，单击弹出"选择环境色"对话框
⓬	"折射"文本框	用于设置折射率，当"表面样式"设置为"光线跟踪"时，"折射"选项中被选中的"3D>渲染设置、表面渲染"部分，默认值为1

≫ 3D光源

在 3D 面板上单击"光源"按钮，在面板的上侧显示光源相关信息，在 Photoshop CS5 中提供了点光、聚光灯和无限光 3 种类型的光源，每种光源在 3D 面板中都有独特的选项。下面对 3D 光源面板进行介绍，具体说明如下图和下表所示。

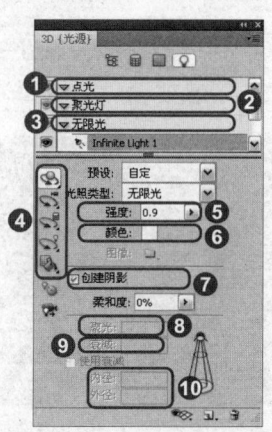

编号	名称	说明
❶	"点光"选项	用于显示 3D 模型中的光点，点光就相当于一个灯泡，向四周反射光源
❷	"聚光灯"选项	用于显示 3D 图像中的聚光灯信息，聚光灯可照射出可调整的锥形光线
❸	"无限光"选项	用于显示 3D 图像中的无限光信息，无限光是从一个方向平面照射的
❹	调整光源位置按钮组	在选择聚光灯和无限光光源时，可使用调整光源位置工具对光源的位置进行调整
❺	"强度"下拉列表	用于调整光源的亮度

(续表)

❻	"颜色"选项	用于设置光源的颜色,单击打开"拾色器"对话框可设置光源颜色
❼	"创建阴影"复选框	勾选该复选框,可从前景表面到背景表面、从单一网格到其自身或从多个网格到另一个网格进行投影
❽	"聚光"选项	用于设置聚光灯中心光源命令的宽度
❾	"衰减"选项	用于设置聚光灯光源外部宽度
❿	"内径"、"外径"选项	"内径"和"外径"选项的设置用于决定衰减锥形,以及光源强度随对象距离的增加而兼容的速度

Unit 03　3D图像的基本操作 >>

在Photoshop CS5中,可以通过3D命令,将2D图层作为起始点,生成各种基本的3D对象。如创建3D明信片、3D形状、3D网格等,创建对象后在"图层"面板中生成一个3D图层,并可以使用3D工具对图像进行移动或旋转,通过3D命令可以对图像进行渲染、添加光源或将其与其他3D图层进行合并等操作。本单元主要对3D图像的基本操作进行介绍。

>> 3D图层

在 Photoshop CS5 中打开一个图像文件,可以通过"3D>从 3D 文件新建图层"命令,选择一个 3D 图像进行打开,在"图层"面板中自动生成一个 3D 图层。3D 图层与 2D 图层可以合并,制作图像复合效果。

> **TIP**　在Photoshop CS5中,只可针对部分3D文件格式的图像打开编辑,如OBJ、3DS、DAE、KMZ、U3D等。

打开 2D 图像

添加 3D 图像

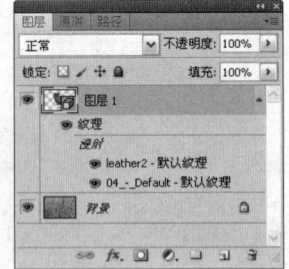
新建 3D 图层

>> 创建3D明信片

执行"3D>从图层新建3D明信片"命令,可将2D的图像转换为3D明信片效果,并在"图层"面板中新建一个3D图层,可以采用3D工具对图像进行移动或旋转等编辑。

打开一个2D素材图像,执行"3D>从图层新建3D明信片"命令,可将原图像转换为具有3D属性的平面,原始的2D图层作为3D明信片对象的"漫射"纹理映射在"图层"面板中,这时就可以使用3D工具在图像上进行编辑。

原图像

"图层"面板

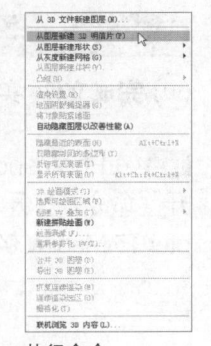
执行命令

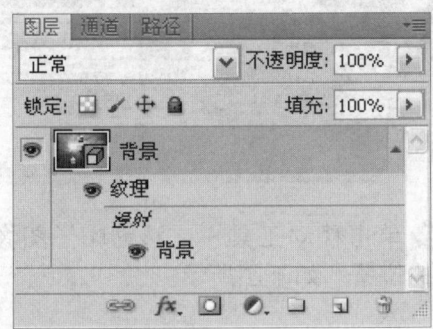
转换为 3D 图层

编辑 3D 图像

>> 创建3D形状

执行"3D>从图层新建形状"命令,然后在弹出的级联菜单中选择 3D 形状,可对图像进行相应的形状转换。这些形状包括锥形、立方体、圆柱体、圆环、金字塔、环形、易拉罐等网格对象。

形状菜单　　"正方形"形状

"帽形"形状

"易拉罐"形状

"球体"形状

"酒瓶"形状

操作演示 从图层创建3D形状

完成文件： 实例文件\Chapter 15\Complete\3D形状.psd

01 在Photoshop CS5 中，执行"文件>打开"命令，打开本书配套光盘中实例文件\Chapter 15\Media\002.jpg 文件，如下图所示。

02 继续打开 003.jpg 文件，单击移动工具，将 003.jpg 文件移动至 002.jpg 图像文件中，得到"图层 1"，如下图所示。

03 选择"图层 1"，执行"3D>从图层新建形状"命令，在弹出的级联菜单中选择"帽形"选项，将 2D 图像转换为 3D 形状，如下图所示。

04 单击移动工具，移动帽子图像在画面中的位置，如下图所示。

05 执行"窗口>3D"命令，打开3D面板，设置"全局环境色"为深灰色（R118、G116、B116），设置"品质"为"交互（绘画）"，如下图所示。

06 单击3D对象旋转工具，对帽子图像进行旋转，使图像效果更自然，如下图所示。

TIP 对3D图像文件进行保存时，将保留所有图层信息，便于对图层的查看或更改。在保存的过程中由于3D文件较大，因此在"存储为"对话框中会自动选择"大型文档格式（*psd）"文件格式。

» 创建3D网格

执行"3D>从灰度新建网格"命令,可以将灰度图像转换为深度映射效果,从而将明度值转换为深度不一的表面。原图像中较亮区域生成表面凸出的区域,较暗区域则生成凹下的区域。Photoshop将深度映射应用于"平面"、"双平面"、"圆柱体"、"球体"4个形状,以创建3D模型。

原图像

"平面"形状

"圆柱体"形状

"球体"形状

» 转换3D对象为2D图像

当对3D对象完成编辑且不需要再修改的时候,可以将3D图层进行栅格化,将其转换为2D图层。栅格化图层会保留3D场景的外观,但格式为2D图层格式。选中需要栅格化的3D图层,执行"3D>栅格化"命令,即可将3D图层转换为2D图层。

创建一个3D模型

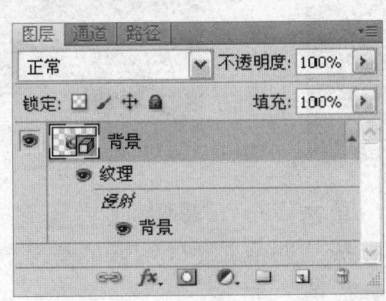
3D图层

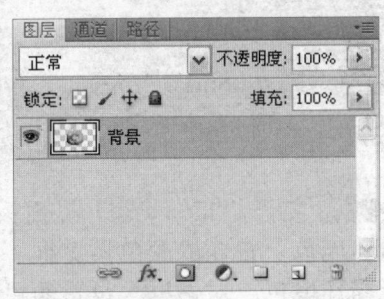
栅格化3D图层后

TIP 栅格化3D图层的方法除了上述方法以外,还可以在"图层"面板中选中需要栅格化的3D图层,单击鼠标右键,在弹出的快捷菜单中选择"栅格化3D"命令,将3D图层转换为2D图层。

» 在3D对象上绘图

在Photoshop CS5中,可以通过绘图工具直接对3D图像进行绘画,就像在2D图像上绘制图像一样方便。使用选择工具将需要绘制的图像设定为目标,或采用Photoshop识别并高亮显示可绘制的区域,可直接使用绘图工具在图像上进行绘制,可以选择适当应用绘图的底层纹理映射。在3D对象上进行绘制的具体操作如下。

原 3D 对象

使用画笔工具涂抹白色

填充图像渐变效果

LET'S GO! 编辑3D模型

最终文件：实例文件\Chapter 15\Complete\编辑3D模型.psd

步骤 01 执行"文件>打开"命令，打开本书配套光盘中实例文件\Chapter 15\Media\004.jpg 文件，复制一个"背景"图层，如下图所示。

步骤 02 选择"背景 副本"图层，执行"3D>从图层新建形状 > 球体"命令，如下图所示。

步骤 03 打开"3D（场景）"面板，单击"全局环境色"右侧的颜色预览框，打开"选择全局环境色"对话框，设置颜色参数值，如下图所示。

步骤 04 设置完成后单击"确定"按钮，调整 3D 图像的亮度效果，如下图所示。

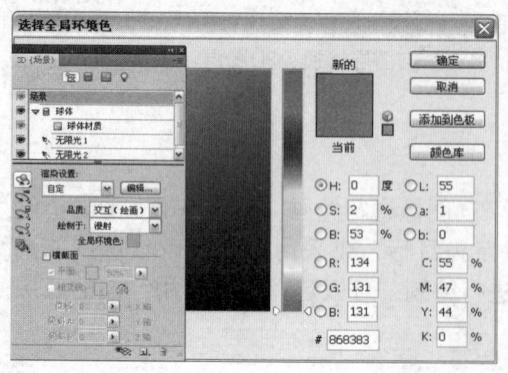

步骤05 单击渐变工具 ■，从3D图像的右上角向左下角填充白色到透明色的径向渐变，绘制球体的高光效果，设置3D图层的混合模式为"明度"，如下图所示。

步骤06 单击"图层"面板下方的"创建新的填充或调整图层"按钮 ，在弹出的菜单中选择"色阶"选项，在弹出的"色阶"调整面板中设置参数值，调整图像明暗对比效果，如下图所示。

Unit 04 对象的渲染和输出

渲染是 3D 图像编辑的最后一步操作，当完成 3D 图像编辑后，就可以通过 3D 菜单中的"渲染设置"命令来对 3D 文件进行渲染和保存。下面主要对 3D 图像的渲染和输出进行详细讲解。

>> 3D模型的渲染设置

3D 图像的渲染设置是通过"3D 渲染设置"对话框完成的。当最后需要进行最终输出渲染时，可以执行"3D> 渲染设置"命令，完成对图像的渲染。渲染设置决定如何绘制 3D 模型，Photoshop 中提供了默认设置，用户可以根据自身需要，自定义设置创建自己的预设。执行"3D> 渲染设置"命令，打开"3D 渲染设置"对话框，这里主要对该对话框中各参数进行介绍，如下图和下表所示。

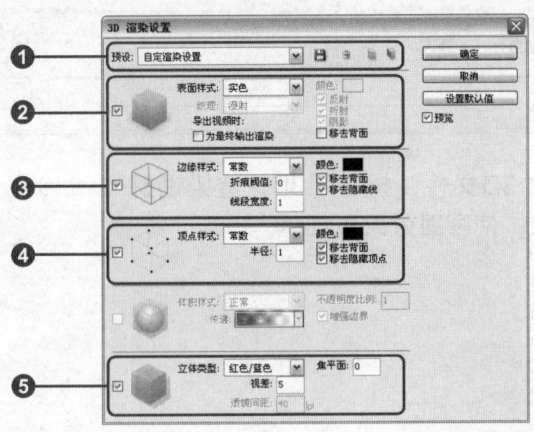

编号	名称	说明
❶	"预设"下拉列表	默认渲染预设为"实色",即显示模型的可见表面
❷	表面选项	用于设置3D模型表面显示。包括"表面样式"、"纹理"和"为最终输出渲染"3个选项 表面样式:单击右侧的下拉按钮,在弹出的下拉列表中可选择设置表面样式,包括"实色"、"光线跟踪"、"平滑"等 纹理:当"表面样式"设置为"为照亮的纹理"时可用,主要用于设置指定纹理映射效果 为最终输出渲染:勾选该复选框可对导出的视频动画产生更真实的阴影与颜色,但消耗的时间较长
❸	边缘选项	用于设置线框线条的显示,包括"边缘样式"和"折痕阈值"
❹	顶点选项	用于设置顶点的外观,即组成线框模型的多边形相交点,包括"半径"、"移去背景"、"移去隐藏顶点"等 半径:设置参数调整每个顶点的像素半径 移去背景:隐藏双面组件背面的顶点 移去隐藏顶点:移去与前景顶点层叠的顶点
❺	立体选项	该选项组通过红、蓝色玻璃查看,或打印成包括透镜镜头的对象。包括"立体类型"、"视差"、"透镜间距"、"焦平面"等 立体类型:为透过彩色玻璃查看图像的指定红色/蓝色 视差:调整两个立体相机之间的间距 透镜间距:设置垂直交错的图像每英寸包含的像素 焦平面:设置相对模型外框中心的焦平面位置

》最终输出渲染3D文件

最终输出渲染 3D 文件命令主要是针对不需要修改或完成所有操作的 3D 对象,可创建最终渲染以产生用于 Web、打印或动画的最高品质的输出。最终输出渲染 3D 文件使完成的 3D 图像阴影效果与颜色效果更逼真,因此,在渲染的过程中针对的 3D 文件越大,所消耗的时间也就相对越长。渲染完成的 3D 对象可进行合并以及拼合图层,便于其他格式的输出或打印。

> **TIP** 在对编辑完成后的3D图像执行"为最终输出渲染"命令时,会弹出的一个"进程"对话框,在该对话框中可以看到对该3D图像进行渲染所需要的时间。

打开一个已经制作完成的3D文件,执行"3D>渲染设置"命令,将原本粗糙的画面效果,通过渲染提高画面品质感,使画面效果更细腻。

渲染前　　　　　　　　　　　　　渲染后

>> 存储和导出3D文件

对 3D 图像进行渲染后，可对该图像文件进行储存和导出，通过执行"文件 > 存储"命令，打开"存储为"对话框对 3D 图像进行储存为 Photoshop 自带的文件格式，储存图像中所有图层。通过执行"3D> 导出 3D 图层"命令，同样可打开"存储为"对话框，可选择 3D 格式文件进行保存，只针对 3D 图层进行保存，不会对 2D 图层进行保存。

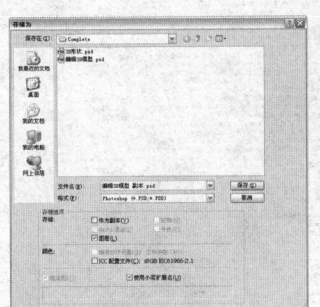
储存 PSD 文件格式

储存 3D 文件格式

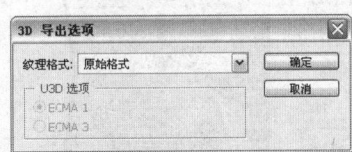
"3D 导出选项"对话框

DO IT YOURSELF　练习操作

1. 利用 3D 工具制作球体图像

结合所学知识，利用 3D 工具制作球体图像，并适当调整球体的颜色与图层样式，使图像效果更逼真。

原始图像

完成效果

Step BY Step （步骤提示）

1. 打开素材图像
2. 执行"3D> 从图层新建形状 > 球体"命令
3. 添加 3D 图像图层样式

光盘路径

素材文件：
实例文件\Chapter 15\Media\005、006.jpg

最终文件：
实例文件\Chapter 15\Complete\3D工具制作球体图像.psd

2. 最终输出渲染 3D 图像

将编辑完成后的 3D 图像，利用"为最终输出渲染"命令进行渲染，感受 3D 图像渲染前后的区别。

Step BY Step （步骤提示）
1. 打开 3D 图像
2. 执行 "3D> 为最终输出渲染" 命令

渲染后效果

》 案例参考

下图所示是一组利用 3D 工具制作的图像效果，充分应用了 3D 工具特征，制作出真实逼真的画面效果。

Chapter 16 提高工作效率的便捷功能应用

在 Photoshop CS5 中，为了更快速地完成图像制作，常会用到一些便捷操作方式以提高工作效率。本章主要介绍动作和自动化，利用动作能够快速为图像添加边框、纹理、视频等动作。动作是本章的重点。随着软件升级到 Photoshop CS5 版本，动作及批处理的功能也更加完善。通过对本章的学习，读者能够对动作、自动化有更深层次的认识和了解。

技术要点

1. 动作面板具有什么作用？

使用动作面板可以对图像操作步骤进行动作记录，便于图像的二次利用，使用动作面板可以快速完成对图像的调整。

2. 自动化命令主要包括哪些？具有什么作用？

在 Photoshop CS5 中主要包括批处理、快捷键批处理、裁剪并修齐照片与 Photomerge 命令等。应用自动化命令，可以节省图像操作时间，提高工作效率。

Unit 01 动作 >>

在图像的编辑过程中，常常会用到重复的操作步骤。利用"动作"面板可以将这些常用的操作组合为一个动作，然后就可以反复地使用这一个动作，便于完成一些重复操作。本单元将详细介绍动作的功能和具体操作。

>> "动作"面板

在"动作"面板中可以记录、播放、编辑和删除个别动作，还可以存储和载入动作文件。下面介绍"动作"面板中各项的功能，具体说明如下图和下表所示。

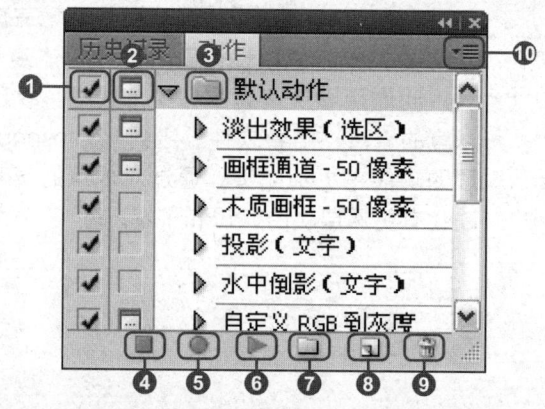

编号	名 称	说 明
❶	切换项目开/关 ✔	"切换项目开/关"按钮✔用来设置控制动作或动作中的命令是否被跳过。如果在某一个命令的左侧显示✔标识，则表示此命令运行正常。如果显示□标识时，则表示此命令被跳过
❷	切换对话框开/关 □	切换对话框开/关□用于设置动作在运行的过程中是否显示有参数对话框的命令。如果在动作的左侧显示□标识，则表示在该动作运行时所有的命令具有对话框的命令
❸	组 📁	组是包括多个动作的文件夹，单击组左侧的三角形按钮▷可以展开一个组中的全部动作。再次单击下面的▽按钮，可以折叠一个组
❹	"停止播放/记录"按钮 ■	单击"停止播放/记录"按钮■，可以停止当前的录制。该按钮在录制动作时才被激活
❺	"开始记录"按钮 ●	单击"开始记录"按钮●，可以录制一个新的动作。该按钮在录制的过程中显示为红色
❻	"播放"按钮 ▶	单击"播放"按钮▶可以执行当前选定的动作
❼	"创建新组"按钮 📁	单击"创建新组"按钮📁可以创建一个新的动作文件夹
❽	"创建新动作"按钮	单击"创建新动作"按钮可以创建一个新的动作，新建动作将出现在选定的组文件夹中
❾	"删除"按钮 🗑	在动作预设面板中，选择需要删除的预设动作或动作文件夹，然后单击"删除"按钮🗑，即可将它们删除
❿	"下拉"按钮 ▼≡	在面板的右上角单击"下拉"按钮▼≡，在弹出的菜单中可以根据不同的需要选择不同的菜单命令

打开一个图像文件，在"动作"面板中选择一个动作，单击"播放"按钮，即可执行选定的动作。

原图

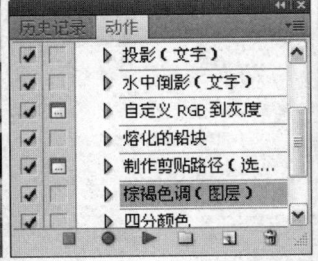
选择动作

动作效果

TIP 执行"窗口>动作"命令，可以打开"动作"面板。

>> 应用预设动作

在"动作"面板中提供了多种预设动作，使用这些动作可以快速地制作文字效果、边框效果、纹理效果和图像效果。创建命令后，也可以在图层中根据需要添加或更改预设后的动作。

原图

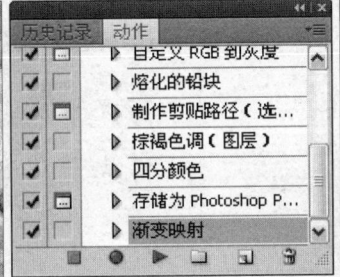
播放动作

图像效果

>> 创建新动作

在 Photoshop 中不仅可以使用预设动作制作特殊效果，还可以根据设计的需要创建新的动作。下面将具体介绍如何创建新动作，具体操作如下。

TIP 在为图像添加动作时，可以在"动作"面板中展开动作，参看该动作进行了怎样的操作步骤，可以通过单击三角形按钮对动作进行展开或隐藏。

操作演示 "动作"面板的妙用

最终文件：实例文件\Chapter 16\Complete\1 副本.jpg、2 副本.jpg、3 副本.jpg 和4 副本.jpg

01 在Photoshop CS5中打开本书配套光盘中实例文件\Chapter 16\Media\001.jpg、002.jpg、003.jpg和004.jpg 文件，如下图所示。

02 在图像中新建动作，如下图所示。

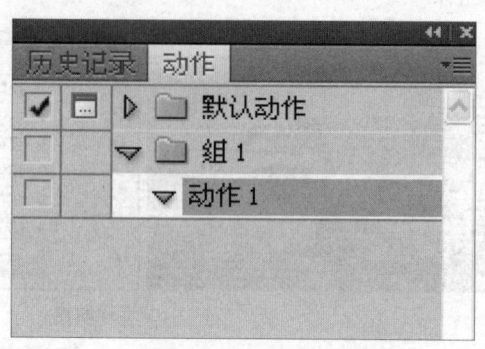

03 为图像添加"中等色谱"渐变，完成后单击"确定"按钮，如下图所示。

04 合并"渐变填充1"图层和"背景"图层，如下图所示。

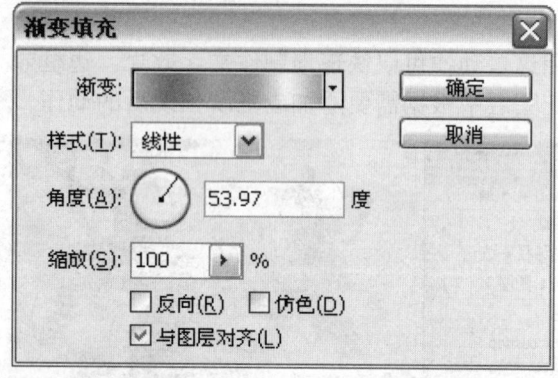
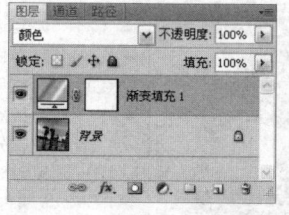

05 将图像储存为原图像的副本，完成动作的录制，如下图所示。

06 在"动作"面板中单击按钮，为其他三幅图像添加该动作，完成后可为图像添加颜色，效果如下图所示。

LET'S GO! 制作雪花纷飞的效果

◎ **最终文件：** 实例文件\Chapter 16\Complete\创建新动作.psd

步骤01 执行"文件 > 打开"命令，打开本书配套光盘中实例文件 \Chapter 16\Media\005.jpg 文件，如下图所示。

步骤02 在"动作"面板的下方单击"创建新动作"按钮，弹出"新建动作"对话框，在"名称"文本框中输入文字，如下图所示。

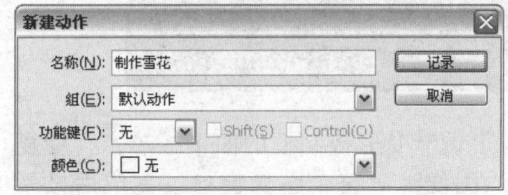

步骤03 完成后单击"记录"按钮，动作面板下方的"开始记录"按钮 被激活，如下图所示。

步骤04 单击"创建新图层"按钮，新建"图层1"设置前景色为黑色，按下快捷键Alt+Delete进行填充，如下图所示。

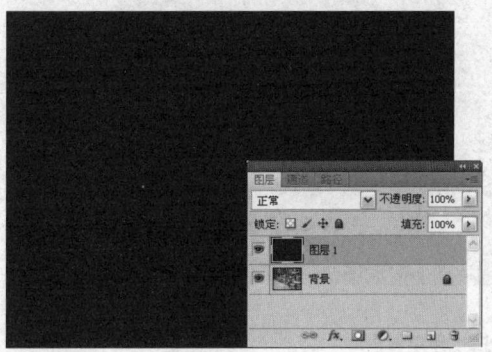

步骤05 执行"滤镜>杂色>添加杂色"命令，在弹出的"添加杂色"对话框中设置各项参数。完成后单击"确定"按钮，如下图所示。

步骤06 执行"滤镜 > 其他 > 自定"命令，在弹出的"自定"对话框中设置各项参数。完成后单击"确定"按钮，如下图所示。

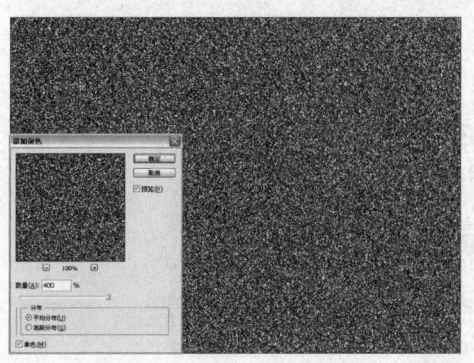

步骤07 选择矩形选框工具，在图像窗口中创建一个选区，如下图所示。

步骤08 按下快捷键Ctrl+J复制选区内的图像，生成"图层2"，完成后删除"图层1"。按下快捷键Ctrl+T弹出变形控制框，如下图所示。

步骤09 调节变形控制框的四个控制点，使复制后的图像铺满整个图像窗口，完成后按下Enter键确定缩放后的效果，如下图所示。

步骤10 选择"图层2"，设置图层的混合模式为"滤色"。在动作面板中单击"停止记录"按钮，停止记录雪花的操作步骤。这样，一个完整的动作即录制完毕，如下图所示。

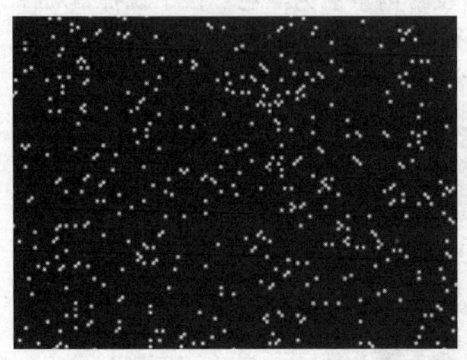

》编辑动作

利用"动作"面板不但能够快速添加需要的效果，还能对录制好的动作进行编辑，如添动作命令、指定播放速度、存储和载入动作等操作。

随意打开电脑中自己比较喜欢的一张图片，如下左图所示。在"动作"面板中单击右上角的扩展按钮，在弹出的菜单中选择"回访选项"选项，弹出"回访选项"对话框，如下右图所示，在对话框中可根据需要选择需要的单选按钮项。

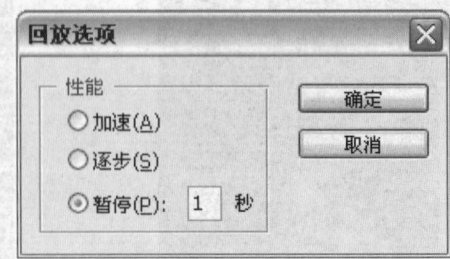

前面介绍了"回放选项"对话框中的操作，下面具体介绍"回放选项"对话框以及其中的选项，具体说明如下图和下表所示。

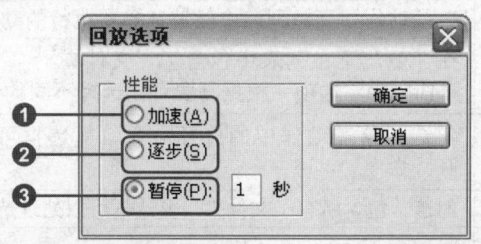

编号	名称	说明
❶	"加速"单选按钮	选择"加速"单选按钮，可以以正常速度播放动作，通常为默认选项
❷	"逐步"单选按钮	选择"逐步"单选按钮，可在显示每一个操作步骤的操作结果后，再执行动作中的下一个命令
❸	"暂停"单选按钮	选择"暂停"单选按钮，可指定Photoshop在执行动作中的每一个命令之间的暂停时间

Unit 02 应用自动化命令 >>

在 Photoshop 中，自动化命令经常用来处理大批同样属性的文件，这样可以提高工作的效率。自动化命令主要包括"批处理"、"PDF 演示文稿"、"限制图像"以及"Web 照片画廊"等命令。本单元将具体介绍自动化命令的各个功能。

>> 批处理

应用"批处理"命令可以对一个文件夹中的文件运用动作，也可以导入单个动作来处理多个图像。下面介绍"批处理"对话框以及其中各选项，具体说明如下图和下表所示。

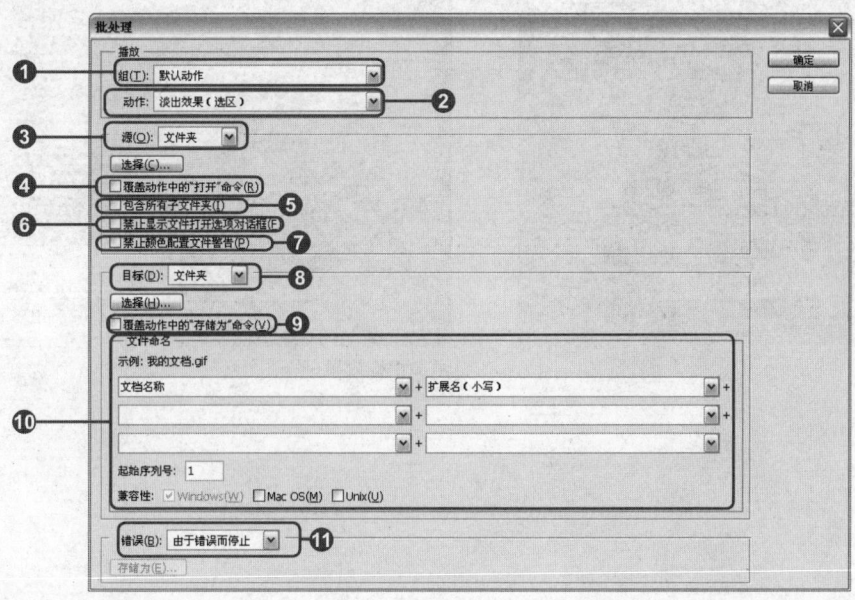

编号	名称	说明
❶	"组"下拉列表	在"组"下拉列表中，可以选择所需动作所在的组
❷	"动作"下拉列表	在"动作"下拉列表中能够选择要执行的动作的名称
❸	"源"下拉列表	在"源"下拉列表中包含了"文件夹"、"导入"、"打开的文件"和"Bridge"选项，根据需要可以选择不同的选项
❹	"覆盖动作中的打开命令"复选框	勾选"覆盖动作中的打开命令"复选框可以忽略动作中录制的"打开"命令
❺	"包含所有子文件夹"复选框	勾选"包含所有子文件夹"复选框可以处理选定文件夹子文件夹中的图像
❻	"禁止显示文件打开选项对话框"复选框	勾选该复选框，将不显示文件打开命令对话框
❼	"禁止颜色配置文件警告"复选框	勾选"禁止颜色配置文件警告"复选框可以关闭颜色方案信息的显示
❽	"目标"下拉列表	在"目标"选项组的下拉列表中，包含了"无"、"存储并关闭"和"文件夹"选项。在下拉列表中选择"无"选项，则对处理后的图像文件不做任何操作。选择"存储并关闭"选项，则将文件存储在它们的当前位置，并覆盖原来的文件，选择"文件夹"选项，则将处理过的文件存储到另一个位置
❾	"覆盖动作中的存储为命令"复选框	勾选"覆盖动作中的储存命令"复选框，将使用此处指定的"目标"覆盖"储存为"动作
❿	"文件命名"选项组	在"文件命名"组中提供了多种文件名称和格式
⓫	"错误"下拉列表	在"错误"下拉列表中提供了"由于错误而停止"和"将错误记录到文件"选项。"由于错误而停止"选项能够指定当动作在执行的过程中发生错误时处理错误的方式。"将错误记录到文件"选项用于将每个错误记录在文件中而不停止进程

打开一个图像文件，执行"文件>自动>批处理"命令，在弹出的"批处理"对话框中进行相关设置，完成后单击"确定"按钮即可应用自动化命令。

原图

添加相框效果

›› 创建快捷批处理

"创建快捷批处理"是一个小的应用程序，可以为一个批处理的操作创建一个快捷方式。如果需要对其他的文件用此批处理，只需要将其拖到快捷键图标上即可，执行"文件 > 自动 > 创建快捷批处理"命令，即可弹出"创建快捷批处理"对话框，该对话框中的选项与"批处理"对话框中对应选项的作用大致相同，这里不再重复。

›› 裁剪并修齐照片

执行"裁切并修齐照片"命令可以将一次扫描的多个图像分成多个单独的图像文件。这里介绍"裁切并修齐照片"命令的功能，操作方法如下。

打开一个图像文件，执行"文件 > 自动 > 裁剪并修齐照片"命令，系统自动复制一个副本图像并自动修齐倾斜的图像。

原图像

调整后效果

›› Photomerge

执行 Photomerge 命令可以将多幅照片组合成一个连续的图像，也就是将多幅照片拼合成一个连续的全景图像，下面介绍 Photomerge 对话框及其中选项，具体说明如下图和下表所示。

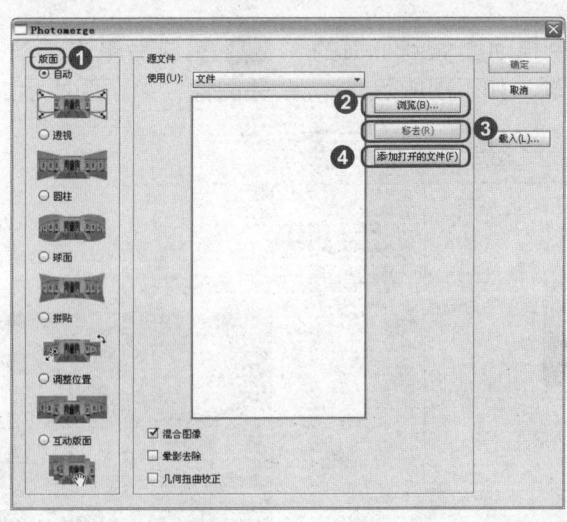

多媒体超值版
Photoshop CS5 完全学习教程

编号	名称	说明
❶	"版面"选择组	在"版面"选择组中提供了图像排列的几种版式,可根据不同需要选择不同的版式
❷	"浏览"按钮　浏览(B)...	单击"浏览"按钮,能够打开源文件所在的文件夹
❸	"移去"按钮　移去(R)	在打开的文件中选择要删除的文件选项,然后单击"移去"按钮,即可删除选中的图像
❹	"添加打开的文件"按钮　添加打开的文件(F)	单击"添加打开的文件"按钮,能够将打开的图像添加到对话框中

操作演示　利用Photomerge命令合成图像

最终文件:实例文件\Chapter 16\Complete\Photomerge.psd

01 执行"文件 > 自动 > Photomerge"命令,弹出 Photomerge 对话框。单击"浏览"按钮,打开本书配套光盘中实例文件 \Chapter 16\Media\BM02.jpg 和 BM03.jpg 文件,如下图所示。

02 完成后单击"确定"按钮,系统自动调节图像,如下图所示。

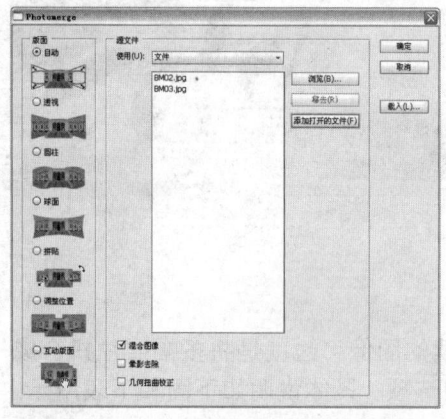
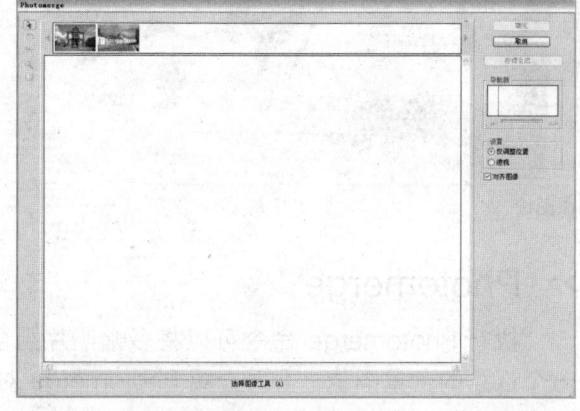

03 在对话框的缩览图中拖动图像到下面的缩览图像中,调整图像位置,如下图所示。

04 完成后单击"确定"按钮,系统自动合并图像,如下图所示。

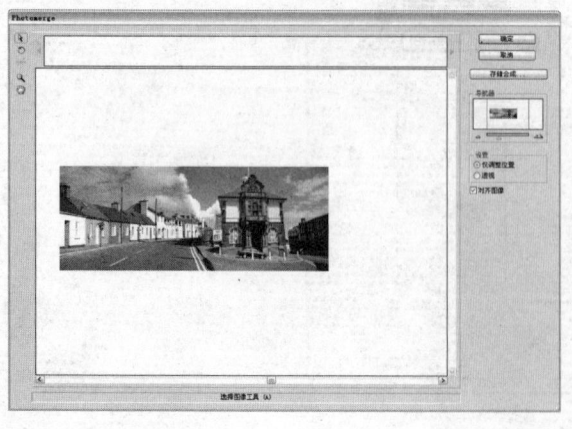

LET'S GO! 利用"批处理"命令调整多个图像颜色

◎ **最终文件**：实例文件\Chapter 16\Complete\006.psd、007.psd、008.psd

步骤01 打开本书配套光盘中实例文件\Chapter 16\Media\006.jpg、007.jpg、008.jpg文件，如下图所示。

步骤02 单击工作应用程序栏上的"排列文档"按钮，在弹出的下拉列表中单击"三联"按钮，调整图像排列方式，如下图所示。

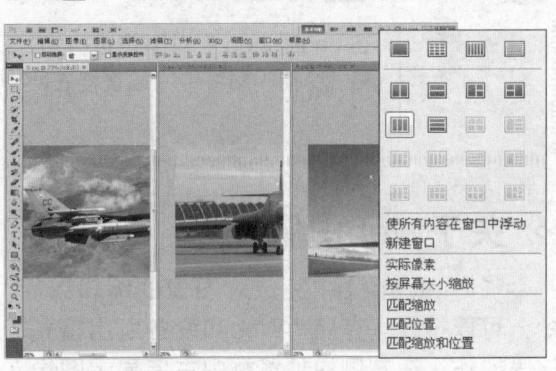

步骤03 执行"文件>自动>批处理"命令，如下图所示。

步骤04 在弹出的"批处理"对话框中设置各选项，如下图所示。

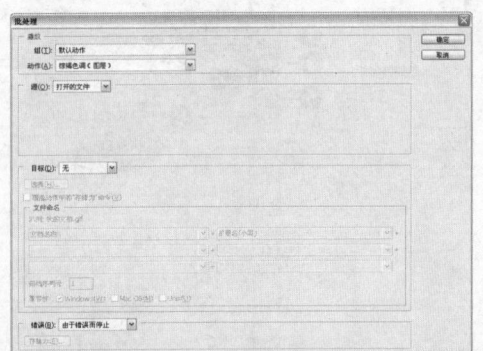

步骤05 设置完成后单击"确定"按钮，对3个图像进行统一处理，图像效果如下图所示。

步骤06 继续打开"批处理"对话框，设置"动作"为"渐变映射"，单击"确定"按钮，效果如下图所示。

> **TIP** 在"批处理"对话框中,还可以对图像进行重命名,通过对多个下拉列表框中的选项进行组合设置,可以根据文档名称、序号、字母、日期以及扩展名等多种文件命名方式进行设置。

Unit 03 Web图像 >>

在 Photoshop 中对图像进行切片、优化等操作后,可以将图像储存为 Web 图像所需格式,便于网络传输或直接在网络上应用,本单元主要针对 Web 图像进行详细介绍。

>> 关于Web图像

在Photoshop中完成对图像的编辑以后,执行"文件>存储为Web和设备所用格式"命令,可以打开"存储为Web和设备所用格式"对话框。在该对话框中可以对图像进行切片、优化等操作,在右侧的预览框中主要显示图像文件画质、容量、压缩率和颜色数,可以随意调整并保存,以便按特定的模式保存文件。这里主要对"存储为Web和设备所用格式"对话框中各选项进行介绍,具体说明如下图和下表所示。

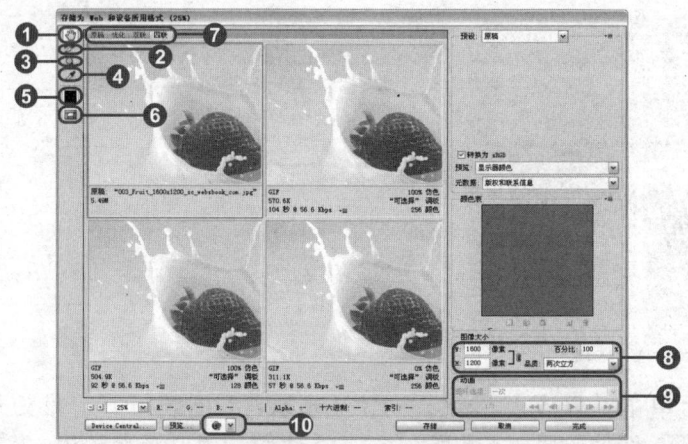

编号	名　称	说　明
❶	抓手工具	在预览框中可以随意移动图像
❷	切片选择工具	使用该工具可以在图像上选择切片
❸	缩放工具	用于图像的放大或缩小
❹	吸管工具	用于吸取颜色样本
❺	吸管颜色工具	显示吸管工具取样颜色,单击可以打开"拾色器"对话框,设置颜色
❻	切换切片可视性工具	用于将切片的图像显示\隐藏在画面上
❼	标签	单击选择预览框排列方式
❽	"图像大小"选项区	用于设置当前动画图像的大小,并通过选项对图像进行大小调整
❾	"动画"选项区	创建动画以后使用该选项,可以对动画进行播放
❿	"在浏览器中预览"按钮	单击运行网页浏览器,可以在网页中显示优化图像效果,并在图像的下方显示图像的所有信息,包括格式、大小、设置等

打开一个图像文件，执行"文件>存储为Web和设备所用格式"命令，打开"存储为Web和设备所用格式"对话框，单击"在浏览器中预览"按钮，自动弹出一个网页预览效果。

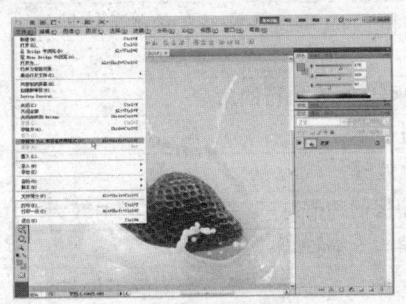
应用"存储为Web和设备所用格式"命令

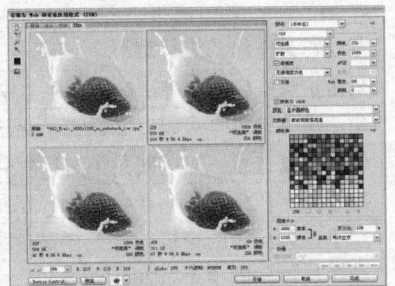
打开对话框

网页浏览效果

TIP 通过快捷键Alt+Shift+Ctrl+S，同样可以打开"存储为Web和设备所用格式"对话框。

>> 存储为Web和设备所用格式

前面对"存储为Web和设备所用格式"对话框中部分选项进行了介绍，这里主要对"存储为Web和设备所用格式"对话框中的"预设"与"颜色"面板选项组进行介绍。通过对图像文件格式选择的不同，所针对的预设调整选项也不同，下面主要针对JPEG格式和GIF格式进行介绍。

1. 保存JPEG格式

在"存储为Web和设备所用格式"对话框中单击"预设"选项右侧的下拉按钮，在弹出的下拉列表中选择JPEG模式，弹出相应的选项。JPEG是用于压缩连续色调图像的标准格式，它有选择性地扔掉部分数据。下面对JPEG格式选项进行介绍，具体说明如下图和下表所示。

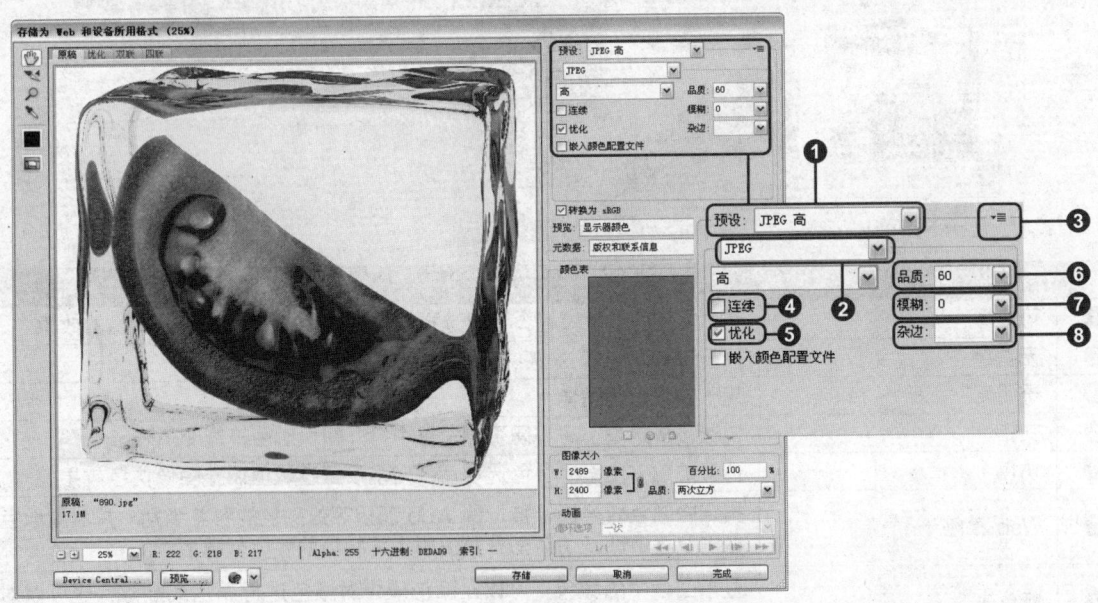

编号	名称	说明
❶	预设	单击右侧的下拉按钮，可选择压缩文件
❷	文件格式	在 Photoshop 中提供了 JPEG、GIF 和 PNG 等文件格式，单击下拉按钮可以对文件格式进行选择
❸	扩展按钮	单击扩展按钮，在弹出的扩展菜单中可选择要执行的命令
❹	连续	勾选该复选框，可以对图像进行渐进显示
❺	优化	勾选该复选框，可以对图像进行优化处理
❻	品质	用于确定压缩程度，参数越大，压缩保留细节越多，生成文件相对较大
❼	模糊	用于设置图像的模糊效果。模糊效果与高斯模糊效果相同
❽	杂边	用于为原始图像中透明的像素指定一个填充颜色，单击右侧的下拉按钮可进行选择

TIP 如果需要最大限度地对图像进行压缩，建议使用优化的 JPEG 格式。

2. 保存 GIF 格式

GIF是用于压缩具有单调颜色和清晰细节的图像的标准格式。GIF文件支持8位颜色。下面对"存储为Web和设备所用格式"对话框中GIF格式文件的选项进行介绍，具体说明如下图和下表所示。

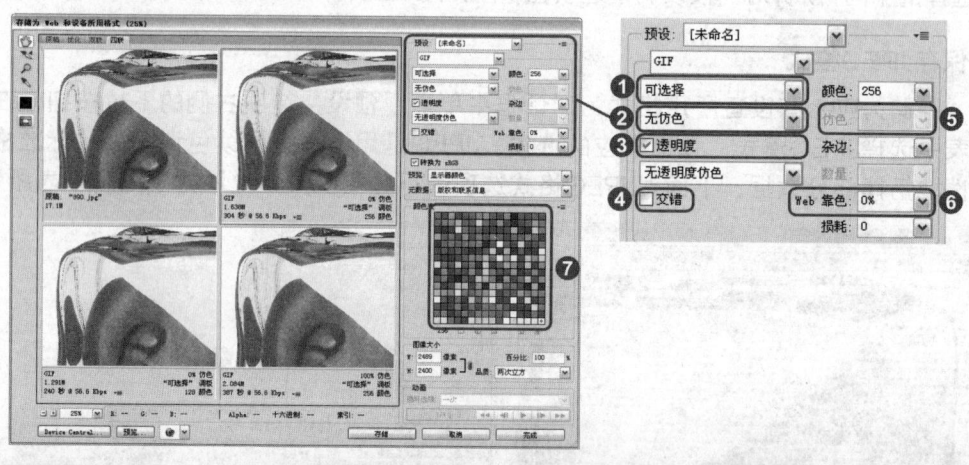

编号	名称	说明
❶	可选择	单击右侧的下拉按钮，可以选择软件提供的选项调整所选图像的效果
❷	无仿色	用于设置仿色算法
❸	透明度	用于制作透明图像
❹	交错	勾选该复选框，可在网页浏览器中打开图像时由模糊变清晰
❺	仿色	选择扩散、图案、杂色选项后，用于设置参数值调整图像仿色效果
❻	Web 靠色	指定将颜色转换为最接近的 Web 调板等效颜色的容差级别，并放置颜色在浏览器中进行仿色，参数值越大，转换的颜色就越多
❼	颜色表	显示图像中的颜色，可以在颜色表中对颜色进行添加或删除，也可以对颜色表进行储存

LET'S GO! 利用颜色表调整图像颜色

◎ **最终文件：** 实例文件\Chapter 16\Complete\颜色表.gif

步骤01 执行"文件>打开"命令，打开本书配套光盘中实例文件\Chapter 16\Media\009.jpg文件，如右图所示。

步骤02 执行"文件>存储为Web和设备所用格式"命令打开相应对话框，单击颜色表右侧的扩展按钮，在弹出的扩展菜单中选择"储存颜色表"命令，如下图所示。

步骤03 在弹出的"储存颜色表"对话框中设置各项选项，如下图所示。

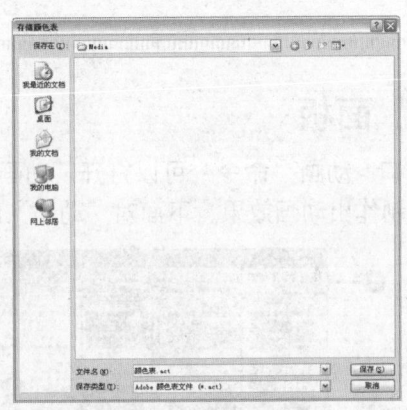

步骤04 设置完成后单击"保存"按钮，然后打开本书配套光盘中实例文件\Chapter 16\Media\010.jpg 文件，如下图所示。

步骤05 执行"文件>存储为Web和设备所用格式"命令打开相应对话框，单击颜色表右侧的扩展按钮，在弹出的扩展菜单中选择"载入颜色表"命令，如下图所示。

步骤06 在弹出的"载入颜色表"对话框中选择刚才储存的颜色表.act文件，如下图所示。

步骤07 设置完成后单击"确定"按钮，设置各项参数值，效果如下图所示。

Unit 04 动画制作 >>

在 Photoshop 中通过"动画"面板,可以制作动画效果,本单元首先对"动画"面板进行介绍,通过对"动画"面板的学习,了解如何创建动画效果。

>> "动画"面板

执行"窗口>动画"命令,可以打开"动画"面板,通过对"动画"面板中帧的创建与时间的设置,可以制作出动画效果。下面对"动画"面板进行介绍,具体说明如下图和下表所示。

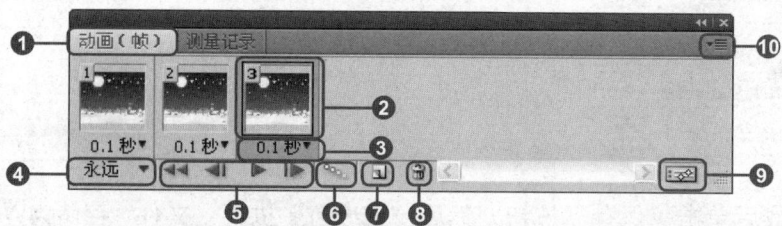

编号	名 称	说 明
❶	动画(帧)	显示当前创建的动画属于帧动画,当创建的是时间轴时,则显示为动画(时间轴)
❷	关键帧	显示帧的排列顺序与效果
❸	设置帧延时	设置每个帧之间播放的时间
❹	循环播放	单击右侧的下拉按钮,可以对动画的播放方式进行设置,包括"一次"、"3次"、"永远"和"其他"选项,单击"其他"选项,将会弹出"设置循环次数"对话框,可设置播放的任意次数
❺	控制按钮	用于对动画播放进行控制
❻	过渡动画帧	单击该按钮可以打开"过渡"对话框,设置所选中的帧与下一帧之间的过渡
❼	复制所选帧	单击该按钮可以对所选帧进行复制
❽	删除帧	单击该按钮可对所选帧进行删除
❾	转换为时间轴动画	单击该按钮可以对"动画(帧)"与"动画(时间轴)"进行转换
❿	扩展按钮	单击扩展按钮,可在弹出的扩展菜单中选择相应命令对动画进行新建帧、删除单帧、复制单帧、优化动画等操作

LET'S GO! 创建动画

最终文件： 实例文件\Chapter 16\Complete\创建动画.psd

步骤01 执行"文件>打开"命令，打开本书配套光盘中实例文件\Chapter 16\Media\011.jpg文件，然后执行"窗口>动画"命令，打开"动画"面板，如下图所示。

步骤02 复制一个"背景"图层，得到"背景 副本"图层，如下图所示。

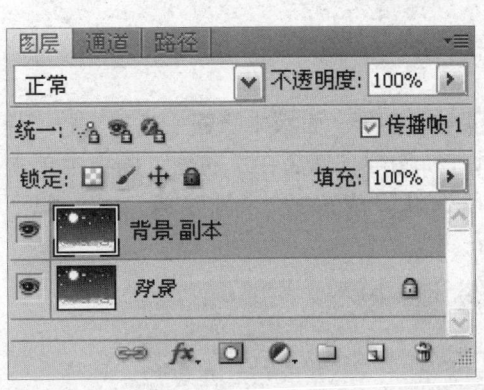

步骤03 执行"选择>色彩范围"命令，打开"色彩范围"对话框，设置"颜色容差"为40，单击吸管工具，在星星图像上单击鼠标，如下图所示。

步骤04 设置完成后单击"确定"按钮，创建星星图像的选区，如下图所示。

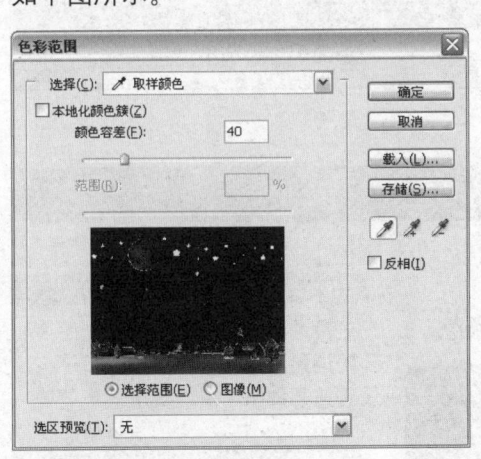

步骤05 填充选区颜色为蓝色（R151、G227、B252），然后按下快捷键Ctrl+D，取消选区，如下图所示。

步骤06 再次复制一个"背景"图层，得到"背景 副本 2"图层，采用相同的方法创建星星图像的选区，填充选区颜色为黄色（R247、G251、B25），取消选区，如下图所示。

步骤07 在"图层"面板中隐藏"背景"与"背景 副本 2"图层,然后在"动画"面板中单击"复制所选帧"按钮，新建第二帧,如下图所示。

步骤08 然后隐藏"背景 副本"图层,显示"背景 副本 2"图层,继续在"动画"面板中新建第三帧,如下图所示。设延时 0.1 秒。

DO IT YOURSELF 练习操作

利用动作面板调整图像颜色

结合所学知识,利用动作的基本操作方法,调整图像的颜色。

原图像　　　　　　　　调整颜色效果

Step BY Step （步骤提示）
1. 打开图像文件
2. 调整图像并录制动作
3. 对其他图像播放动作

光盘路径

素材文件：
实例文件\Chapter 16\Media\012、013、014.jpg
最终文件：
实例文件\Chapter 16\Complete\调整照片颜色1、2、3.psd

Chapter 17 综合实例

通过前面基础知识的学习，读者对 Photoshop 的基本功能及其应用应该有了一定的了解。本章主要学习实际案例的制作，利用 Photoshop 中的功能，如图层样式、图层混合模式和蒙版、调整命令、选区创建工具等，制作平面设计作品。本章学习重点是，在熟练掌握基本操作的基础上，通过调整照片手绘效果、制作啤酒广告、制作卡通宣传海报、网页设计制作、包装设计五大实例，学习制作的思路，从而达到设计理念与软件操作的完美结合。

技术要点

1. 什么是广告招贴设计？

招贴设计属于广告艺术中比较大众化的一种广告媒介，用来完成一定的宣传任务，达到一种广而告之的目的，通过强烈的视觉效果，对招贴信息进行传递。

2. 照片处理的作用是什么？

在 Photoshop 中，利用调整命令与修饰工具，可以对图像的颜色及缺陷进行修复，对照片的色调及艺术效果进行调整，使之达到赏心悦目的效果。

照片调色

Unit 01

案例分析：本单元将应用调整命令对图像的颜色进行调整，使其达到一个舒适的色调效果。然后结合蒙尘与划痕滤镜涂抹图像细节，制作照片手绘效果。

最终文件：实例文件\Chapter 17\Complete\调整照片手绘效果.psd

步骤01 执行"文件>打开"命令，打开本书配套光盘中实例文件\Chapter 17\Media\001.jpg文件，复制一个"背景"图层，得到"背景副本"图层，如下图所示。

步骤02 执行"图像>模式>Lab颜色"命令，转换图像颜色模式，在弹出的对话框中单击"不拼合"按钮，如下图所示。

步骤03 执行"图像>应用图像"命令，打开"应用图像"对话框，设置"通道"为a，然后设置混合模式为"柔光"，如下图所示。

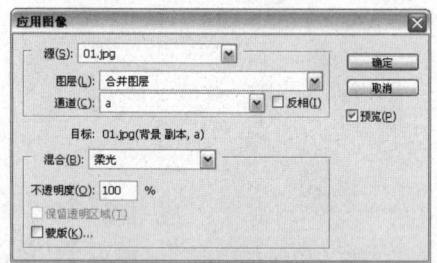

步骤04 设置完成后单击"确定"按钮，效果如下图所示。

步骤05 执行"图像>应用图像"命令，打开"应用图像"对话框，设置"通道"为b，然后设置混合模式为"柔光"，如下图所示。

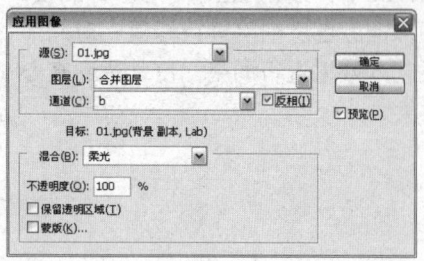

步骤06 设置完成后单击"确定"按钮，效果如下图所示。

步骤07 执行"图像>模式>RGB颜色"命令,在弹出的对话框中单击"不拼合"按钮,转换图像模式,如下图所示。

步骤09 设置完成后,调整图像颜色效果如下图所示。

步骤11 在人物面部采用画笔工具进行涂抹,如下图所示。

步骤13 单击"图层"面板下方的"创建新的填充或调整图层"按钮,在弹出的快捷菜单中选择"可选颜色"选项,设置参数值,调整图像颜色,如右图所示。

步骤08 单击"图层"面板下方的"创建新的填充或调整图层"按钮,在弹出的快捷菜单中选择"可选颜色"选项,分别设置参数值,如下图所示。

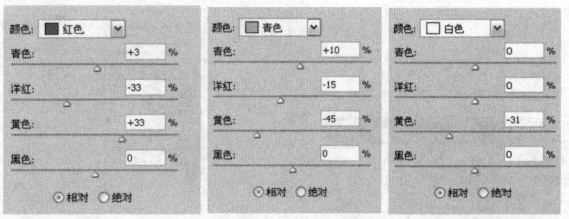

步骤10 单击工具箱下方的"以快速蒙版模式编辑"按钮,然后单击画笔工具,在画笔预设面板中选择柔角笔刷,设置画笔大小为175px,如下图所示。

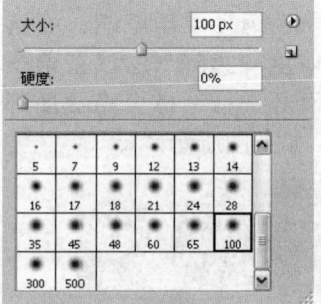

步骤12 然后单击工具箱下方的"以标准模式编辑"按钮,载入蒙版选区,如下图所示。

步骤14 按下快捷键Ctrl+Shift+Alt+E，盖印图层，生成"图层1"，再执行"滤镜>杂色>蒙尘与划痕"命令，在弹出的"蒙尘与划痕"对话框中设置参数值，如下图所示。

步骤15 设置完成后单击"确定"按钮，然后执行"编辑 > 渐隐蒙尘与划痕"命令，在弹出的对话框中设置参数值，设置完成后单击"确定"按钮，如下图所示。

步骤16 单击"图层"面板下方的"添加图层蒙版"按钮，为"图层1"添加图层蒙版，然后单击画笔工具，选择柔角笔刷，在选项栏上设置"不透明度"为50%，设置前景色为黑色，对人物面部进行涂抹，隐藏面部的蒙尘与划痕效果，如下图所示。

步骤17 按下快捷键Ctrl+Shift+Alt+E，盖印一个图层，生成"图层2"，设置"图层2"的混合模式为"滤色"，设置"不透明度"为30%，如下图所示。

步骤18 继续盖印一个图层，得到"图层3"，执行"滤镜>杂色>蒙尘与划痕"命令，在弹出的对话框中设置"半径"为6像素，如下图所示。

步骤19 设置完成后单击"确定"按钮，效果如下图所示。

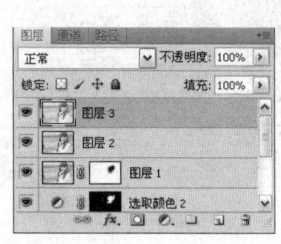

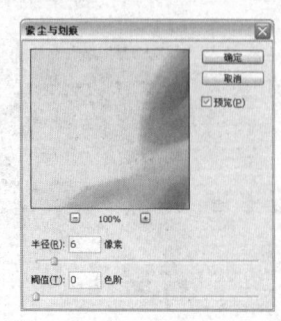

步骤20 复制一个"图层3",得到"图层3 副本"图层,设置"图层3 副本"图层的混合模式为"柔光",设置"不透明度"为45%,如下图所示。

步骤21 单击"图层"面板下方的"创建新的填充或调整图层"按钮,在弹出的快捷菜单中选择"纯色"选项,设置填充颜色为黑色,完成后单击"确定"按钮,设置图层混合模式为"柔光",如下图所示。

步骤22 单击蒙版图层缩览图,选择画笔工具,选择柔角笔刷,在选项栏上设置"不透明度"为50%,设置前景色为黑色,对人物图像进行涂抹,隐藏部分黑色图像,如下图所示。

步骤23 单击"图层"面板下方的"创建新的填充或调整图层"按钮,在弹出的快捷菜单中选择"色相/饱和度"选项,在弹出的调整面板中设置参数值,如下图所示。

步骤24 单击裁剪工具,在图像上按住鼠标左键不放进行拖动,绘制裁剪框,如下图所示。

步骤25 绘制完成后按下Enter键,确认裁剪,将图像中多余的背景图像进行裁剪,显示图像重要部分,效果如下图所示。

Unit 02 啤酒广告制作 >>

案例分析：本书前面讲解了通道的基本操作、分离合并通道、通道与应用图像和通道的计算。通过前面的学习，本单元利用通道抠图技巧并结合其他功能制作啤酒广告，以巩固所学的知识。

最终文件 ◎：实例文件\Chapter 17\Complete\啤酒广告.psd

步骤01 执行"文件>打开"命令，打开本书配套光盘中实例文件\Chapter 17\Media\002.jpg文件，如下图所示。

步骤02 单击打开"通道"面板，选择"绿"通道，将其拖动到"创建新通道"按钮，复制一个"绿副本"通道，按下快捷键Ctrl+I，反向"绿"通道，如下图所示。

步骤03 分别设置前景色为白色和黑色，选择画笔工具，设置其画笔为尖角，并适当调整画笔大小，然后涂抹人物为白色区域，背景为黑色区域，如下图所示。

步骤04 完成后，按住Ctrl键的同时单击"绿副本"通道，将人物载入选区，返回图层面板，按下快捷键Ctrl+J复制选区内的人物，生成"图层1"，这里隐藏"背景"图层以便于观察，如下图所示。

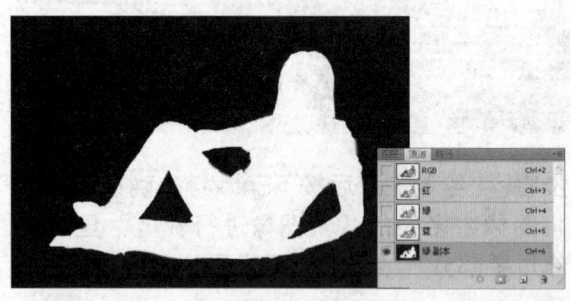

步骤05 拖动"图层1"至"创建新图层"按钮上两次，复制出"图层1副本"和"图层1副本2"，然后将复制后的图层隐藏，选择"图层1"，按下快捷键Ctrl+Shift+U，执行"去色"命令，如右图所示。

步骤06 按住Ctrl键的同时单击"图层1"图层的缩览图，将人物作为选区载入，如下图所示。

步骤07 在"图层"面板中单击"创建新的填充或调整图层"按钮，在弹出的菜单中选择"色相/饱和度"选项，在弹出的调整面板中设置各项参数，如下图所示。

步骤08 选择"色相/饱和度"调整图层，设置图层混合模式为"亮光"，如下图所示。

步骤09 显示"图层1副本"，执行"图像>调整>阈值"命令，在弹出的"阈值"对话框中设置各项参数，如下图所示。

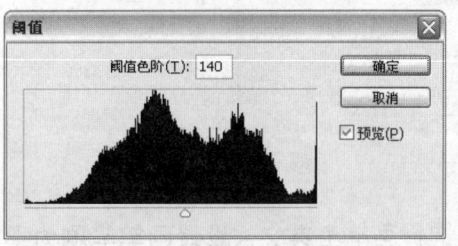

步骤10 完成后单击"确定"按钮，应用设置后的阈值，人物变为黑白色，如下图所示。

步骤11 设置"图层1副本"的图层混合模式为"柔光"，如下图所示。

步骤12 显示"图层1副本2"，执行"滤镜>风格化>查找边缘"命令，调整图像，如右图所示。

步骤13 设置"图层1副本2"的图层混合模式为"叠加",如下图所示。

步骤14 按住Ctrl键的同时载入"图层1"选区,单击"创建新图层"按钮,在背景图层的上方新建"图层2",如下图所示。

步骤15 执行"编辑>描边"命令,在弹出的"描边"对话框中设置各项参数,如下图所示。

步骤16 完成后单击"确定"按钮,加深图像边缘轮廓,如下图所示。

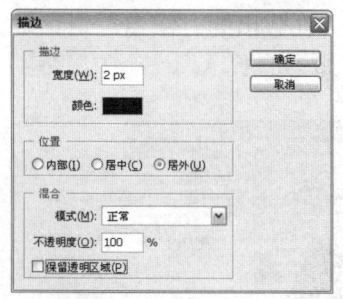

步骤17 选择画笔工具,设置画笔笔刷为柔角,在人物的手臂、脚部进行适当擦除,擦除硬角边缘,如下图所示。

步骤18 在"图层1副本2"上新建"图层3",设置前景色为淡黄色(R244、G228、B177),选择柔角画笔,在人物的脸部、身体以及脚部进行涂抹,如下图所示。

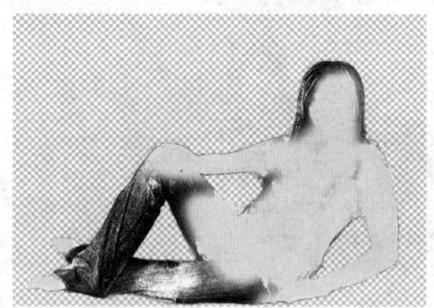

步骤19 完成后设置"图层3"的图层混合模式为"正片叠底",设置"填充"为75%,如右图所示。

步骤20 显示"背景"图层,设置前景色为淡黄色(R249、G239、B186),按下快捷键Alt+Delete,进行填充,如下图所示。

步骤21 新建"图层 4",设置前景色为黑色,选择画笔工具,设置画笔为"尖角13像素",在图像中绘制背景线条,然后使用橡皮擦工具擦除,使其具有层次感,如下图所示。

步骤22 新建"图层 5"设置图层混合模式为"变暗",设置前景色为橘黄色(R234、G146、B61),选择画笔为"柔角100像素",在图像中进行涂抹,如下图所示。

步骤23 新建"图层 6",设置图层混合模式为"溶解"然后设置前景色为褐色(R116、G59、B48),同样使用画笔工具进行涂抹,如下图所示。

步骤24 新建"图层 7",设置图层"不透明度"为74%。设置前景色为红色(R237、G82、B78),使用画笔工具进行涂抹,如下图所示。

步骤25 新建"图层 8",设置图层混合模式为"点光",然后设置前景色为黄色(R234、G109、B62),使用画笔工具继续在画面中进行涂抹,如下图所示。

步骤26 根据画面,分别设置其他颜色和不同的画笔笔刷,然后分别新建多个图层,使用画笔工具在画面中涂抹,如右图所示。

步骤27 新建"图层11",设置前景色为土黄色（R216、G175、B89）,设置画笔为"滴溅59像素",在画面中进行涂抹,然后设置图层混合模式为"正片叠底",设置图层"不透明度"为60%,如下图所示。

步骤28 分别新建两个图层,根据画布边缘重新设置前景色,设置画笔为柔角像素,然后使用画笔工具进行涂抹边缘,如下图所示。

步骤29 执行"文件>打开"命令,打开本书配套光盘中实例文件\Chapter 17\Media\003.png文件,如下图所示。

步骤30 选择移动工具,将003.png拖动到啤酒广告文件中,生成"图层14",然后双击"图层14",重命名图层为"瓶子"如下图所示。

步骤31 复制一个"瓶子副本"图层,调整到"瓶子"图层下方,按下快捷键Ctrl+T,弹出缩放控制框,单击鼠标右键,在弹出的快捷菜单中选择"垂直翻转"选项,如下图所示。

步骤32 使用移动工具将"副本"图层拖动至下方,使其瓶底对齐,选择"副本"图层,单击添加蒙版按钮。选择渐变工具,设置从黑到白的线性渐变,然后在蒙版图层中从上到下进行拖动填充,如下图所示。

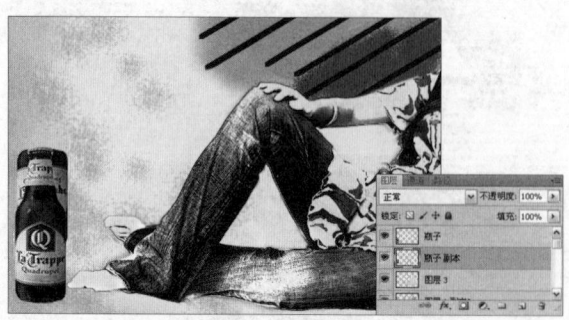

步骤33 选择画笔工具，在选项栏中单击"画笔"右侧的下三角按钮，在打开的面板中单击面板左上方的下拉按钮，在弹出的菜单中选择"载入画笔"命令，载入本书配套光盘中实例文件 \Chapter 17\Media\65.abr 画笔，选择 65.abr，打开"画笔"面板，设置各项参数，如下图所示。

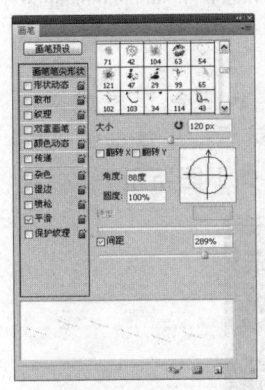

步骤34 新建"图层 14"，设置前景色为中黄色（R227、G187、B107），使用画笔在图像中进行绘制，如下图所示。

步骤35 用同样的方法，在"画笔"面板中适当设置画笔的角度，设置不同的前景色，在画面中绘制多个线条，如下图所示。

步骤36 选择横排文字工具，在选项栏中单击"切换字符和段落调板"按钮，在弹出的字符面板中设置字体大小、颜色，完成后在画面的左下方输入文字，如下图所示。

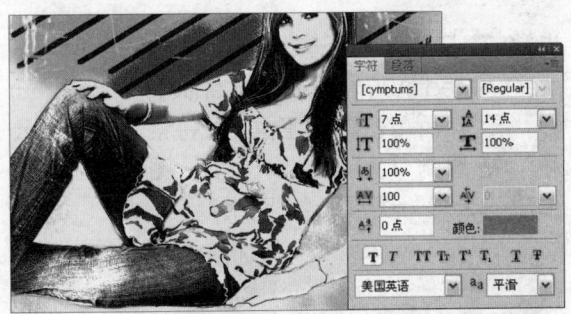

步骤37 用同样的方法，分别设置不同的字体、大小和颜色，然后在画面中输入相关文字，如下图所示。

步骤38 完成后适当调整图像，并为图像添加一些其他元素，然后在"图层"面板中新建多个组，将人物、背景、字体拖动到相应的组中，如下图所示。

卡通宣传海报的制作 >>

Unit 03

案例分析：本单元要制作的是卡通风格的宣传海报。在制作过程中要配合套索工具、涂抹工具、画笔工具和图层样式工具制作各种发光和散射效果，为画面添加亮点。通过本实例的学习，读者可以掌握基本的散射型光线制作方法，并融入自己的想法和创意，更好地拓展思维。

最终文件 ◎：实例文件\Chapter 17\Complete\宣传海报.psd

步骤01 执行"文件>新建"命令，打开"新建"对话框，在对话框中设置"名称"为"宣传海报"，"宽度"为19.52厘米，"高度"为20厘米，单击"确定"按钮，新建文件，如下图所示。

步骤02 新建"图层1"，设置前景色为墨绿色（R14、G82、B67），然后按下快捷键Alt+Delete填充前景色，效果如下图所示。

步骤03 打开本书配套光盘中实例文件\Chapter17\Media\004.tif，在004.tif文件中选中"云彩"层，然后单击移动工具，将素材文件"云彩"拖动到"宣传海报.psd"图像窗口内，生成"云彩"图层，如下图所示。

步骤04 执行"图像>调整>色相/饱和度"命令，在弹出的"色相/饱和度"对话框中设置"饱和度"为-100，单击"确定"按钮，图像变为黑白，效果如下图所示。

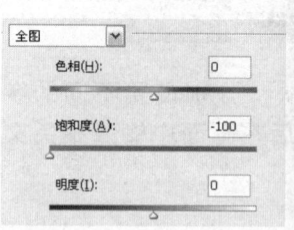

步骤05 执行"图像>调整>色阶"命令，在弹出的"色阶"对话框中设置色阶参数从左至右依次为0、1.00、209，单击"确定"按钮，效果如右图所示。

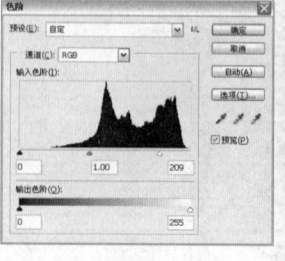

步骤06 单击"图层"面板下方的"创建新图层"按钮，新建"图层2"，将"图层2"拖动至"云彩"图层之下。单击画笔工具，设置前景色为黑色，在云彩周围绘制，增强画面乌云效果，如下图所示。

步骤07 新建"图层3"，设置前景色为柠檬黄（R251、G244、B57），单击画笔工具，在画面中间绘制光圈，效果如下图所示。

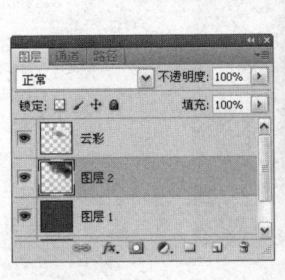  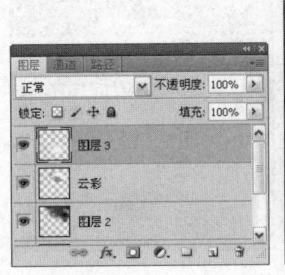 

步骤08 设置前景色为白色，在光圈中间绘制白光点，然后单击涂抹工具，从中间向四边涂抹，绘制出光线四射的效果，如下左图所示。在"图层3"的下方新建"图层4"，单击画笔工具，设置前景色为黑色，在光线周围绘制，如下右图所示。

步骤09 新建"图层5"，将"图层5"拖动至"图层3"下方，单击画笔工具，设置前景色为橘黄色（R175、G115、B28），在光线周围绘制，如下图所示。

  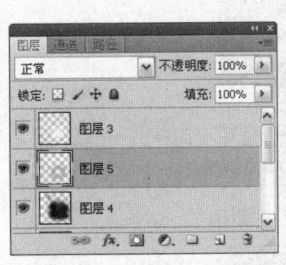 

步骤10 新建"图层6"，将"图层6"拖动至"图层3"下方，单击多边形套索工具，在画面中创建如下左图所示的选区。填充选区颜色为黄色（R255、G247、B0），按下快捷键Ctrl + D取消选区，效果如下右图所示。

步骤11 用同样的方法绘制出光芒的效果，然后将"图层6"的"不透明度"设置为25%，如下图所示。

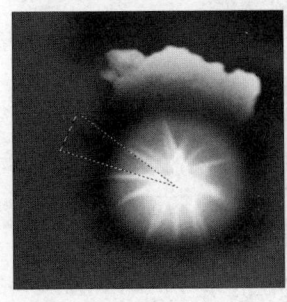 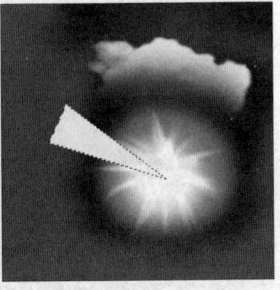  

步骤 12 打开本书配套光盘中实例文件\Chapter17\Media\005.tif文件，在画面中选中"方体"图层，单击移动工具，将素材文件005.tif选中拖移到宣传海报文档内，生成"方体"图层，如下图所示。

步骤 13 按下快捷键Ctrl + T，自由变换，缩小方体，移动到画面适合位置，再复制"方体"图层，再按下快捷键Ctrl + T，自由变换，缩小移动到方体附近，如下图所示。

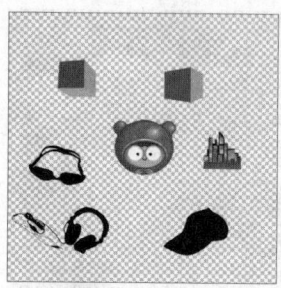 

步骤 14 用同样的方法，在光芒左上方复制一组方体，制作出层次效果，如下图所示。

步骤 15 用相同的方法，在光芒的四周添加出许多小方体图像，如下图所示。

步骤 16 在素材005.tif画面中选中"方体 2"图层，单击移动工具，将其拖移到宣传海报文档内，生成"方体2"图层，如下图所示。

步骤 17 多次复制图层"方体 2"，并进行自由变换，缩小方体，移动到光芒中间位置，效果如下图所示。

步骤 18 按住Ctrl键连续选择所有复制的方体，再按下快捷键Ctrl+E合并图层，重命名为"图层 7"，将"图层 7"拖动至"图层3"的下方，效果如右图。

步骤19 新建"图层8",拖动至"图层3"之下,设置前景色为橘黄色(R243、G166、B3),单击画笔工具，沿着光芒线绘制光条,增强光线效果,如下图所示。

步骤20 单击画笔工具，在画笔面板单击"画笔笔尖形状",设置间距,再勾选"形状动态"和"平滑"复选框,设置各项参数,如下图所示。

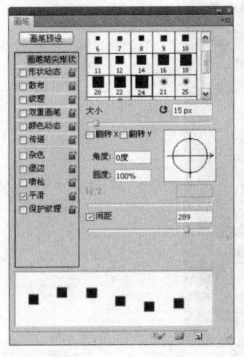
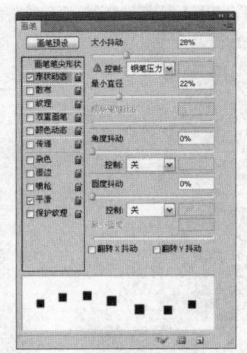

步骤21 继续勾选"散布"和"传递"复选框,在弹出的面板中设置参数值,如下图所示。

步骤22 新建"图层9"拖动至"图层3"之下,设置画笔的前景色为橘红色(R243、G166、B3),"不透明度"为50%,在画面上绘制,将"图层9"的混合模式设置为"点光","不透明度"为60%,效果如下图所示。

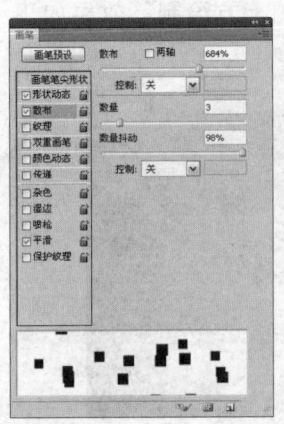
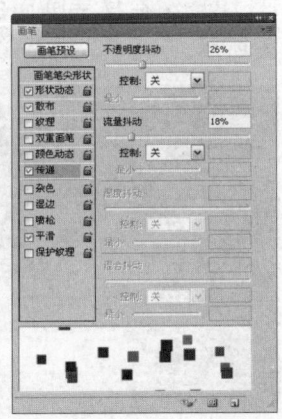

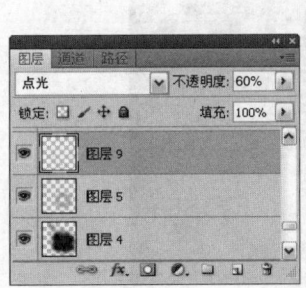

步骤23 新建"图层10"调整图层位置至"图层3"之下,设置画笔的前景色为黄色(R255、G246、B0),"不透明度"为65%,在画面上绘制,如下图所示。

步骤24 为了增加层次感,再新建"图层11"图层,并将其拖动至"图层3"之下,在画面上绘制,并将"图层11"的混合模式设置为"叠加",效果如下图所示。

步骤25 新建"图层 12",单击矩形选框工具 ▣,按下快捷键Ctrl+A,将图像载入选区,然后在选项栏上单击"从选区减去"按钮▣,在画面中创建如下图所示的选区。

步骤26 设置前景色为黑色,按下快捷键Alt + Delete,填充前景色,按下Ctrl + D取消选区,制作出边框效果,如下图所示。

步骤27 选择素材文件005.tif中的"楼房"图层,然后单击移动工具 ▶,将其拖移到宣传海报文档内,生成"楼房"图层,如下图所示。

步骤28 新建"图层 13",单击画笔工具 ✎,设置画笔的前景色为淡黄色(R251、G248、B118),在楼房画面的上方绘制,效果如下图所示。

步骤29 选择素材文件004.tif中的"卡通"图层,然后单击移动工具 ▶,将其拖移到宣传海报文档内,生成"卡通"图层,如下图所示。

步骤30 按下快捷键 Ctrl + T,对其进行自由变换,缩小图像,将"卡通"图层拖动至"图层 3"之下,如下图所示。

步骤 31 单击"图层"面板的下方"添加图层蒙版"按钮，单击画笔工具，在楼房后面进行涂抹，隐藏卡通图像的尾部，效果如下图所示。

步骤 32 单击横排文字工具，在楼房下面输入适当的文字，效果如下图所示。

步骤 33 在"字符"面板中重新设置各项参数，然后在前面所添加的文字上方和下方再创建文字，效果如下图所示。

步骤 34 根据画面效果，使用同样的方法在图像的最下方添加文字，效果如下图所示。

步骤 35 新建"图层 14"，设置前景色为白色，单击矩形选框工具图，在画面上创建矩形选区，按下快捷键 Alt+Delete 填充前景色，效果如下图所示。

步骤 36 按下快捷键 Ctrl + T 进行自由变换，将其移动至左上方的位置，双击"图层 14"，在弹出的"图层样式"对话框中，勾选"投影"复选框，设置各项参数，单击"确定"按钮，如下图所示。

步骤37 选择素材文件005.tif中的"耳机"图层，单击移动工具，将"耳机"图像拖移到"宣传海报.psd"图像窗口中，生成"耳机"图层，按下快捷键Ctrl + T进行自由变换，移动至左上方位置，如下图所示。

步骤38 复制"图层 14"图层，将"图层 14 副本"图层拖动至"图层 14"图层之下，按下快捷键Ctrl + T进行如下图所示的自由变换，效果如下图所示。

步骤39 选择素材文件005.tif中的"眼镜"图层，单击移动工具，将素材文件"眼镜"图像拖移到"宣传海报.psd"图像窗口中，生成"眼镜"图层，按下快捷键Ctrl + T进行自由变换，移动到"图层 14 副本"图层上，效果如下图所示。

步骤40 再复制"图层 14"图层，将"图层 14 副本 2"图层拖动至"图层 14"图层之下，按下快捷键Ctrl + T进行自由变换，旋转向下移动，效果如下图所示。

步骤41 选择素材文件005.tif中的"帽子"图层，单击移动工具，将"帽子"图像拖移到"宣传海报.psd"图像窗口中，生成"帽子"图层，结合自由变换调整图像，移动到"图层 14 副本 2"图层上，如下图所示。

步骤42 单击横排文字工具，在"耳机"图像的下方创建如下图所示的文字。

步骤 43 按下快捷键Ctrl＋T进行自由变换，旋转文字，并复制文字图层，将复制后得到的图层拖动至"图层14 副本2"图层之下，按下快捷键Ctrl＋T进行自由变换，旋转文字，移动到"眼镜"图层下方，效果如下图所示。

步骤 44 参照前面的方法，再次复制文字图层，并将其拖动到"帽子"图像的下方，且调整其图层顺序为最上方，效果如下图所示。

步骤 45 新建"图层15"图层，将"图层15"图层拖至"卡通"图层下方，单击多边形套索工具，在画面中创建条纹选区，设置前景色为（R58、G34、B0），按下快捷键Alt＋Delete填充前景色，按下快捷键Ctrl＋D取消选区，如下图所示。

步骤 46 双击"图层15"图层，在弹出的"图层样式"对话框中勾选"内发光"复选框，设置各项参数，单击"确定"按钮，如下图所示。

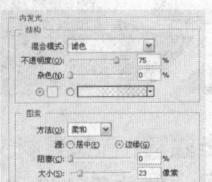

步骤 47 新建"图层16"图层，单击钢笔工具，在画面上绘制路径，效果如下图所示。

步骤 48 单击"路径"面板下方的"将路径作为选区载入"按钮，单击渐变工具，设置渐变从左到右依次为土黄色（R211、G183、B111）和白色，在图像中由上至下拖出一条直线，为选区填充渐变效果，如下图所示。

步骤49 按下快捷键Ctrl + D取消选区，单击钢笔工具，在画面上绘制路径，效果如下图所示。

步骤50 设置前景色为白色，将路径作为选区载入，按下快捷键Alt + Delete填充前景色，如下图所示。

步骤51 新建"图层17"图层，将"图层17"图层拖动至"图层16"图层之下，参照前面的方法绘制其尾部，效果如下图所示。

步骤52 单击画笔工具，设置前景色为黄褐色（R140、G119、B52），在旗子面上绘制阴影，效果如下图所示。

步骤53 选择素材文件005.tif中的"卡通2"图层，然后单击移动工具，将其拖动至当前图像窗口中，生成"卡通2"图层，按下快捷键Ctrl + T进行自由变换，缩小图像并将其移动到画面左下方，效果如下图所示。

步骤54 单击横排文字工具，在"字符"面板中设置各项参数，其颜色为白色，在图像左下方输入适当的文字，效果如下图所示。至此，完成本实例的制作。

Unit 04 网页设计制作 >>

案例分析：本单元将通过素材图像的合成，以及图层样式的合理应用，制作璀璨的钻石文字效果及丰富的网页界面效果。

最终文件 ◎：实例文件\Chapter 17\Complete\网页设计.psd

步骤 01 执行"文件 > 新建"命令，打开"新建"对话框，在对话框中设置"名称"为"网页设计"，"宽度"为 15 厘米，"高度"为 16 厘米，如下图所示。

步骤 02 设置完成后单击"确定"按钮，新建一个图像文件，如下图所示。

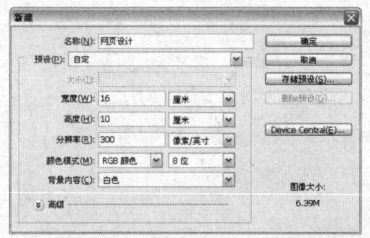
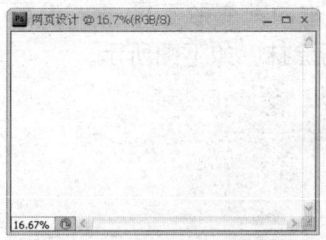

步骤 03 设置前景色为中黄（R251、G220、B85），按下快捷键Alt+Delete，填充"背景"图层前景色，如下图所示。

步骤 04 新建"图层 1"，单击画笔工具，选择柔角笔刷，分别设置前景色为嫩绿色（R224、G243、B95），浅蓝色（R203、G234、B216），浅粉色（R248、G213、B192），然后在图像上涂抹，如下图所示。

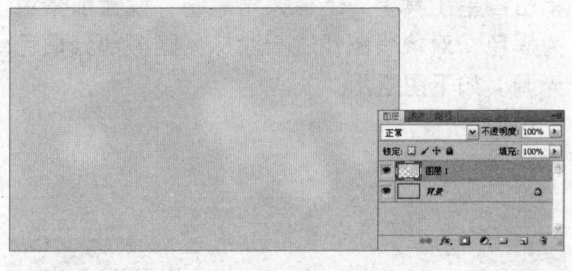

步骤 05 选"图层 1"，执行"滤镜 > 模糊 > 高斯模糊"命令，在弹出的对话框中设置参数后单击"确定"按钮，效果如下图所示。

步骤 06 复制一个"图层 1"，得到"图层 1 副本"，设置图层混合模式为"柔光"，如下图所示。

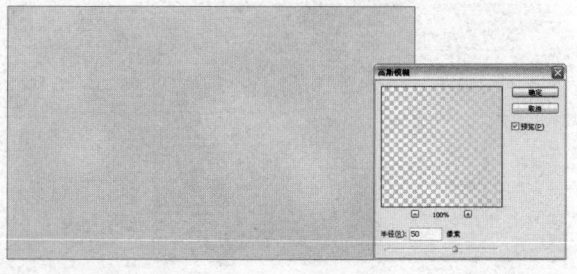
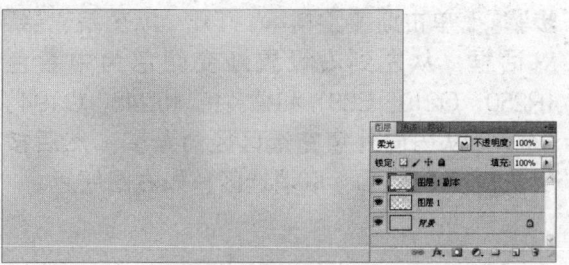

步骤07 新建"图层2",单击椭圆选框工具,在选项栏上设置"羽化"为100px,按住Shift键在图像上创建圆形选区,如下图所示。

步骤08 填充选区颜色为白色,取消选区,效果如下图所示。

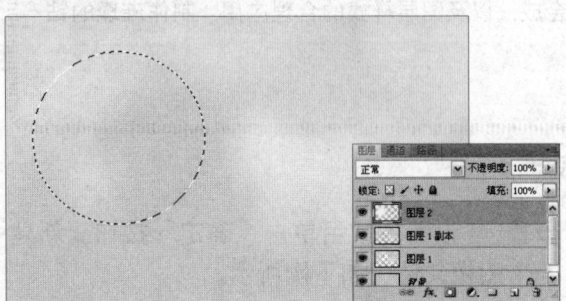

步骤09 执行"滤镜 > 液化"命令,在弹出的"液化"对话框中单击向前变形工具,设置参数值后对图像进行涂抹,如下图所示。

步骤10 涂抹完成后单击"确定"按钮,效果如下图所示。

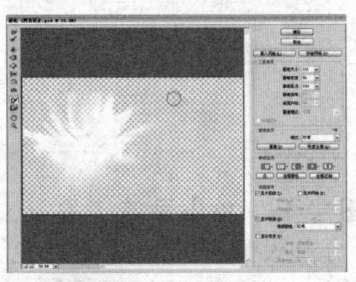

步骤11 单击"图层"面板下方的"添加图层蒙版"按钮,为"图层2"添加图层蒙版,单击画笔工具,选择柔角笔刷,设置前景色为黑色,对蒙版图像进行涂抹,隐藏部分白色光源,如下图所示。

步骤12 新建"图层3",单击矩形选框工具,在图像的最下方创建一个矩形选区,如下图所示。

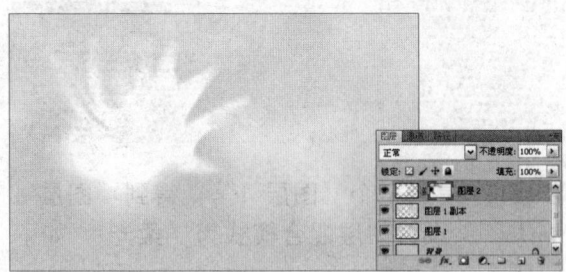
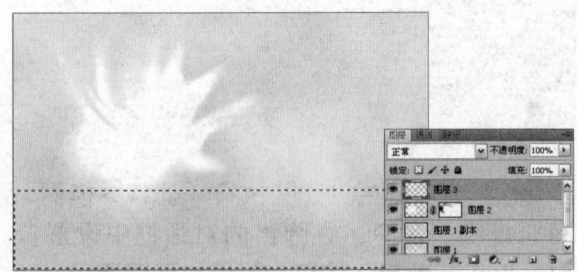

步骤13 单击渐变工具,打开"渐变编辑器"对话框,从左到右设置渐变颜色为中黄色(R250、G219、B88)和橘黄色(R248、G194、B40),从内向外填充选区径向渐变,然后按下快捷键 Ctrl+D,取消选区,如右图所示。

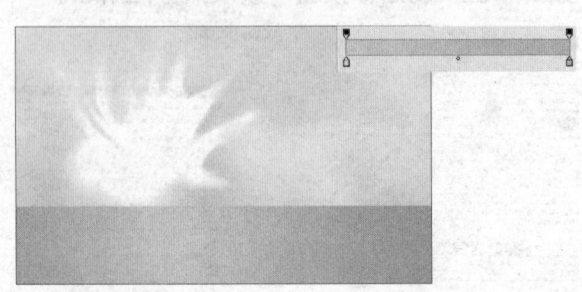

步骤14 新建"图层4",单击椭圆选框工具 ◯,在选项栏上设置"羽化"为80px,在图像上创建椭圆选区,如下图所示。

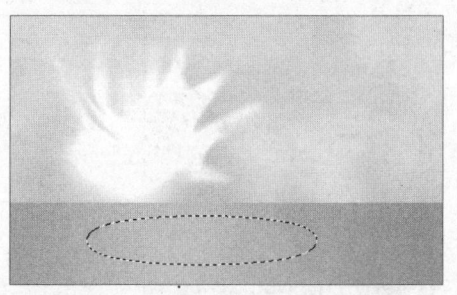

步骤15 填充选区颜色为白色,设置图层混合模式为"叠加",取消选区,呈现效果如下图所示。

步骤16 执行"文件>打开"命令,打开本书配套光盘中实例文件\Chapter 17\Media\006.psd文件,如下图所示。

步骤17 选择"水珠"图层,单击移动工具 ▶⊕,按住鼠标左键不放,拖动素材图像至当前图像文件中,调整图像在画面中的位置,设置图层混合模式为"叠加",如下图所示。

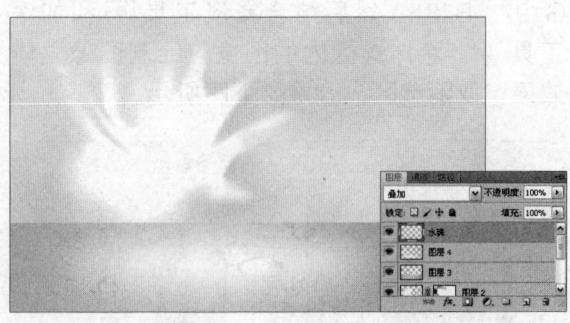

步骤18 复制"水珠"图层,得到"水珠 副本"图层,调整其在画面中的位置,丰富画面水珠效果,如下图所示。

步骤19 继续将素材006.psd文件中的"啤酒"图像移动至当前图像文件中,得到"啤酒"图层,调整图像位置,如下图所示。

步骤20 在"啤酒"图层的下方新建"图层5",单击钢笔工具 ✎,在图像上绘制闭合路径,如右图所示。

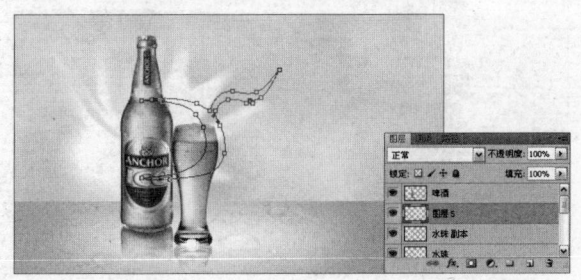

步骤21 路径绘制完成后，按下快捷键Ctrl+Enter，将路径转换为选区，填充选区颜色为桃红色（R239、G22、B139），如下图所示。

步骤22 保存选区，结合减淡工具和加深工具，对选区内的图像涂抹，使图像具有立体效果，如下图所示。

步骤23 新建"图层6"，采用相同的方法创建图像选区，填充选区颜色为橘黄色（R255、G197、B48），然后结合减淡工具和加深工具，涂抹选区内的图像，绘制图像立体效果，取消选区，效果如下图所示。

步骤24 新建"图层7"，采用相同的方法绘制酒瓶左侧的图像，效果如下图所示。

步骤25 单击移动工具，分别将006.psd素材文件中的其他素材移动至当前图像文件中，适当调整图层的上下位置，并适当复制图像，使画面效果更丰富，如下图所示。

步骤26 在"图层7"的上方新建图层并重命名为"阴影"，然后单击画笔工具，选择柔角笔刷，在选项栏上设置"不透明度"为32%，设置前景色为深褐色（R107、G82、B1），在素材图像的下方涂抹，绘制图像阴影效果，如下图所示。

步骤27 打开本书配套光盘中实例文件\Chapter 17\Media\007.psd文件,将"电视"图像移动至当前图像文件中,得到"电视"图层,调整其在画面中的位置,如下图所示。

步骤28 新建"图层 8",单击钢笔工具,沿电视显示屏绘制路径,如下图所示。

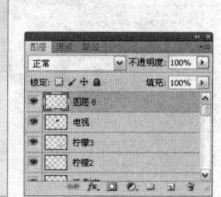

步骤29 路径绘制完成后,按下快捷键Ctrl+Enter,将路径转换为选区,填充选区颜色为白色,取消选区,如下图所示。

步骤30 将007.psd素材图像中的"照片"图像移动至当前图像文件中,得到图层"照片1",调整图像的位置,如下图所示。

步骤31 选择"照片1"图层,按下快捷键Alt+Ctrl+G,建立剪贴蒙版图层,将照片放置于电视显示器中,如下图所示。

步骤32 按住Ctrl键分别选择"电视"、"图层8"和"照片1",复制所选图层,结合自由变换命令调整复制的图像,如下图所示。

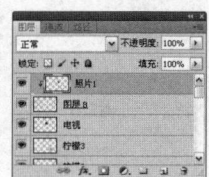

步骤33 调整完成后按下Enter键,结束自由变换命令,然后选择"电视 副本"图层,按下快捷键Ctrl+U,在"色相/饱和度"对话框中设置参数值,如右图所示。

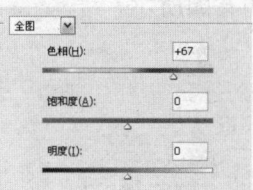

步骤34 设置完成后单击"确定"按钮，调整电视颜色，如下图所示。

步骤35 将007.psd素材图像中的"告示栏"素材图像移动至当前图像文件中，调整图像在画面中的位置，如下图所示。

步骤36 单击横排文字工具 T，打开"字符"面板，设置各项参数，设置颜色为白色，在"告示栏"图像上输入白色文字，如下图所示。

步骤37 新建图层组"组1"，在该图层组中新建"图层9"，然后单击圆角矩形工具，在选项栏单击"填充图像"按钮，设置"半径"为32px，设置前景色为桃红色（R241、G70、B130），在图像上绘制圆角矩形，如下图所示。

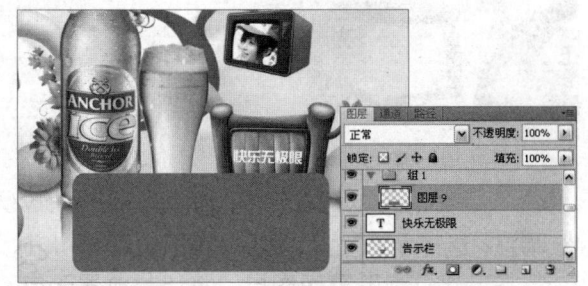

步骤38 双击"图层9"，打开"图层样式"对话框，分别设置"投影"和"斜面和浮雕"面板参数值，其中投影颜色为深褐色（R87、G21、B22），"斜面和浮雕"面板中"高光模式"颜色为浅紫色（R255、G146、B253），"阴影模式"颜色为深褐色（R91、G23、B21），如右图所示。

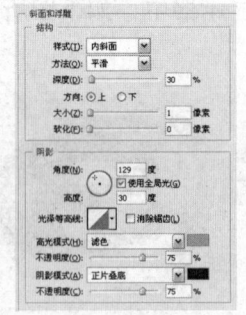

步骤39 设置完成后单击"确定"按钮，效果如右图所示。

步骤40 新建"图层10",单击矩形选框工具,在选项栏上单击"添加到选区"按钮,在图像上创建多个矩形选区,如下左图所示。填充选区颜色为粉色(R252、G117、B164),取消选区,如下右图所示。

步骤41 结合自由变换功能调整"图层10"在画面中的位置,如下图所示。

步骤42 按下快捷键Ctrl+Alt+G,建立剪贴蒙版图层,效果如下图所示。

步骤43 新建"图层11",单击圆角矩形工具,绘制黑色圆角矩形图像,如下图所示。

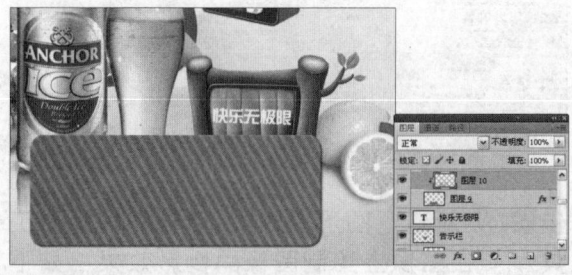

步骤44 按下快捷键Ctrl+D,取消选区。新建"图层12",单击画笔工具,打开"画笔"面板,设置各项参数,如下图所示。

步骤45 新建图层并重命名图层为"圆点",设置前景色为白色,按住Shift键在图像上绘制横向和纵向的白色圆点图像,如下图所示。

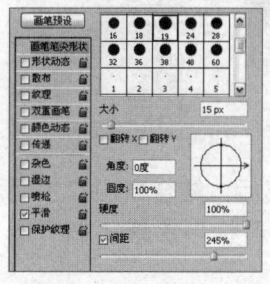
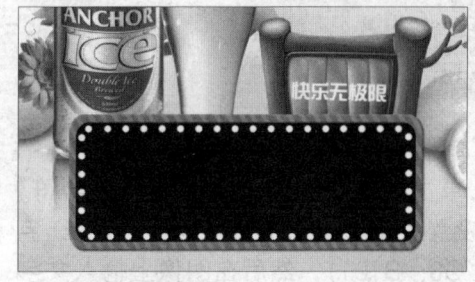

步骤46 双击"圆点"图层,打开"图层样式"对话框,分别设置"外发光"、"斜面和浮雕"、"等高线"、"纹理"、"颜色叠加"面板参数值,如下图所示。

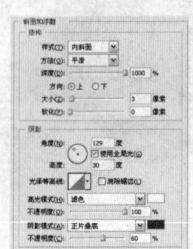

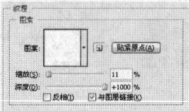

步骤47 设置完成后单击"确定"按钮，效果如下图所示。

步骤48 单击横排文字工具，打开"字符"面板设置各项参数，设置颜色为黄色（R238、G240、B90），然后输入文字，如下图所示。

步骤49 复制"圆点"图层的图层样式至"混搭派对"文字图层中，并删除"外发光"和"颜色叠加"图层样式，如下图所示。

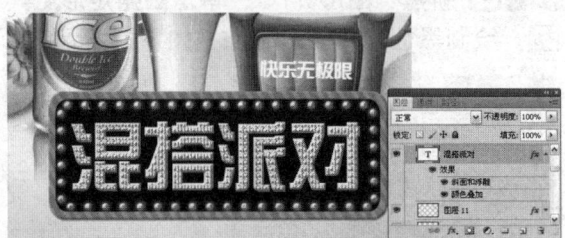

步骤50 将文字图层栅格化，如下左图所示。然后复制图层组"组1"，并对"组1副本"进行合并图层，然后隐藏"组1"，如下右图所示。

 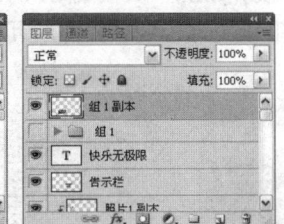

步骤51 按下快捷键Ctrl+T，调整图层"组1副本"在画面中的位置与形状，如下图所示。

步骤52 新建"图层12"，单击圆角矩形工具，在图像上绘制图像的倒影效果，如下图所示。

 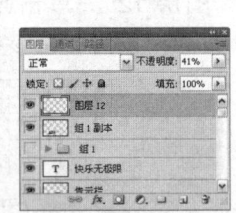

步骤53 单击横排文字工具，打开"字符"面板，设置各项参数值，其中颜色为桃红色（R229、G8、B101），然后在图像上输入文字ICE，如下图所示。

步骤54 栅格化文字图层后，结合自由变换功能调整文字在画面中的形状与位置，如下图所示。

 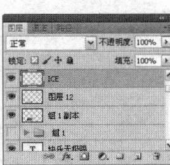

步骤55 按住Ctrl键，单击ICE图层缩览图，载入图层选区，在选择移动工具的同时，按住Alt键和键盘上的←键，移动选区，如下左图所示。然后按下快捷键Ctrl+Shift，剪切并复制选区内的图像，生成"图层14"，载入"图层14"的选区，填充选区颜色为白色，如下右图所示。

步骤56 复制"混搭派对"图层的图层样式，粘贴至ICE图层中，为ICE文字添加图层样式效果，如下图所示。

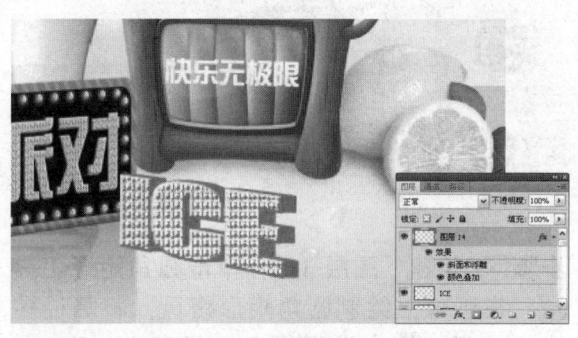

步骤57 复制ICE图层，得到图层"ICE副本"，应用自由变换调整图像在画面中的位置，然后删除图层样式，载入图层选区，填充选区颜色为黑色，如下图所示。

步骤58 设置图层"不透明度"为8%，制作文字倒影效果，如下图所示。

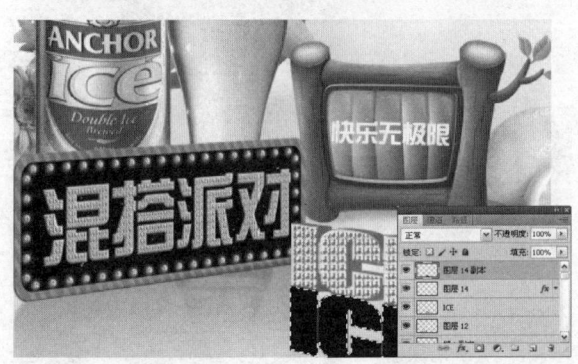
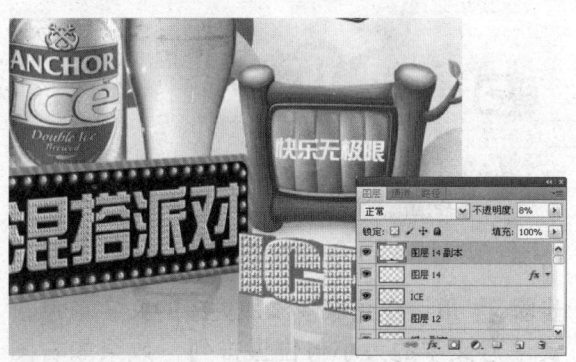

步骤59 单击橡皮擦工具，选择柔角笔刷，设置"不透明度"为36%，然后对文字的倒影进行涂抹，擦除多余的阴影，使倒影效果更自然，如下图所示。

步骤60 将素材图像007.psd文件中的"卡通"图层移动至当前图像文件中，调整其在画面中的位置，如下图所示。

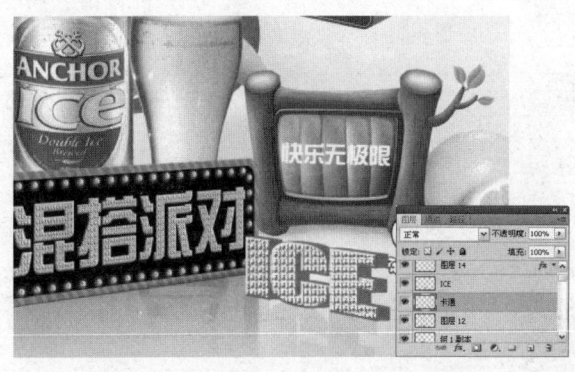

步骤61 新建"图层15",单击矩形选框工具▢,在图像的最下方绘制白色矩形图像,设置图层"不透明度"为65%,如下图所示。

步骤62 单击横排文字工具T,打开"字符"面板,设置各项参数,设置颜色为黑色,在画面的最下方输入文字,如下图所示。

步骤63 新建"图层16",单击圆角矩形工具▢,在图像上绘制圆角矩形路径,将路径转换为选区,填充选区颜色为橘黄色(R249、G188、B29),如下图所示。

步骤64 取消选区,双击"图层16",打开"图层样式"对话框,设置"斜面和浮雕"面板参数,其中"高光模式"颜色为浅黄色(R237、G245、B105),"阴影模式"颜色为朱红色(R175、G78、B6),单击"确定"按钮,如下图所示。

步骤65 最后在图像中添加更多的文字信息。要注意文字的大小与位置排列,效果如右图所示。至此,完成本实例的制作。

Unit 05 包装设计制作 >>

案例分析： 本单元制作的是一个饮料包装，鲜明的色彩与新鲜的水果为画面的主要元素，体现出大自然的清新感觉。在该实例中主要应用了扭曲滤镜，以丰富包装画面，并通过选区创建工具制作包装盒效果。

最终文件 ◎： 实例文件\Chapter 17\Complete\包装设计.psd、包装设计效果图.psd

步骤 01 执行"文件 > 新建"命令，打开"新建"对话框，在对话框中设置"名称"为"包装设计"，"宽度"为7厘米，"高度"为6.14厘米，如下图所示。

步骤 02 设置完成后单击"确定"按钮，新建一个图像文件，填充"背景"图层颜色为桃红色（R239、G81、B156），如下图所示。

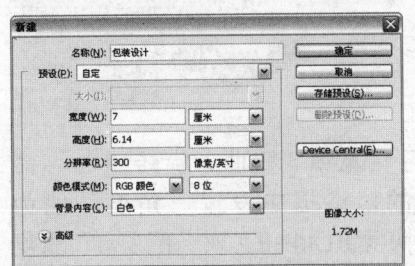

步骤 03 执行"文件>打开"命令，打开本书配套光盘中实例文件\Chapter 17\Media\008.psd文件，单击移动工具，将牛奶素材拖动至当前图像文件中，得到"牛奶"图层，调整图像的位置，如下图所示。

步骤 04 采用相同的方法，添加图像中水果素材，注意调整图像的上下位置关系，如下图所示。

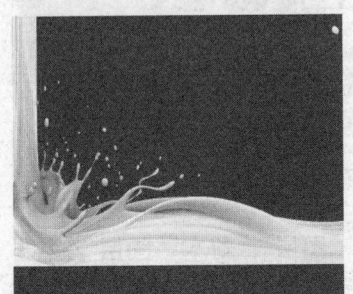

步骤 05 复制一个"牛奶"图层，得到"牛奶副本"图层，按下快捷键Ctrl+T，执行自由变换命令，在显示的调整框上单击鼠标右键，在弹出的快捷菜单中选择"水平翻转"命令，对图像进行水平方向调整，如右图所示。

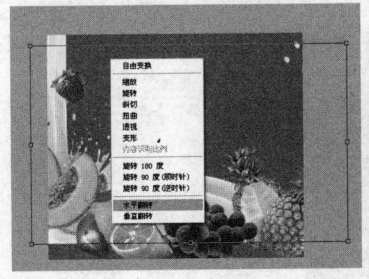
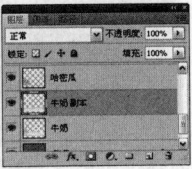

步骤06 将光标移至调整框的任意一个角，当光标显示为双箭头时，对图像进行旋转，按下Enter键结束自由变换命令。再次复制得到"牛奶 副本 2"图层，并移动图层至"葡萄"图层的上方，适当调整图像的位置，如下图所示。

步骤07 新建"图层 1"，单击画笔工具，选择柔角较大的笔刷，分别设置前景色为粉红色（R232、G144、B186）和浅粉色（R238、G218、B234），结合[和]键适当调整画笔的大小，按住Shift键在图像上绘制大小不一的直线，如下图所示。

步骤08 选择"图层 1"，执行"滤镜>扭曲>极坐标"命令，弹出对话框设置参数后，单击"确定"按钮，如下图所示。执行"滤镜>模糊>高斯模糊"命令，在打开的对话框中设置"半径"为5像素，关闭对话框。

步骤09 执行"滤镜>扭曲>旋转扭曲"命令，在弹出的对话框中设置"角度"值为350°。按下快捷键Ctrl+F，对"图层 1"重复执行滤镜命令，效果如下图所示。

步骤10 按快捷键Ctrl+T执行自由变换命令，对调整框的各节点做调整，完成后按下Enter键结束自由变换命令，效果如下图所示。

步骤11 复制得到"图层 1 副本"图层，并调整波纹图像位置，如下图所示。按下快捷键Ctrl+E合并图层，并重命名为"波纹"。

步骤12 单击"添加图层蒙版"按钮，为"波纹"图层添加蒙版，选择柔角画笔工具，并设置其"不透明度"为36%、前景色为黑色，涂抹蒙版图像隐藏部分图像，如下图所示。

步骤13 结合自由变换命令，对"波纹"图像进行适当调整，并设置"波纹"图层的混合模式为"柔光"，效果如下图所示。

步骤14 复制一个"波纹"图层，并缩小"波纹 副本"图像，设置图层混合模式为"滤色"、"不透明度"为85%，如下图所示。

步骤15 新建图层并重命名为"光影"，单击椭圆选框工具，设置"羽化"值为50px，在图像上创建椭圆选区，如下图所示。

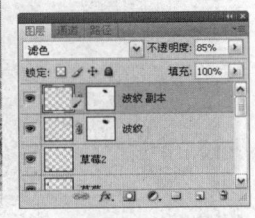

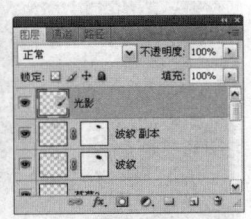

步骤16 设置前景色为浅粉色（R251、G196、B229），按下快捷键Alt+Delete填充选区，取消选区后设置图层混合模式为"滤色"，如下图所示。

步骤17 新建图层"文字"，使用钢笔工具在图像上绘制文字路径。按下快捷键Ctrl+Enter将其转换为选区，并填充紫色（R147、G6、B131），如下图所示。

步骤18 保存选区，新建图层"文字2"，从左到右填充选区颜色为白色到深灰色（R174、G172、B168），再到浅灰色（R192、G192、B192）的线性渐变，取消选区后适当移动"文字2"在图像中的位置，如右图所示。

步骤19 选择"文字"图层,执行"滤镜>模糊>高斯模糊"命令,在弹出的对话框中设置参数值为1像素,单击"确定"按钮,效果如下图所示。

步骤20 打开本书配套光盘中实例文件\Chapter 17\Media\009.png文件,单击移动工具,拖动素材图像至当前图像文件中,调整其在画面中的位置,如下图所示。

步骤21 单击横排文字工具,在图像上输入文字信息,并选择所有文字图像进行图层合并,得到"标志"图层,如下图所示。

步骤22 按下快捷键Ctrl+Shift+Alt+E,盖印图层,在"图层"面板中自动生成一个图层,重命名该图层为"画面",如下图所示。

步骤23 执行"文件>打开"命令,打开本书配套光盘中实例文件\Chapter 17\Media\010.jpg文件,如下图所示。

步骤24 单击移动工具,在"包装设计"图像文件中选择"标志"图层,拖动素材图像至当前图像文件中,得到"标志"图层,调整其在画面中的位置,如下图所示。

步骤25 新建图层组"组1",执行"文件>打开"命令,打开本书配套光盘中实例文件\Chapter 17\Media\011.png文件,单击移动工具,将"包装盒"图像移动至当前图像文件中,在"组1"中得到图层"包装盒",如右图所示。

步骤26 将"包装设计"图像文件中的"画面"图层移动至当前图像文件中,结合自由变换命令调整图像的形状与位置,如下图所示。

步骤27 新建图层并重命名为"侧面",单击多边形套索工具,沿"包装盒"侧面创建选区,左上到右下填充选区为粉色(R248、G156、B203)到灰色(R150、G142、B145)的线性渐变,取消选区,如下图所示。

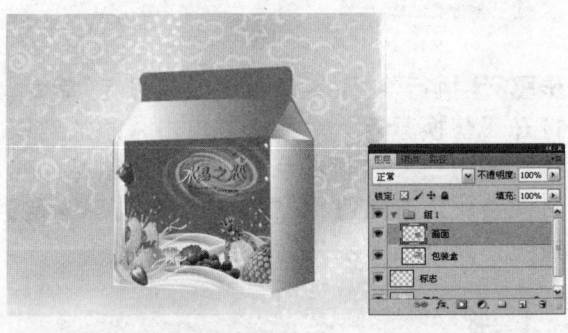

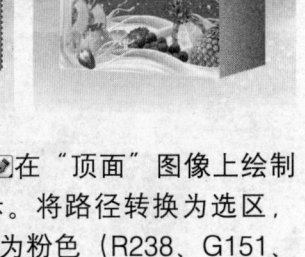

步骤28 新建图层并重命名为"侧面",单击多边形套索工具,在图像上创建选区,如下左图所示。填充颜色为桃红色(R255、G56、B162),取消选区,如下右图所示。

步骤29 用钢笔工具在"顶面"图像上绘制路径,如下左图所示。将路径转换为选区,左下到右上填充颜色为粉色(R238、G151、B211)到透明色线性渐变,取消选区,如下右图所示。

步骤30 新建图层并重命名图层为"顶面2",单击钢笔工具,参照右侧左图所示绘制路径,绘制完成后将路径转换为选区,填充选区颜色为紫红色(R192、G76、B137),取消选区,如右侧右图所示。

步骤 31 复制一个"标志"图层,调整"标志副本"图层在画面中的位置,结合自由变换命令调整图像的大小,然后设置图层混合模式为"明度",如下图所示。

步骤 32 执行"文件>打开"命令,打开本书配套光盘中实例文件\Chapter 17\Media\012.png文件,单击移动工具,将其移动至当前图像文件中,得到"条形码"图层,结合自由变换命令调整图像在画面上的形状与位置,设置图层混合模式为"正片叠底",设置图层"不透明度"为78%,如下图所示。

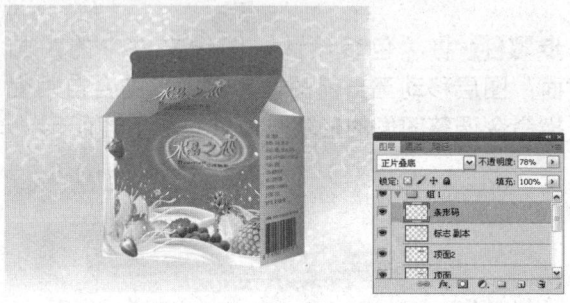

步骤 33 复制图层组"组 1",得到图层组"组 1 副本",按下快捷键 Ctrl+E,对图层组"组 1 副本"进行合并图层,移动图层位置至图层组"组 1"的下方,结合自由变换命令调整图像的大小与位置,如下图所示。

步骤 34 执行"图像>调整>替换颜色"命令,打开"替换颜色"对话框,单击"添加到取样"按钮,在桃红色图像上单击鼠标,然后调整颜色参数值,调整完成后单击"确定"按钮,如下图所示。

步骤 35 在"标志"图层的上方新建图层并重命名图层为"阴影",然后单击多边形套索工具,在图像上创建选区,如下图所示。

步骤 36 选区创建完成后,按下快捷键Shift+F6,打开"羽化选区"对话框,设置参数值后单击"确定"按钮。单击渐变工具,从左下到右上填充选区颜色为黑色到透明度的线性渐变,取消选区,绘制图像阴影效果,如下图所示。至此,完成本实例的制作。

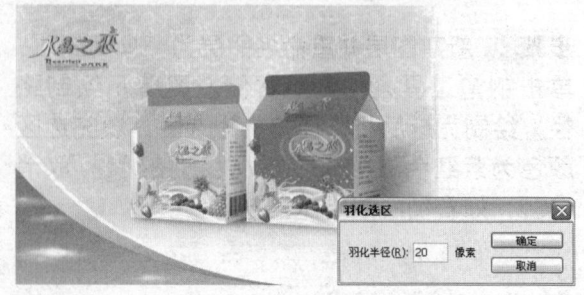

DO IT YOURSELF 练习操作

1. 利用图层蒙版制作平面招贴设计

熟练掌握招贴设计特点后,通过图层蒙版的应用,使图像合成更为真实,更具有视觉冲击力。

Step BY Step（步骤提示）
1. 新建图像文件
2. 添加素材图像
3. 结合图层蒙版完成图像合成

2. 利用路径创建工具制作包装设计

利用钢笔工具,准确地对包装盒路径进行绘制,制作出立体包装效果。

Step BY Step（步骤提示）
1. 新建图像文件
2. 使用钢笔工具绘制包装盒路径
3. 添加包装效果

>> 案例参考

下图所示是一组包装设计参考图,设计者通过不同的材质与颜色的应用,制作出精美的包装设计效果,能够有效提高商品的视觉冲击力。

律师声明

北京市邦信阳律师事务所谢青律师代表中国青年出版社郑重声明：本书由著作权人授权中国青年出版社独家出版发行。未经版权所有人和中国青年出版社书面许可，任何组织机构、个人不得以任何形式擅自复制、改编或传播本书全部或部分内容。凡有侵权行为，必须承担法律责任。中国青年出版社将配合版权执法机关大力打击盗印、盗版等任何形式的侵权行为。敬请广大读者协助举报，对经查实的侵权案件给予举报人重奖。

侵权举报电话：

全国"扫黄打非"工作小组办公室　　　　中国青年出版社
010-65233456　65212870　　　　　　　010-59521012
http://www.shdf.gov.cn　　　　　　　　E-mail: cyplaw@cypmedia.com　　MSN: cyp_law@hotmail.com

图书在版编目（CIP）数据

Photoshop CS5完全学习教程：多媒体超值版 / 史原等编著. — 北京：中国青年出版社，2011.7
 ISBN 978-7-5153-0081-8
 I.① P… II.①史… III.①图像处理软件，Photoshop CS5 — 教材　IV.①TP391.41
 中国版本图书馆 CIP 数据核字（2011）第 133105 号

Photoshop CS5完全学习教程：多媒体超值版

史　原　顾　琛　况　敏　赵咏飞　编著

出版发行：	中国青年出版社
地　　址：	北京市东四十二条21号
邮政编码：	100708
电　　话：	（010）59521188 / 59521189
传　　真：	（010）59521111
企　　划：	北京中青雄狮数码传媒科技有限公司
责任编辑：	郭　光　张海玲　向雯雯　柳　琪
封面设计：	彭　涛
印　　刷：	中国农业出版社印刷厂
开　　本：	787×1092　1/16
印　　张：	31.75
版　　次：	2011年8月北京第1版
印　　次：	2011年8月第1次印刷
书　　号：	ISBN 978-7-5153-0081-8
定　　价：	49.90元（附赠1DVD，含教学视频和附赠软件）

本书如有印装质量等问题，请与本社联系　电话：（010）59521188 / 59521189
读者来信：reader@cypmedia.com
如有其他问题请访问我们的网站：www.lion-media.com.cn

"北大方正公司电子有限公司"授权本书使用如下方正字体。
封面用字包括：方正兰亭黑系列、方正正大黑系列